新型二维
功能材料与器件

侯鹏飞 主编

湘潭大学出版社
XIANGTAN UNIVERSITY PRESS

前 言

材料是人类生存、社会发展、科技进步的物质基础，是现代科技革命的先导，是现代文明的三大支柱之一。世界各先进工业国家都将材料作为优先发展的领域。材料学科是研究材料的成分、组织结构、制备工艺、性能和应用之间关系的科学。功能材料是用于非承载性目的，具有优良的物理、化学、生物等特性的材料。随着信息、能源和生物等现代高新科学技术的快速发展，功能材料越来越显示出它的重要性，并逐渐成为材料学科中最活跃的前沿学科之一。

近些年来，我国在功能材料的研究和开发方面取得了辉煌的成就，极大地促进了科学技术的进步、国民经济的发展以及综合国力的提升。《中华人民共和国国民经济和社会发展第十四个五年规划和 2035 年远景目标纲要》将新材料作为战略性新兴产业，这对加快发展现代产业体系和巩固壮大实体经济根基具有重要意义。当前，各种新型功能材料层出不穷，现有的教材已不能满足功能材料发展的需求。尤其是新型二维功能材料的发展，极大丰富了功能材料的基础知识，拓展了功能材料的前沿方向。在基础教学、科学研究与工程研发中，迫切需要涵盖新型二维功能材料和相关器件基础知识和发展前沿的新教材。基于此，本书主要介绍了各种新型二维功能材料的基础物理知识、组成、结构、性能以及研究热点和发展趋势，重点论述了新型二维功能材料和相关器件科学发展的主要前沿。

全书共分 10 章，主要内容包括新型二维功能材料与器件概述，以及新型二维功能材料中的电性材料、磁性材料、光电材料、发光材料、压电材料、热释电材料、铁电材料、能源材料和生物医学材料及相关器件等。由于篇幅所限，本书仅编入了主要的物理、化学和生物等新型二维功能材料与器件，有关核热、声、分离、摩擦和密封等的新型二维功能材料与器件未能编入。

本书具有以下几方面的特色：

(1)在第1章中，对新型二维功能材料与器件进行了概述，让读者在接触各种新型二维功能材料与器件之前全面认识共性问题。

(2)在第2章至第8章中，介绍了新型二维功能材料的电、磁、光电、发光、压电、热释电和铁电等物理性质以及转换功能，探讨了新型二维功能材料的各种效应、性能、应用方向、研究热点，突出了新型二维功能材料性能与应用需求之间的关系。

(3)在第9章至第10章中，介绍了新型二维功能材料在能源和生物医学等领域应用的基本原理及发展现状，重点突出了新型二维功能材料在解决当今能源和生物医学领域中关键问题的重要作用及发展趋势。

(4)全书重点强调了新型二维功能材料与器（元）件的紧密结合，从实际应用入手，将一些新型二维功能材料与器件的最新应用案例融入教材中，有利于相关从业人员对新型二维功能材料与器件的发展建立整体的认识。

本书可作为新型二维材料和相关器件研究方向研究生的必修课程教材和本科生的选修课程教材，也可作为从事新型二维材料和相关器件的教学、科研、生产和管理的教师和科技人员的参考书。作为材料科学与工程专业的导论课程，有助于提高材料专业人员对功能材料与器件的认知，把握先进功能材料与器件的发展趋势，为进一步开发和应用新型二维功能材料与器件奠定基础。

本书由湘潭大学研究生精品教材项目资助（项目编号：YJSJC2023ZY01）。全书由侯鹏飞确定大纲、撰写、统稿和修改，王丹芝协助修改、统稿，王丹芝（第2章、第5章、第9章）、周攀（第3章）、周彬畅（第3章）、令时雨（第4章）、谭仕雯（第4章）、彭洁（第4章、第6章）、邱丹（第7章）、王雅婷（第8章）、申丫（第9章）、张先俊（第10章）等参与整理资料。本书编写过程中参考了大量文献，见每章后列出的主要参考文献，在此对文献作者表示衷心感谢。如有疏漏，敬请包涵。

由于编者水平有限，书中不当之处在所难免，恳请各位读者批评指正，以便修订时完善。

编　者

2023 年 9 月

目　录

第1章 新型二维功能材料与器件概述

材料、信息和能源被称为现代文明的三大支柱，而新材料、信息和生物技术则是新技术革命的主要标志。材料是现代科技和国民经济的物质基础，一个国家生产材料的品种、数量和质量是衡量本国科技和经济发展水平的重要标志。其中，功能材料在信息、能源和生物等现代高新科学技术中具有重要作用，是材料学科中最活跃的前沿学科之一。

1.1 功能材料的发展概况

材料是人类生活和生产的物质基础，是人类认识自然和改造自然的工具。根据使用材料的种类，人类文明曾被划分为旧石器时代、新石器时代、青铜器时代和铁器时代等，可以说材料的发展推动了人类文明的进步。其实，在人类诞生之前就有了材料，材料的历史比人类史更加久远。在人类文明的进程中，人类使用的材料大致经历了以下五个发展阶段：

(1) 天然材料的初级阶段。在旧石器时代，人类只会使用兽皮、甲骨、羽毛、树木、草叶、石块和泥土等天然或者经过简单加工的天然材料。

(2) 利用火制造材料的阶段。在新石器时代、铜器时代和铁器时代，人类利用火对天然材料进行煅烧、冶炼和加工，以获得陶、铜和铁等材料。

(3) 利用物理与化学原理合成材料的阶段。20世纪初，先进物理、化学等科学理论被广泛应用于材料科学技术中，人类开始了人工合成材料的新阶段。人工合成的塑料、纤维及橡胶等高分子材料，加上已有的金属材料和陶瓷材料（无机非金属材料），构成了现代材料的三大支柱。除合成高分子材料以外，人类也合成了一系列合金材料和无机非金属材料。半导体材料、超导材料和光纤材料等都是这一阶段的杰出代表。

(4) 材料的复合化阶段。由两种不同的相成分组成的材料都可以称为复合材料。20世纪50年代，金属陶瓷的出现标志着复合材料时代的到来。人类已经可以利用新的物理和化学方法，根据实际需要设计和制造出具有独特性能的复合材料。

(5) 材料的智能化阶段。智能材料是一类集仿生、纳米技术及新材料科学于一身的新型材料,具备感知、驱动和控制三大基本功能要素。但目前所说的智能材料,一般是指由多种材料通过有机紧密复合或严格的科学组装而构成的材料系统,更倾向于一种智能结构。

虽然人们使用材料的历史悠久,但在20世纪60年代材料才真正作为一门独立学科,历史相对短暂。自此,材料的研究和制造开始从经验的、定性的、宏观的转向理论的、定量的、微观的方向发展。20世纪70年代,美国学者首先提出"材料科学与工程"这个学科全称。1975年,美国科学院发表的《材料与人类》专著中,将"材料科学与工程"定义为:探索和应用材料的成分、结构、加工和其性质与应用之间关系的一门学科。

1.2 功能材料的定义和分类

1.2.1 功能材料的定义

材料除了具有重要性和普遍性外,还具有多样性。由于材料多种多样,分类方法也就没有统一的标准。一种常见的分类方法是按照性能特征和用途将材料分为结构材料和功能材料两大类[1]。结构材料具有较高的力学性能,主要用来制造机械产品的结构件;功能材料具有特殊的物理、化学或其他性能,主要用来制造具有特定功能的元、器件和产品。功能材料是正处于快速发展中的具有优异性能和特殊功能的新材料,对科学技术尤其是对高新技术及新产业的发展具有决定性的意义。

从广义来看,结构材料实际上是一类具有力学功能的材料,因此也是功能性的材料。但是,对应于力学功能的机械运动是一种宏观物体的运动,与对应于其他功能的微观物体的运动有着显著的区别,所以习惯上不把只具有力学功能的结构材料包括在功能材料范畴之内。需要注意的是,由于结构材料和功能材料有共同的科学基础,宏观运动和微观运动之间互相联系,在适当条件下还可以互相转化,有时也很难将结构材料和功能材料截然划分。因此,一种材料可以同时具有结构材料和功能材料两种属性,例如结构隐身材料就兼有承载、气动力学和隐身三种功能;一种材料由于用途不同,也可属于不同的范畴,例如弹性材料作为弹簧时属于结构材料,但用作储能时则属于功能材料。

1.2.2 功能材料的特征

功能材料是高技术密集型材料,具有三个显著的特点:

(1) 综合运用现代先进科学技术,多学科交叉,知识密集。

(2) 品种较多，生产规模一般比较小，更新换代快，技术保密性强。

(3) 研发需要投入大量资金和时间，风险较大，一旦研究开发成功，则可成为高科技、高性能、高产值和高效益的产业。

功能材料与结构材料相比，最大的区别在性能和用途方面，此外功能材料还具有以下主要特征：

(1) 功能材料的功能对应于材料的微观结构和微观物体的运动，这也是最本质的特征。

(2) 功能材料具有非常多样化的聚集态和形态，除了晶态外，还有气态、液态、液晶态、非晶态、准晶态、混合态和等离子态等；除了三维体相材料外，还有二维、一维和零维材料；除了平衡态外，还有非平衡态。

(3) 结构材料常以材料形式为最终产品，而功能材料有相当一部分是以器（元）件形式为最终产品，即材料器（元）件一体化。

(4) 功能材料是利用现代科学技术、多学科交叉的知识密集型产物。

(5) 功能材料的制备技术不同于制备结构材料的传统技术，而是采用先进的新工艺和新技术，如急冷、超净、超微、超纯、薄膜化、集成化、微型化、密集化、智能化以及精细控制和检测技术。

在评价标准上，结构材料与功能材料也有很大的区别。结构材料常以材料形式为最终产品，以材料本身进行性能评价；而功能材料通常以器（元）件形式对物理、化学、生物等方面的性能进行评价，或者说是材料器（元）件一体化。由此可见，功能材料的性能对最终产品、系统的功能特性起着举足轻重的作用。正因为如此，虽然功能材料在国内生产总值中所占的比重较小，但是它对国民经济其他部门的影响非常大。用功能材料制成的器（元）件对于保障飞机、航天器、电子设备、汽车和武器等庞大而复杂系统的正常运转至关重要。

1.2.3　功能材料的分类

随着科学知识和技术的发展和积累，越来越多的新型功能材料被开发出来。尽管已经有许多不同的分类方法用于区分功能材料，但目前尚无统一的分类标准。由于着眼点不同，分类的方法也不同，目前主要有以下六种分类方法：

(1) 按用途分类，可分为电子、航空、航天、兵工、建筑、医药和包装等功能材料。

(2) 按化学成分分类，可分为金属、无机非金属、有机、高分子和复合功能材料。

(3) 按聚集态分类，可分为气态、液态、固态、液晶态和混合态功能材料。其中固态材料又分为晶态、准晶态和非晶态材料。

(4) 按功能分类，可分为物理（如光、电磁、声、热等）、化学（如感光、催化、含能、降解等)、生物（如生物医药、生物模拟、仿生等）和核功能材料。

(5) 按材料形态分类,可分为体积、膜、纤维和颗粒等功能材料。

(6) 按维度分类,可将功能材料分为:

① 零维材料。如量子点和分子团簇等,材料的三个维度都受到限制。

② 一维材料。如纳米线和纳米管等,材料的两个维度受到限制。

③ 二维材料。材料在一个方向上受限。二维材料是指在某一个维度上由一个或几个原子层组成的晶体材料,厚度为几纳米甚至更薄,且这些材料的电子在该维度的运动受到量子力学的限制,而电子在二维平面内可以自由移动。

④ 三维材料。也称体材料,包含各类立体的本征或复合体系。

1.3 二维功能材料与器件的研究进展

二维功能材料是指具有单层或几层原子厚度的材料,具有独特的物理、化学和电子特性,在电子、光电、催化、能源存储、传感器、医疗诊断和治疗等领域都有着重要的应用,已成为功能材料发展的新方向。当前,二维功能材料研究的热点主要集中在二维电性材料、二维磁性材料、二维光电材料、二维发光材料、二维压电材料、二维热释电材料、二维铁电材料、二维能源材料和二维生物医学材料以及相关的器件等领域。

1.3.1 二维电性材料与器件

材料的电学性能是材料物理性能的重要组成部分。本书将介绍固体原子的核外电子排布规律,从能带理论的角度出发阐述二维电性材料中导体、半导体、绝缘体的性质差异,并介绍二维电性材料中代表性材料的结构、电学性质以及相关器件的应用。石墨烯具有载流子迁移率极高等不同寻常的电学性质[2],已在光电器件、集成电路等方面实现了广泛应用。二维过渡金属硫族化合物（TMDCs）数量众多,性质迥异,在谷电子学[3-4]、光电传感器[5]、高性能电子器件[6]等研究领域被广泛关注。TMDCs 弥补了石墨烯零带隙的缺陷,但基于 TMDCs 的器件迁移率普遍较低,而黑磷（BP）的迁移率达 1 000 $cm^2 \cdot V^{-1} \cdot s^{-1}$[7],继 TMDCs 后被广泛关注。特别是 BP 独特的褶皱状原子使它的物理、化学性质表现出独特的各向异性,进而可以调控电、光和热性能,为开发高性能的发光二极管、激光器和双极性晶体管等提供了新的机遇。与石墨烯优良的导电性能截然不同的是,六方氮化硼（*h*-BN）是一种宽带隙的绝缘体,具有优异的介电性能[8],这使得 *h*-BN 在纳米电子器件中具有广阔的应用前景。

1.3.2 二维磁性材料与器件

二维磁性材料的磁性性质由内部的自旋结构所决定。本书将介绍二维材料的自旋极化和磁化工程，分析自旋在二维材料中的行为和性质，探讨二维磁性材料在自旋电子学中的应用。此外，通过详细介绍二维铁磁材料和二维反铁磁材料的分类、关键参量，让读者了解二维磁性材料在信息存储、计算、传感、能量存储等器件方面的应用。由于二维谷极化材料与电子自旋之间存在相关性[9]，本书还将探讨二维谷极化材料的相关内容。此外，还将简要总结一些二维磁性材料与器件研发中的热点问题。比如：二维铁磁材料与器件中的磁性催化剂[10]、磁性场效应晶体管[11]；二维反铁磁材料与器件中的磁光效应[12]、元激发准粒子研究[13]；二维谷极化材料与器件中的输运性质及调控方法等[14]。

1.3.3　二维光电材料与器件

二维材料具有超薄的厚度，分布广泛的带隙，强的光与物质相互作用以及与当前硅基半导体技术的兼容性，为探索新颖的电子和光电子功能提供了丰富的平台。同时，二维光电材料具有独特的能带结构和能带调控能力，能在光电器件中实现高效率的光电转换，用于光电探测器[15]、太阳能电池[16]、光催化剂[17]等。此外，二维光电材料还表现出优异的光学性质，如量子限制效应[18]、增强拉曼散射[19]等，为光学传感器、光纤通信等领域的发展提供了新的可能性。本书将从二维材料的基本光电效应、二维光电导材料与器件、二维光伏材料与器件等方面介绍二维光电材料的关键参量、应用以及研究热点。

1.3.4　二维发光材料与器件

二维材料具有可调谐的电子结构，较大的光吸收系数，高载流子迁移率以及宽光谱响应范围等独特的电子学、光学和光电特性，这无疑给研发高性能发光器件提供了新的契机。通过引入缺陷[20]、化学功能化[21]以及形成合金[22]等方法能有效调控二维材料的物理性质，使它们衍生出许多新颖的发光特性，从而拓展了二维发光材料在发光二极管[23]、纳米激光器[24]、生物成像[25]和生物传感[26]器件中的应用。本书将首先阐述材料的发光现象和二维材料中发光的主要来源——“激子发光”的相关知识，然后介绍石墨烯、过渡金属硫族化合物、黑磷等代表性二维材料的主要发光方式和它们在各类发光器件中的应用，最后总结了目前常用的发光调制策略，探讨了二维材料的电致发光研究[27]、二维材料中低载流子密度下的新的光增益机制[28]等前沿热点与难点问题。

1.3.5　二维压电材料与器件

压电效应是指材料在所受应力改变时产生电势差的效应，是压电材料实际应用的理论基础[29]。陶瓷材料由于具有较好的压电性，已成为压电材料与器件的主流材料，但由于脆性以及含铅的环境不友好性，导致陶瓷材料的应用存在一些局限。近年来，随着柔性可穿戴设备、纳米机器人、柔性传感器等压电电子器件的兴起，二维压电材料在压电电子器件中的应用受到越来越多的关注[30]。2014 年，王中林和 Hone 等成功通过拉伸奇数层 MoS_2 产生电流，验证了 MoS_2 的压电性[31]。随后 α-In_2Se_3[32]、$CuInP_2S_6$[33]等二维压电材料被发现，科研人员开始探索将二维压电材料应用于应变传感器、纳米发电机等压电电子器件中。本书将介绍压电材料的基础知识、关键参量以及二维压电材料在压电电子器件中的应用，并探讨二维压电材料与器件中的研究热点。

1.3.6　二维热释电材料与器件

热释电效应是指在没有外加电场和应力的情况下，具有自发极化的晶体在温度变化时自发极化强度发生变化，从而在晶体某一定方向上产生表面极化电荷，可以向外输出电压或电流[34]。热释电材料存在两个前提条件：一是具有自发极化，即材料结构中某些方向上的正负电荷中心不重合，存在电偶极矩；二是温度变化，即热释电效应反映的是材料在变温状态下的性能。二维热释电材料及相关器件现已成为物理研究、信息技术、材料科学等领域中的研究热点，在热成像[35]、能量收集器[36]、发电机[37]、传感器[38]等方面发挥着不可或缺的作用。本书将从热释电效应和热释电材料的特点出发，介绍二维热释电材料的结构特点和设计方法，讨论介绍二维热释电材料的关键参数、调控方法、性能测试方法等，并探讨二维热释电材料与器件的应用方向及研究热点。

1.3.7　二维铁电材料与器件

科学技术的发展对微电子、光电子器件的尺寸、功耗提出了更高的要求，微型化、集成化已成为功能材料与器件的重要发展趋势。铁电材料是一类同时具有压电、热释电及铁电性能的功能材料。铁电材料及其应用的研究是凝聚态物理、固体电子学、材料学领域中最热门的研究课题之一。但是尺寸效应、表面效应等严重制约了传统铁电材料与器件在纳米尺度下的应用。二维铁电材料相比于传统铁电材料，不仅具有较小尺寸，而且具有干净的范德华界面、适中的带隙及迁移率，在微型化、集成化的纳米铁电材料与器件方面有着重要的研究及应用价值[39]。本书将从铁电效应的产生机理出发，介绍二维铁电材料的铁电效应、分类及一些典型的二维铁电材料，讨论二维铁电阻变存储器[40]、二维铁电场效应晶体管[41]和二维铁电仿生神经突触[42]等新型二维铁电器件，并探讨现阶段二维铁电材料与器件的研究热点。

1.3.8　二维能源材料与器件

能源的存储和利用是当今科学和技术发展中的重大课题，二次电池、氢能和太阳能电池的相关技术一直是科研工作者关注的重点。20 世纪 60 年代以来，植入医疗器械、军工和消费电子等领域的蓬勃发展对二次电池的能量密度提出了更高的要求。二维材料具有可提供丰富的活性中心和改善电化学反应动力学等优点，在二次电池领域有着广阔的应用前景，目前已成功应用于二次电池的电极材料[43]、电解质[44]、隔膜夹层[45]等方面。氢能在使用中可以做到真正的零污染，产生的热值在各种能源燃料中遥遥领先。二维材料基面（边缘）的原子及界面可作为制备氢能源的催化活性位点，具有高的活性、选择性和稳定性[46]。利用二维材料作为催化剂制备氢能是一个新兴的研究方向。光伏技术作为最具代表性的清洁能源之一，广泛应用于建筑、交通、生活基础设施以及农业等领域的供电系统中。由于具有优异的导电性和很强的光吸收性，二维材料在太阳能电池中也具有广阔的应用前景[47]。本书将从二次电池、电催化制氢、太阳能电池三个方面，介绍二维能源材料与器件的储能原理、关键参量，讨论二维材料在能源器件中的应用，并简介二维材料助力二次电池、催化析氢、太阳能电池发展的调制策略。

1.3.9　二维生物医学材料与器件

生物医学材料是用来对生物体进行诊断、治疗、修复，或替换病损组织、器官，或增进生物体组织、器官功能的材料，也是研究人工器官和医疗器械的基础，已成为当代材料学科的重要分支。随着生物技术的蓬勃发展和重大突破，生物医学材料与器件已成为各国科学家竞相研究和开发的热点。在保证安全性的前提下，寻找组织相容性更好、可降解、耐腐蚀、持久和多用途的生物医学材料，是目前生物医学材料与器件研究的重点[48]。当代生物材料与器件不仅强调材料自身的理化性能和生物安全性、可靠性，而且强调生物结构和生物功能，以使生物医学材料与器件在生物体内调动并发挥自我修复和完善的能力，重建或修复受损的生物体组织或器官。二维材料由于极薄、高比表面积、高表面体积比和高机械韧性等优点，对生物医学应用具有较强的吸引力[49]。根据不同的用途，可以将二维生物医学材料大致分为杀菌材料、靶向材料、光热材料以及检测材料，本书将对这四类二维生物医学材料与器件作较为详细的介绍。

1.4　二维功能材料的发展趋势

展望 21 世纪，高新技术更加迅猛地发展，对功能材料的需求日益迫切。随着科学技术的发展，必将出现更多的新型功能材料，而二维功能材料作为新型功能材料的重要分支，势必会发挥更重要的作用。从国内外功能材料的研究动态看，二维功能材料的发展趋势可归纳如下：

（1）开发高新技术领域所需的新型二维功能材料，特别是尖端领域（如航空航天、分子电子学、高速信息、新能源、海洋技术和生命科学等）和极端条件（如超高压、超高温、超低温、高烧蚀、高热冲击、强腐蚀、高真空、强激光、高辐射、粒子云、原子氧、核爆炸等）

下的高性能二维功能材料。

（2）二维功能材料由单功能向多功能、复合或综合功能方向发展，从低级功能（如单一的物理功能）向高级功能（如人工智能、生物功能和生命功能等）发展。

（3）二维功能材料和器件的一体化、高集成化、超微细化、高密集化和超分子化。

（4）二维功能材料和二维结构材料兼容，即功能材料结构化，结构材料功能化。

（5）进一步研究和发展二维功能材料的新概念、新设计和新工艺。

（6）完善和发展功能材料检测和评价的方法。

（7）加强二维功能材料的应用研究，扩展二维功能材料的应用领域，特别是尖端领域和民用高技术领域，并把成熟的研究成果迅速推广，以形成生产力。

功能材料学科是一门与多学科交叉的学科，与其相关的学科很多，紧密相关的有固体物理、结构化学、无机化学、有机高分子化学、生物和医学等基础学科，材料类学科，冶金、化工、硅酸盐与陶瓷和制药等工艺类学科，光、电、磁、声、热等现代技术类学科和分析测试类学科。由此可见，功能材料学科内容繁多且与许多学科交叉，涉及领域很广。本书将主要从物理性质、结构、应用、研究热点等方面系统阐述功能材料学科的重要分支——新型二维功能材料与器件。

参考文献

[1] 陈玉安，王必本，廖其龙. 现代功能材料[M]. 重庆：重庆大学出版社，2021.

[2] Novoselov K S, Geim A K, Morozov S V, et al. Electric field effect in atomically thin carbon films[J]. Science, 2004, 306(5696): 666-669.

[3] Xiao D, Liu G B, Feng W, et al. Coupled spin and valley physics in monolayers of MoS_2 and other group-VI dichalcogenides[J]. Physical Review Letters, 2012, 108(19): 196802.

[4] Zeng H, Dai J, Yao W, et al. Valley polarization in MoS_2 monolayers by optical pumping[J]. Nature Nanotechnology, 2012, 7(8): 490-493.

[5] Zhao D H, Gu Z H, Wang T Y, et al. Sensitive MoS_2 photodetector cell with high air-stability for multifunctional in-sensor computing[J]. Chip, 2022, 1(3): 100023.

[6] Kim Y, Bark H, Kang B, et al. Wafer-scale substitutional doping of monolayer MoS_2 films for high-performance optoelectronic devices[J]. ACS Applied Materials & Interfaces, 2019, 11(13): 12613-12621.

[7] Qiao J, Kong X, Hu Z X, et al. High-mobility transport anisotropy and linear dichroism in few-layer black phosphorus[J]. Nature Communications, 2014, 5

(1): 4475.

[8] Moon S, Kim J, Park J, et al. Hexagonal boron nitride for next-generation photonics and electronics[J]. Advanced Materials, 2023, 35(4): 2204161.

[9] Ciarrocchi A, Tagarelli F, Avsar A, et al. Excitonic devices with van der Waals heterostructures: valleytronics meets twistronics[J]. Nature Reviews Materials, 2022, 7(6): 449-464.

[10] Papavasileiou A V, Menelaou M, Sarkar K J, et al. Ferromagneticelements in two-dimensional materials: 2D magnets and beyond[J]. Advanced Functional Materials, 2024, 34(2): 2309046.

[11] Zhu C, Lei B, Meng F, et al. Realizing ferromagnetism in a field-effect transistor based on VSe_2 thin flakes [J]. Advanced Electronic Materials, 2022, 8 (7): 2101383.

[12] Yin T, Ulman K A, Liu S, et al. Chiral phonons and giant magneto-optical effect in $CrBr_3$ 2D magnet[J]. Advanced Materials, 2021, 33(36): 2101618.

[13] Cui J, Boström E V, Ozerov M, et al. Chirality selective magnon-phonon hybridization and magnon-induced chiral phonons in a layered zigzag antiferromagnet[J]. Nature Communications, 2023, 14(1): 3396.

[14] Yuan J, Wei Q, Sun M, et al. Protected valley states and generation of valley-and spin-polarized current in monolayer MA_2Z_4 [J]. Physical Review B, 2022, 105 (19): 195151.

[15] Wang Y, Zhai W, Ren Y, et al. Phase-controlled growth of 1T′-MoS_2 nanoribbons on 1H-MoS_2 nanosheets[J]. Advanced Materials, 2024,36(17):2307269.

[16] Wu G, Liang R, Ge M, et al. Surface passivation using 2D perovskites toward efficient and stable perovskite solar cells [J]. Advanced Materials, 2022, 34 (8): 2105635.

[17] Yang R, Fan Y, Zhang Y, et al. 2D transition metal dichalcogenides for photocatalysis[J]. Angewandte Chemie, 2023, 135(13): e202218016.

[18] Sui X, Zhang Z, Liu K. Controllable growth of two-dimensional quantum materials[J]. Science China Physics, Mechanics & Astronomy, 2023, 66(11): 117502.

[19] Yu L, Lv R. Two-dimensional layer materials for highly efficient molecular sensing based on surface-enhanced Raman scattering [J]. New Carbon Materials, 2021, 36(6): 995-1012.

[20] Wu Z, Zhao W, Jiang J, et al. Defect activated photoluminescence in WSe_2 mono-

layer[J]. The Journal of Physical Chemistry C, 2017, 121(22): 12294-12299.

[21] Nourbakhsh A, Cantoro M, Vosch T, et al. Bandgap opening in oxygen plasma-treated graphene[J]. Nanotechnology, 2010, 21(43): 435203.

[22] Mann J, Ma Q, Odenthal P M, et al. 2-Dimensional transition metal dichalcogenides with tunable direct band gaps: $MoS_{2(1-x)}Se_{2x}$ monolayers[J]. Advanced Materials, 2014, 26(9): 1399-1404.

[23] Ross J S, Klement P, Jones A M, et al. Electrically tunable excitonic light-emitting diodes based on monolayer WSe_2 P-N junctions[J]. Nature Nanotechnology, 2014, 9(4): 268-272.

[24] Li Y, Zhang J, Huang D, et al. Room-temperature continuous-wave lasing from monolayer molybdenum ditelluride integrated with a silicon nanobeam cavity[J]. Nature Nanotechnology, 2017, 12(10): 987-992.

[25] Li L, Kim J, Jin C, et al. Direct observation of the layer-dependent electronic structure in phosphorene[J]. Nature Nanotechnology, 2017, 12(1): 21-25.

[26] Zhang Y, Zheng B, Zhu C, et al. Single-layer transition metal dichalcogenide nanosheet-based nanosensors for rapid, sensitive, and multiplexed detection of DNA[J]. Advanced Materials, 2014, 27(5): 935-939.

[27] Feng J, Li Y, Zhang J, et al. Injection-free multiwavelength electroluminescence devices based on monolayer semiconductors driven by an alternating field[J]. Science Advances, 2022, 8(5): l5134.

[28] Wang Z, Sun H, Zhang Q, et al. Excitonic complexes and optical gain in two-dimensional molybdenum ditelluride well below the Mott transition[J]. Light: Science & Applications, 2020, 9(1): 39.

[29] Huang X, Du C, Zhou Y, et al. Piezo-phototronic effect in a quantum well structure[J]. ACS Nano, 2016, 10(5): 5145-5152.

[30] Zhang Q, Zuo S, Chen P, et al. Piezotronics in two-dimensional materials[J]. InfoMat, 2021, 3(9): 987-1007.

[31] Wu W, Wang L, Li Y, et al. Piezoelectricity of single-atomic-layer MoS_2 for energy conversion and piezotronics[J]. Nature, 2014, 514(7523): 470-474.

[32] Zhou Y, Wu D, Zhu Y, et al. Out-of-plane piezoelectricity and ferroelectricity in layered α-In_2Se_3 nanoflakes[J]. Nano Letters, 2017, 17(9): 5508-5513.

[33] Jiang X, Zhang X, Niu R, et al. Strong piezoelectricity and improved rectifier properties in mono-and multilayered $CuInP_2S_6$[J]. Advanced Functional Materi-

als, 2023, 33(40): 2213561.

[34] Szigeti B. Temperature dependence of pyroelectricity[J]. Physical Review Letters, 1975, 35(22): 1532.

[35] Lang S B. Pyroelectricity: From ancient curiosity to modern imaging tool[J]. Physics Today, 2005, 58(8): 31-36.

[36] Pandya S, Wilbur J, Kim J, et al. Pyroelectric energy conversion with large energy and power density in relaxor ferroelectric thin films[J]. Nature Materials, 2018, 17(5): 432-438.

[37] Yang Y, Guo W, Pradel K C, et al. Pyroelectric nanogenerators for harvesting thermoelectric energy[J]. Nano Letters, 2012, 12(6): 2833-2838.

[38] Wang Z, Yu R, Pan C, et al. Light-induced pyroelectric effect as an effective approach for ultrafast ultraviolet nanosensing[J]. Nature Communications, 2015, 6 (1): 1-7.

[39] Lin S, Zhang G, Lai Q, et al. Recent advances in layered two-dimensional ferroelectrics from material to device[J]. Advanced Functional Materials, 2023, 33 (42): 2304139.

[40] Li W, Guo Y, Luo Z, et al. A gate programmable van der Waals metal-ferroelectric-semiconductor vertical heterojunction memory[J]. Advanced Materials, 2023, 35(5): 2208266.

[41] Han W, Zheng X, Yang K, et al. Phase-controllable large-area two-dimensional In_2Se_3 and ferroelectric heterophase junction[J]. Nature Nanotechnology, 2023, 18(1): 55-63.

[42] Ci W, Wang P, Xue W, et al. Engineering ferroelectric-/ion-modulated conductance in 2D vdW $CuInP_2S_6$ for non-volatile digital memory and artificial synapse [J]. Advanced Functional Materials, 2024:2316360.

[43] Wei D, Haque S, Andrew P, et al. Ultrathin rechargeable all-solid-state batteries based on monolayer graphene[J]. Journal of Materials Chemistry A, 2013, 1(9): 3177-3181.

[44] Li X, Hou Q, Huang W, et al. Solution-processable covalent organic framework electrolytes for all-solid-state Li-organic batteries[J]. ACS Energy Letters, 2020, 5(11): 3498-3506.

[45] Khassi K, Youssefi M, Semnani D. PVDF/TiO_2/graphene oxide composite nanofiber membranes serving as separators in lithium-ion batteries[J]. Journal of Ap-

plied Polymer Science, 2020, 137(23): 48775.

[46] Zuo Y, Antonatos N, Děkanovský L, et al. Defect engineering in two-dimensional layered $PdTe_2$ for enhanced hydrogen evolution reaction[J]. ACS Catalysis, 2023, 13(4): 2601-2609.

[47] Aryal U K, Ahmadpour M, Turkovic V, et al. 2D materials for organic and perovskite photovoltaics[J]. Nano Energy, 2022, 94: 106833.

[48] Badkoobeh F, Mostaan H, Rafiei M, et al. Additive manufacturing of biodegradable magnesium-based materials: Design strategies, properties, and biomedical applications[J]. Journal of Magnesium and Alloys, 2023, 11(3): 801-839.

[49] Murali A, Lokhande G, Deo K A, et al. Emerging 2D nanomaterials for biomedical applications[J]. Materials Today, 2021, 50: 276-302.

第2章　二维电性材料与器件

原子的核外电子结构和电子在原子间运动的自由程度，与材料的物理和化学性质密切相关。能带理论描述了晶体内电子在周期性势场中运动的普遍特征，是固体物理学及凝聚态物质研究中的重要结论，可从微观理论上解释与分析材料的导电性能。不同固体中的电子导电性相差很大，如金属对电子的束缚很弱，电子激发至导带只需要很少的能量，因而呈现出良好的导电性。与之相反，绝缘体材料中的电子必须越过很宽的禁带才能进入导带，因而呈现出较强的介电性。半导体的禁带宽度较窄，只有有限数量的电荷可以进入导带。依据导电能力的强弱，可将二维电性材料分为四大类：二维超导体材料、二维导体材料、二维半导体材料和二维绝缘体材料。本章将介绍原子的核外电子排布规律，阐述能带理论与材料的导电性和绝缘性之间的关系；介绍石墨烯、过渡金属硫族化合物、氮化硼等几种典型的二维导体材料、二维半导体材料、二维绝缘体材料，以及它们在电子元件、集成电路等领域的应用。二维超导体材料在高温超导领域仍需突破，未在本章中介绍。

2.1　原子的核外电子排布

物质是由分子组成的，分子是由原子组成的，原子可以看成由原子核及分布在核周围的电子所组成。原子核内有中子和质子，原子核的体积很小，却集中了原子核的绝大部分质量。电子绕着原子核在一定的轨道上旋转运动，虽然它们的质量可忽略，但其分布却是原子结构中最重要的问题。它不仅决定了单个原子的行为，也对物质内部原子的结合以及某些性能起着决定性的作用。

2.1.1　电子云与原子轨道

20世纪初，英国科学家卢瑟福把原子类比为太阳系，提出了原子的行星模型，即核外电子像行星绕着太阳运行那样绕着原子核运动。1926年，行星模型被量子力学原子结构理论推翻。量子力学指出，电子不可能像宏观物体那样，确定具有一定空间运动状态（如

1s,2s,3s,…）的核外电子在某个时刻处于原子核外空间的何处，而只能确定它出现在原子核外空间各处的概率，且各处出现的概率不同。用 P 表示电子在核外空间某处出现的概率，V 表示该处的体积，则 P/V 称为概率密度，用 ρ 表示。

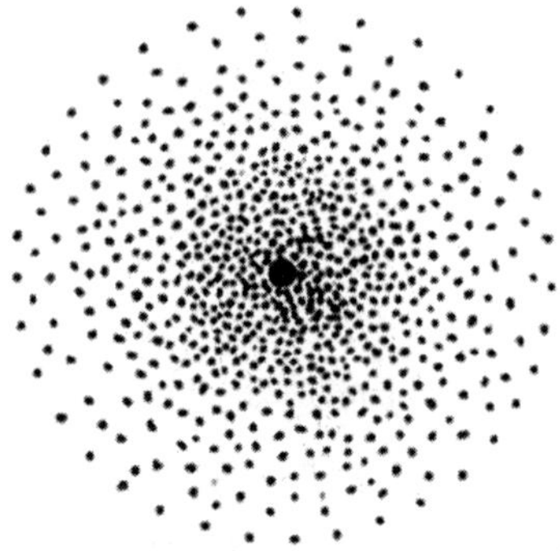

图 2.1　氢原子的 1s 电子核外出现的概率分布图

电子的概率密度分布看起来像一片云雾，因此被称作电子云（图 2.1）。换句话说，电子云就是描述电子在原子核外空间某处出现的机会（概率）大小的形象化表达。电子云不易绘制，常使用电子云轮廓图表示电子云轮廓的形状。同一原子的能层越高，电子在离核越远的区域出现的概率越大，电子云半径也就越大。表 2.1 列举了 K、L、M、N 能层的能级、原子轨道数、原子轨道名称以及电子云轮廓图。

表 2.1　不同能层的能级、原子轨道及电子云轮廓图

能层	能级	原子轨道数	原子轨道名称	电子云轮廓图	
				形状	取向
K	1s	1	1s	球形	—
L	2s	1	2s	球形	—
	2p	3	2px,2py,2pz	哑铃形	相互垂直
M	3s	1	3s	球形	—
	3p	3	3px,3py,3pz	哑铃形	相互垂直
	3d	5	…	…	…
N	4s	1	4s	球形	—
	4p	3	4px,4py,4pz	哑铃形	相互垂直
	4d	5	…	…	…
	4f	7	…	…	…
…	…	…	…	…	…

量子力学中把电子在原子核外空间出现概率较大的区域称为一个原子轨道，这一轨道由 4 个量子数所确定，它们分别是主量子数、角量子数、磁量子数以及自旋量子数。

1. 主量子数 n

与能层对应的量子数叫主量子数，它用来描述原子中电子出现概率最大的区域离核的远近，主量子数 n 的取值为正整数。例如，$n=1$ 代表电子离核的平均距离最近的一层，即第一电子层；$n=2$ 代表电子离核的平均距离比第一层稍远的一层，即第二电子层。通常，我们将 $n=1,2,3,4,\cdots$ 用 K，L，M，N，⋯ 来表示，$n=1$ 表示 K 层，$n=2$ 表示 L 层，依此类推。在原子轨道（或电子云）的形状相同的条件下，n 值越大，电子的能量愈高。

2. 角量子数 l

角量子数 l 表示电子的亚层或能级。由主量子数确定的同一壳层上的电子，依据角量子数又可分成若干个能量水平不同的亚壳层，即 $l=0,1,2,3,\cdots$ 这些亚壳层习惯上以 s，p，d，f，⋯ 表示。角量子数 l 决定电子空间运动的角动量以及原子轨道或电子云的形状，在多电子原子中，与主量子数 n 共同决定电子能量的高低。

一个 n 值可以有多个 l 值，如 $n=3$ 表示第三电子层，对应 l 值有 0、1、2，分别表示 3s、3p、3d 亚层，相应的电子分别称为 3s、3p、3d 电子。它们的原子轨道和电子云的形状分别为球形对称、哑铃形和四瓣梅花形。对于多电子原子来说，这三个亚层能量 $E_{3d}>E_{3p}>E_{3s}$，即 n 值一定时，l 值越大，亚层能级越高，其能量水平按 s、p、d、f 的顺序依次增大。

3. 磁量子数 m

磁量子数 m 描述原子轨道或电子云在空间的伸展方向，它代表每个亚层的轨道方向。某种形状的原子轨道，可以在空间取不同方向为伸展方向，从而得到几个空间取向不同的原子轨道。每一个允许的取向，对应一种特定的运动状态。磁量子数 m 取值受角量子数 l 制约，对于给定的 l 值，$m\in\{m\,|\,m\in\mathbf{Z}$ 且 $|m|\leqslant l\}$，即 $m=-l,\cdots,-2,-1,0,+1,+2,\cdots,+l$，共 $2l+1$ 个值。这些取值意味着角量子数为 l 的亚层有 $2l+1$ 个取向，而每一个取向都相当于一条原子轨道，且每个轨道互为垂直关系（表 2.2）。

表 2.2　角量子数与磁量子数、轨道数的关系

角量子数 l 的取值	0（s 亚层）	1（p 亚层）	2（d 亚层）	3（f 亚层）
磁量子数 m 取值	0	$0,\pm1$	$0,\pm1,\pm2$	$0,\pm1,\pm2,\pm3$
轨道数	1	3	5	7

4. 自旋量子数 m_s

1921 年，德国物理学家施特恩和格拉赫在实验中将碱金属原子束经过一不均匀的磁场射到屏幕上时，发现射线束分裂成偏转方向不同的两束。这暗示人们，电子除了有轨道运动外，还有自旋运动，它是自旋磁矩顺着或逆着磁场方向取向的结果。自旋量子数 m_s 是描述电子自旋运动的量子数，可以取 $+1/2$、$-1/2$ 两个值，即电子自旋的方向只有顺时针和逆时针两个方向。$m_s=1/2$,表示电子顺着磁场方向取向,用↑表示,为顺时针自旋。$m_s=-1/2$ 表示逆着磁场方向取向,用↓表示,为逆时针自旋。当两个电子处于相同自旋状态时,叫作自旋平行,用符号↑↑或↓↓表示。当两个电子处于不同自旋状态时,叫作自旋反平行,用符号↑↓或↓↑表示。

2.1.2 原子核外电子的分布

通过以上内容可知,对于原子核外的每一个电子,都可以用 4 个量子数来表示其微观状态。原子核外的电子是怎样填充这些能量状态的?是首先占据能量低的状态,还是首先占据能量高的状态?是集中在一个或少数几个状态中,还是均匀地、任意地分布在各种可能的状态中?根据量子力学的相关知识,原子核外电子的分布与 4 个量子数有关,并服从下面三个基本原理。

1. 能量最低原理

现代物质结构理论证实,原子的电子排布遵循构造原理,使整个原子的能量处于最低状态,简称能量最低原理。能量处于最低状态的原子叫作基态原子。当基态原子的电子吸收能量后,电子会跃迁到较高能级,变成激发态原子。与之相反,电子从高能量的激发态跃迁到低能量的激发态或者基态时,将释放能量。

2. 泡利不相容原理

如前所述,电子除空间运动状态外,还有一种状态叫作自旋。电子自旋可以比喻成地球的自转。电子自旋有顺时针和逆时针两种状态。在一个原子轨道里,最多只能容纳 2 个电子,而且它们的自旋状态相反。这个原理最早由泡利提出,称为泡利不相容原理。

3. 洪特规则

当电子排布在同一能级的不同轨道时,基态原子中的电子总是优先单独占据一个轨道,而且自旋状态相同。这个规则是由洪特首先提出的,称为洪特规则。例如,碳原子核外有 6 个电子,按照能量最低原理和泡利不相容原理,首先有 2 个电子排布到第一层的 1s 轨道中,另外 2 个电子填入第二层的 2s 轨道中,剩余 2 个电子排布在 2 个不同的 2p 轨道上,具有相同的自旋方向,而不是两个电子集中在一个 p 轨道,自旋方向相反。根据以上原则,电子在原子轨道中填充排布的顺序为 1s,2s,2p,3s,3p,4s,3d,4p,5s,4d,5p,6s,4f,5d,6p,7s,5f,6d,…。

2.1.3 能带理论与材料的导电性

能带理论是在量子力学的运动规律确立以后,用量子力学研究金属电导理论的过程中发展起来的,是研究固体中电子运动的理论基础,已成为固体物理中重要的理论之一。

在半导体技术开始应用后，能带理论为半导体性能的研究提供了重要的理论基础，并促进了半导体技术的进一步发展。本节将利用能带理论来解释导体、半导体和绝缘体的导电性差异。

1. 电荷载流子

1）电荷载流子的基本概念

电流载体，亦称载流子。在物理学中，载流子指可以自由移动的带电粒子，如电子或离子，在不同的场合下有不同的表现形式。金属中的载流子为电子，衡量金属导电性的指标是电导率。半导体中有两种载流子，即电子和空穴。在离子材料中，电荷则可由扩散离子载带。例如，在铅蓄电池中，一个 $SO_4{}^{2-}$ 带 2 个电子的电荷量，而所有的 Pb^{2+} 缺少 2 个电子的电荷量。

2）载流子的基本类型

常见的载流子基本类型有：

（1）电子和阴离子，是负电荷载流子，也称为负型载流子。

（2）阳离子，如 Pb^{2+}，是正电荷载流子，也称为正型载流子。

（3）电子空穴，指价带中缺少了电子而形成的空穴。它是一种正电荷载流子，在半导体中尤为重要。

3）电导率、电阻率和载流子迁移率

材料的电导率 σ 和电阻率 ρ 取决于单位体积内的载流子数 n、每个载流子所带电荷 q 及载流子迁移率 μ。载流子迁移率可以解释为：在外加电场作用下，载流子在原子尺度的结构中移动的难易程度，即

$$\mu = \frac{v}{\varepsilon} \tag{2.1}$$

式中：v 为载流子的漂移速度；ε 为电场强度。

载流子迁移率描述了载流子在单位电场强度下的漂移速度，载流子的运动是一种定向运动，没有电场强度就没有定向漂移，也就是说，没有电场时，载流子的运动是混乱的、无序的。

电导率 σ 与电阻率 ρ 是衡量材料电学性能的基本参数，且二者互为倒数。材料的电导率为：

$$\sigma = \frac{1}{\rho} \tag{2.2}$$

在温度一定的情况下，材料的电阻为：

$$R = \frac{l}{A}\rho \tag{2.3}$$

式中：l 为长度；A 为横截面积；R 为电阻。

2. 能带的形成

单个原子中的电子处在不同分立能级上，电子的能量就是其所在的能级的能量，不同能级的电子能量也不同。单个原子的电子只能占据特定的轨道或能级，而这些能级之间存在着带隙。当大量原子组成晶体后，各个原子的能级会因电子云的重叠产生分裂现象（图 2.2）。理论计算表明：在由 N 个原子组成的晶体中，每个原子的一个能级将分裂成 N 个，每个能级上的电子数不变。能级分裂后，最高和最低能级之间的能量差只有几十电子伏特，组成晶体的原子数对它影响不大。但是，对于实际晶体，即使小到体积只有 1 mm^3，所包含的原子数 N 也有 10^{19} 左右。当分裂成的 10^{19} 个，能级只分布在几十电子伏特的范围内时，每一能级的间隔是如此之小，以致只能将电子的能量或能级看成是连续变化的，这就形成了能带。能带中的电子按能量从低到高的顺序依次占据能级。

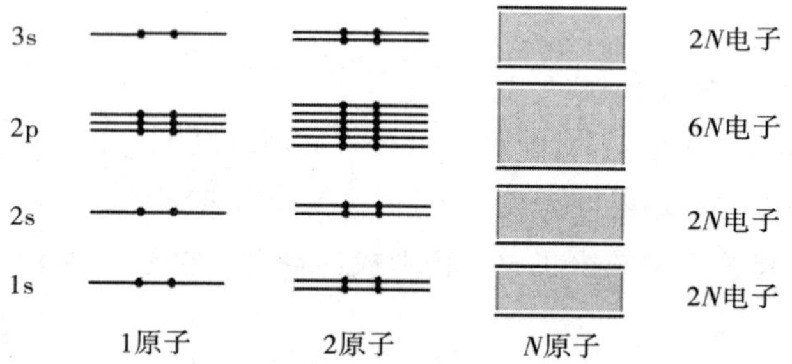

图 2.2　电子数量增加时能级扩展成能带

图 2.3 是绝缘体、导体和半导体的能带结构。最下面的能带是价带，是存在电子的能带中能量最高的带。最上面是导带，一般是空着的。价带与导带之间不存在能级的能量区域称为禁带，禁带宽度也称为带隙（E_g）。绝缘体的价电子会把价带填满，上面的空带和价带之间存在一个较宽的禁带（通常大于 4.5 eV），电子很难跃迁到导带形成电流，因此绝缘体不导电。导体只是价带的下部能级被电子填满，上部可能未满，或者跟导带有一定的重叠区域，电子可以自由运动，即使没有重叠，带隙也是非常窄的，因此很容易导电。半导体的带隙宽度介于绝缘体和导体之间，价带是填满的，导带是空的，如果受热或受到光线、电子射线的照射获得能量激发，或是调制其带隙，电子就很容易跃迁到导带中，因而导电性容易发生大的变化。

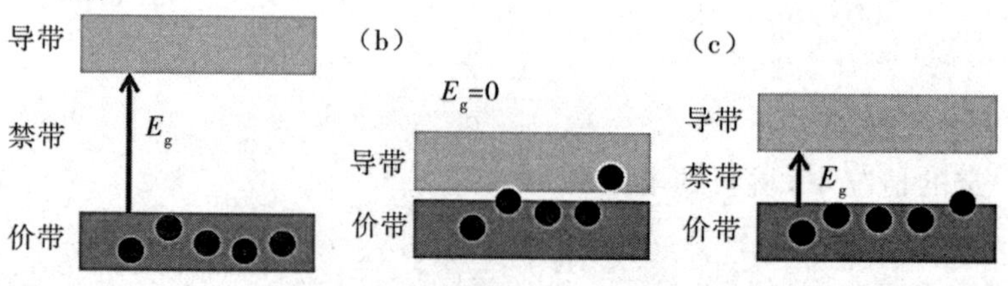

图 2.3　绝缘体、导体和半导体的能带结构：(a) 绝缘体；(b) 导体；(c) 半导体

电子状态的变化还可能带来其他效应。比如，电子从高能级到低能级的跃迁过程中，多余的能量以光子的形式释放，就会产生发光现象。光是电子释放能量的重要形式之一。在日常生活中，我们看到的许多可见光，如霓虹灯光、激光、焰火等都与原子的核外电子发生跃迁释放能量有关。

2.2　二维导体材料与器件

以人工智能、新材料技术、虚拟现实、量子信息技术、可控核聚变、清洁能源以及生物技术等为技术突破口的第四次工业革命正在上演。超薄结构赋予了二维材料许多独特的物理和化学性质，二维材料及其器件应用已成为科学研究的热点之一。本节以二维材料家族中的“明星材料”——石墨烯为例，阐述其结构特点和独特的物理性质，并介绍其在电学上的部分应用。

2.2.1　石墨烯的结构特点

2004 年，英国曼彻斯特大学物理学家 Andre Geim 和 Konstantin Novoselov 等以机械剥离的方法成功制备出了石墨烯。2010 年，他们因在二维材料石墨烯的开创性实验中取得的突出贡献而荣获诺贝尔物理学奖，自此掀起了二维材料的研究热潮。

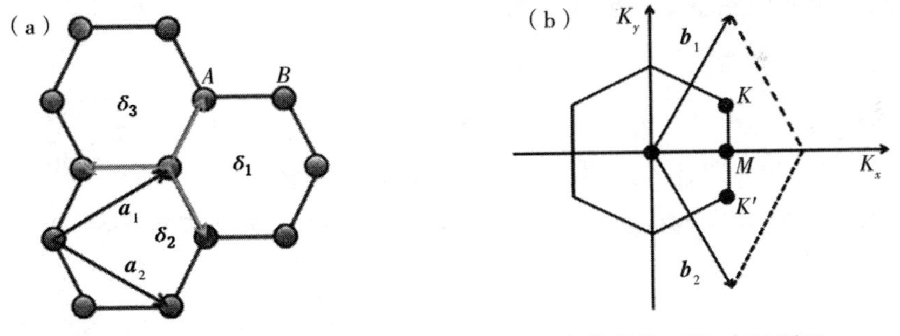

图 2.4　石墨烯电子结构：(a) 石墨烯类蜂窝状晶格；(b) 布里渊区

石墨烯中的碳原子以 sp^2 杂化方式排列结合在六边形蜂窝状的结构中，形成二维网络结构。这种平面六角形晶格结构，可以看作是一层石墨剥离而成。石墨烯中碳原子的键包括同一平面上的 sp^2 键和垂直于平面上的 π 键[1]。C—C 键长 0.142 nm，且每个C—C键的键角稳定在 120°。在 C 组成的网络结构中，每个碳原子形成的 3 个 sp^2 杂化轨道与周围的 3 个碳原子共同形成面内的 3 个 σ 键，碳原子中的另外一个 2s 轨道上的电子受激跃迁至 2p 轨道，与其他邻近的碳原子形成面外 π 键。因为每个 p 轨道都有一个多余的电子，所以 π 键是半满的。这个半填充带对石墨烯的电子特性起着重要作用。石墨烯的电子结构如图 2.4 (a) 所示，$\boldsymbol{a}_1$ 和 $\boldsymbol{a}_2$ 为单元格的晶格向量。在图 2.4 (b) 的蜂窝边角上有 K 点和 K'点，布里渊区对应于单元格。这些点是石墨烯晶格的狄拉克点，其中 $\boldsymbol{b}_1$

和 $\boldsymbol{b}_2$ 是原胞单元的倒易晶格向量。

2.2.2 石墨烯的电学性质

石墨烯是一种零带隙半金属材料，导带与价带呈上下对称圆锥状且相交于一点，这种能带结构满足狄拉克方程，而不像传统的金属或半导体满足薛定谔方程，该交点称为狄拉克点。石墨烯中的电子和空穴的有效质量为零，带隙也为零，所有的电子和空穴都称为狄拉克费米子，它们的行为与光子类似，赋予了石墨烯诸多独特的物理性质。

石墨烯的电导率受多方面因素的影响。一般情况下，机械剥离的单层石墨烯具有低的缺陷密度以及高的电导率，而人工合成的石墨烯中有大量的缺陷，这些缺陷会缩短电子的平均自由程、增加电子的散射概率、抑制电荷的传输，从而使石墨烯导电性降低。此外，石墨烯与基底的界面、表面电荷陷阱、表面的起伏等都会影响石墨烯的电导率。在室温下，石墨烯的载流子迁移率可达 15 000 $cm^2 \cdot V^{-1} \cdot s^{-1}$[2]。在 SiO_2 绝缘基底上，可将石墨烯悬浮，以减小基底对它的电学性能的影响，载流子迁移率可达 2×10^5 $cm^2 \cdot V^{-1} \cdot s^{-1}$，是商用硅材料迁移率的 140 倍，高于目前已知的所有半导体材料[3]。在 50～500 K 的温度范围内，石墨烯的载流子迁移率变化很小。石墨烯的电阻率也远低于传统优良导体金属，如铝和银，电阻率仅为 1×10^{-6} $\Omega \cdot cm$。π 电子的自由移动平面、独特的载流子特性和无质量的狄拉克-费米特性，使石墨烯具有克莱因隧穿效应、双极电场效应、超高载流子迁移率、室温霍尔效应和量子反常霍尔效应。

1. 克莱因隧穿效应

通常而言，当粒子正入射撞到势垒时，经典物理学告诉我们，粒子会反弹。根据量子力学的观点，无论粒子的能量是否高于势垒，都有一定的概率通过势垒。然而，克莱因隧穿效应告诉我们，在石墨烯中，当入射粒子能量处于狄拉克锥附近的时候，它将以单位概率（100%）穿过这个势垒，也就是粒子一定会穿过这个势垒。在这种现象中，石墨烯的电子表现出无质量粒子的性质，并且不会因势垒的存在而反射，它直接揭示了石墨烯中载流子的相对论属性。

2. 双极电场效应

石墨烯中的导带和价带具有对称性，存在电子和空穴两种载流子。通过改变施加的栅极电压可以实现电荷载流子（即电子和空穴）转换，使石墨烯从 N 型连续变为 P 型，载流子浓度可以达到 1×10^{13} cm^{-2}。在正栅极偏压下，费米能级上升到狄拉克点以上，使得电子填充至导带中，石墨烯显示出 N 型特征；在负栅极偏压下，费米能级则下降到狄拉克点以下，石墨烯显示出 P 型特征[4]。

3. 最小量子电导率和高迁移率

石墨烯在狄拉克点附近，载流子密度为零，但仍然表现出较小的电导率，约为

$4\ e^2 \cdot h^{-1}$。在室温状态，石墨烯具有惊人的高电子迁移率，并且空穴和电子的迁移率相等。在 10 K 至 100 K 之间，迁移率几乎与温度无关[5-6]。在室温下载流子浓度为 $10^{12}\ \text{cm}^{-2}$ 时，由于声子散射，迁移率上限为 200 000 $\text{cm}^2 \cdot \text{V}^{-1} \cdot \text{s}^{-1}$，该值对应的电阻率约为 $10^{-6}\ \Omega \cdot \text{cm}$。由于石墨烯的二维特性，科学家认为石墨烯会产生电荷分数化（低维物质的单独准粒子的表观电荷小于单位量子）的现象。因此，石墨烯可能是制造量子计算机所需要的任意子元件的合适材料。

4. 量子反常霍尔效应

量子反常霍尔效应是一种在二维电子系统中观察到的量子霍尔效应的变种。通常的量子霍尔效应是指在极低温、强磁场下二维电子气体的电子在费米能级附近形成高度定域的电子能级，使得电子在垂直于磁场方向上流动的时候呈现出整数倍的量子霍尔电导。量子反常霍尔效应则是在特殊条件下观察到的，电子在费米能级附近形成的能级数目不再是整数，而是分数。这意味着，电子在垂直于磁场方向上的流动表现出分数倍的量子霍尔电导。在低温（4 K 以下）时石墨烯出现量子反常霍尔效应。室温下，量子电导（$2\ e^2 \cdot h^{-1}$）为奇数，霍尔电导率为 $2\ e^2 \cdot h^{-1}$、$6\ e^2 \cdot h^{-1}$、$10\ e^2 \cdot h^{-1}$。当磁场作用时，石墨烯电导率的量子行为表现出异常的特性[7]：

$$\sigma_{xy} = \pm (4e^2 \cdot h^{-1})(n + \frac{1}{2}) \tag{2.4}$$

式中：e 为电子电荷量，h 为普朗克常数，n 为朗道能级指数（为整数）。

5. 弹道输运

弹道输运是指材料中的电子在输运过程中表现出类似于自由空间中的自由运动行为。在弹道输运中，电子在材料中几乎没有受到散射，因此能够保持自由运动的方向和速度。石墨烯即使在室温下也具有几乎没有阻力地携带电子的能力，这种属性是典型的弹道输运。石墨烯中电子的平均自由程可达 1 μm，而一般材料电子的平均自由程在纳米级[8]。弹道输运在纳米电子器件和量子器件中有重要应用。例如，在高速晶体管、单电子晶体管和量子点器件中，它为电子在材料中的自由传输提供了基础，也为新型纳米电子器件的设计和优化提供了理论依据。

6. 超导特性

超导现象是指电流能够在材料中无阻碍地流动，且没有电阻损耗。超导材料在科学和技术领域中具有重要的应用价值。其中，石墨烯魔角超导材料是一种特殊的二维超导材料。石墨烯魔角超导材料是由碳原子构成的石墨烯，在特定的叠层角度下表现出超导现象的材料。具体而言，当两个石墨烯层以特定的角度（1.1°）叠加在一起时，形成了所谓的魔角结构。在这种结构下，石墨烯层之间的电子相互作用会导致电子在材料中无阻碍地流动，表现出超导行为。

2.2.3 石墨烯电学性能的应用

石墨烯具有优异的导电性能、导热性能、光学性能和机械性能，是制备场效应晶体管、集成电路、光电器件等的热门材料。同时，石墨烯作为研究量子电动力学的理想材料，为探索新奇的量子现象提供了平台。接下来对石墨烯电学方面的应用作简要介绍。

1. 场效应晶体管

场效应晶体管的应用极大地推动了半导体行业的发展，基于碳纳米管的场效应晶体管是近十年来的研究热点。石墨烯的载流子迁移率远高于碳纳米管（$2\times10^4\ cm^2\cdot V^{-1}\cdot s^{-1}$），临界电流密度非常大，不需要组装成大型平行纳米管阵列就能获得较大电流。但是在场效应晶体管中产生的俘获电荷，会产生较大的滞后和阈值电压漂移。特别是在使用普通非晶栅氧化物（如硅或二氧化铪）时，会影响电路操作的稳定性。奥地利 Tibor Grasser 团队通过调节费米能级，减少非晶栅氧化物中缺陷带的影响，以最大化沟道电荷载流子和非晶铝栅氧化物缺陷带之间的能量距离，提高了非晶栅氧化物石墨烯基场效应晶体管的器件稳定性[9]。

2. 逻辑反相器

反相器是一种常用的电路元件，可以实现将输入信号进行取反的功能[10]。在电子领域中，反相器通常被用于信号放大、滤波和逻辑运算等方面。反相器的功能实现基于放大器的负反馈机制，核心组成部分为一个放大器和一个反馈网络。输入信号经过放大器放大后，再通过反馈网络回到放大器，形成稳定的负反馈环路，并产生对输入信号的反向输出。Rizzi 等设计了具有相同输入和输出逻辑电压水平的石墨烯互补反相器，从而实现级联[11]。

3. 石墨烯环形振荡器

环形振荡器可以产生稳定的正弦波信号。然而，基于低维纳米材料的环状振荡器由于低电流驱动或寄生现象而表现出有限的性能。多栅晶体管集成电路中最具代表性的是在石墨烯上制作的全集成环形振荡器，振荡频率可大于 1 GHz，还可以通过缩短晶体管的栅长以减小接触电阻和寄生电容来提高振荡频率，并可应用在 100 GHz 以上的数字和模拟系统中。Guerriero 等利用化学气相沉积法制造了一个石墨烯环形振荡器[12]，最大振荡频率为 1.28 GHz，最大输出电压摆幅为 0.57 V。这两个特性仍然受到寄生电容的限制，但不受石墨烯晶体管固有特性的限制。

4. 透明导电电极

石墨烯良好的电导性能和透光性能，使得它在透明导电电极方面有非常好的应用前景。触摸屏、液晶显示、有机光伏电池、有机发光二极管等都需要良好的透明电极材料。

石墨烯的机械强度和柔韧性都比常用材料氧化铟锡优良。通过化学气相沉积法，可以制成大面积、连续、透明、高电导率的少层石墨烯薄膜，主要用于光伏器件的阳极，可实现高达 1.71%的能量转换效率。用氧化铟锡材料制成的元件，其能量转换效率大约为石墨烯器件的 55.2%。澳大利亚詹姆斯·库克大学的 Mohan V. Jacob 教授等利用植物提取物资源，采用射频等离子体增强化学气相沉积技术，在玻璃上通过一步法合成了有机光伏用的石墨烯透明导电电极[13]。在 600 ℃下通过 2 min 的反应，在没有催化剂或载气的情况下，快速合成大面积石墨烯薄膜，所制备的薄膜具有较低的结构缺陷、较高的光透过率（550 nm 处透过率为 81%～65%）和中等的片电阻（1.6 kΩ/片和 0.97 kΩ/片）。与基于氧化铟锡的电极相比，基于石墨烯电极的倒置几何有机光伏器件具有更高的短路电流密度和开路电压，并分别实现了 80%的变流技术效率和 78%的填充因子，优异的性能为有机光伏和其他光电器件用石墨烯电极的大规模商业化提供了依据。

5. 射频混频器和集成电路

射频混频器是一种将不同频率的信号混合在一起产生新的频率的电子器件，常被用于通信系统、雷达系统、无线电接收器和发射器等设备中。射频混频器的主要功能是将两个或多个输入信号进行非线性混合，产生包含原始频率和它们之间差频的输出信号。这个差频信号可以用于频率转换、调制解调、频谱分析等。石墨烯纳米带具有高电导率、高热导率、低噪声的特点，是集成电路中通道材料与互连材料的一种选择。2011 年，美国 IBM 公司的 Lin 等首次成功研制了由石墨烯圆片制成的集成电路[14]。该集成电路作为宽带射频混频器，在高频（10 GHz）、高温（127 ℃）时仍能正常运行。

6. 圆形石墨烯谐振器

石墨烯的层状结构使其可以用于质量检测以及电子机械谐振器，它能提供比碳纳米管更大的与周围环境的接触表面，非常适用于细胞吸附和环境变化监测。虽然碳纳米管被普遍应用于早期的谐振器上，但由于碳纳米管物理性能有限且价格昂贵，谐振器尺寸大，灵敏度不高，故很难推广。单层石墨烯的厚度小到只有一个碳原子直径那么大，但它们却能维持着很高的结晶顺序，这使得石墨烯具有厚度薄、表面积大和密度低等材料特性，为灵敏度高、体积小和共振频率高的谐振器的研究与应用提供了可能。Joseph A. Stroscio 等发现，当达到相对较小的临界磁场时，环形石墨烯 P-N 结谐振器的 Berry 相位引起的光谱特性显著增加。这一现象是通过打开与石墨烯中狄拉克费米子的拓扑性质相关的 π Berry 相位来实现的[15]。Berry 相位可以通过一个非常小的 10 mV·T 左右的磁场来开启/关闭，可用于一系列石墨烯光电器件中。

当然，石墨烯也存在电学应用上的限制。石墨烯是一种零带隙材料，这一性质严重影响了石墨烯在场效应晶体管中的应用，尤其影响了其在要求频繁开/关响应的逻辑电路中的应用。但是，可以通过一些方法打开石墨烯带隙，使石墨烯转变为半导体：(a) 制备石墨烯纳米带。根据纳米带边缘形状的不同,可分为扶手椅形石墨烯纳米带及锯齿形石墨烯纳米带。锯齿形纳米带通常为金属性,而扶手椅形纳米带可具有半导体性质。扶手椅形纳米带的带隙与它的宽度成反比。(b) 制备石墨烯量子点,使其产生带隙。(c) 对双层石墨烯施加不同强度的电场,可连续调控带隙。(d) 对石墨烯进行掺杂。如使用化学气相沉积法,采用甲烷及氨气作为前驱体,可以在铜基底上成功生长出具有 N 型半导体性质的含氮掺杂的少数层石墨烯。

2.3 二维半导体材料与器件

二维过渡金属硫族化合物作为一种具有原子级厚度和强自旋轨道的半导体,拥有良好的电学性能和力学性能,在高端电子学、自旋电子学、光电子学、能量收集、柔性电子学、DNA 测序和个性化医疗领域中有良好的应用潜力。过渡金属硫族化合物的研究有着非常悠久的历史。1923 年,Pauling 最先确定了它们的结构[16]。到了 20 世纪 60 年代后期,已知的过渡金属硫族化合物大约有 60 种,其中包含 44 种能形成稳定二维结构的化合物。在这些化合物中,有金属性导体($NbTe_2$ 和 $TaTe_2$)、半导体(MoS_2、WS_2、$MoSe_2$ 和 WSe_2)和超导体(NbS_2、$NbSe_2$ 和 TaS_2)。1963 年,利用撕胶带法制备的超薄层状 MoS_2 被首次报道[17]。1986 年,单层 MoS_2 悬浮液被首次制备出来[18]。20 世纪 90 年代,碳纳米管和富勒烯被大量研究,WS_2 纳米管被发现,接着 MoS_2 纳米管和富勒烯纳米粒子被合成[19]。2004 年,石墨烯的发现和相关研究成果激励了层状材料合成技术的发展,为过渡金属硫族化合物的发展开辟了道路。

2.3.1 二维半导体材料与器件——过渡金属硫族化合物

过渡金属硫族化合物的化学组成和结构相的多样性决定了它们广泛的电子特性,既有不同的能带结构特征,又存在拓扑相。以下将简要介绍过渡金属硫族化合物半导体的结构特点、特性及应用。

1. 过渡金属硫族化合物的结构特点

由于过渡金属原子配位层不同,过渡金属硫族化合物存在多种结构相。两个主要的结构相以金属原子的三棱柱(2H)和八面体(1T)配位为特征。这些结构相也可以看作由 3 个原子平面(硫属元素-金属元素-硫属元素)按照不同的堆叠顺序组成。2H 相对应 ABA 堆叠方式,主要特征是:不同原子平面的硫属元素占据相同的位置 A,并且在垂直平面的方向上恰好重叠。1T 相对应 ABC 堆叠方式,与 2H 相不同的是:不同原子平面的硫属元素占据的位置不同。结构相的不同取决于过渡金属元素(V、Ⅵ、Ⅶ、Ⅸ或 X)和硫属元素(S、Se 或 Te)不同的组合,但是热力学稳定的结构相只有 2H 相和 1T 相,其余的结构相被认为是亚稳态相。对于由Ⅵ族过渡金属和硫族元素形成的 5 种可能结构相，2H 相是热力学稳定相，1T 相是亚稳态相。只有 WTe_2 例外，室温下稳定的结构相是正交1T 相。

MoS_2 是过渡金属硫族化合物的典型代表，有 3 种相结构：2H 相、3R 相和 1T 相。其中，2H 相是由 2 个 Mo-S 层构成一个晶胞，形成三棱柱结构的单胞沿着 c 轴方向堆垛组成的，具有半导体性；3R 相由 3 个 S-Mo-S 层构成一个晶胞，形成三棱柱配位结构；1T 相由 1 个 S-Mo-S 层构成一个晶胞，Mo-S 原子形成八面体配位，具有金属性。

晶格畸变可能改变原子排布的周期性，从而导致各层的堆叠配置不同，也进一步决定了多层和体相过渡金属硫族化合物的结构变化。如果发生畸变，可能导致金属原子与金属原子相互成键。例如，在Ⅵ族过渡金属硫族化合物的 1T 相的"二聚化"中，畸变可能导致产生亚稳态的 1T′相，以及在二硫化铼的"四聚化"中产生 1T 相 ReS_2。若较弱的点阵畸变伴随着电荷密度波相位的变化，材料则会显示出丰富的物理现象和复杂的相图。

2. 带隙可调控

NbS_2 和 ReS_2 是金属性的，电子性能与层数无关，本章仅讨论由Ⅵ族过渡金属 Mo 和 W 与 S 和 Se 结合形成的过渡金属硫族化合物的能带结构的基本特征。过渡金属硫族化合物层状材料的能带结构依赖于层数，当体材料厚度减少为多层或者单层时，层状材料的电子性能发生显著变化。也就是说，过渡金属硫族化合物材料具有量子效应，带隙会随着层数的变化而发生变化。

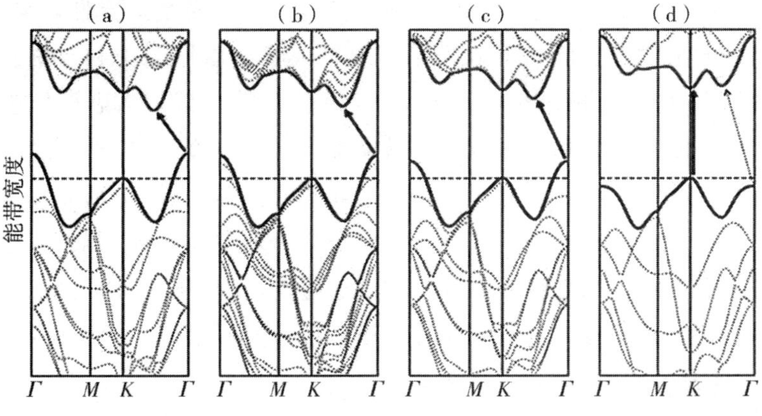

图 2.5　层数依赖的 MoS_2 的能带结构[20]：(a) 块体 MoS_2 的能带结构；(b) 四层 MoS_2 的能带结构；(c) 双层 MoS_2 的能带结构；(d) 单层 MoS_2 的能带结构

如图 2.5 所示，基于密度泛函理论的第一性原理计算发现，随着厚度从体相减小到单层，2H-MoS_2 的能带结构也发生了变化，实心箭头表示最低的能量跃迁。块状 MoS_2 的特征取决于间接带隙[20]，直接激子跃迁发生在高能 K 点。随着层厚的减小，间接带隙增大，而直接激子跃迁几乎没有变化，单层 MoS_2 变成了直接带隙半导体。单层 MoS_2 中电子结构的剧烈变化可以解释观察到的光致发光效率跳跃的现象。价带和导带边缘的位置随着厚度的减小而变化，由间接带隙的体相半导体材料变成了直接带隙的单层半导体材料。对于体相 MoS_2，价带能量的最高点位于 Γ 点，而导带中能量最低的点位于 K 点和 Γ 点之间，这使得体相 MoS_2 具有 1.2 eV 的间接带隙[21]。理论计算表明，K 点对应的导带主要受 Mo 原子轨道的影响，而层间耦合作用影响不大，即当层数改变时，价带所处状态一般不发生改变。Γ 点附近的能带状态主要取决于 S、Mo 原子轨道间的杂化作用，表现出强烈的层间耦合作用。随着层数的减小，Γ 点的禁带宽度不断增大，即从间接带隙（$E_{g'}$）转变为直接带隙（E_g）。在层数减少的过程中，带隙宽度逐渐增大，直到单层 MoS_2 转变为带隙宽度为 1.9 eV 的直接带隙材料。

WS_2 和 MoS_2 相似，当 WS_2 由体相转变为单层时，半导体特性会发生显著改变，即由体相的间接带隙半导体转变为单层的直接带隙半导体。同样，单层 $MoSe_2$ 和 $MoTe_2$ 也显示出间接带隙到直接带隙的转变，带隙分别是 1.44 eV 和 1.07 eV。过渡金属硫族化合物的这个特性，使得它们可以更好地应用于光电子器件中。

3. 谷电子学性能

基于电荷输运和电子自旋可以制备出自旋电子和谷电子器件。谷状结构是指导带底和价带顶处的简并。过渡金属硫族化合物如 MoS_2，具有自旋轨道耦合及结构的对称性破缺，导致其相邻不简并的两个谷对左旋和右旋圆偏振光的吸收具有选择性，在自旋电子学和谷电子学等领域极具应用潜力。在 MoS_2 的第一布里渊区内，不同自旋会和两个非等价谷发生耦合[22]。谷极化通过圆偏振光激发，由于光学选择性，给定的圆偏振光只能激发出自旋向上或者自旋向下的光子。北京大学龚旗煌院士和吕国伟研究员课题组利用扫描探针操控纳米颗粒组装成超小型手性光学天线，实现了在常温下对单层 MoS_2 谷极化发光偏振度与辐射方向的高效调制[23]，从实验和理论上证实了单层 MoS_2 的谷选择圆偏振光吸收性质。研究发现，单层 MoS_2 的能带在六边形布里渊区的顶点附近拥有谷状结构，而相邻点的谷并不等价，它们分别吸收左旋光和右旋光，选择性近乎完美。这项研究首次发现了二维材料中谷的旋光选择性，在单层 MoS_2 中实现了谷极化，说明过渡金属硫族化合物在自旋电子学和谷电子学领域具有很好的发展前景。

4. 过渡金属硫族化合物在光电领域的应用

硅基晶体管的小型化已经在智能手机和平板电脑等电子设备中取得了前所未有的进展，但是硅基晶体管的进一步小型化受到高接触电阻、短沟道效应和高漏电流的阻碍。虽然使用新颖的器件构架来克服这些限制是一种可选的解决方案，但是器件性能的提高依然存在着较大挑战。另外，硅基材料不适用于柔性电子器件。基于硅基材料面临的问题，寻找新的材料替代硅基材料成为亟待解决的难题。过渡金属硫族化合物拥有高电子迁移率（如 MoS_2 的电子迁移率高达 1 000 $cm^2 \cdot V^{-1} \cdot s^{-1}$）和原子级的厚度，具有柔性薄膜的特性，在下一代晶体管、太阳能电池、光电二极管中具有很好的应用潜力。

1）场效应晶体管

尽管过渡金属硫族化合物的电学性质和电子结构从 20 世纪 60 年代就开始被研究，但是相关器件的应用一直受到限制。直到 2004 年，才将 WSe_2 应用到场效应晶体管中。在 60 K 下，WSe_2 的开关比为 10^4，表现出高达 500 $cm^2 \cdot V^{-1} \cdot s^{-1}$ 的 P 型电导率[24]。Radisavljevic 等在 2011 年报道了单层 MoS_2 场效应晶体管，使用机械剥离法剥离单层 MoS_2 作为传输通道并覆盖 30 nm 厚的 HfO_2，由 HfO_2 充当顶部门控介电层[25]。他们发现，该器件具有约 10^8 的开关比，大于 200 $cm^2 \cdot V^{-1} \cdot s^{-1}$ 的迁移率，74 $mV \cdot dec^{-1}$ 的低亚阈值摆幅和 25 $fA \cdot \mu m^{-1}$ 的关态电流。同样，在由 ZrO_2 电介质覆盖的单层 WSe_2 通道的场效应晶体管中也使用了相同的设计，在室温下表现出高达 250 $cm^2 \cdot V^{-1} \cdot s^{-1}$ 的迁移率，约 60 $mV \cdot dec^{-1}$ 的亚阈值摆幅和 10^6 的高开关比。

过渡金属硫族化合物场效应晶体管性能受诸多因素的影响。使用高介电材料（Al_2O_3 和 HfO_2）封装二维过渡金属硫族化合物会强烈抑制二维材料中的库仑散射，这是实现高迁移率的关键[26]。衬底对二维材料的载流子迁移率也有重要影响。MoS_2-SiO_2 界面的陷阱电荷会捕获双层 MoS_2 和三层 MoS_2 中的载流子。MoS_2/PMMA（聚甲基丙烯酸甲酯）界面处短程无序或长程无序的减少，使得 PMMA 电介质上的多层 MoS_2 相较于 SiO_2 上的 MoS_2 载流子迁移率有很大提高。新加坡科技局材料工程研究院的吴靖研究员课题组等发现转移到褶皱的 Si_3N_4 衬底上的 MoS_2 薄膜会紧密贴附衬底，形成相应的褶皱结构，褶皱的 Si_3N_4 衬底可极大地提高 MoS_2 的室温载流子迁移率[27]。基于褶皱 MoS_2 的二端晶体管器件具有优异的电学性能（开关比超过 10^6，饱和电流密度 300 $\mu A \cdot \mu m^{-1}$，室温载流子迁移率可达到 640 $cm^2 \cdot V^{-1} \cdot s^{-1}$），而相应的四端晶体管器件的室温载流子迁移率更是超过 900 $cm^2 \cdot V^{-1} \cdot s^{-1}$。

制备方法对二维过渡金属硫族化合物场效应晶体管的性能也有很大影响。在众多制备二维过渡金属硫族化合物的方法中，剥离的 MoS_2 器件的载流子迁移率普遍较高，而气相沉积法生长的 MoS_2 器件的载流子迁移率较低。采用气相沉积法生长的 MoS_2、ReS_2 和 $ReSe_2$ 所构造器件的载流子迁移率比基于剥离法的材料所构造的器件低 3 个数量级。在气相沉积法的合成条件被优化以减少晶界之后，载流子迁移率增加到与基于剥离的过渡金属硫族化合物相近的水平。据 Sik Hwang W 等报道，剥离的 MoS_2 器件的阈值电压高于气相沉积法生长的 MoS_2 器件，可能是剥离样品过程中不经意的掺杂和 Scotch 胶带残留的感生电荷所致[28]。类似于少数层过渡金属硫族化合物，衬底对气相沉积法生长的单层过渡金属硫族化合物所构建的场效应晶体管的性能也有影响[29]。

过渡金属硫族化合物和栅极之间的肖特基接触也是影响过渡金属硫族化合物场效应晶体管性能的重要因素。Jared H. Strait 等通过使用基于 THz 探针光谱学的非接触方法，发现 MoS_2 在 30 K 时固有载流子迁移率接近 4 200 $cm^2 \cdot V^{-1} \cdot s^{-1}$，这比之前报道的多层过渡金属硫族化合物器件的值还要大 1 个数量级[30]。电极和二维过渡金属硫族化合物之间的肖特基势垒高度会影响器件的载流子迁移率，用于电极的金属决定了功函数相关的肖特基势垒高度。过渡金属硫族化合物倾向于与普通金属形成高肖特基势垒（0.03～0.8 eV）。通过在过渡金属硫族化合物和金属之间插入二维材料如石墨烯、氮化硼，或薄膜如 MgO 和 TiO_2，可以减少肖特基接触。除了形成过渡金属硫族化合物/金属结，化学/静电掺杂和相变控制也是通过降低接触电阻来优化场效应晶体管性能的可行性方案。

2）双极性晶体管

在常规场效应晶体管中，可使用具有不同功函数的金属电极来控制晶体管的极性。如果电极的费米能级接近半导体的导带，则电子注入占主导地位；如果电极的费米能级接近半导体的价带，则转化为空穴注入。例如，大多数金属的费米能级接近 MoS_2 的导带，因此 MoS_2 场效应晶体管的载流子主要由电子决定。此外，使用不同的金属作为源极和漏极可使 WSe_2 表现出双极性行为，通过减少载流子注入的肖特基势垒宽度来进行过渡金属硫族化合物表面上的化学掺杂（如 WSe_2 上的 NO_2 和 K）可以实现双极性行为。但在器件制造完成后，场效应晶体管的极性一般是固定的。

在不同的静电场下，在 $MoSe_2$、$MoTe_2$ 和 WSe_2 器件中也发现了双极性输运现象，这种现象归因于形成了两个背对的肖特基势垒。因此，晶体管可以用作双极性晶体管，并且晶体管的极性可以通过电信号来反转。利用反双极性晶体管的特性制备电子器件还处于萌芽阶段。当栅极偏置电压处于一定范围内时，反双极性晶体管的漏极电流会急剧增加或减少，此独特功能是由围绕晶体管通道中心形成的部分堆叠 P-N 异质结界面实现的。反双极性晶体管为低功耗电子设备开辟了一条新的路径[31]。

3）太阳能电池

当用能量大于带隙的光子照射时，在半导体的耗尽区将产生自由电子/空穴或束缚电子-空穴对（激子）。施加的电压或自建电场可以分离束缚激子，以产生电荷载流子。P-N 结是许多光电器件（包括太阳能电池、发光二极管等）的功能元件。单层（厚度小于 1 nm）的过渡金属硫族化合物（MoS_2、$MoSe_2$ 和 WS_2）可吸收 5%～10%的入射光，比一般半导体如 GaAs 和 Si 大 1 个数量级。Gourmelon 等报道了在太阳能电池中使用 MoS_2 和 WS_2 作为纳米结构吸收体，用作稳定吸收材料的 WS_2 纳米片对 TiO_2 的光敏化有一定的作用[32]。类似地，由 TiO_2 纳米颗粒制成的异质结太阳能电池及具有聚（3-己基噻吩）的上层/多层 MoS_2 纳米片的复合材料被证明具有 1.3%的光电转换效率[33]。金属/MoS_2/金属结构中具有不对称肖特基结，由于金属和 MoS_2 之间的功函数差异，会在 MoS_2 的耗尽区中产生较大的电场，构建出的光伏器件的能量转换效率为 0.7%～

2.5%[34]。

4）发光二极管

P-N结中的电子和空穴分离，它们重组时释放能量，以形成响应偏置电压的光子，这种效应称为电致发光。作为直接带隙材料，单层过渡金属硫族化合物非常适合用做超薄层和柔性发光层。过渡金属硫族化合物最早的光发射研究之一是在扫描隧道显微镜下激发纳米尺度上的 MoS_2 和Cr/Au之间接触形成的肖特基势垒[35]。

过渡金属硫族化合物在制造具有不同器件结构的高效发光二极管方面取得了巨大进展。无悬挂键的表面和直接带隙结构使得单层过渡金属硫族化合物具有接近100%的光致发光量子效率[36]。通过单层 WSe_2 的静电掺杂形成的基于同质结的发光二极管获得了1%的电致发光效率[37]。基于Ⅱ型异质结设计，在N型单层 MoS_2 和P型Si异质结中可以观察到激子电致发光。此外，垂直堆叠的 MoS_2/WSe_2 异质结（MoS_2 为N型，WSe_2 为P型）的电致发光表现出12%的外量子效率[38]。

Zhang等报道了一种基于 WSe_2 可实现圆偏振电致发光的双极性晶体管。这种横向发光二极管器件由两个石墨烯透明电极、两层 h-BN隧道势垒和单层 WSe_2 构成。WSe_2 中两个分开的背栅被定义为p-i-n结[39]。基于p-i-n结的 WSe_2 发光二极管中的单个光子发射体可在低电流（100 nA）和低温（5 K）下观察到1.704 eV（728 nm）处的窄发光峰（宽度小于300 μeV）[40]。

5）激光器

光致发光器件吸收能量较大的光子后会产生光致发光现象。单层过渡金属硫族化合物的荧光量子产率有所提高，但是体相和单层 MoS_2 的产率差异相对较小。WS_2 和 WSe_2 单层的绝对荧光强度比从天然晶体中剥离的单层 MoS_2 的强度高20～40倍。与 MoS_2 相比，WS_2 和 WSe_2 更适合制造发光器件。然而，由于非辐射复合速率超过了自发辐射速率，单层过渡金属硫族化合物的自发辐射效率仍然很低。对于 SiO_2 衬底上的单层 MoS_2，在室温下估算的无辐射衰减时间约为70 ps，自发辐射寿命约为10 ns[41-42]。自发辐射的增强可通过两种策略实现：一种是将过渡金属硫族化合物与具有高品质因子（Q因子，约300）的平面光子晶体耦合；另一种是将过渡金属硫族化合物与分布式布拉格反射镜微腔整合。

除了增强自发辐射之外，使用过渡金属硫族化合物实现激光发射还存在几个关键挑战。例如，MoS_2 中载流子的有效质量较大，导致在价带和导带中产生较高的态密度。具有1.8 eV带隙的 MoS_2 需要足够的载流子浓度将准费米能级迁移至相应的带中，以实现导电类型的反转。价带和导带边缘之间的跃迁在这种单层过渡金属硫族化合物中具有强烈的激子特征，允许长寿命的粒子数反转，但目前只在 MoS_2、WS_2 和 WSe_2 中发现了这种现象。

2.3.2 二维半导体材料与器件——黑磷

1914 年，物理学家布里奇曼对黑磷晶体进行了首次高压合成[43]。2014 年，复旦大学张远波教授课题组用黑磷制造出了晶体管[44]。自此，具有适中、可调谐带隙的黑磷便成为二维材料研究的新焦点[45]。

黑磷由磷原子通过强共价键结合在一起，层与层之间通过弱相互作用的范德华力结合[46]。黑磷与石墨烯和过渡金属硫族化合物相似，能够承受大的局部变形而不致断裂。此外，理论预测单层和少层黑磷带隙值为 0.3～2 eV，跨越了石墨烯（零带隙）和过渡金属硫族化合物广泛的带隙范围。单层和少层黑磷晶体管的电流开关比可达 10^5，迁移率高达 1 000 $cm^2 \cdot V^{-1} \cdot s^{-1}$，这一值明显高于由过渡金属硫族化合物制成的晶体管[47]。基于此，黑磷被认为是先进光电子和纳米电子器件极具潜力的材料之一。除具有从可见光到中红外可调节的合适带隙之外，黑磷还展示出许多其他特点，如固有双极性行为、独特的各向异性、低导热性等，可用于开发功能电子、光子和光电子器件等。

1. 黑磷的晶体结构

与其他类型的磷同素异形体不同，黑磷是唯一一个和石墨烯、过渡金属硫族化合物等二维结构类似的稳定的层状结构。每层黑磷中每个 sp^3 磷原子与 3 个相邻磷原子通过一孤对电子共价键结合，从而占据磷原子的 3 个价电子形成稳定的环结构，整体形成了一个四棱锥结构[48]。面内 3 个相邻磷原子中的 2 个与另外 1 个原子的夹角都是 99°，与位于层间的第三个原子的夹角为 103°，产生 102°的平均角度，并形成起皱的蜂窝黑磷层[49]。每一层平面内的原子排列产生两个不同的方向，即沿着原子排列方向的锯齿形结构，以及与原子排列方向垂直的扶手椅形结构，这使黑磷的晶体结构具有各向异性，晶体结构的各向异性导致它电学和光学性质沿 3 个不同晶轴的各向异性。由于层内有很强的共价键和单一的电子对，所以每个原子都是饱和的，层间的原子通过范德华力连接在一起。黑磷具有各种新奇的光学、电学、力学和热学特性。

原子排布成“Z”字形和扶手椅形，在晶体结构中分别呈现出折叠形和山脊形，沿这两个方向的原子间共价键的键长和键角的不同，使得黑磷的物理、化学、力学及热学等性质沿着不同的晶体方向呈现显著差异。除了层内的各向异性外，黑磷也表现出方向上的不同特性。例如，沿垂直方向和水平方向呈现导热率和应变的各向异性。在不同的方向上，热导率不同，而且长度和厚度也对热导率产生影响。除此之外，二维材料的制备方法、结构参数也可以影响各向异性热导率[50]。压力对黑磷的晶体结构也有着显著影响，早期的研究表明，黑磷在常压下具有正交结构，在高压下会经历两个可逆的结构转变：在室温和 5.5 GPa 压力下，黑磷结构发生从正交到菱方结构的转变，伴随着褶皱层的位移和体积变化；在约 10 GPa 的压力下，它又从菱方结构转变为简单的立方，这种简单的立方体相即使在 60 GPa 的压力下也能保持稳定，而且这两个高压相在低温下都出现超导电性[51]。

2. 黑磷的电学特性及影响因素

1）带隙可调控

黑磷是一种直接带隙半导体，可以通过施加应变、电场和控制厚度对黑磷的物理性质进行调控，且物理性质随着应力、层数和所加电场的变化而变化。随着厚度的减小，黑磷的带隙值将从体相的 0.3 eV 变化到单层的约 2.0 eV[52]。Liang 等发现单层黑磷更精确的带隙值为 2.05 eV[53]。黑磷的带隙在轴向应变的作用下将发生“直接带隙-间接带隙-直接带隙”的转变。在锯齿形方向，只需 2%的压缩率就足以使直接带隙转变为间接带隙。通过施加足够大的拉应变或压应变（5%），带隙可以从间接带隙再次变为直接带隙[54]。

清华大学物理系周树云教授等首次在黑磷中实现了脉冲激光诱导的弗洛凯瞬时能带调控，发现外加的周期振荡的势场将导致电子在能量空间出现能带结构的周期性复制，并发现其与黑磷的自旋具有独特的耦合作用及光学选择定则[55]。通过电子与周期势场的相互作用对低维量子材料的能带结构、对称性及拓扑性质的瞬时调控，可实现平衡态所不具有的新物态，例如可将拓扑平庸的材料转变为拓扑材料，实现远离平衡态的拓扑超导态等。

2）层依赖性

随着层数的增加，少数层黑磷的带隙逐渐减小，尤其是从单层黑磷到三层黑磷，带隙值急剧下降，这一变化可归因于量子限域效应，最终带隙值在 0.3 eV 时维持不变[56]。

黑磷的能带排列、电荷有效质量、光助氧化性质等同样依赖于厚度的变化。事实上，黑磷厚度依赖的性质变化本质仍是结构的调控。相邻黑磷层之间的距离，以及层内黑磷原子排列的微弱变化都将极大地改变黑磷层间的电子耦合、电子排布，相应地引起电学和光学性质的改变。外界压力是改变黑磷原子间相互距离、原子排布的有效手段。南方科技大学权泽卫课题组选择厚度在 71 nm 和 6 nm 之间的黑磷材料，研究了不同厚度的黑磷在高压下的结构和性质变化[57]。通过原位高压同步辐射 X 射线衍射与拉曼光谱发现，不同厚度的黑磷在高压下的相变序列与其体材料完全相同，但是相变压力点明显高于体材料，这主要是纳米材料增强的表面能导致的。同时，黑磷的高压结构表现出明显的厚度依赖特性，特别是在 71 nm 和 13 nm 之间，相变压力明显升高。这表明，在该厚度范围内，黑磷厚度的降低能极大地提升结构稳定性。此外，通过计算晶胞参数压缩率，发现在 3 GPa 以下，黑磷呈现出明显的厚度依赖的各向异性结构压缩，厚度的降低能使层间结构具有较大的刚性。

3）外加电场调制

在垂直于少数层平面的方向施加电场时，黑磷带隙从 0.78 eV（零电场）减小到 0.56 eV[58]。Liu 等研究发现，在外场的影响下少层黑磷可以转化为拓扑绝缘体并最终形成金属[59]。该发现为常规绝缘材料转换成拓扑绝缘体提供了可能，利用这种效应可以开发同时操纵自旋和电荷载流子的新型多功能场效应拓扑晶体管。

4）各向异性的电学性能

黑磷在扶手椅形方向的迁移率比锯齿形方向高出 50%，这种各向异性主要与黑磷的褶皱结构有关。在室温下，黑磷沿扶手椅形方向的空穴迁移率约为 600 $cm^2 \cdot V^{-1} \cdot s^{-1}$，沿锯齿形方向的空穴迁移率约为 400 $cm^2 \cdot V^{-1} \cdot s^{-1}$。黑磷在较低的温度下呈现出较高的迁移率，室温下迁移率仍高于 MoS_2（约 200 $cm^2 \cdot V^{-1} \cdot s^{-1}$），但明显低于石墨烯（约 200 000 $cm^2 \cdot V^{-1} \cdot s^{-1}$）。此外，黑磷的电导率是由空穴主导的，电阻率随温度的升高而降低。室温下，黑磷空穴的载流子迁移率为 350 $cm^2 \cdot V^{-1} \cdot s^{-1}$，明显高于电子的220 $cm^2 \cdot V^{-1} \cdot s^{-1}$。

3. 黑磷在光电领域的应用

黑磷在室温下的开关比高达 10^4，迁移率约 1 000 $cm^2 \cdot V^{-1} \cdot s^{-1}$，这些特性对于构建高性能的晶体管器件非常重要[46]。单层过渡金属硫化物的迁移率太低，而具有高迁移率的石墨烯缺乏带隙，黑磷的出现弥补了石墨烯和过渡金属硫化物半导体各自性能上的不足。然而，黑磷容易氧化，致使黑磷在空气中的性能衰减较快。此外，黑磷还具有高密度的电荷陷阱，严重限制了它的迁移率。通过封装技术可以防止黑磷的氧化和降解。例如，通过在两层六方氮化硼之间插入黑磷形成异质结，不仅可以保持黑磷晶体的稳定，而且可以实现较高的迁移率。封装后，黑磷在室温下的迁移率为 1 350 $cm^2 \cdot V^{-1} \cdot s^{-1}$，在较低温度下可以达到 2 700 $cm^2 \cdot V^{-1} \cdot s^{-1}$[60]。

1）黑磷场效应晶体管

近年来，基于黑磷的场效应晶体管的研究重点是面向下一代电子器件的应用。Li 等制造了厚度为 7.5 nm 的黑磷场效应晶体管[44]，获得的场效应晶体管开关比高达 10^5。10 nm 厚的黑磷，载流子迁移率高达 1 000 $cm^2 \cdot V^{-1} \cdot s^{-1}$。载流子迁移率与厚度直接相关。Koenig 等发现，在室温下，SiO_2/Si 衬底上的黑磷晶体管的载流子迁移率可达 300 $cm^2 \cdot V^{-1} \cdot s^{-1}$，器件表现出双极性传导，开关比有望超过 10^5[61]。比较有趣的是，在黑磷的两个方向，空穴迁移率并没有表现出很强的各向异性（$T=300$ K 时，$\mu_{xx}/\mu_{yy} \approx 1.4$），电子迁移率则呈现出各向异性（$\mu_{xx}/\mu_{yy} \approx 6.2$）。在室温下，$\mu_{xx}$ 和 μ_{yy} 的绝对值分别不超过 250 $cm^2 \cdot V^{-1} \cdot s^{-1}$和 700 $cm^2 \cdot V^{-1} \cdot s^{-1}$。

对于不同的接触金属，金属/黑磷界面呈现出不同的肖特基势垒高度。Ni 和 Pd 的功函数之差为 0.6 eV，当使用 Pd 时，接触电阻显著降低。在惰性气体环境下，采用石墨烯作为源极、漏极电极，采用氮化硼薄膜进行封装，双层黑磷场效应晶体管线性 I_{ds}-V_{ds} 与温度无关，这表明石墨烯电极导致了零势垒接触。采用石墨烯作为源极、漏极电极，可以解决黑磷晶体管中肖特基势垒传输的问题。用氮化硼层封装黑磷表面可以避免性能的快速退化，从而确保晶体管的工作稳定性。Perello 等研究了 Al 电极和 Pd 电极接触对黑磷场效应晶体管器件的影响[62]。在使用 Al 电极的晶体管器件中观察到：随着黑磷片层的厚度从 3 mm 变化到 13 nm，器件实现了从单极性到双极性的转换。在 300 K 的温度下，13 nm 的黑磷晶体管器件呈现出双极性晶体管特性，电子迁移率高达 950 $cm^2 \cdot V^{-1} \cdot s^{-1}$。3 nm 的黑磷沟道器件呈现出单极 N 型特性，电子迁移率为 275 $cm^2 \cdot V^{-1} \cdot s^{-1}$，开关比超过 10^5。使用 Pd 电极的器件中，2.5～7 nm 的黑磷显示出对称的电子和空穴传输特征。

2) *黑磷存储器*

二维材料被认为是非易失性铁电存储器、浮栅存储器、电荷陷阱存储器和阻变存储器中较有潜力的候选材料。澳大利亚 Sumeet Walia 等报道了基于垂直堆叠层状黑磷的阻变存储器[63]，存储器的存储性能依赖于氧和银离子间的相互作用，表现出极低的截止态电流、高保留、强耐久性和优异的开关比。Lee 等使用少数层黑磷作为沟道层材料和一种聚合物铁电介质——聚偏二氟乙烯-三氟乙烯，构建了一个非易失性顶栅存储器晶体管[64]，将剥离得到的黑磷纳米片转移到多晶硅衬底上，构建的黑磷晶体管呈现出由碳氟偶极子效应产生的 P 型性能，迁移率高达 1 159 $cm^2 \cdot V^{-1} \cdot s^{-1}$，开关比可达 10^3。Feng 等使用少层黑磷作为沟道材料，$Al_2O_3/HfO_2/Al_2O_3$ 作为电荷阱结构，制造了非易失性黑磷电荷存储器，器件具有良好的耐久性（大于 120 周期）和优异的数据保存率[65]。Zhang 等将黑磷与聚乙烯吡咯烷酮作为电阻记忆功能层混合，研究了黑磷量子点的电子性质和开关效应[66]，器件启动电压低至 1.2 V，在读取偏压为 0.2 V 时，获得了较高的开关比（大于 6.0×10^4），保留时间超过 1.1×10^3 s。

2.4　二维绝缘体材料

二维绝缘材料是指只有单层或几层原子厚度的绝缘体材料，呈现二维晶体结构，典型代表有六方氮化硼（*h*-BN）、拓扑绝缘体等。这类材料具有较大的能带间隙，表现出优异的绝缘性能，常温下的电阻率通常大于 10^{10} $\Omega \cdot cm$，同时还表现出其他独特的电学特性，如量子霍尔效应等。二维绝缘体通常具有良好的热稳定性和化学稳定性，还可能具有特殊的光学和力学性质，如高折射率、高透光性、高强度等。二维绝缘材料在电子器件绝缘层、电容器、热管理等领域有广泛的应用前景。同时，二维绝缘材料也是构建二维异质结构的理想材料。二维绝缘材料是一类新兴的功能性纳米材料，其独特的结构和物性为电子信息技术的发展带来了新的机遇。

在过去的几年中，氮化硼因具有绝缘特性的稳定结构，受到了广泛关注。虽然氮化硼是绝缘体，但可以通过掺杂、功能化和复合来对其性质和功能进行调控。由于可以减少库仑散射现象并且具有优异的界面性能，氮化硼还可用于调节其他二维材料（如石墨烯、MoS_2 和黑磷）的载流子迁移率，并可以保护这些材料免受污染和氧化。单层和少数层氮化硼纳米片已经被成功合成和研究，这些纳米片已经在光子器件、电介质隧穿、功率设备、电子封装、燃料电池、生物医药等方面显示出巨大的应用潜力，是目前研究、应用最为广泛的二维绝缘体材料。

2.4.1 氮化硼的结构特点

h-BN 是氮化硼中唯一属于六方晶系的材料，是由相等数量的 B 原子和 N 原子组成的六边形网格的无限延伸，沿 *c* 轴以 ABAB 顺序重复排列[67]。单层 *h*-BN 相邻 B 原子和 N 原子之间通过 sp^2 杂化形成 σ 共价键，键长 0.145 nm。层与层通过范德华力形成块状晶体，键长为 0.666 1 nm，密度为 2.28 $g \cdot cm^{-3}$。*h*-BN 沿 *c* 轴的结合强度较小，且各层之间很容易滑移[68]。下文中的氮化硼，如无特殊说明，均指 *h*-BN。

体相氮化硼具有与石墨烯类似的晶格常数和层间距离（0.330～0.333 nm）。在氮化硼 sp^2 杂化的硼和氮原子内层，形成蜂窝结构，硼的电负性和氮原子不同，氮原子电荷偏向六环平面角度，极性共价键很强。原子层之间没有直接键，只有弱相互作用，如静电相互作用和范德华相互作用。在石墨烯中，每个碳原子还拥有一个未成对电子，在垂直于平面的方向上形成离域 π 键，π 电子能够在面内高速自由移动，赋予石墨烯优异的电学、热学特性。对于氮化硼，每个晶胞含有 1 个 B 原子和 1 个 N 原子，共 8 个电子，B 和 N 原子之间 sp^2 杂化，每个 B 原子与 N 原子之间形成 3 个键，有 6 个电子填充到 σ 轨道，其余 2 个电子处于 2pz 态，形成一个垂直平面的 π 键。除了成键的电子外，氮化硼也有 2 个未成键的电子及 2 个垂直于平面的 p 轨道，从基本结构上看，氮化硼和石墨烯两者性能应当相似。不同的是，氮化硼是极性共价键，由于 N 的电负性比 B 大，π 键上的电子更倾向于被固定在 N 的周围，无法自由移动。氮化硼平面内没有可自由移动的电子，π 键上的电子离域性不高。室温下，氮化硼的载流子迁移率较低，具有优异的电绝缘性。

2.4.2 氮化硼的电学性质及影响因素

尽管氮化硼的结构与石墨烯相似，但它的导电性与石墨烯非常不同，氮化硼在室温下是绝缘体。氮化硼具有化学和热学稳定性，且没有悬挂键和表面电荷，所以基于氮化硼的石墨烯器件比基于 SiO_2 的石墨烯器件具有更高的迁移率和化学稳定性，场发射效应也得以改善。少层氮化硼-石墨烯异质结具有更高的电荷迁移率，达到了 50 000 $cm^2 \cdot$

$V^{-1} \cdot s^{-1}$[69]。BN-C-BN 型异质结可用于场效应隧穿晶体管器件。隧穿电流的强度与氮化硼薄膜的厚度呈指数级变化关系，具有量子隧穿效应[70]。

1. 介电屏蔽

氮化硼是石墨烯、二硫化钼等二维材料的优良介电衬底材料，可以优化这些二维材料的性能。氮化硼作为基底材料时，表现出优异的介电屏蔽性能[71-72]。Li 等使用"苏格兰胶带法"制备了氮化硼纳米片，通过实验验证了介电屏蔽效应，并得到了与模拟实验相同的结果[73]。

2. 间接带隙

h-BN 是一种新型超宽带隙半导体材料，其带隙宽度约为 6 eV。*h*-BN 在深紫外区具有高吸收系数(约为 7.0×10^5 cm^{-1})，但对紫外、可见和近红外光近乎透明。由于吸收带边位于 210 nm 附近，能被波长极短的深紫外光激发[74]。在最简单的声子散射情况下，声子波矢量完全决定动量守恒。氮化硼在5.86 eV处有双光子激发谱，是激发能量的 2 倍。与氮化硼片层不同，氮化硼纳米带可以通过引入空间和静电势的约束表现出可变的带隙。中国科学院王浩敏等团队对水吸附锯齿形氮化硼纳米带的带隙调制进行了系统的研究，发现吸附在锯齿形氮化硼纳米带两侧的水产生了超过 2 $V \cdot nm^{-1}$ 的横向等效电场，从而缩小了锯齿形氮化硼纳米带的带隙。理论计算预测，横向电场可以使锯齿形氮化硼纳米带带隙变窄，甚至导致氮化硼出现由绝缘体向金属的转变[75]。

3. 单轴平面应变对电子性能的影响

在单轴应变作用下，氮化硼的空间结构特性会发生变化。研究发现，氮化硼在不同应变和电子定域函数图中总是会发生变化。Li 使用第一性原理方法研究了在不同平面应变分布下的 *h*-BN 的电子结构，L_x 和 L_y 是原始晶格的对角线长度。当 $L_x \leqslant 0.3388$ nm时，在垂直于 B—N 键的方向上加入大应变，体系为简单的正交结构；当 $L_x \geqslant 0.3488$ nm 时，体系呈简单的矩形结构。体系和孤立 B—N 链的电子结构和性质趋于一致。在平行于 B—N 键的方向上施加较大的应变，改变了氮化硼的链状结构，由原来简单的斜方结构变为直接交错排列，没有矩形结构；当 $L_y > 0.571$ nm 时，氮化硼系统趋向于孤立的链状结构[76-78]。除了研究氮化硼的晶体形式和氮化硼的堆叠顺序之外，韩国蔚山国立科学技术大学 Hyeon Suk Shin 教授等还合成了具有非晶体结构的氮化硼，其可用作超低介电常数材料[79]。该材料具有优异的扩散阻挡性能，适用于高性能 CMOS 兼容逻辑和存储器件。

4. 元素掺杂对电导率的影响

氮化硼的电学性质可以通过掺杂来控制，掺杂可以是 N 型掺杂或 P 型掺杂。He 等通过将 Be 元素掺入氮化硼以及快速热退火处理，实现氮化硼的 P 型掺杂，并研究了氮化硼的相组成和电学性能与 Be 元素掺杂浓度的关系[80]。结果表明，Be 元素掺杂后，氮化硼的电阻率可降低 6 个数量级，相应的空穴浓度为 $3\times10^{19}\ cm^{-3}$，迁移率为 27 $cm^2\cdot V^{-1}\cdot s^{-1}$。Dahal 等通过金属有机化学气相沉积合成了大面积的氮化硼外延层，并在氮化硼外延层中原位掺杂了 Mg[81]。结果表明，氮化硼外延层中的电阻率降低了 6～7 个数量级，空穴浓度为 $1.1\times10^{18}cm^{-3}$，迁移率为 0.5 $cm^2\cdot V^{-1}\cdot s^{-1}$。Nose 等证明了在立方和六方氮化硼中原位掺杂锌可显著增加电导率（从 $10^{-8}\Omega^{-1}\cdot cm^{-1}$ 增加到 $10^{-2}\ \Omega^{-1}\cdot cm^{-1}$）。随着锌浓度的增加，立方氮化硼的导电活化能（$E_c$）从 0.3 eV 降低到 0.1 eV。由于有缺陷的 B—B 键的形成，六方氮化硼的 E_c 比立方氮化硼的高约 0.1 eV[82]。

2.4.3 氮化硼在电子器件中的应用

氮化硼作为宽禁带绝缘体，它的介电性能在光电应用中具有重要意义。此外，氮化硼的物理和化学性质随原子层厚度的变化相对稳定，这使得它在纳米电子器件中应用广泛。

1. 介电材料

Dean 等在金属/绝缘体/金属结构上使用石墨烯作为电接触，首次探测了氮化硼纳米片的介电性质，证明氮化硼纳米片是具有高击穿电场的无缺陷电介质，显示了其在高质量隧道势垒和用作晶体管中介电层材料等方面的潜力[83]。石墨烯/氮化硼的横向异质结的构建也证实了原子级厚度的 *h*-BN 的绝缘性质[84]。第一个场效应隧穿晶体管是利用石墨烯/氮化硼异质结与原子级厚度的氮化硼充当垂直传输势垒[70]。这项研究促进了各种二维材料垂直晶体管和范德华异质结的兴起。其中，具有绝缘性质的氮化硼在隧穿势垒和电学封装中起着关键作用。

2. 衬底材料

由于氮化硼具有原子级平坦的表面，并且表面上没有悬挂键或电荷陷阱，使得其成为二维电子学的理想支撑平台。在氮化硼衬底上，石墨烯/氮化硼异质结具有很高的迁移率，并且几乎没有本征掺杂，该结构的开关比与传统的石墨烯/SiO_2 衬底相比有了明显的提高。此外，由于衬底和石墨烯的影响，石墨烯/氮化硼异质结也可以作为研究石墨烯本征力学性能的材料[86]。

Lee 等通过气相沉积法制备了氮化硼纳米片，并将其作为基底制备了石墨烯薄膜晶体管[87]。在存在氮化硼的情况下，晶体管的电子迁移率和漏电流开关比是没有衬底时的 3 倍。Peng 等介绍了一种化学气相沉积的方法，在具有原子级平整度的六方氮化硼衬底上生长高质量的 Te 纳米带[88]，由于氮化硼表面无悬挂键和电荷散射中心，它不仅为 Te 的生长提供了理想的平台，而且减小了基于氮化硼衬底的 Te 晶体管的界面杂质散射。在氮化硼衬底上生长 Te 纳米带的场效应晶体管，在室温下表现出高达 1 370 $cm^2\cdot$

$V^{-1}\cdot s^{-1}$的空穴迁移率，远高于大多数其他范德华材料。

3. 电子封装材料

在两层氮化硼之间封装石墨烯，可构建最小电荷陷阱的无缺陷界面且能与周围介质形成完美绝缘层，可以在微米尺度上观察到弹道输运现象及获得载流子浓度。使用氮化硼封装的器件，在器件稳定性方面明显优于悬浮晶体管。通过将氮化硼封装与一维电接触点结合，石墨烯晶体管实现了弹道传输，测试得到的迁移率高达 1 000 000 $cm^2\cdot V^{-1}\cdot s^{-1}$[89]。类似地，可以将其用于制造其他二维纳米半导体异质结，如 MoS_2 和 WSe_2，而且氮化硼可以作为这些材料的柔性基底[90-91]。

4. 深紫外光电探测器

氮化硼具有优异的高温稳定性和耐腐蚀性，较大的光吸收和中子俘获界面，以及较大的负电子亲和势等物理性能。氮化硼中的缺陷是室温下从近红外到近紫外范围内有效、稳定的单光子发射源。氮化硼提供了极强的光-物质相互作用和强的带边吸收，可以实现深紫外光电探测[92]。基于氮化硼的深紫外光电探测器因高的带边吸收系数和稳定的物理化学性质，显示出优越的深紫外光电探测性能。

5. 染料敏化太阳能电池中的对电极

氮化硼具有与石墨烯相同的晶格结构，并且已被用作染料敏化太阳能电池（DSCs）对电极的催化材料。Xu 等利用 X 射线衍射确认了氮化硼的晶体结构，利用扫描电子显微镜对氮化硼在对电极上的形貌进行了表征，并利用电化学工作站获得了电化学阻抗谱和相应的阻抗参数[93]。当氮化硼对电极用于 DSCs 时，转换效率仅为石墨烯基 DSCs 的 1/10 左右。氮化硼基 DSCs 的低效率是由氮化硼对电极的高电荷转移电阻引起的，这意味着氮化硼几乎不能提供还原碘三离子的催化活性，进一步证实了晶体结构不是选择 DSCs 中对电极的催化材料的关键因素。

参考文献

[1] Geim A K, MacDonald A H. Graphene: Exploring carbon flatland[J]. Physics Today, 2007, 60 (8): 35-41.

[2] Novoselov K S, Geim A K, Morozov S V, et al. Electric field effect in atomically thin carbon films[J]. Science, 2004, 306(5696): 666-669.

[3] Bolotin K I, Sikes K J, Jiang Z, et al. Ultrahigh electron mobility in suspended graphene[J]. Solid State Communications, 2008, 146(9-10): 351-355.

[4] Geim A K, Novoselov K S. The rise of graphene[J]. Nature Materials, 2007, 6

(3): 183-191.

[5] 赵建红,宋立媛,姬荣斌,等.石墨烯在光电探测领域的研究进展[J].红外技术,2014,36(8):609-616.

[6] Chen J H, Jang C, Xiao S, et al. Intrinsic and extrinsic performance limits of graphene devices on SiO_2[J]. Nature Nanotechnology, 2008, 3 (4): 206-209.

[7] Novoselov K S, Jiang Z, Zhang Y, et al. Room-temperature quantum hall effect in graphene[J]. Science, 2007, 315 (5817): 1379-1379.

[8] Miao F, Wijeratne S, Zhang Y, et al. Phase-coherent transport in graphene quantum billiards[J]. Science, 2007, 317 (5844): 1530-1533.

[9] Knobloch T, Uzlu B, Illarionov Y Y, et al. Improving stability in two-dimensional transistors with amorphous gate oxides by fermi-level tuning[J]. Nature Electronics, 2022, 5 (6): 356-366.

[10] Kim W, Riikonen J, Li C, et al. Highly tunable local gate controlled complementary graphene device performing as inverter and voltage controlled resistor[J]. Nature Nanotechnology, 2013, 24 (39): 395202.

[11] Rizzi L G, Bianchi M, Behnam A, et al. Cascading wafer-scale integrated graphene complementary inverters under ambient conditions[J]. Nano Letters, 2012, 12 (8): 3948-3953.

[12] Guerriero E, Polloni L, Bianchi M, et al. Gigahertz integrated graphene ring oscillators[J]. ACS Nano, 2013, 7(6): 5588-5594.

[13] Kamel M S A, Stoppiello C T, Jacob M V. Single-step, catalyst-free, and green synthesis of graphene transparent electrode for organic photovoltaics[J]. Carbon, 2023, 202: 150-158.

[14] Lin Y M, Valdes-Garcia A, Han S J, et al. Wafer-scale graphene integrated circuit[J]. Science, 2011, 332 (6035): 1294-1297.

[15] Ghahari F, Walkup D, Gutiérrez C, et al. An on/off berry phase switch in circular graphene resonators[J]. Science, 2017, 356 (6340): 845-849.

[16] Dickinson R G, Pauling L. The crystal structure of molybdenite[J]. Journal of the American Chemical Society, 1923, 45 (6): 1466-1471.

[17] Frindt R F, Yoffe A D. Physical properties of layer structures: Optical properties and photoconductivity of thin crystals of molybdenum disulphide[J]. Mathematical and Physical Sciences, 1963, 273 (1352): 69-83.

[18] Joensen P, Frindt R F, Morrison S R. Single-layer MoS_2[J]. Materials Research

Bulletin, 1986, 21 (4): 457-461.

[19] Tenne R, Margulis L, Genut M, et al. Polyhedral and cylindrical structures of tungsten disulphide[J]. Nature, 1992, 360 (6403): 444-446.

[20] Splendiani A, Sun L, Zhang Y, et al. Emerging photoluminescence in monolayer MoS_2[J]. Nano Letters, 2010, 10 (4): 1271-1275.

[21] Mak K F, Lee C, Hone J, et al. Atomically thin MoS_2: A new direct-gap semiconductor[J]. Physical Review Letters, 2010, 105 (13): 136805.

[22] Cao T, Wang G, Han W, et al. Valley-selective circular dichroism of monolayer molybdenum disulphide[J]. Nature Communications, 2012, 3 (1): 887.

[23] Wen T, Zhang W, Liu S, et al. Steering valley-polarized emission of monolayer MoS_2 sandwiched in plasmonic antennas [J]. Science Advances, 2020, 6 (21): 0019.

[24] Podzorov V, Gershenson M E, Kloc C, et al. High-mobility field-effect transistors based on transition metal dichalcogenides[J]. Applied Physics Letters, 2004, 84 (17): 3301-3303.

[25] Yin Z, Li H, Li H, et al. Single-layer MoS_2 phototransistors[J]. ACS Nano, 2012, 6 (1): 74-80.

[26] Jena D, Konar A. Enhancement of carrier mobility in semiconductor nanostructures by dielectric engineering [J]. Physical Review Letters, 2007, 98 (13): 136805.

[27] Ng H K, Xiang D, Suwardi A, et al. Improving carrier mobility in two-dimensional semiconductors with rippled materials[J]. Nature Electronics, 2022, 5 (8): 489-496.

[28] Sik Hwang W, Remskar M, Yan R, et al. Comparative study of chemically synthesized and exfoliated multilayer MoS_2 field-effect transistors[J]. Applied Physics Letters, 2013, 102(4):043116.

[29] Sanne A, Ghosh R, Rai A, et al. Top-gated chemical vapor deposited MoS_2 field-effect transistors on Si_3N_4 substrates[J]. Applied Physics Letters, 2015, 106 (6): 062101.

[30] Strait J H, Nene P, Rana F. High intrinsic mobility and ultrafast carrier dynamics in multilayer metal-dichalcogenide MoS_2 [J]. Physical Review B, 2014, 90 (24): 245402.

[31] Wakayama Y, Hayakawa R. Antiambipolar transistor: A newcomer for future

flexible electronics[J]. Advanced Functional Materials, 2020, 30 (20): 1903724.

[32] Thomalla M, Tributsch H. Photosensitization of nanostructured TiO_2 with WS_2 quantum sheets[J]. The Journal of Physical Chemistry B, 2006, 110(24): 12167-12171.

[33] Shanmugam M, Bansal T, Durcan C A, et al. Molybdenum disulphide/titanium dioxide nanocomposite-poly 3-hexylthiophene bulk heterojunction solar cell[J]. Applied Physics Letters, 2012, 100(15): 153901.

[34] Shanmugam M, Durcan C A, Yu B. Layered semiconductor molybdenum disulfide nanomembrane based Schottky-barrier solar cells[J]. Nanoscale, 2012, 4(23): 7399-7405.

[35] Carladous A, Coratger R, Ajustron F, et al. Light emission from spectral analysis of Au/MoS_2 nanocontacts stimulated by scanning tunneling microscopy[J]. Physical Review B, 2002, 66(4): 045401.

[36] Ahmed T, Zha J, Lin K K H, et al. Bright and efficient light-emitting devices based on two-dimensional transitionmetal dichalcogenides[J]. Advanced Materials, 2023, 35 (31): 2208054.

[37] Ross J S, Klement P, Jones A M, et al. Electrically tunable excitonic light-emitting diodes based on monolayer WSe_2 P-N junctions[J]. Nature Nanotechnology, 2014, 9(4): 268-272.

[38] Cheng R, Li D, Zhou H, et al. Electroluminescence and photocurrent generation from atomically sharp WSe_2/MoS_2 heterojunction P-N diodes[J]. Nano Letters, 2014, 14(10): 5590-5597.

[39] Zhang Y J, Oka T, Suzuki R, et al. Electrically switchable chiral light-emitting transistor[J]. Science, 2014, 344(6185): 725-728.

[40] Clark G, Schaibley J R, Ross J, et al. Single defect light-emitting diode in a van der Waals heterostructure[J]. Nano Letters, 2016, 16(6): 3944-3948.

[41] Wu S, Buckley S, Schaibley J R, et al. Monolayer semiconductor nanocavity lasers with ultralow thresholds[J]. Nature, 2015, 520(7545): 69-72.

[42] Salehzadeh O, Tran N H, Liu X, et al. Exciton kinetics, quantum efficiency, and efficiency droop of monolayer MoS_2 light-emitting devices[J]. Nano Letters, 2014, 14(7): 4125-4130.

[43] Bridgman P W. Two new modifications of phosphorus[J]. Journal of the American Chemical Society, 1914, 36 (7): 1344-1363.

[44] Li L, Yu Y, Ye G J, et al. Black phosphorus field-effect transistors[J]. Nature Nanotechnology, 2014, 9 (5): 372-377.

[45] Liu S, Huo N, Gan S, et al. Thickness-dependent raman spectra, transport properties and infrared photoresponse of few-layer black phosphorus[J]. Journal of Materials Chemistry C, 2015, 3 (42): 10974-10980.

[46] Qiao J, Kong X, Hu Z X, et al. High-mobility transport anisotropy and linear dichroism in few-layer black phosphorus[J]. Nature Communications, 2014, 5 (1): 4475.

[47] Zhou Y, Zhang M, Guo Z, et al. Recent advances in black phosphorus-based photonics, electronics, sensors and energy devices[J]. Materials Horizons, 2017, 4 (6): 997-1019.

[48] Zhang C D, Lian J C, Yi W, et al. Surface structures of black phosphorus investigated with scanning tunneling microscopy[J]. The Journal of Physical Chemistry C, 2009, 113 (43): 18823-18826.

[49] Ezawa M. Topological origin of quasi-flat edge band in phosphorene[J]. New Journal of Physics, 2014, 16(11): 115004.

[50] Yang J, Liu C, Xie H, et al. Anisotropic heat transfer properties of two-dimensional materials[J]. Nanotechnology, 2021, 32 (16): 162001.

[51] Clark S M, Zaug J M. Compressibility of cubic white, orthorhombic black, rhombohedral black, and simple cubic black phosphorus[J]. Physical Review B, 2010, 82(13): 134111.

[52] Castellanos-Gomez A. Black phosphorus: Narrow gap, wide applications[J]. The Journal of Physical Chemistry Letters, 2015, 6(21): 4280-4291.

[53] Liang L, Wang J, Lin W, et al. Electronic bandgap and edge reconstruction in phosphorene materials[J]. Nano Letters, 2014, 14(11): 6400-6406.

[54] Peng X, Wei Q, Copple A. Strain-engineered direct-indirect band gap transition and its mechanism in two-dimensional phosphorene[J]. Physical Review B, 2014, 90(8): 085402.

[55] Zhou S, Bao C, Fan B, et al. Pseudospin-selective floquet band engineering in black phosphorus[J]. Nature, 2023, 614 (7946): 75-80.

[56] Cai Y, Zhang G, Zhang Y W. Layer-dependent band alignment and work function of few-layer phosphorene[J]. Scientific Reports, 2014, 4(1): 6677.

[57] Li Q, Huang H, Chen Z, et al. Thickness-dependent structural stability and ani-

sotropy of black phosphorus [J]. Advanced Electronic Materials, 2019, 5 (3): 1800712.

[58] Dai J, Zeng X C. Bilayer phosphorene: Effect of stacking order on bandgap and its potential applications in thin-film solar cells[J]. The Journal of Physical Chemistry Letters, 2014, 5(7): 1289-1293.

[59] Liu Q, Zhang X, Abdalla L B, et al. Switching a normal insulator into a topological insulator via electric field with application to phosphorene[J]. Nano Letters, 2015, 15(2): 1222-1228.

[60] Chen X, Wu Y, Wu Z, et al. High-quality sandwiched black phosphorus heterostructure and its quantum oscillations [J]. Nature Communications, 2015, 6 (1): 7315.

[61] Koenig P, Doganov R A, Schmidt H, et al. Electric field effect in ultrathin black phosphorus[J]. Applied Physics Letters, 2014, 104 (10):103106.

[62] Perello D J, Chae S H, Song S, et al. High-performance n-type black phosphorus transistors with type control via thickness and contact-metal engineering[J]. Nature Communications, 2015, 6 (1):7809.

[63] Ahmed T, Kuriakose S, Tawfik S A, et al. Mixed ionic-electronic charge transport in layered black-phosphorus for low-power memory[J]. Advanced Functional Materials, 2022, 32 (10): 2107068.

[64] Lee Y T, Kwon H, Kim J S, et al. Nonvolatile ferroelectric memory circuit using black phosphorus nanosheet-based field-effect transistors with P (VDF-TrFE) polymer[J]. ACS Nano, 2015, 9 (10): 10394-10401.

[65] Feng Q, Yan F, Luo W, et al. Charge trap memory based on few-layer black phosphorus[J]. Nanoscale, 2016, 8 (5): 2686-2692.

[66] Zhang X, Xie H, Liu Z, et al. Black phosphorus quantum dots[J]. Angewandte Chemie International Edition, 2015, 54 (12): 3653-3657.

[67] Ekuma C E, Dobrosavljević V, Gunlycke D. First-principles-based method for electron localization: Application to monolayer hexagonal boron nitride[J]. Physical Review Letters, 2017, 118 (10): 106404.

[68] Gao Y, Ren W, Ma T, et al. Repeated and controlled growth of monolayer, bilayer and few-layer hexagonal boron nitride on Pt foils[J]. ACS Nano, 2013, 7 (6): 5199-5206.

[69] Mayorov A S, Gorbachev R V, Morozov S V, et al. Micrometer-scale ballistic

transport in encapsulated graphene at room temperature[J]. Nano Letters, 2011, 11(6): 2396-2399.

[70] Britnell L, Gorbachev R V, Jalil R, et al. Field-effect tunneling transistor based on vertical graphene heterostructures[J]. Science, 2012, 335(6071): 947-950.

[71] Kim K K, Hsu A, Jia X T, et al. Synthesis and characterization of hexagonal boron nitride film as a dielectric layer for graphene devices[J]. ACS Nano, 2012, 6 (10): 8583-8590.

[72] Datta S S, Strachan D R, Mele E J, et al. Surface potentials and layer charge distributions in few-layer graphene films[J]. Nano Letters, 2009, 9 (1): 7-11.

[73] Li L H, Santos E J G, Xing T, et al. Dielectric screening in atomically thin boron nitride nanosheets[J]. Nano Letters, 2015, 15 (1): 218-223.

[74] Cui H, Qin Z, Sun H, et al. Near-infrared light excitationof *h*-BN ultra-wide-bandgap semiconductor[J]. Applied Physics Letters, 2022, 121(24):241101.

[75] Chen C, Hang Y, Wang H S, et al. Water-induced bandgap engineering in nanoribbons of hexagonal boron nitride[J]. Advanced Materials, 2023, 35 (36): 2303198.

[76] Li J, Gui G, Zhong J. Tunable bandgap structures of two-dimensional boron nitride[J]. Journal of Applied Physics, 2008, 104(9): 094311.

[77] Zheng F, Zhou G, Liu Z, et al. Half metallicity along the edge of zigzag boron nitride nanoribbons[J]. Physical Review B, 2008, 78 (20): 205415.

[78] Slotman G J, Fasolino A. Structure, stability and defects of single layer hexagonal BN in comparison to graphene[J]. Journal of Physics: Condensed Matter, 2012, 25 (4): 045009.

[79] Hong S, Lee C S, Lee M H, et al. Ultralow-dielectric-constant amorphous boron nitride[J]. Nature, 2020, 582(7813): 511-514.

[80] He B, Zhang W J, Yao Z Q, et al. P-type conduction in beryllium-implanted hexagonal boron nitride films[J]. Applied Physics Letters, 2009, 95 (25): 252106.

[81] Dahal R, Li J, Majety S, et al. Epitaxially grown semiconducting hexagonal boron nitride as a deep ultraviolet photonic material[J]. Applied Physics Letters, 2011, 98 (21), 211110.

[82] Nose K, Oba H, Yoshida T. Electric conductivity of boron nitride thin films enhanced by in situ doping of zinc[J]. Applied Physics Letters, 2006, 89 (11): 112124.

[83] Dean C R, Young A F, Meric I, et al. Boron nitride substrates for high-quality graphene electronics[J]. Nature Nanotechnology, 2010, 5(10): 722-726.

[84] Levendorf M P, Kim C J, Brown L, et al. Graphene and boron nitride lateral heterostructures for atomically thin circuitry[J]. Nature, 2012, 488(7413): 627-632.

[85] Kubota Y, Watanabe K, Tsuda O, et al. Deep ultraviolet light-emitting hexagonal boron nitride synthesized at atmospheric pressure[J]. Science, 2007, 317 (5840): 932-934.

[86] Watanabe K, Taniguchi T, Niiyama T, et al. Far-ultraviolet plane-emission handheld device based on hexagonal boron nitride[J]. Nature Photonics, 2009, 3 (10): 591-594.

[87] Lee C, Li Q Y, Kalb W, et al. Frictional characteristics of atomically thin sheets [J]. Science, 2010, 328:76-80.

[88] Yang P, Zha J, Gao G, et al. Growth of tellurium nanobelts on *h*-BN for p-type transistors with ultrahigh hole mobility [J]. Nano-Micro Letters, 2022, 14 (1): 109.

[89] Wang L, Meric I, Huang P Y, et al. One-dimensional electrical contact to a two-dimensional material[J]. Science, 2013, 342(6158): 614-617.

[90] Lee G H, Cui X, Kim Y D, et al. Highly stable, dual-gated MoS_2 transistors encapsulated by hexagonal boron nitride with gate-controllable contact, resistance, and threshold voltage[J]. ACS Nano, 2015, 9(7): 7019-7026.

[91] Wang J I J, Yang Y, Chen Y A, et al. Electronic transport of encapsulated graphene and WSe_2 devices fabricated by pick-up of prepatterned *h*-BN[J]. Nano Letters, 2015, 15(3): 1898-1903.

[92] Li J, Majety S, Dahal R, et al. Diclcctric strength, optical absorption, and deep ultraviolet detectors of hexagonal boron nitride epilayers[J]. Applied Physics Letters, 2012, 101 (17): 171112.

[93] Xu S J, Luo Y F, Zhong W, et al. Investigation of hexagonal boron nitride for application as counter electrode in dye-sensitized solar cells[J]. Advanced Materials Research, 2012, 512: 242-245.

第 3 章　二维磁性材料与器件

二维磁性材料具有可控的磁学、电学和光学性质，在电子学、磁性储存、传感器、能源等方面展现出良好的应用潜力。随着对二维磁性材料合成方式、结构和物性的深入研究，二维磁性材料及相关器件将会在更广泛的领域中得到应用。本章将从自旋极化、铁磁性和反铁磁性三个方面介绍二维磁性材料与器件。此外，由于二维谷极化材料的电子能带特征与自旋极化相关性较强，因此将二维谷极化材料与器件一并介绍。

3.1　自旋极化及磁性材料的基本概念

3.1.1　自旋极化

自旋极化是指在一定条件下让电子、原子核等粒子的自旋都朝某一个特定的方向。我们主要关注电子的自旋极化。自旋是电子所具有的一种内禀角动量，只能指向上、下两个特定的方向，可以用＋1/2 和－1/2 来表示，如图 3.1 所示。一般情况下，由于上下自旋电子配对，体系不能体现出自旋极化。当外加磁场作用于微观粒子的自旋时，它们会偏离原来的平衡方向，大量的局域自旋倾向于某一特定方向后，整个体系就会体现自旋极化的特征。材料的自旋极化可以应用于各种领域，如在核磁共振成像（MRI）中使用自旋极化原理来获取人体内部的影像信息，在高能物理实验源中利用自旋极化制备极化电子束流、极化质子束流等。

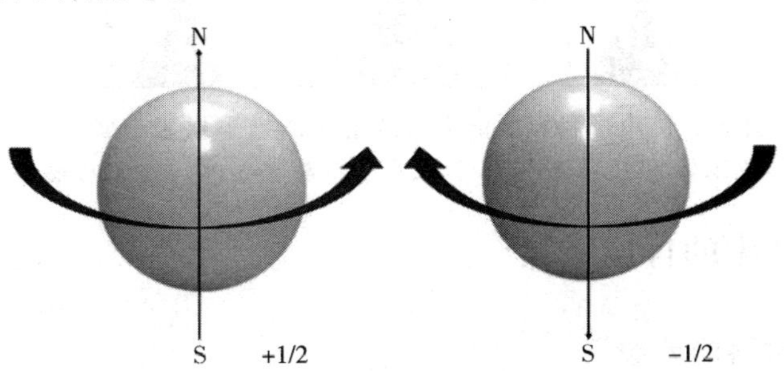

图 3.1　电子自旋示意图

单个电子的自旋极化可以看作是在三维空间中的一个矢量，只存在上下两个方向，而整个体系的自旋极化可以由以下公式得到：

$$S=\frac{n\uparrow-n\downarrow}{n\uparrow+n\downarrow} \tag{3.1}$$

其中，$n\uparrow$ 和 $n\downarrow$ 分别代表自旋向上和向下的电子数目。通过这个公式可以获得材料所有电子的自旋极化矢量。在数学上，自旋可以用矩阵来描述，称为自旋矩阵。对于电子，自旋矩阵被定义为 1/2 $\boldsymbol{\sigma}$，其中 $\boldsymbol{\sigma}$ 表示泡利矩阵：

$$\boldsymbol{\sigma}_x=\begin{pmatrix}0 & 1\\ 1 & 0\end{pmatrix} \tag{3.2}$$

$$\boldsymbol{\sigma}_y=\begin{pmatrix}0 & -\mathrm{i}\\ \mathrm{i} & 0\end{pmatrix} \tag{3.3}$$

$$\boldsymbol{\sigma}_z=\begin{pmatrix}1 & 0\\ 0 & -1\end{pmatrix} \tag{3.4}$$

在量子力学中，可以用泡利方程来描述磁场和自旋之间的相互作用。所有的泡利矩阵都是厄米矩阵，它们和单位矩阵 $\boldsymbol{I}$（有时称为第零号泡利矩阵）的线性组合构成 2×2 厄米矩阵的向量空间。物理上，自旋极化被用来描述材料中电子的自旋状态，与材料的铁磁性、反铁磁性或顺磁性相关。

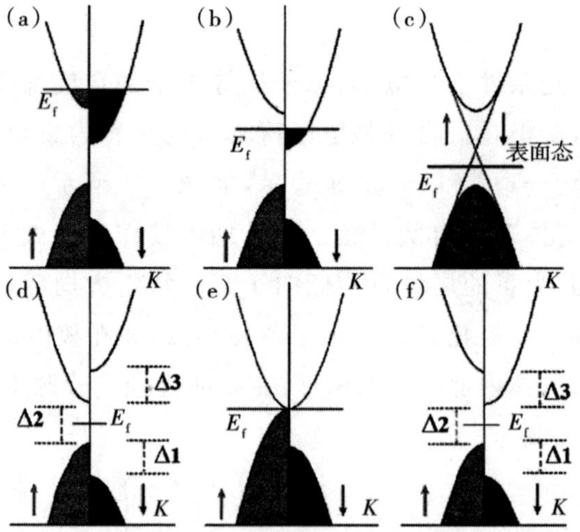

图 3.2　几种自旋电子材料的能带示意图：(a) 普通铁磁金属；(b) 半金属；(c) 拓扑绝缘体；(d) 半导体；(e) 无自旋带隙半导体；(f) 双极磁性半导体

3.1.2　二维材料中的自旋极化

1. 自旋极化材料的分类

自旋极化现象是指材料中电子自旋朝向某一个特定方向，可以用自旋向上或自旋向下来描述。这种现象可以利用霍尔效应、磁阻效应等物理效应进行测量,同时也可通过扫描隧道显微镜(STM)、磁力显微镜(MFM)等技术进行研究。二维材料的电子和其他元激发态可以显示出与自旋极化相关的现象。例如,具有自旋极化的激子与普通的激子、磁激子和非磁激子具有不同的激发能谱。自旋极化可以在二维材料的界面或缺陷附近产生磁性,这种磁性称为界面磁性或自旋劈裂磁性,它对材料的磁性性质、电学性质、光学性质等都具有非常重要的影响。通过施加外加电场或磁场可以调控自旋极化,而自旋极化会导致磁性、电导率和热导率的异常变化,利用这些现象可以设计制备新型功能元器件。

根据电子能带特性,自旋极化材料可大致分成三类:磁性金属、磁性半导体和磁性绝缘体。根据电子能带自旋特征,磁性金属可以细分为普通铁磁金属和半金属。普通铁磁金属的两个自旋都表现为金属性,而半金属表现为单个自旋态导电[1]。半金属性最早由 Groot 和 Mueller 在 Heusler 化合物 NiMnSb 的理论研究工作中提出[2],随后又相继在其他材料中观察到了半金属现象[3-5]。半金属现象不仅存在于铁磁金属,也存在于反铁磁体系[6-7]。磁性半导体可进一步分为普通的磁性半导体(HSCs)、无自旋带隙半导体(SGSs)和双极磁性半导体(BMSs),能带特征分别如图 3.2(d)~(f)所示。相对于磁性半导体,磁性绝缘体具有更大的能隙。

2. 二维材料的自旋极化方法

磁性主要起源于材料中运动的电子和粒子本身的自旋,由于受到热干扰或其他因素的影响,二维材料都很难维持磁有序状态[8]。绝大部分二维材料属于本征非磁性材料,即材料本身并不能产生自旋极化。目前,二维材料的自旋极化方法主要有:二维材料磁化工程、能带结构工程和磁邻近效应等[5,8-17]。二维材料磁化工程所涉及的方法包括缺陷工程、纳米带化等。例如,通过引入空位或者吸附原子等方式产生未配对的电子以获得局域磁矩[10],氢化石墨烯和含空位缺陷的石墨烯均通过这种方法来实现局域磁矩。将二维材料石墨烯裁剪成锯齿形纳米带[11,17],采用氢化饱和的方式来处理纳米带的边缘原子,以维持纳米带边缘的结构稳定,纳米带边缘由于存在不饱和悬挂键而具有磁性。能带结构工程是在没有结构缺陷的情况下获取二维铁磁性的一个重要途径。在双层石墨烯中,垂直电场导致两层的静电势分布不同,从而使石墨烯的带隙打开,在低能区域形成墨西哥帽(Mexican-hat)能带特征,这通常会导致 Stoner 机制下巡游磁序的产生[9,18]。磁邻近效应也是使二维材料具有自旋极化的重要方法。例如,通过将剥离的石墨烯转移到铁磁绝缘体钇铁石榴石(YIG)[15]或者氧化铕(EuS)[16]上,可以观察到界面交换作用引起的自旋进动,这是石墨烯中存在铁磁性的重要证据。此外,磁邻近效应可以显著提高单层的谷自由度的劈裂程度,对实现自旋极化和谷极化具有重要的意义[19]。

3.1.3 磁交换机制及二维本征磁性材料

1. 磁性材料中的磁交换机制

局域磁矩是指磁性材料中存在于某一位置的磁矩。在磁性材料中，磁矩的大小和方向受到周围环境的影响。局域晶体场是指材料中某个位置处的电子所受到的晶格势场和局部电荷分布所产生的电场。在磁性材料中，局域晶体场通常是由晶体结构和周围原子的化学环境所决定的。局域晶体场对磁性材料的局域磁矩产生重要的影响，材料中局域磁矩之间的相互作用影响着材料的磁性质，主要的作用机制包括以下几种：

1）直接交换相互作用

直接交换是由过渡金属 d 电子间波函数的直接交叠导致的，是一种短程相互作用。直接交换分为两种情况：(a) 两个半占据轨道一般倾向于反铁磁耦合[20]。在 Hubbard 排斥作用下，电子局域在过渡金属原子上。如果两个电子具有不同的自旋，电子将有一定的概率从一个原子位点跳跃到另一个原子位点上，并获得一定动能。具有相同自旋的两个电子会受到泡利排斥的影响，电子不能在不同位点之间跳跃，导致能量相比于反铁磁耦合情况更高。(b) 一个半占据和一个未占据轨道一般倾向于铁磁耦合，但强度较弱。一个电子占据两个轨道导致该电子不受泡利排斥效应的影响，不会限制电子在不同位点之间的跳跃，因此体系表现出铁磁性。

2)超交换相互作用

超交换相互作用是一种重要的间接自旋交换作用，它以非磁原子为媒介，将短程的交换作用扩展到更大的范围。超交换的磁基态由 Goodenough-Kanamori-Anderson (GKA) 规则决定[21-23]。基于原子轨道的对称性和电子占据情况，该规则可以归纳为以下两点：(a) 当两个磁性离子的 d 轨道与非磁原子的 p 轨道的夹角为 180°时，若电子跳跃发生在两个半占据的重叠轨道之间，则该超交换作用为反铁磁性；若电子跳跃发生在一个半占据或全占据和另一个未占据的重叠轨道之间，则该超交换作用为铁磁性。(b) 当两个磁性离子的 d 轨道与非磁原子的 p 轨道的夹角为 90°时，磁性离子的半占据 d 轨道与非磁原子不同 p 轨道之间的交叠会导致比较弱的铁磁性超交换作用。值得注意的是，超交换的耦合强度与 p-d 轨道间的跳跃过程和自旋-轨道耦合作用强度相关。

3）双交换作用

在不同价态的磁性离子之间，除了直接交换和超交换作用外，还存在双交换作用，这种作用在高自旋态的二维磁体中广泛存在。相较于高价态离子，较低价态的磁性离子具有更多的自旋未配对电子。当电子在相邻磁性离子的未占据轨道间跳跃时，不受泡利排斥作用的影响，降低了体系的能量，会引发铁磁性的交换作用。在这类体系中，存在两类电子，一类提供局域磁矩，另一类贡献金属电导率，双交换作用通常存在于金属体系中[24]。

4）巡游铁磁性

对于某些磁性金属而言，非局域的巡游 d 电子也可以参与形成磁性，这种现象称为巡游铁磁性。此时，需要另一种重要的磁性形成机制——巡游电子模型来解释这一现象。在同一原子内，为了减小库仑排斥作用，d 电子会以相同的自旋排列在不同轨道上形成磁矩。在巡游过程中，d 电子的自旋保持不变，并与另一个原子中的 d 电子形成铁磁交换。在某些铁磁金属中，这种交换相互作用可能导致不同自旋能带的分裂，从而影响体系的总能量[24]。

在磁性体系中，除以上几种磁交换机制以外，还有 Ruderman-Kittel-Kasuya-Yosida (RKKY) 机制、Dzyaloshinskii-Moriya (D-M) 交换作用等。在二维磁性体系中还存在几种额外的层间交换作用，如超-超交换作用和多媒介双交换机制等，这些相互作用对二维层间磁耦合有重要的影响。

5)超-超交换作用

超-超交换作用不同于传统的超交换作用，在传统的超交换作用中，两个磁性阳离子中间有一个阴离子将它们连接起来 (M-X-M)，而超-超交换作用的作用距离比超交换作用更长，两个磁性阳离子之间可以有多个离子将它们连接起来(M-X-…-X-M)，但是超-超交换作用的作用强度通常比超交换作用弱。在很多研究中，由于超-超交换作用弱而被忽略了，但是在一些特定情况下，如在一些具有非共价键范德华间隙的少层磁性体系中，超-超交换作用强度就比超交换作用强，不能被忽略。

6)多媒介双交换机制

多媒介双交换机制类似于双交换机制，但它有多个位点介导，即电子在相邻磁性原子之间的跳跃不是一步到位的。随着层间耦合强度的进一步增加，处于相间原子层的原子的不同自旋电子通过原子轨道进入一个层间的特殊区域，这个区域可看作是一个共享电荷的区域，电子会被激发并通过该区域，最终两个电子成功交换位置，这种电子跳变会大大降低自旋电子穿过双分子层的动能，对层间耦合产生重要影响。

2. 二维本征磁性材料

从原理上来说，通过磁化工程在非磁性二维材料中产生磁性的方法是可行的，但这种诱导方法产生的磁性相当弱且短程，很难满足自旋电子器件对磁性材料的要求。因此，寻找具有本征且稳定的二维磁性材料非常重要。在三维 (3D) 磁性体系中，总是存在一个发生磁性相变的临界温度。对于一维 (1D) 体系，只有当 $T=0$ K 时，才可能存在磁长程序[25]；对于二维 (2D) 体系，情况较为复杂，在任何有限温度下，磁长程序存在的关键是体系的磁各向异性以及强度所决定的自旋维数 n。当自旋维数 $n=1$ 时，体系表现出极强的单轴各向异性，自旋在给定方向上存在两种取向（即“上”或“下”），这种局域自旋之间的相互作用可以用二维伊辛（Ising）模型描述。当 $n=2$ 时，对应于 XY 模型，各向异性导致局域磁矩方向限制在给定平面内，并且不受约束，这意味着自旋实际上只有两个分量（与两个平面内方向相关）；对于各向同性体系，$n=3$，即自旋方向没有限制，自旋哈密顿量可以用各向同性的海森堡模型描述[26]。下面介绍几种目前已经在实验上合成的二维磁性材料：二维铬（Cr）基范德华磁体、二维铁（Fe）基范德华磁体、二维钒（V）基范德华磁体和二维锰（Mn）基范德华磁体。

1）二维铬（Cr）基范德华磁体

由于固有的磁各向异性，一些铬基范德华磁体在少层甚至单层时仍保持磁性。$Cr_2Ge_2Te_6$ 是具有非常弱的面外磁各向异性的二维海森堡铁磁体[27]，体系的自旋磁矩以较小的能量差朝向任意方向。$Cr_2Ge_2Te_6$ 中 Cr 离子的自旋轨道耦合以及 Cr-Te_6 八面体的轻微畸变所导致的弱磁各向异性，打破了 Mermin-Wagner 定理的限制，使得 $Cr_2Ge_2Te_6$ 在少数层时依然保持铁磁性[27]。另外一种铬基二维材料 CrI_3[28] 的双层呈现 A 型反铁磁耦合，即层内呈铁磁性，层间表现反铁磁性。

2）二维铁（Fe）基范德华磁体

2018 年，研究人员合成了一种新型的二维磁性材料 Fe_3GeTe_2[29]，在低温下，该材料呈现出铁磁态，且易磁化轴沿着面外方向。单层 Fe_3GeTe_2 在垂直平面方向有 5 个子层，中间 3 层都含有铁原子，只有最中间的含铁原子层与另外两层不等价。铁原子的结晶环境沿平面内和垂直平面方向是不对称的，导致 Fe_3GeTe_2 具有相当大的磁各向异性，使得 Fe_3GeTe_2 在磁隧道结和基于电流感应开关的磁随机存取存储器等应用中具有非常好的前景[29]。

3）二维钒（V）基范德华磁体

在实际应用中，二维磁性材料的一个重要考虑因素是磁相变温度是否能达到或超过室温，但能够实现室温铁磁性的二维磁体很少。据报道，通过分子束外延法（MBE）在高取向热解石墨（HOPG）和 MoS_2 上合成的单层 1T-VSe_2 具有室温铁磁性[30]。此外，理论研究指出，单层二硫族化钒（VX_2，X=S, Se, Te）的 2H 和 1T 相均是能量稳定的，但目前实验上只成功制备了 1T 相 VSe_2，2T 相还未被证实。

4）二维锰（Mn）基范德华磁体

密度泛函理论的计算工作表明，二维 MnX_2（X=S, Se）是临界温度接近室温的铁磁半导体，Mn 原子的局域磁矩为 3.0 μ_B，其中 $MnSe_2$ 的磁矩比 MnS_2 高 0.16 μ_B[31-32]。通过分子束外延法可以合成单层 $MnSe_x$ 的范德华相[33]，其具有很大的饱和磁化强度（4 μ_B），但是 $MnSe_x$ 的范德华相只存在于超薄层中，体相更倾向于岩盐 NaCl 或六方 NiAs相（两者都是反铁磁性耦合）[34]。

3.1.4　二维磁性材料在自旋电子学中的应用

1. 自旋电子学

随着存储器件尺寸的减小，量子限域导致的一系列问题严重影响了存储单元的性能。为了满足信息技术日益增长的需求，人们迫切需要一种新型且高性能的存储器来推动信息存储器件的发展。巨磁阻效应的发现促进了自旋电子学这一新领域的诞生，它的目标是基于调控电子自旋自由度来开发集成度高、速度快、可操作性高的自旋电子器件。相对于传统的电子器件，自旋电子器件的优势在于：(a) 易于操作，响应时间短，可有效提高器件运行速度。(b) 与自旋电子学关联的磁性材料具有非易失性，能够实现信息处理和存储一体化。(c) 传统的电子器件比较依赖于特定的半导体材料，而自旋电子器件的可选材料范围更加广泛。总的来说，自旋电子学利用电子的自旋来存储和处理信息，可用于开发更快、更节能、更紧凑的电子设备。

2. 自旋电子学在信息存储和传输中的应用

传统的磁头是读写合一的电磁感应式磁头，不论读写都以电磁感应的方式进行。早期的硬盘读取是将缠绕感应线圈的磁性物质对准记录的磁区，根据感应线圈的磁通量变化所产生的感应电流得知磁区记录的是“0”还是“1”。如果磁区对感应线圈的磁场影响不够大，感应电流不够明显，读取就可能产生误差。后来的硬碟设计将读取和写入分开，采用磁阻式磁头，即通过电阻变化而不是电流变化来感应磁场信号，对于信号的变化更敏感、准确，而且读取信号与磁轨宽度无关，磁轨可以做得很窄，大大增加了磁盘的储存密度。巨磁阻效应为硬盘磁记录的设计提供了新的方案。德国物理学家格林贝格利用巨磁阻效应设计了一种自旋阀结构，它可以有效改变硬盘读取头的运作模式。自旋阀结构只需要微小的磁场就能产生明显的电阻变化，不但使得读取更加精准，还能减少耗费的能量。科学家利用巨磁阻效应开发了磁阻式随机存取存储器（MRAM），相比于以往的各种存储器，MRAM 拥有非易失性（关机断电也不会流失信息）、读写耗能少、处理速度快、存储密度高等特性。

3. 自旋电子学在自旋电子器件中的应用

1990 年，Datta 和 Das 在理论上设计了自旋场效应管的基本模型[35]，它主要是利用铁磁电极（源极）将自旋电子注入沟道材料，通过施加栅极电压调控沟道区的自旋极化，在漏极探测电子自旋极化，从而实现自旋场效应管。需要注意的是，大部分二维半导体材料是非磁性的，需要掺杂一定的磁性原子才能表现出铁磁性，并且自旋场效应管要求沟道材料具有较高的居里温度[35]。因此，寻找高居里温度的本征铁磁半导体对自旋场效应管的发展具有重要意义。

4. 自旋电子学在量子计算中的应用

普通电子设备使用电荷将信息表示为“0”和“1”，而量子计算机通常使用电子的自旋状态来表示量子位，基于此量子位可以进行量子计算。二维磁性材料的发展为自旋电子学在量子计算中的应用提供了新的方向。

3.2 二维铁磁材料与器件

3.2.1 二维铁磁材料及分类

二维铁磁材料通常是由多层原子或分子堆叠起来形成的有一定厚度的磁性材料，它们具有独特的电子能带结构以及特殊的电学、光学和磁学性质。二维铁磁材料的理论研究要远早于实验，很久以前人们就提出多种二维铁磁材料，但一直没有得到实验验证。根据电子结构特性的不同，铁磁材料可以分为三类：铁磁半导体（FMS）、铁磁金属（FMM）和铁磁半金属（FHM）。根据易磁化方向的不同，铁磁材料一般可以分为海森堡（Heisenberg）磁体、XY 磁体和伊辛（Ising）磁体。海森堡铁磁体没有磁各向异性，各个方向的磁相互作用是等效的；XY 铁磁体具有易磁化平面，自旋可在整个二维平面内自由进行；伊辛铁磁体具有垂直于平面的易磁化轴，很容易受到外界磁场的调控。下面简单介绍几种典型的二维磁性材料：

1. 铬基铁磁半导体

铬基铁磁半导体是一类能在室温下表现出半导体电子特性的特殊铁磁材料，它结合了半导体和磁体的优点，是自旋电子学中最有应用前景的材料之一，可用于自旋注入、自旋操纵和自旋检测[1]。铁磁半导体前期的研究经历了浓磁半导体和稀磁半导体两个阶段。浓磁半导体本身难以与主流半导体兼容且居里温度较低，经过各种调控后性能也没有显著提升，于是人们将研究重心转移到稀磁半导体。稀磁半导体是将磁性原子掺杂于半导体中，它的居里温度虽然比一般的浓磁半导体高，但存在可重复性差、掺杂浓度低、自旋极化低、容易形成团簇等难以解决的问题。半导体和铁磁性的不兼容导致很难找到室温铁磁半导体，范德华二维铁磁材料的兴起为铁磁材料的研究开辟了新方向，这类材料具有层数依赖特性，对光、电刺激更敏感，具有极大的调控自由度，应用前景十分广阔[36]。

二维 CrI_3 单层是典型的二维铁磁半导体[36-39]。层状范德华块体 CrI_3 具有较强的单轴磁各向异性，是伊辛铁磁体，层间存在较弱的铁磁耦合，居里温度 T_c 约为 61 K。块体 CrI_3 在约 200 K 时经历了从高温单斜相到低温菱面体相的转变，但这种转变在少数层 CrI_3 中却被抑制了[40-42]。单层 CrI_3 可以从层状块体中剥离获得，T_c 约为

45 K[36]。双层 CrI_3 的层间堆叠方式决定了它的磁性基态性质，可以在电场和应力调控下将它从反铁磁态转换为铁磁态。此外，人们发现具有相同二维晶体结构的 $CrBr_3$ 和 $CrCl_3$ 也具有铁磁序。

2. 铁基铁磁金属

二维铁基铁磁金属是指包含铁元素且具有二维结构的铁磁金属材料。二维铁基铁磁金属能在二维平面内表现出铁磁性质，并且自旋向上和自旋向下通道都是金属化的[43]。由于电荷载流子驱动的强交换作用，铁磁金属通常具有更高的 T_c[44]。其中，Fe_3GeTe_2 单层已在自旋电子器件中用作铁磁电极的二维铁磁单层[45-47]。范德华层状块体 Fe_3GeTe_2 是具有强关联性的铁磁金属，在低于 230 K 时显示出比较强的铁磁性[48]。Fe_3GeTe_2 单层可以从范德华层状块体中剥离获得[49]，但是多层材料的磁性依赖于它的层数，T_c 从块体的 207 K 大幅下降到单层的 130 K[50]。此外，利用脉冲可调制二维磁性材料的磁畴，通过改变脉冲的数量，可以在 Fe_3GeTe_2 中实现较高的畴壁密度状态，此性质使它在高密度存储器件中具有较大的应用潜力[51]。

3. 铁磁半金属

由于磁耦合作用较弱，目前实验中已证实的二维铁磁半导体的磁相变温度 T_c 通常远低于室温[52]。尽管二维铁磁金属由于交换作用较强而具有较高的 T_c，但电场调控却十分困难。基于此，二维铁磁半金属成为自旋电子器件的优良载体[44]。目前，人们在理论上已经预测了多种二维铁磁半金属，包括氧化物、卤化物、硅化物等。一个典型的例子是 $FeCl_2$ 单层，块体 $FeCl_2$ 材料具有范德华层状结构，且具有层间反铁磁耦合[53]。Torun 等[54]通过第一性原理研究了 $FeCl_2$ 单层的电子结构和磁学性质，发现 $FeCl_2$ 具有半金属特性，基于平均场理论计算的 T_c 值为 17 K。Kulish 和 Huang[55]基于伊辛模型计算的二维 $FeCl_2$ 的 T_c 为 109 K。Feng 等[56]使用非平衡格林函数的第一性原理计算方法，揭示了 $FeCl_2$ 单层具有出色的自旋滤波效果、高磁阻和负微分电阻效应。此外，杂化交换泛函的计算结果表明，同类结构的 FeI_2 和 $FeBr_2$ 单层可以从范德华层状块体中剥离出来，且它们都具有半金属特性。

3.2.2 二维铁磁材料的关键参量

1. 饱和磁化强度

随着外磁场强度的逐渐增加，材料的磁化强度不断增大，当外磁场增加到一定强度以后，材料的磁化强度便停止增加而保持在一个稳定的数值，这时材料达到了饱和磁化状态，这个稳定的磁化强度值叫作这种材料的饱和磁化强度。饱和磁化强度是铁磁性材料的一个特性，是永磁性材料极为重要的磁参量，在实际应用中，一般要求饱和磁化强度越高越好。不同种类的铁磁性材料具有不同的饱和磁化强度。饱和磁化强度主要由组成材料的磁性原子数、原子磁矩和温度决定，在低温区主要遵循布洛赫定律。

2. 矫顽力

矫顽力也称为矫顽性或者保磁力。矫顽力是反映材料抵抗磁化状态改变能力的一个物理量，它决定了磁性材料在实际应用中的稳定性和可靠性。通常情况下，矫顽力越高，材料的磁性越稳定，越能更好地保持磁化状态。

3. 磁各向异性

磁各向异性是指磁性材料中不同方向上的磁性质的差异，主要表现为弱磁体的磁化率及铁磁体的磁化曲线随磁化方向而变。在磁性材料中，磁矩通常具有一定的方向性，材料的磁性质也具有一定的方向性。磁各向异性通常是由材料内部的晶体结构和磁矩之间的相互作用决定的。铁磁体的磁各向异性尤为突出，是铁磁体的基本性质之一，它表示饱和（或自发）磁化在不同晶体方向时的自由能密度的差异。

3.2.3 二维铁磁材料的应用

二维铁磁材料在很多方面具有应用前景，以下是几个典型的应用实例：

1. 信息存储

二维铁磁材料未来可应用于硬盘、磁带等储存介质。部分二维铁磁材料具有高矫顽力、低矫顽力失效温度系数等优良的磁学性质，能够更好地保证数据的稳定性和可靠性。

2. 传感器

二维铁磁材料具有高灵敏度、可调谐性等优良的电学和磁学性质，能够更好地满足传感器对于灵敏度和可靠性的要求，可被用于磁场传感器、磁电阻传感器等。

3. 自旋电子器件

二维铁磁材料具有强自旋轨道耦合、磁各向异性等特性，能够更好地实现对自旋电子学器件的调控和探测。1988 年发现的磁场传感器被认为是自旋电子器件的开端[57]。在由铁磁薄膜与非磁性薄膜组成的器件中，可以观测到材料的磁传感性能。当两层铁磁层的磁矩平行时，器件呈现低电阻状态；当两层铁磁层的磁矩反向排列时，器件呈现高电阻状态。如果将低电阻状态对应于“0”，高电阻状态对应于“1”，通过调整磁矩的方向就可以实现数据的编码和存储。在应用方面，制造自旋电子器件的材料需要在室温下仍然表现出铁磁性，并且在小磁场下电阻率能够发生较大的变化。因此，寻找具有高居里温度和强磁性的铁磁材料对于制备自旋电子器件至关重要。目前，通过电学方法调控磁性成为现代自旋电子学发展的趋势之一，也成为自旋电子器件设计的主要依据之一。相较于传统的用磁场调控磁性的方法来说，通过电学方法调控磁性具有低功耗、高速和出色的开关效应等优点[58]，代表性的器件包括自旋阀、磁隧穿结、自旋电容等。

自旋阀是基于磁场传感器的自旋电子器件，由一层非磁性金属薄膜夹在两层铁磁金属层之间形成。整个器件的电阻由两层铁磁层磁化方向之间的角度决定，当两磁化方向不相同时，磁阻会更高。原因是流动的电子进入某一层铁磁层后，磁矩沿着特定方向被极化，使得它们难以进入具有不同磁化方向的铁磁层内，电阻较大；反之，电子更易进入，电阻较小。

磁隧穿结中钉扎层与自由层被绝缘的隧穿层（氧化铝或氧化镁）隔开[59]。与自旋阀类似，磁隧穿结也是利用外磁场对隧穿电阻进行调控，器件的电阻也是由两层铁磁层磁化方向的相对角度决定。比起自旋阀，磁隧穿结需要的外磁场更小，由于隧穿电流密度通常较小，磁隧穿结往往具有较高的电阻。磁隧穿结的应用还在不断拓展，重要的应用包括磁传感器、硬盘读取头、电流隔离器以及磁阻随机存取存储器等[60]。

4. 能源材料

在能源领域，二维铁磁材料被用于制备磁性催化剂、磁性储能材料等。部分二维铁磁材料具有优异的催化活性等特性，能够更好地实现能量的转化和储存。

目前，二维铁磁材料的应用仍处于探索阶段，仍存在一些挑战和难点。例如，二维铁磁材料的制备、处理等过程还需要更多的优化和控制方法，同时，材料的稳定性和可靠性等问题也需要进一步研究和解决。

3.2.4　二维铁磁材料的最新研究热点

二维铁磁材料具有高矫顽力、低矫顽力失效温度系数、强自旋轨道耦合效应等特点，使得它们在信息存储、传感器、自旋电子器件和能源材料等领域具有广泛的应用前景。此外，研究人员还发现了一些新奇的磁学现象，如反铁磁性、锁相效应、自旋波等，这些现象将为二维铁磁材料的磁学应用提供新的思路和方法。

二维铁磁材料的电学性质是它们在自旋电子学器件等领域中应用的关键之一。近年来，研究人员通过电学测试、材料计算等方法，对二维铁磁材料的电学性质进行了深入的研究。研究发现，二维铁磁材料具有可调谐性、磁电阻效应等特性，这些特性为它们在传感器和磁存储器等领域的应用提供了新的思路和方法。除了前面提到的信息存储、传感器、自旋电子器件、能源材料等领域，二维铁磁材料的应用还包括磁性催化剂、磁性隧道结、磁性场效应晶体管、磁学探测、磁共振成像、光伏器件、热电器件等领域，这些应用将为人们的生活和科学研究带来新的变革和突破。

3.3 二维反铁磁材料与器件

3.3.1 二维反铁磁材料及分类

反铁磁材料是指在没有外磁场的情况下，内部自旋磁矩会呈现反平行排列，磁矩相互抵消，没有净磁矩，不会被永久磁化。根据磁耦合形态，可将二维反铁磁材料分为层内反铁磁耦合和层间反铁磁耦合两类。更详细地，可以分为A型（层内原子为铁磁耦合，层间原子为反铁磁耦合）、C型（层内原子为反铁磁耦合，层间原子为铁磁耦合）和G型（层内和层间原子均为反铁磁耦合）。A型二维反铁磁材料主要包括三卤化铬CrX_3（X=Cl，I）、过渡金属二卤化物MX_2（M=Fe，Co，Ni；X=Cl，Br，I）、过渡金属磷硫化物$CrPS_4$、过渡金属铋碲化物$MnBi_2Te_4$、过渡金属氧族卤化物CrSBr等，C型二维反铁磁材料以过渡金属磷硫化物MPX_3（M=Fe，Mn，Ni，Co，Cd，Zn；X=S，Se）为代表，G型二维反铁磁材料则以某些金属氧化物为主。

1. 三卤化铬

常见的三卤化铬CrX_3有$CrCl_3$、$CrBr_3$和CrI_3，它们具有相同的晶体结构和相似的电子性质，在低温下表现出铁磁有序性，且在单层下都能维持铁磁性。在常温下，体材料的空间群为C2/m单斜相，少层材料在低温下转变为R3菱方相[61-62]。不同于$CrBr_3$的层间铁磁耦合，少层CrI_3和$CrCl_3$具有层间反铁磁耦合。当配位卤素原子从Cl到Br再到I时，不同Cr原子间距离的增加减弱了直接交换作用，此时配位体的电负性也逐渐降低，与Cr原子更倾向于共价键连接，在此过程中材料的超交换和自旋-轨道耦合增强，这会影响材料的磁各向异性，并使磁有序的居里温度升高[63]。多层CrI_3除了具有层间反铁磁耦合基态，扭角堆叠的双层还可以形成摩尔超晶格，进而形成由扭角调控的奇异磁态[64-65]。

2. 过渡金属磷硫化合物

早在19世纪90年代人们就已经发现块体MPX_3具有磁性，但直到近些年，才通过机械剥离法获取少层二维结构的MPX_3[66]。少层和块体MPX_3分别属于空间群C2/m和R3的单斜相，而单层MPX_3中除了单斜相外，还可能出现不同的结构相[66-67]。在单个晶胞内，$(P_2X_6)^{4-}$单元位于蜂窝状的6个M原子的中心，每个金属离子与6个硫族原子相连。原子组分的差异直接影响了层间距离。M原子也强烈影响了材料的磁性、电子性质和层间耦合性质，$MnPS_3$、$NiPS_3$和$FePS_3$分别表现出海森堡型、XY或XXZ型和伊辛型反铁磁性[68]。

3. 其他反铁磁材料

最近，过渡金属氧族卤化物 CrSBr 因层间反铁磁耦合、三轴磁各向异性、可见近红外带隙、激子（束缚电子-空穴对）荧光等特性而受到了广泛关注[69]。CrOCl 拥有独特的 Stripy 型面内反铁磁构型和磁弹性耦合性质，能够通过电场或应力作用对磁结构进行调控。Kulish[55]等预测了一系列二维过渡金属二卤化物，在单层情况下，FeX_2、CoX_2 和 NiX_2 更偏向于铁磁耦合基态，而 VX_2、CrX_2 和 MnX_2 更偏向于反铁磁基态，这种差别取决于近邻原子 d-d 轨道电子的直接交换和卤素原子 p 轨道介导的超交换作用之间的竞争。由于平面内铁磁和反铁磁态的共存，NiI_2 等多层磁性材料中每个单层内相邻原子的自旋指向以螺旋形式排列，形成螺旋磁态[70]。三卤化钒化合物 VX_3（X=Cl，Br，I）与三卤化铬在结构上有许多相似性，VI_3 在临界温度以下表现为铁磁性[71-72]，而 VBr_3 则为本征的反铁磁材料[73]。

3.3.2　二维反铁磁材料的关键参量

1. 局域磁矩

在二维反铁磁材料中，磁矩通常是由电子自旋和轨道角动量所形成的。在这些材料中，磁矩通常被认为是在晶格中的某个位置上的局域磁矩，这些局域磁矩之间的相互作用会导致材料具有特定的磁学性质。

2. 磁各向异性

在二维反铁磁材料中，磁各向异性通常是由晶体结构和电子自旋-轨道的相互作用所引起的。磁各向异性会影响到反铁磁序的稳定性，当磁各向异性增强时，反铁磁序的稳定性有所提高，磁激发的能量也会相应增大。此外，磁各向异性还会影响到材料的磁矩翻转过程，从而影响它们磁性相关的应用，如磁记忆、磁传感等。

3. 局域晶体场

局域晶体场是指材料中某个位置处的电子所受到的晶格势场和局部电荷分布所产生的电场。在磁性材料中，局域晶体场通常是由晶体结构和周围原子的化学环境所决定的。局域晶体场对磁性材料的磁性质有着重要的影响，在二维反铁磁材料中，局域晶体场通常会影响材料中局部磁矩的方向和大小。通过改变晶体结构或者掺杂，可以有效调控局域晶体场，从而实现对二维反铁磁材料性能的调控。

4. 交换作用

交换作用是指材料中局域磁矩之间的相互作用，它影响材料的磁性质。磁性材料中存在的典型的交换作用机制有直接交换、超交换、双交换和巡游铁磁性。

5. 磁晶体结构

磁晶体结构是指磁性材料中的晶体结构和磁性质之间的相互作用。在磁性材料中，晶体结构和磁性质之间的相互作用非常复杂。在二维反铁磁材料中，晶体结构和磁性质之间的相互作用通常是由电子自旋-轨道耦合所决定的。在这些材料中，磁晶体结构通常会影响材料中局域磁矩的方向和大小，从而影响整个材料的磁性质。

6. 温度

温度是影响磁性材料性能的重要因素。在磁性材料中，随着温度的升高，磁矩的热激发会增加，从而使得材料的整体磁性减弱。在二维反铁磁材料中，温度的升高通常会导致材料从反铁磁相转变为顺磁相或铁磁相，从而导致材料的磁性质发生变化。

7. 外加磁场

外加磁场可以改变反铁磁材料的磁性质，如可以使材料从反铁磁性转变为铁磁性或顺磁性。磁场是调控二维材料磁性的最直接手段，外加磁场不仅使磁性体系发生塞曼劈裂，而且使体系自旋发生倾斜。在足够大的磁场下，甚至还会强制自旋指向外磁场方向。通过改变自旋方向可以影响体系的电子结构等物理性质。

3.3.3 二维反铁磁材料的应用

二维反铁磁材料具有许多独特的性质，使得它们在许多领域具有广泛的应用前景，如电子学、磁学、存储器、传感器、量子计算等领域。

1. 电子学

二维反铁磁材料在电子学中的应用主要集中在自旋电子学领域。自旋电子学是一种基于电子自旋而非电子电荷的新型电子学，主要目标是利用电子自旋来传递、存储和处理信息。二维反铁磁材料的自旋极化性质使它们成为自旋电子学领域的一个重要研究方向。例如，某些二维反铁磁材料可以被用作自旋阀，它可以控制电子的自旋方向，从而只传输一个自旋方向的电子，这种技术可以用于提高数据传输速度和减少功耗。此外，二维反铁磁材料还可以用于制造自旋电路元件，如自旋场效应晶体管和自旋电子晶体管等。

2. 磁学

二维反铁磁材料在磁学方面的应用也非常广泛。由于反铁磁性质，二维反铁磁材料可以被用作磁场传感器，它可以测量磁场的强度和方向，并将这些信息转换成电信号，这种技术可以应用于测量地磁场、医学成像、非破坏性材料检测等领域。二维反铁磁材料还可以被用作磁存储器的存储介质。在这种应用中，二维反铁磁材料的反铁磁性质可以保证它们在磁场的作用下具有稳定的磁性方向，并且可以通过改变磁场的方向来实现数据的读写操作。

3. 存储器

除了磁存储器外,二维反铁磁材料还可以被用作非易失性存储器的介质。非易失性存储器是指一种可以在断电情况下保存数据的存储器,与易失性存储器(如随机存取存储器)相对应。二维反铁磁材料可以通过反铁磁性质实现非易失性存储,可用于智能手机、平板电脑、笔记本电脑等移动设备的存储器。

4. 传感器

二维反铁磁材料还可以被用作传感器。例如,二维反铁磁材料可以被用作高灵敏度的磁场传感器,它可以检测非常微小的磁场变化,并将它转换成电信号。这种技术可以应用于医学成像、工业控制、环境监测、地质勘探等领域。此外,二维反铁磁材料还可以被用作压力传感器。当二维反铁磁材料受到压力时,反铁磁性质会发生变化,从而引起电阻率的变化,通过测量电阻率的变化,可以确定所受到压力的大小和方向,这种技术可以应用于医疗设备、机器人、智能家居等领域。

5. 量子计算

量子计算是一种基于量子力学原理的计算方法,它可以实现更快的计算速度和更高的计算精度。二维反铁磁材料可以被用作量子比特的介质,它可以在量子计算中储存和传输信息。此外,二维反铁磁材料还可以被用作量子门的实现介质,它可以实现量子比特之间的相互作用,从而实现量子运算。

3.3.4 二维反铁磁材料的研究热点

二维反铁磁材料是当前材料研究领域的热点之一,以下主要介绍二维反铁磁材料的磁光效应和二维反铁磁体系中的元激发准粒子的研究。

1. 二维反铁磁材料的磁光效应

反铁磁材料的调控取决于材料的结构、磁相和能带性质,这些属性可通过各类磁光效应以光场强度、能量、相位、偏振等物理量来体现。磁光效应源于材料内部电荷-自旋耦合、能带的交换分裂和自旋轨道耦合之间的相互作用[74],不仅可用于磁序检测,还可用于光学调制和数据存取等多个方面[75]。磁光现象不仅包括法拉第效应、磁光克尔效应、塞曼效应、磁二向色性和磁双折射效应,还包括光与物质相互作用导致物质磁性改变而引起的各种光学现象。

2. 二维反铁磁体系中的元激发准粒子研究

在光与物质相互作用的系统中,微观准粒子是集体激发和能量振荡的量子化描述,是连接宏观和微观量子现象的纽带,在凝聚态物理学中占有重要地位。在磁性材料中，外界扰动可能使材料磁矩在自旋有序的平衡位置附近发生振荡。由于原子磁矩之间的交换耦合作用，这种振荡可形成传导波，并被量子化为磁振子。类似光子和声子，磁振子是一种服从玻色-爱因斯坦分布的准粒子，它能够与光子、电子和声子等其他准粒子相互耦合，引发一系列新奇现象，相关的各类稳态和瞬态光谱研究得到了广泛关注[76]。

反铁磁材料的独特优势及反铁磁自旋光电子学的发展将毫无疑问地推动自旋电子学相关领域的发展。一方面，对磁光效应的探索有助于反铁磁材料应用场景的延伸；另一方面，光学技术（如单自旋扫描显微镜、自旋极化扫描隧道显微镜、光镊、近场分辨光谱等技术）本身的更新迭代使得在微观、多维和超快尺度上探测磁序变得更容易。可以预见，基于磁光效应开展的反铁磁材料相关研究将集中于更加复杂和极端的体系中，如具备非共线、螺旋磁性、多铁性、拓扑磁性等磁性质的材料，原子层厚度的二维反铁磁材料及其异质结的引入将使得这些复杂磁态展现出更加奇异的特性。举例来说，通过控制多铁性反铁磁材料内部的磁序，可以有效地调控层间电子耦合，便于通过光学手段探测、调控、发射和跟踪自旋信息[76]；由于自旋动量锁定，拓扑反铁磁材料可以被应用在高能效自旋电子学中，带来巨大的光学非线性系数、高效的自旋滤波、高电荷流-自旋流转换效率、高电子迁移率和长自旋扩散长度等特性[77]，拓宽了磁学、光子学和其他交叉学科的研究范围。

3.4 二维谷极化材料与器件

3.4.1 二维谷极化材料及分类

二维谷极化材料是指具有二维晶体结构和谷极化能带结构的一类材料，这种材料的电子在动量空间中可以处于不同的谷中。在动量空间中，二维谷极化材料的能带通常具有多个谷，每个谷对应着一个局部能量极小值或者极大值，这样的能带结构可以产生谷极化现象，即在一些条件下，电子在一个谷中的占据数可以明显高于在另一个谷中的占据数，不同谷占据数可以通过外部条件来进行调制，如应变、电场、光场等[78]。

在石墨烯和 MoS_2 等过渡金属硫族化合物中，本征电子能带结构中存在多个谷，每个谷附近电子态的特征不同，导致每个谷的电子具有不同的输运特性。根据晶格结构的不同，二维谷极化材料主要分为两种类型：一种是具有六角晶格结构的材料，如石墨烯、二硫化钼（MoS_2）和氮化硼（h-BN）；另一种是具有正交晶格结构的材料，如黑磷（BP）。除了晶格结构，二维谷极化材料还可以根据谷的数量和性质、带隙的大小和形状以及应用领域进行分类。

3.4.2　二维谷极化材料的关键参量

1. 谷极化能带结构

谷极化能带结构是由晶体结构和材料电子特性之间的相互作用形成的。每个谷中的电子态由波函数描述，而波函数取决于电子的动量、晶格类型及晶格对称性。电子态的能量由电子波函数和晶体势决定，晶体势随晶体中原子的位置而变化。它在一些材料中具有重要的应用价值，尤其是在电子学领域。谷极化材料的能带在能量空间中出现不同的能隙，这些能隙与材料的晶格结构密切相关。

2. 带隙

带隙是指能带中价带和导带之间的能量差，是描述材料电学和光学性质的关键参量。不同能谷之间的带隙大小是影响材料谷极化的重要参量，它可以通过控制材料的晶格结构和化学成分来调控。在二维谷极化材料中，带隙的大小和类型对其电子和光学性质具有重要影响。

(1) 带隙大小对电子输运的影响。带隙的大小决定了材料的导电性质。在具有较小能隙的材料中，价带和导带之间的能量差很小，电子很容易从价带跃迁到导带，从而形成高电导率。在具有较大能隙的材料中，跃迁需要的能量更高，材料体现出半导体或者绝缘体性质。

(2) 带隙类型对光学性质的影响。带隙的类型对材料的光学性质具有较大的影响。在直接带隙的材料中，价带和导带之间的距离在动量空间中最小，材料对于光子的吸收和发射效率更高；在间接带隙的材料中，跃迁需要额外的动量转移，吸收和发射光子的效率更低，光学性质更加复杂。

(3) 带隙对谷极化的影响。在二维谷极化材料中，带隙还可以影响谷极化的极化强度。当带隙较小时，电子可以在不同的谷之间跃迁，从而降低不同谷之间的区分度；当带隙较大时，电子在不同谷之间的跃迁概率较小，谷极化效应更加明显。

3. 自旋轨道耦合

自旋轨道耦合是指电子的自旋和轨道运动之间的相互作用。在二维谷极化材料中，自旋轨道耦合的大小对材料的电子和光学性质有重要影响。材料中存在的大自旋轨道耦合可以促进谷极化现象的产生。以下是自旋轨道耦合对二维谷极化材料的一些影响：

(1) 影响能带结构。自旋轨道耦合可以影响材料的能带结构，使得能带发生劈裂。在二维谷极化材料中，自旋轨道耦合可以导致上下自旋的能带发生劈裂，劈裂后能带的能量和色散可以不同，最终影响材料和自旋、谷相关的电子输运性质和光学性质。

(2) 影响谷极化效应。自旋轨道耦合也可以影响二维谷极化材料的谷极化效应。自旋轨道耦合对不同谷能带结构的影响可以有所不同，最终导致谷极化效应的大小受到影响。

(3) 影响自旋极化。自旋轨道耦合还可以影响材料的自旋极化。在存在自旋轨道耦合的材料中，电子的自旋和轨道运动相互作用，从而增加自旋方向的不确定性，这种自旋混合会影响电子的自旋极化效应，从而影响材料在磁学和自旋电子学方面的性质。自旋轨道耦合是二维谷极化材料中的一个重要参量，它的大小对材料的电子和光学性质具有重要影响。研究自旋轨道耦合对材料电子结构的影响能够有效促进二维谷极化材料的设计和应用。

4. 电场调控性能

电场调控性能是指二维谷极化材料的电学性能可以通过外加电场进行控制。在二维谷极化材料中，电场调控性能对二维谷极化材料的电子和光学性质具有重要影响。

(1) 调节能带结构。外加电场可以改变材料的电子结构，如通过施加垂直于材料平面的电场可以调节能带结构，改变材料的电子输运、光学吸收谱、谷极化效应等性质。

(2) 调节载流子浓度。外加电场可以调节材料中的载流子浓度，从而影响材料的电学性质。例如，通过施加垂直于二维材料的电场可以改变材料中的电子和空穴的浓度分布，从而影响材料的电子输运、光学吸收谱等。

(3) 调节自旋极化。外加电场还可以调节材料中的自旋极化。例如，通过施加垂直于材料平面的电场可以改变材料中自旋极化的方向和大小，从而影响材料的磁性和自旋相关的性质。

(4) 调节光学性质。外加电场可以调节材料的光学性质，如通过施加平行于材料平面的电场可以有效调节材料的吸收和发射光谱。这种调节二维材料光学性质的方法可以应用于光电子学、二维光电器件等领域。

5. 能态密度

能态密度是指在能量空间中单位能量内的量子态数，是描述材料电子学和光学性质的重要参量。在二维谷极化材料中，能态密度的大小对电学和光学性质有重要影响。

(1) 影响电子输运。能态密度可以影响二维谷极化材料中的电子输运性质。在具有高能态密度的材料中，电子的输运更加类似于金属，因为在费米能级附近存在大量的电子态；在具有低能态密度的材料中，电子的输运性质更像是半导体或绝缘体。

(2) 影响光学性质。能态密度还可以影响二维谷极化材料的光学性质。在具有高能态密度的材料中，存在大量的量子态可以吸收和发射光子，材料对于光的吸收和发射效率更高；在具有低能态密度的材料中，光的吸收和发射效率更低。

(3) 影响谷极化效应。能态密度也可以影响二维谷极化材料的谷极化效应。在具有高能态密度的材料中，谷极化效应更加显著，因为存在大量的量子态可以容纳电子；在具有低能态密度的材料中，谷极化效应可能会被淹没在其他电子态中。能态密度是二维谷极化材料中的一个重要参量，它的大小对材料的电子和光学性质具有重要影响，研究和调节能态密度在二维谷极化材料的设计和应用中具有非常重要的意义。

3.4.3 二维谷极化材料的应用

二维谷极化材料是一类具有特殊电子性质的材料，在材料的能带结构中存在着性质不同的谷。这些谷在动量空间中相互分离，但可以通过特定手段在不同的谷之间实现电子的选择性操控。二维谷极化材料在多个领域具有广泛应用：

1. 光电器件

二维谷极化材料不同谷的能带在能量和自旋上存在差异，使得它们能够实现对不同光子能量和自旋的选择性吸收和发射。此外，二维材料的大比表面积和界面效应能够有效增强光的吸收和发射，超薄特性使二维材料具有良好的光学透射效果和优异的光学性能，在高性能的光电器件中具有较大的应用潜力。基于谷极化材料的光电二极管可以选择性地吸收和发射光子，并且具有很快的光电响应速度，有望应用于光通信、光计算等领域。

2. 谷极化逻辑器件

利用谷极化现象可以实现电子的选择性操控和传输，从而设计具有高性能的谷极化逻辑器件。这些器件可以在低功耗的条件下实现高速运算，有望革新未来的计算机技术。

3. 自旋电子学

谷自由度与自旋自由度具有一定的耦合，这意味着通过调控谷极化状态，可以实现自旋的有效操控，这为制备具有高性能的自旋电子器件(如自旋场效应晶体管、自旋滤波器等)提供了新的可能性。

4. 量子信息处理

谷极化材料的特殊性质使它们具有很高的潜在应用价值。谷自由度可以作为一种量子比特进行编码，用于量子信息处理[79]。这意味着二维谷极化材料可以用于构建量子计算机和量子通信系统，为量子信息处理技术的发展提供了新的契机。

5. 光催化材料

二维谷极化材料具有特殊的能带结构，能够高效地吸收光子并将其转化为电子-空穴对，这使得二维谷极化材料成为理想的光催化剂，可在环保领域中应用于光催化产氢、光催化降解有机污染物等领域。

6. 传感器

二维谷极化材料具有出色的敏感性和选择性，适用于制备各种类型的传感器。例如，通过利用谷极化材料的光学性质，可以设计出高性能的光敏传感器。此外，这些材料对温度、压力和湿度等也具有良好的响应性能，为制备多功能传感器提供了新的材料基础。

7. 生物医学应用

一些二维谷极化材料具有良好的生物相容性和可调控的表面特性，可以用作药物传递载体、生物传感器、生物成像剂等。此外，它们还可以用于组织工程和再生医学，帮助修复受损的组织和器官。

8. 能源存储与转换

二维谷极化材料可以作为锂离子电池的电极材料，提高电池的能量密度和循环稳定性。此外，它们还可以用于制备超级电容器、燃料电池等高性能能源存储与转换器件。

9. 纳米结构设计与功能材料

利用二维谷极化材料的特殊结构，可以设计出具备多种功能的纳米结构。通过精确控制材料的层间距离，可以实现可调的光学、电子和磁性特性。此外，通过调整谷极化材料与其他二维材料的堆叠方式，可以构建具有特定功能的异质结构，为制备多功能纳米结构和复合材料提供新的方法。

3.4.4 二维谷极化材料的研究热点

实现与调控谷极化是二维谷极化材料研究的核心问题。目前，实现谷极化的方法主要有：

(1) 谷选择性光学激发。通过对二维谷极化材料进行圆偏振光激发，可以实现对不同谷的选择性激发，从而产生谷极化。谷是指二维材料能带中的极值点，在典型的六角材料中，一般存在两种不同的谷，即 K 点和 K' 点。通常情况下，两个高对称点能带的波函数属性和电子在这两个谷中的传输性质是不同的。通过控制光的偏振、能量和入射角度等，可以实现对二维材料中某一种谷的选择性光学激发，从而调控材料的性质。谷选择性光学激发的实验方法包括线性光学、非线性光学和光学谱学等。线性光学方法通过调控光的偏振、能量和入射角度等参数，实现对二维材料中某一种谷的选择性激发。非线性光学方法则利用二次谐波产生的滤波效应，实现对特定谷的选择性激发。光学谱学方法则通过分析光学谱，研究二维材料中的谷选择性激发效应。

(2) 谷选择性输运。通过设计特殊的器件结构，实现对不同谷电子的选择性输运，从而产生谷极化。谷选择性输运是基于二维材料中的能带结构和谷的非简并性质，通过控制外部场或材料结构，使电子只能在某个特定的谷间输运。例如，可以通过施加电场、磁场、光场等外部场，或者通过引入晶格畸变、缺陷等改变材料结构，来实现谷选择性输运。

谷选择性输运的实验方法包括电学测量、磁学测量、光学测量等。电学测量可以通过测量电阻率、霍尔效应等参数，来探究二维材料中的谷选择性输运现象。磁学测量则可以通过磁阻效应、磁旋转光学等方法，来观察谷选择性输运的效应。光学测量则通过谷极化光学等方法，来探究谷选择性输运的现象。

(3)电场调控。电场调控可以通过调节电子在材料中的能量和动量来实现对材料能带结构的调控。在二维谷极化材料中，由于不同谷的能带存在能量和自旋的巨大差异，施加电场可以改变谷之间的耦合强度，从而导致不同谷的能带结构发生变化，实现谷极化控制。

(4)应变调控。在二维谷极化材料中，应变调控可以通过施加外力或利用晶格不匹配等方式来实现对材料的应变调控。二维谷极化材料的能带结构和谷极化性质受外界应变影响很大，因此通过应变可以调控材料的谷极化性质。应变调控对二维谷极化材料能带结构实现谷极化控制的实验方法包括 X 射线衍射、光电子能谱、拉曼光谱等。X 射线衍射可以通过测量应变状态下材料的结构参数，来探究应变调控对谷极化材料晶格结构的影响。光电子能谱可以通过测量应变状态下材料的费米面位置、能带结构等参数，来探究应变调控对谷极化材料能带结构的影响。拉曼光谱可以通过测量应变状态下材料的振动谱线，来探究应变调控对于谷极化材料晶格结构的影响。

(5)铁谷材料。铁谷材料[78]凭借结构特性、磁性以及强自旋轨道耦合作用，不需要外界任何调控手段就可以实现谷极化。铁谷材料的应用有一定的条件，铁谷材料依赖本身的铁磁性来打破时间反演对称性，一旦磁性消失，能谷便再次简并，不能利用谷自由度来进行信息编码，因此铁谷材料的居里温度非常重要。目前已知的具有较高居里温度的铁谷材料数量有限，所以寻找具有高居里温度和大的谷极化的铁谷材料是很有必要的，现在人们发现的单层 XI_2(X=Sc，Y) 就具有较高的本征谷极化和居里温度[78]。

目前，二维谷极化材料仍然是二维材料研究的热点，也是未来谷电子学器件的潜在候选材料。未来的研究可以进一步探索二维材料的谷电子学性质，如谷寿命、谷相干时间和谷平均自由程，以实现对谷的精确控制和应用。此外，更准确地计算二维铁磁材料的居里温度，对分析材料的谷极化性质在室温下的存在性具有重要意义。谷自由度的操控是实现谷电子学器件的关键步骤，在未来的信息存储和逻辑计算等领域具有巨大的应用潜力。目前的调控方式主要包括电学、力学、磁学和光学调控，但仍存在一些问题，如读取困难、谷寿命短、难以控制缺陷等。探索其他更简单、优异的调控方式，有助于未来谷电子学器件研究取得突破性进展。

参考文献

[1] Li X, Yang J. First-principles design of spintronics materials [J]. National Science

Review, 2016, 3(3): 365-381.

[2] De Groot R, Mueller F, Van Engen P V, et al. New class of materials: Half-metallic ferromagnets [J]. Physical Review Letters, 1983, 50(25): 2024.

[3] Mallajosyula S S, Pati S K. Vanadium-benzimidazole-modified sDNA: A one-dimensional half-metallic ferromagnet [J]. The Journal of Physical Chemistry B, 2007, 111(50): 13877-13880.

[4] Maslyuk V V, Bagrets A, Meded V, et al. Organometallic benzene-vanadium wire: A one-dimensional half-metallic ferromagnet [J]. Physical Review Letters, 2006, 97(9): 097201.

[5] Park J H, Vescovo E, Kim H J, et al. Direct evidence for a half-metallic ferromagnet [J]. Nature, 1998, 392(6678): 794-796.

[6] De Groot R A. Half-metallic magnetism in the 1990s [J]. Physica B: Condensed Matter, 1991, 172(1-2): 45-50.

[7] Van Leuken H, De Groot R. Half-metallic antiferromagnets [J]. Physical Review Letters, 1995, 74(7): 1171.

[8] Nair R, Sepioni M, Tsai I L, et al. Spin-half paramagnetism in graphene induced by point defects [J]. Nature Physics, 2012, 8(3): 199-202.

[9] Castro E V, Peres N, Stauber T, et al. Low-density ferromagnetism in biased bilayer graphene [J]. Physical Review Letters, 2008, 100(18): 186803.

[10] Červenka J, Katsnelson M, Flipse C. Room-temperature ferromagnetism in graphite driven by two-dimensional networks of point defects [J]. Nature Physics, 2009, 5(11): 840-844.

[11] Jung J, Pereg-Barnea T, Macdonald A. Theory of interedge superexchange in zigzag edge magnetism [J]. Physical Review Letters, 2009, 102(22): 227205.

[12] Sepioni M, Nair R, Rablen S, et al. Limits on intrinsic magnetism in graphene [J]. Physical Review Letters, 2010, 105(20): 207205.

[13] Sepioni M, Nair R, Tsai I L, et al. Revealing common artifacts due to ferromagnetic inclusions in highly oriented pyrolytic graphite [J]. Europhysics Letters, 2012, 97(4): 47001.

[14] Son Y W, Cohen M L, Louie S G. Half-metallic graphene nanoribbons [J]. Nature, 2006, 444(7117): 347-379.

[15] Wang Z, Tang C, Sachs R, et al. Proximity-induced ferromagnetism in graphene revealed by the anomalous Hall effect [J]. Physical Review Letters, 2015, 114

(1): 016603.

[16] Wei P, Lee S, Lemaitre F, et al. Strong interfacial exchange field in the graphene/EuS heterostructure [J]. Nature Materials, 2016, 15(7): 711-716.

[17] Yazyev O V, Katsnelson M. Magnetic correlations at graphene edges: Basis for novel spintronics devices [J]. Physical Review Letters, 2008, 100(4): 047209.

[18] Yazyev O V, Helm L. Defect-induced magnetism in graphene [J]. Physical Review B, 2007, 75(12): 125408.

[19] Xu L, Yang M, Shen L, et al. Large valley splitting in monolayer WS_2 by proximity coupling to an insulating antiferromagnetic substrate [J]. Physical Review B, 2018, 97(4): 041405.

[20] Streltsov S V, Khomskii D I. Orbital physics in transition metal compounds: New trends [J]. Physics-Uspekhi, 2017, 60(11): 1121.

[21] Anderson P W. New approach to the theory of superexchange interactions [J]. Physical Review, 1959, 115(1): 2.

[22] Goodenough J B. Theory of the role of covalence in the perovskite-type manganites [La, M (II)] MnO_3[J]. Physical Review, 1955, 100(2): 564.

[23] Kanamori J. Crystal distortion in magnetic compounds [J]. Journal of Applied Physics, 1960, 31(5): 14-23.

[24] 刘南舒，王聪，季威. 磁性二维材料的近期研究进展 [J]. 物理学报，2022，71(12): 388-419.

[25] Peierls R. On Ising's model of ferromagnetism: Proceedings of the mathematical proceedings of the Cambridge Philosophical Society[C]. London: Cambridge University Press, 1936.

[26] Gibertini M, Koperski M, Morpurgo A F, et al. Magnetic 2D materials and heterostructures [J]. Nature Nanotechnology, 2019, 14(5): 408-419.

[27] Gong C, Li L, Li Z, et al. Discovery of intrinsic ferromagnetism in two-dimensional van der Waals crystals [J]. Nature, 2017, 546(7657): 265-269.

[28] Huang B, Clark G, Navarro-Moratalla E, et al. Layer-dependent ferromagnetism in a van der Waals crystal down to the monolayer limit [J]. Nature, 2017, 546(7657): 270-273.

[29] Deng Y, Yu Y, Song Y, et al. Gate-tunable room-temperature ferromagnetism in two-dimensional Fe_3GeTe_2[J]. Nature, 2018, 563(7729): 94-99.

[30] Bonilla M, Kolekar S, Ma Y, et al. Strong room-temperature ferromagnetism in

VSe_2 monolayers on van der Waals substrates [J]. Nature Nanotechnology, 2018, 13(4): 289-293.

[31] Ataca C, Sahin H, Ciraci S. Stable, single-layer MX_2 transition-metal oxides and dichalcogenides in a honeycomb-like structure [J]. The Journal of Physical Chemistry C, 2012, 116(16): 8983-8999.

[32] Kan M, Adhikari S, Sun Q. Ferromagnetism in MnX_2 (X=S, Se) monolayers [J]. Physical Chemistry Chemical Physics, 2014, 16(10): 4990-4994.

[33] O'Hara D J, Zhu T, Trout A H, et al. Room temperature intrinsic ferromagnetism in epitaxial manganese selenide films in the monolayer limit [J]. Nano Letters, 2018, 18(5): 3125-3131.

[34] Pollard R, Mccann V, Ward J. Magnetic structures of α-MnS and MnSe from ^{57}Fe Mossbauer spectroscopy [J]. Journal of Physics C: Solid State Physics, 1983, 16(2): 345.

[35] Feng Y P, Shen L, Yang M, et al. Prospects of spintronics based on 2D materials [J]. Wiley Interdisciplinary Reviews: Computational Molecular Science, 2017, 7(5): 1313.

[36] 王冰，周跫桦，王金兰. 二维铁磁材料的理论模拟与设计 [J]. 科学通报，2021，66: 551.

[37] Jiang S, Shan J, Mak K F. Electric-field switching of two-dimensional van der Waals magnets [J]. Nature Materials, 2018, 17(5): 406-410.

[38] Mcguire M A, Dixit H, Cooper V R, et al. Coupling of crystal structure and magnetism in the layered, ferromagnetic insulator CrI_3 [J]. Chemistry of Materials, 2015, 27(2): 612-620.

[39] Song T, Fei Z, Yankowitz M, et al. Switching 2D magnetic states via pressure tuning of layer stacking [J]. Nature Materials, 2019, 18(12): 1298-1302.

[40] Sivadas N, Okamoto S, Xu X, et al. Stacking-dependent magnetism in bilayer CrI_3 [J]. Nano Letters, 2018, 18(12): 7658-7664.

[41] Soriano D, Cardoso C, Fernández-Rossier J. Interplay between interlayer exchange and stacking in CrI_3 bilayers [J]. Solid State Communications, 2019, 299: 113662.

[42] Ubrig N, Wang Z, Teyssier J, et al. Low-temperature monoclinic layer stacking in atomically thin CrI_3 crystals [J]. 2D Materials, 2020, 7(1): 015007.

[43] Xu R, Zou X, Liu B, Cheng H M. Computational design and property predictions

for two-dimensional nanostructures [J]. Materials Today, 2018, 21 (4): 391-418.

[44] Wang B, Zhang Y, Ma L, et al. MnX (X=P, As) monolayers: a new type of two-dimensional intrinsic room temperature ferromagnetic half-metallic material with large magnetic anisotropy [J]. Nanoscale, 2019, 11(10): 4204-4209.

[45] Li X, Lu J T, Zhang J, et al. Spin-dependent transport in van der Waals magnetic tunnel junctions with Fe_3GeTe_2 electrodes [J]. Nano Letters, 2019, 19(8): 5133-5139.

[46] Wang Y P, Chen X Y, Long M Q. Modifications of magnetic anisotropy of Fe_3GeTe_2 by the electric field effect [J]. Applied Physics Letters, 2020, 116(9): 092404.

[47] Wang Z, Sapkota D, Taniguchi T, et al. Tunneling spin valves based on Fe_3GeTe_2/hBN/Fe_3GeTe_2 van der Waals heterostructures [J]. Nano Letters, 2018, 18(7): 4303-4308.

[48] Deiseroth H J, Aleksandrov K, Reiner C, et al. Fe_3GeTe_2 and Ni_3GeTe_2—Two new layered transition-metal compounds: Crystal structures, HRTEM investigations, and magnetic and electrical properties [J]. European Journal of Inorganic Chemistry, 2006, 37(26):1561-1567.

[49] Zhuang H L, Kent P, Hennig R G. Strong anisotropy and magnetostriction in the two-dimensional Stoner ferromagnet Fe_3GeTe_2[J]. Physical Review B, 2016, 93 (13): 134407.

[50] Fei Z, Huang B, Malinowski P, et al. Two-dimensional itinerant ferromagnetism in atomically thin Fe_3GeTe_2[J]. Nature Materials, 2018, 17(9): 778-782.

[51] Pei K, Liu S, Zhang E, et al. Anomalous spin behavior in Fe_3GeTe_2 driven by current pulses [J]. ACS Nano, 2020, 14(8): 9512-9520.

[52] Huang C, Feng J, Wu F, et al. Toward intrinsic room-temperature ferromagnetism in two-dimensional semiconductors [J]. Journal of the American Chemical Society, 2018, 140(36): 11519-11525.

[53] Wilkinson M, Cable J, Wollan E, et al. Neutrondiffraction investigations of the magnetic ordering in $FeBr_2$, $CoBr_2$, $FeCl_2$, and $CoCl_2$ [J]. Physical Review, 1959, 113(2): 497.

[54] Torun E, Sahin H, Singh S, et al. Stable half-metallic monolayers of $FeCl_2$[J]. Applied Physics Letters, 2015, 106(19): 192404.

[55] Kulish V V, Huang W. Single-layer metal halides MX_2 (X=Cl, Br, I): Stability and tunable magnetism from first principles and Monte Carlo simulations [J]. Journal of Materials Chemistry C, 2017, 5(34): 8734-8741.

[56] Feng Y, Wu X, Han J, et al. Robust half-metallicities and perfect spin transport properties in 2D transition metal dichlorides [J]. Journal of Materials Chemistry C, 2018, 6(15): 4087-4094.

[57] Barnaś J, Fuss A, Camley R, et al. Novel magnetoresistance effect in layered magnetic structures: Theory and experiment [J]. Physical Review B, 1990, 42 (13): 8110.

[58] 王韵秋. 基于铁磁及反铁磁材料的自旋电子器件的研究[D]. 上海: 华东师范大学, 2019.

[59] Moodera J, Kinder L, Nowak J, et al. Geometrically enhanced magnetoresistance in ferromagnet-insulator-ferromagnet tunnel junctions [J]. Applied Physics Letters, 1996, 69(5): 708-710.

[60] Tondra M, Daughton J M, Wang D, et al. Picotesla field sensor design using spin-dependent tunneling devices [J]. Journal of Applied Physics, 1998, 83(11): 6688-6690.

[61] Guo K, Deng B, Shi Z, et al. Layer dependence of stacking order in nonencapsulated few-layer CrI3[J]. Sci China Mater, 2020, 63: 413-420.

[62] Klein D R, Macneill D, Song Q, et al. Enhancement of interlayer exchange in an ultrathin two-dimensional magnet [J]. Nature Physics, 2019, 15 (12): 1255-1260.

[63] Mcguire M A, Clark G, Santosh K, et al. Magnetic behavior and spin-lattice coupling in cleavable van der Waals layered $CrCl_3$ crystals [J]. Physical Review Materials, 2017, 1(1): 014001.

[64] Song T, Sun Q C, Anderson E, et al. Direct visualization of magnetic domains and moiré magnetism in twisted 2D magnets [J]. Science, 2021, 374(6571): 1140-1144.

[65] Xu Y, Ray A, Shao Y T, et al. Coexisting ferromagnetic-antiferromagnetic state in twisted bilayer CrI_3[J]. Nature Nanotechnology, 2022, 17(2): 143-147.

[66] Coak M J, Jarvis D M, Hamidov H, et al. Tuning dimensionality in van-der-Waals antiferromagnetic Mott insulators $TmPS_3$ [J]. Journal of Physics: Condensed Matter, 2019, 32(12): 124003.

[67] Du K Z, Wang X Z, Liu Y, et al. Weak van der Waals stacking, wide-range band gap, and Raman study on ultrathin layers of metal phosphorus trichalcogenides [J]. ACS Nano, 2016, 10(2): 1738-1743.

[68] Basnet R, Wegner A, Pandey K, et al. Highly sensitive spin-flop transition in antiferromagnetic van der Waals material MPS_3 (M=Ni and Mn) [J]. Physical Review Materials, 2021, 5(6): 064413.

[69] Yang K, Wang G, Liu L, et al. Triaxial magnetic anisotropy in the two-dimensional ferromagnetic semiconductor CrSBr [J]. Physical Review B, 2021, 104(14): 144416.

[70] Mcguire M A. Crystal and magnetic structures in layered, transition metal dihalides and trihalides [J]. Crystals, 2017, 7(5): 121.

[71] Kong T, Stolze K, Timmons E I, et al. VI_3—A new layered ferromagnetic semiconductor [J]. Advanced Materials, 2019, 31(17): 1808074.

[72] Tian S, Zhang J F, Li C, et al. Ferromagnetic van der Waals crystal VI_3 [J]. Journal of the American Chemical Society, 2019, 141(13): 5326-5333.

[73] Kong T, Guo S, Ni D, et al. Crystal structure and magnetic properties of the layered van der Waals compound VBr_3 [J]. Physical Review Materials, 2019, 3(8): 084419.

[74] Feng W, Hanke J P, Zhou X, et al. Topological magneto-optical effects and their quantization in noncoplanar antiferromagnets [J]. Nature Communications, 2020, 11(1): 118.

[75] Huang B, Cenker J, Zhang X, et al. Tuning inelastic light scattering via symmetry control in the two-dimensional magnet CrI_3 [J]. Nature Nanotechnology, 2020, 15(3): 212-216.

[76] 刘祺瑞，唐宇翔，韦可，等. 二维反铁磁材料的磁光研究进展 [J]. 中国激光，2023, 50(1): 0113007.

[77] Cheong S W, Fiebig M, Wu W, et al. Seeing is believing: Visualization of antiferromagnetic domains [J]. Npj Quantum Materials, 2020, 5(1): 3.

[78] 丁锋. 二维原子层材料中谷极化的探索及调控[D]. 江苏：南京邮电大学，2022.

[79] Schaibley J R, Yu H, Clark G, et al. Valleytronics in 2D materials [J]. Nature Reviews Materials, 2016, 1(11): 1-15.

第 4 章　二维光电材料与器件

光照可以使材料的电学性质发生变化，如改变电导率、发射电子、产生感应电动势等，这类现象称为光电效应。光电效应主要分为三种：光电导效应、光伏效应和光电发射效应。光电导效应和光伏效应发生在材料内部，称为内光电效应；光电发射效应产生于材料表面，称为外光电效应。二维光电材料具有独特的能带结构和能带可调性，在光电器件中能实现高效率的光电转换，可用于制备光电探测器、太阳能电池、光催化剂等。本章主要介绍光电效应的基本概念，并简要介绍二维光电导/光伏材料与器件的关键参量、应用及研究热点等。

4.1　光电效应的基本概念

4.1.1　光电导效应

1873 年，英国人史密斯发现了硒的光电导效应，但在相当长的时间里，光电导效应并未得到实际应用。直到 20 世纪 50 年代，随着人们对固体中电子结构的深入研究以及材料制备技术的发展，一些性能优越的光电导材料和器件才逐渐应用于军事、生产和生活中。

1. 光电导效应的基本原理

当入射光子能量 $h\nu$ 大于或等于材料的禁带宽度 E_g 时，价带中的电子会吸收入射光子的能量而跃迁至导带，同时在价带中留下空穴，引起材料电导率的变化。由于光照而使电导率 σ 发生的变化 $\Delta\sigma$ 称为光电导率，简称光电导。材料产生光电导效应的前提条件是入射光的波长 λ 小于或者等于材料的波长限 λ_c，如式 (4.1)。否则，入射光子将穿过材料，不产生光电导效应。

$$\lambda \leqslant \lambda_c = hc/E_g \tag{4.1}$$

式中：h 为普朗克常数；c 为光速；E_g 为材料的禁带宽度。

晶体中电子的运动与气体分子的热运动类似。电子沿电场的反方向具有漂移速度

V_d，V_d 与外场 E 之间的关系为：

$$V_d = -\mu_n E \tag{4.2}$$

式中：μ_n 为电子的迁移率，表示电子在单位电场作用下所具有的漂移速度，它与具体材料有关。

设 N 型材料的电流密度为 j，电子的密度为 n，它们与电子漂移速度的关系为：

$$j = -nqV_d \tag{4.3}$$

式中：$-q$ 为电子的电量。

欧姆定律的微分形式为：

$$j = \sigma_n E \tag{4.4}$$

式中：σ_n为 N 型材料的电导率。由式(4.2)、式(4.3)、式(4.4)可得：

$$\sigma_n = nq\mu_n \tag{4.5}$$

对于 P 型半导体，设空穴的密度为 p，迁移率为 μ_p。同理，电导率 σ_p 为：

$$\sigma_p = pq\mu_p \tag{4.6}$$

若材料中电子和空穴同时存在，则材料的电导率可写成：

$$\sigma = \sigma_n + \sigma_p = nq\mu_n + pq\mu_p \tag{4.7}$$

在光照条件下，设自由电子和空穴的增量为 Δn 和 Δp，材料的电导率变为：

$$\sigma = \Delta\sigma + \sigma_0 = q(\Delta n\mu_n + \Delta p\mu_p) + q(n_0\mu_n + p_0\mu_p) \tag{4.8}$$

式中：σ_0 是无光照时的电导率，称为暗电导率。电导率的增量

$$\Delta\sigma = q(\Delta n\mu_n + \Delta p\mu_p) \tag{4.9}$$

即为光电导率。比值 $\Delta\sigma/\sigma$ 通常称为光电导灵敏度，一般希望光电导灵敏度尽可能大。

在许多情况下，电导的增量主要取决于多数载流子，如在 N 型半导体中，$\Delta\sigma$ 基本由电子的增量决定：

$$\Delta\sigma = q\Delta n_e\mu_e \tag{4.10}$$

式中：q 为电子电荷；n_e 为电子浓度；μ_e 为电子的迁移率。n_e 的数值由两个因素决定：一是单位时间内受到光照而产生的载流子数，二是因异性电荷复合而消失的载流子数。单位时间入射到单位面积上的光子数为：

$$N_p = \frac{\Phi}{h\nu ab} \tag{4.11}$$

式中：Φ 为入射光通量；ab 为面积。在单位体积内产生的光生载流子数为：

$$Q = \frac{\eta\Phi}{h\nu abc} \tag{4.12}$$

式中：η 为量子效率，表示每吸收一个光子所产生的电子-空穴对数；abc 为体积。在产生光生载流子的同时，单位时间内因复合而消失的载流子数目为：

$$R = \frac{\Delta n_e}{\tau} \tag{4.13}$$

式中：τ 为光生载流子的寿命。达到平衡时，$Q=R$，则可以求出：

$$\Delta n_e == \frac{\eta \Phi \tau}{h\nu abc} \tag{4.14}$$

这就是光照下产生的稳态光生载流子的浓度。如果加上外电场，载流子将做定向移动，既可能与其他的原子或分子发生碰撞，产生新的载流子对，从而增大光电流；也可能与遇到的粒子（如异性电荷）复合，从而减少定向电荷的数目。如果只考虑电子的作用，则光电流 I 为：

$$I = q\Delta n_e \mu_e bcE \tag{4.15}$$

式中：E 为电场强度；bc 为截面面积。将 Δn_e 的表达式（4.14）代入式（4.15），得到：

$$I = q\eta \frac{\Phi}{h\nu} \frac{\tau}{\dfrac{a}{\mu_e E}} = q\eta \frac{\Phi}{h\nu} \frac{\tau}{T_d} \tag{4.16}$$

式中：$T_d = a/\mu_e E$，表示电子渡越时间；$q\eta\Phi\tau/h\nu$ 表示光照射所产生的电量；τ/T_d 表示光电导增益，它反映电荷移动过程中，影响光电流大小的因素。显然，非平衡光生载流子的寿命越长，电子从一个电极移动到另一个电极的时间越短，光电导增益越大。载流子寿命的长短与材料有关，渡越时间可通过加大电场 E 而减少。一般情况下，要求光电导增益大于 1，选择适当的 τ 与 T_d，光电导增益可以达到 10^3。

2. 光电导效应的分类

光电导效应按材料的不同，可分为本征光电导效应和杂质光电导效应。当光子能量大于材料禁带宽度时，价带中的电子被激发到导带，在价带中留下自由空穴，从而引起材料电导率的变化，称为本征光电导效应。杂质光电导效应指的是被束缚在杂质能级上未被激发的载流子吸收光子能量后，使电子从施主能级跃迁到导带或从价带跃迁到受主能级，从而产生光生自由电子或空穴，引起材料电导率的变化。

根据光照后材料导电性增强/减弱的效果，光电导效应可分为正光电导效应和负光电导效应。1985 年，Chou 等[1]首次在红光二极管辐照下的 $GaAs/Al_{0.5}Ga_{0.5}As$ 异质结构中观察到负光电导现象。Baek 等[2]在通过 N 型和 P 型掺杂的硅纳米线场效应晶体管中观察到了对掺杂浓度以及波长具有强烈依赖性的负光电导现象。负光电导效应的产生原因可归于载流子的俘获效应、表面分子的吸附/解吸、表面等离子体极化激元、局域表面等离子体共振以及光辐射热效应等。

4.1.2 光伏效应

早在 1839 年，法国科学家贝克雷尔就发现，光照能够使半导体材料的不同部位之间产生电势差，这种现象后来称为光生伏特效应，简称光伏效应。笼统来讲，光伏效应是指当光照射到某些材料时，材料中的光子能量被吸收后会激发出电子，进而产生电压和电流的现象。

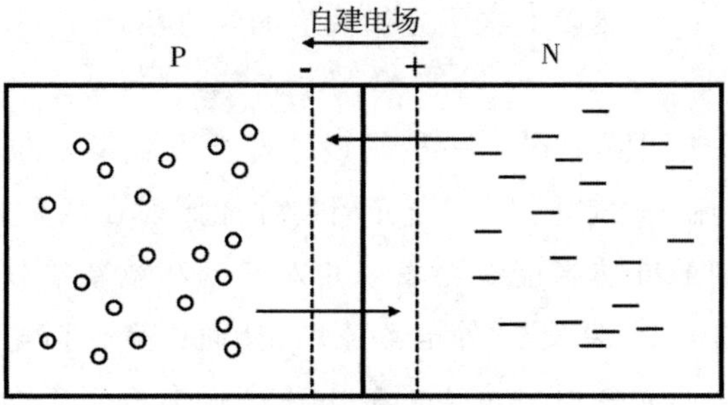

图 4.1　P-N 结的自建电场示意图

当光照射到材料时，光子会与材料中的原子或分子相互作用，提供足够的能量给材料中的电子，使它激发并跃迁到能级更高的位置。在这个过程中，材料中的电子会离开原子或分子，形成自由电子，进而在材料中形成电流和电势差。以最常见的 P-N 结为例，由于载流子存在浓度差，N 区的电子向 P 区扩散，而 P 区的空穴向 N 区扩散，导致在 P 区一侧出现了负电荷区，而 N 区一侧出现了正电荷区，形成了空间电荷区。由于空间电荷的存在，形成了一个自建电场（又称内建电场），电场方向由 N 区指向 P 区，如图 4.1 所示。自建电场一方面能阻止空穴和电子进一步移动，另一方面能推动 N 区空穴和 P 区电子分别向对方运动，最终达到一个平衡状态。当光照射到 P-N 结上，光子能量 $h\nu>E_g$ 时，在 P 区、N 区和 P-N 结区激发出电子-空穴对，打破了原有的平衡状态，出现新的电荷移动。P 区产生的电子如果离结区较近，会有较大概率扩散到结区边界，并在自建电场作用下加速运动，穿过势垒到达 N 区，产生电荷积累。同样，N 区产生的空穴也以同样的方式到达 P 区，并积累起来。结区中的电子与空穴则各自分别移向 N 区和 P 区。这样，在 N 区就积累了较多的负电荷，在 P 区就积累了较多的正电荷，相当于在 P-N 结上加了正向电压。这种由于光照在 P-N 结的两端出现的电动势称为光生电动势。光生电动势以光照为基础，一旦光照消失，光生电动势也不复存在。如果光照时 P-N 结是开路的，在结区两端可以测出开路电压。如果 P-N 结外接负载形成回路，则有电流由 P 区流经外电路至 N 区。若负载为零，测出的电流就是短路电流。肖特基结具有与 P-N 结类似的光伏效应产生机制。

除 P-N 结、肖特基结的光伏效应机制外，还有一些其他类型的特殊光伏效应机制，如丹倍效应、体光伏效应、光子牵引效应、贝克勒尔光伏效应等。由于光生非平衡载流子扩散速度的差异，会引起光照和非光照方向的电场和电势差，该效应称为丹倍效应[3-4]。在均匀光照下，一些非中心对称结构的材料（如铁电单晶材料[6]）中存在显著的光伏效应[5]，称为体光伏效应。光子牵引效应中光子携带的动量在带间或带内能量跃迁期间转移到光生载流子，导致光生载流子在光传播方向上的有序运动也能产生光电流[7]。利用贝克勒尔光伏效应可在半导体-电解质界面上实现光-电转换[8]。应变梯度引起的挠曲电效应也可产生光电流[9]。虽然以上这些光伏效应的物理机制不同，但它们的电学输出均为直流电。

2020 年，王中林院士团队发现了一种新型的遵循麦克斯韦位移电流模型的光伏效应，该效应被命名为交流光伏效应[10]。当光周期性地照射在两种材料的界面或结区时，邻近界面或结区的材料的准费米能级会发生相对移动和重新排列。为了平衡准费米能级移动造成的电势失衡，电子将通过外电路流动，从而产生交流电。高开关频率下产生的交流峰值光电流比普通光伏机制产生的光电流高得多。交流光伏效应不仅可以用于远程无线电源，还可为高灵敏的宽光谱检测提供新方法。

4.1.3 光电发射效应

当材料受到光照射时，表面和体内的电子因吸收光子能量而被激发，如果被激发的电子具有足够的能量，就能克服表面势垒从表面逸出，这种效应称为光电发射效应，这类材料称为光电发射体。光电发射现象是德国物理学家赫兹于 1887 年最先发现的。1888 年，俄国物理学家斯托列托夫用如图 4.2 所示的装置研究了光电发射效应。图 4.2 中，S 为一个抽成真空的玻璃容器，阴极 K 为一块金属或金属氧化物平板，A 为阳极，C 为一石英小窗，G 为检流计，E 为电池组。当极板受到一定强度的单色光照射时，检流计显示有电流通过，若将 K 板与电源正极相连，A 板与电源负极相连，则检流计中无电流通过，被照射的金属极板释放出的电子称为光电子。这些光电子在电场的作用下，不断由 A 板移向 K 板，形成光电流。

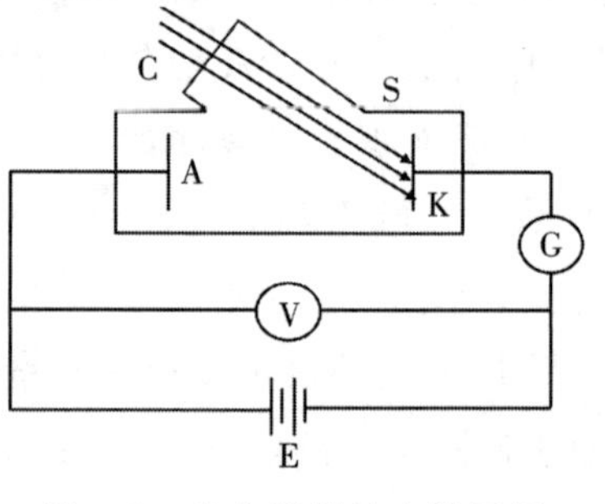

图 4.2　光电发射效应装置图

光电发射效应的实验规律如下：(a) 阴极发射的光电子数（即光电流的大小）与入射光的强度成正比。(b) 光电子的初动能与入射光的频率有关，与入射光的强度无关。入射光的频率越高，光电子的初动能越大。(c) 仅当照射材料的光频率大于（或等于）某个确定值时，材料才能发出光电子，这个频率 ν_0 叫作极限频率（截止频率），相应的波长 λ_0

叫作红限波长。不同材料的 ν_0 和相应的 λ_0 是不同的。(d) 产生光电流的过程非常快，一般不超过 10^{-9} s，光照射一旦停止，光电流立即消失。

光电发射包括三个过程：光吸收，电子向界面运动以及电子克服表面势垒向外逸出。光电发射是光能转变为电能的一种形式，这种光电转换遵循两个基本定律。

1. 爱因斯坦定律

$$\frac{1}{2}mu_{\max}^2 = h\nu - W \tag{4.17}$$

式中：W 为材料的逸出功；$h\nu$ 为光子能量；$u_{\max}$ 为光电子逸出材料后具有的最大速率。只有 $h\nu > W$ 时，才能产生光电发射。如果光子的频率小于 ν_0，即使增加光的强度也不能产生光电发射。

2. 斯托列托夫定律

$$I_K = S_K \Phi \tag{4.18}$$

式中：I_K 为饱和光电流；Φ 为入射光通量；S_K 为比例常数，称为光电发射体的灵敏度，单位为 $A \cdot lm^{-1}$。式(4.18)表明，光电流的大小与入射光强度成正比。需要注意的是，只有在入射光频率高于红限值的前提下，光电流才可能产生，且遵循以上关系。

4.2　二维光电导材料与器件

4.2.1　光电导材料与器件的关键参量

每一种材料都有一定的光电导效应，但其中一部分材料需经过特殊处理，掺进适当杂质后，才有明显的光电导效应。光电导器件广泛应用于光通信、光电子学等各个领域。光电导器件的关键参量是评估不同类型光电器件的重要指标，下面将重点介绍积分灵敏度、光谱分布、长波限及灵敏阈等反映光电导材料特性的物理参数，并讨论光电导增益、量子效率、光谱响应率、响应时间、截止频率、响应度、外量子效率、噪声等效功率以及比探测率等与光电导探测器性能相关的参量。通过深入了解这些参量的物理意义和相互关系，可以更好地选择和优化光电导探测器，以满足不同应用需求，提高光电导探测器的性能和可靠性[11-14]。

1. 积分灵敏度

光电导材料的积分灵敏度 S 表示光电导产生的灵敏度，即单位光入射通量产生的电导率变化的大小，可表示为：

$$S = \frac{\Delta\sigma}{\Phi} \tag{4.19}$$

式中：σ 为材料的电导率；Φ 为入射光通量。

2. 光谱分布（光谱灵敏度、光谱响应曲线）

材料光电导效应的强弱与照射光的波长有密切关系。光电导材料的光谱分布是指材料对不同波长的光的响应变化。光谱分布曲线一般以波长为横坐标，以相等的入射光能量（或相等的入射光子数）所引起的光电导相对大小为纵坐标。实际使用过程中，一般定义光电探测器的光谱灵敏度达到 δ-λ 曲线峰值的 10%（有时也定义为 50%）时，两侧的光波长分别为探测器的起峰波长和截止波长（即长波限），如图 4.3 所示。

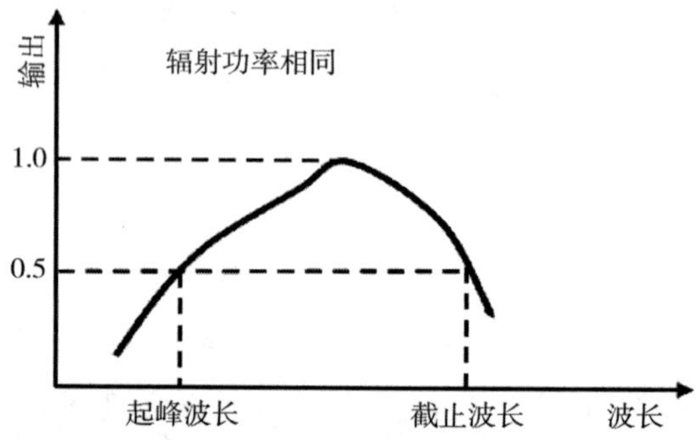

图 4.3　光电导材料的光谱分布曲线

3. 长波限

能量小的光子不足以使价带电子跃迁到导带，不能引发光电导效应，因此本征光电导的光谱分布都有一个红限或长波限。红限或长波限是指产生光电导的波长上限，但光电导分布曲线的下降不是竖直的，所以不能确定长波限的数值，一般选定光电导下降到峰值的 1/2 的波长为长波限。

4. 灵敏阈

灵敏阈表示能够测出材料产生光电导效应的最小光辐射量。

5. 光电导增益

光电导增益 M 是一个重要的特性参数，它表示长度为 L 的光电导体两端加上电压 U 后，由光照产生的光生载流子在电场作用下所形成的外部光电流与光电子形成的内部电流（qN）之间的比值。M 与器件空穴和电子的迁移率（寿命）有关：

$$M = \frac{I_p}{qN} = \frac{U}{L^2}(\mu_n \tau_n + \mu_p \tau_p) = \frac{U}{L^2}\mu_n \tau_n + \frac{U}{L^2}\mu_p \tau_p = M_n + M_p \tag{4.20}$$

式中：M_n 和 M_p 分别为光电导器件中电子和空穴的增益系数。

在半导体中，电子和空穴的寿命是相同的，都等于载流子的平均寿命，用 τ 表示载流子的平均寿命，即 $\tau=\tau_n=\tau_p$，则本征型光敏电阻的增益可写成：

$$M = M_n + M_p = \frac{\tau}{t_n} + \frac{\tau}{t_p} = \tau\left(\frac{1}{t_n} + \frac{1}{t_p}\right) \tag{4.21}$$

如果把 $1/t_n$ 和 $1/t_p$ 之和定义为 $1/t_{dr}$，即

$$\frac{1}{t_{dr}}=\frac{1}{t_n}+\frac{1}{t_p} \tag{4.22}$$

式中：t_{dr} 为载流子通过极间距离 L 所需要的有效渡越时间，于是可得光电导增益为：

$$M=\frac{\tau}{t_{dr}} \tag{4.23}$$

如果电子的迁移率远远高于空穴的迁移率，那么沟道中电子移动的速度会更快，以致在被复合成空穴-电子对之前，多数电子就已形成光电流，这就会引起光电导增益。光电导增益表示一个电子在沟道中传输多次，萃取形成光电流，量子效率大于 1。光生载流子的寿命越长，空穴和电子的迁移率相差得越大，增益也就越大。

6. 量子效率

光电导器件的量子效率 η 表示输出的光电流与入射光子流之比。假设入射的单色辐射功率 $\Phi(\lambda)$ 能产生 N 个光电子，则量子效率为：

$$\eta(\lambda)=\frac{N}{\Phi(\lambda)/h\nu}=\frac{Nh\nu}{\Phi(\lambda)} \tag{4.24}$$

量子效率表示光转换为电的比率，光子在撞击光活性表面时产生电子-空穴对的比率越高，量子效率越高。

7. 光谱响应率

入射光的单位为 W 或 lm，不利于量子效率指标的实际评估，所以一般以 $A\cdot W^{-1}$ 为单位的光谱响应率来表征光电导器件的特性。光谱响应率表示在某一特定波长下，输出光电流（或电压）与入射辐射能量之比。输出光电流为：

$$I_p(\lambda)=qNM=q\cdot\frac{\eta\Phi(\lambda)}{h\nu}M=q\cdot\frac{\eta\Phi(\lambda)}{h\nu}\cdot\frac{\tau}{t_{dr}} \tag{4.25}$$

光谱响应率为：

$$S(\lambda)=\frac{I_p(\lambda)}{\Phi(\lambda)}=\frac{q\eta\Phi(\lambda)}{h\nu}\cdot\frac{\tau}{t_{dr}}\cdot\frac{1}{\Phi(\lambda)}=\frac{q\eta\tau}{h\nu t_{dr}}=\frac{q\eta\lambda}{hc}\cdot\frac{\tau}{t_{dr}}=\frac{q\eta\lambda}{hc}\cdot M \tag{4.26}$$

从式(4.26)可以看出，增大增益系数可提高光谱响应率。在光电导探测器中，光谱响应率往往小于 $1\ A\cdot W^{-1}$，原因是高增益系数的光电导探测器的电极间距很小，使得光电导探测器集光面积太小，因而不实用。延长载流子寿命也可提高增益系数，但会降低响应速度。在光电导探测器中，增益与响应速度是相互矛盾的两个量。

8. 响应时间和截止频率

光电导材料从光照开始到获得稳定的光电流是要经过一定时间的，同样，光照停止后光电流也是逐渐消失的，这种现象称为弛豫过程或惰性。光电导体受矩形脉冲光照时，常用上升时间常数 τ_r 和下降时间常数 τ_f 来描述弛豫过程的长短。τ_r 表示光生载流子

浓度从零增长到稳态值的63%时所需的时间，τ_f 表示从停光前稳态值衰减到37%时所需的时间，如图 4.4 所示。其中，Δp 为稳态光生载流子的浓度。

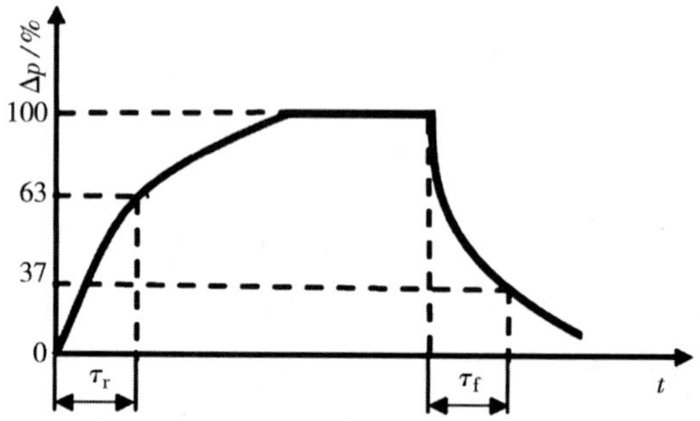

图 4.4　光电导弛豫过程

许多光电导材料在弱光照时表现为线性光电导，即光电导与入射光功率成正比。在强光照时，光电导与入射光功率的平方根成正比，呈抛物线特性，响应规律如图 4.5 所示。

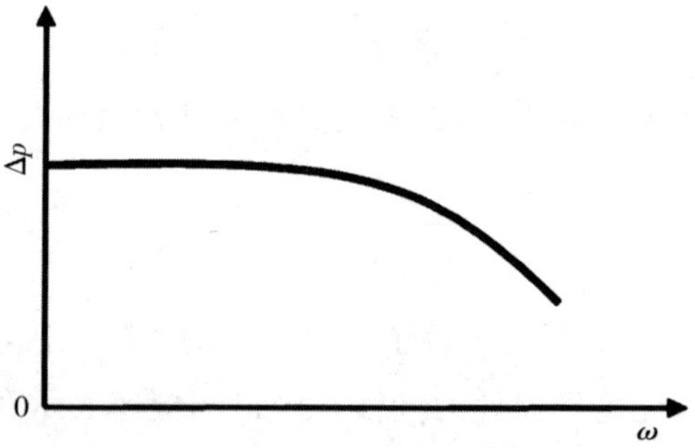

图 4.5　光电导频率特性

当光电导探测器接收到交变调制光时，随着调制光频率的增加，输出电流会减小。当输出的相对幅值下降至 0.707 倍（相应的零频时的信号功率为一半）时，入射光的频率就是该光电导探测器的截止频率（f_{3dB}）。

9. 光响应度

光响应度 R 是光电流与光敏面上光功率的比值，计算公式为：

$$R = \frac{I_{ph}}{PS} \text{ 或 } R = \frac{V_{ph}}{PS} \tag{4.27}$$

式中：R 为光响应度，单位为 $A \cdot W^{-1}$ 或 $V \cdot W^{-1}$；I_{ph} 为光电流；V_{ph} 为光电压；P 为入射光功率；S 为沟道的有效面积。响应度可以理解为单位光功率照射器件光敏面而产生的光电流（或光电压）的大小。该参数直接反映了探测器的光电转换能力，响应度与光的波长有直接关系。参数测试中，可以利用光功率计和源表（或半导体参数分析仪）分别采集光照功率和光照前后器件电流（或电压）的变化，再根据器件光敏面积等比例算出有效光照功率。

10. 外量子效率

外量子效率 EQE 是指光电器件对入射光子的利用率。计算公式如下：

$$EQE = \frac{Rhc}{e\lambda} \tag{4.28}$$

式中：R 为光响应度；e 为电子电荷量；h 为普朗克常数；λ 为入射光波长；c 为光速。光照射到器件上，只有部分光子能够被光敏材料吸收，被吸收的光子产生光生电子-空穴对。光生电子-空穴对在分离形成光电流的同时，也有一定的概率发生复合，只有部分光生电子-空穴对最终形成光电流。外量子效率反映了入射光子最终转换成光电流的整体效率。高外量子效率代表了高的光电转换效率。获取高外量子效率，可以从增大光吸收、提高电子-空穴对的分离效率以及加强电荷抽取能力三个方面着手。

11. 噪声等效功率

噪声等效功率 NEP 是指在 1 Hz 带宽条件下，光电探测信噪比 $SNR=1$ 时的光功率，可以表示为：

$$NEP = \frac{I_{\mathrm{N}}}{R} \text{ 或 } NEP = \frac{V_{\mathrm{N}}}{R} \tag{4.29}$$

式中：NEP 为噪声等效功率，单位为 $\mathrm{W \cdot Hz^{-1/2}}$；$I_{\mathrm{N}}$ 为暗态条件下，1 Hz 带宽测试条件的噪声电流，单位为 $\mathrm{A \cdot Hz^{-1/2}}$，多用于光电导型光电探测器；$V_{\mathrm{N}}$ 为暗态条件下，1 Hz 带宽测试条件的噪声电压，单位为 $\mathrm{V \cdot Hz^{-1/2}}$，多用于光伏型光电探测器。噪声等效功率直接反映了光电探测器对弱光的探测能力，噪声等效功率越小，表明探测器的探测能力越强。参数测试中，可利用斩波器获得 1 Hz 的光，然后将光照射到探测器光敏面上，获得响应度 R，再通过锁相放大器（或频谱分析仪）获得 1 Hz 条件下的噪声电流（或噪声电压），最后根据噪声电流与噪声电压算出噪声等效功率。

12. 比探测率

比探测率 D^* 是光电探测器工作在 1 Hz 带宽时，单位光敏面积的探测率。结合式(4.29)，可以表示为：

$$D^* = \frac{\sqrt{A\Delta f}}{NEP} = R\,\frac{\sqrt{A\Delta f}}{I_{\mathrm{N}}^2} \tag{4.30}$$

式中：D^* 为比探测率，单位为 Jones；A 为光电探测器的光敏面积；Δf 为光电探测器的工作带宽。比探测率归一化了器件的光敏面积和工作带宽，从而消除了二者的影响，使得不同器件的探测率具有可比性。比探测率的测试方法与噪声等效功率的测试方法基本一致。当光电探测器在某一带宽范围内工作时，某种噪声成为噪声电流的主要影响因素，从而 I_{N} 约等于该类噪声电流，进而对 D^* 进行化简。例如，当散粒噪声成为主要噪声时，比探测率可以化简为：

$$D^{*} = R\sqrt{\frac{A}{2eI_{\text{Dark}}}} \tag{4.31}$$

式中：I_{Dark}为光电探测器的暗电流。比探测率是衡量光电探测器探测灵敏度的重要指标，常与光响应度一起用来判断光电探测器光电响应性能的好坏。

4.2.2 光电导材料与器件的应用

二维光电导材料应用领域广泛，可应用于场效应晶体管、集成电路、光电二极管等[15]。不同种类的二维光电导材料对不同波长的光具有选择敏感性，可以根据需要选择合适的材料来设计光电导器件，以满足特定波长范围内的应用需求。例如，可以利用二维光电导材料来制造红外光电探测器和紫外光电探测器。二维光电导材料能够在极短的时间内快速响应光信号，产生电子-空穴对，可以实现高速的数据采集和通信。另外，可以通过组合不同的二维光电导材料或调控器件结构，实现多功能光电导器件，以满足不同应用场景的需求。

1. 光电导型探测器

利用材料光电导效应制成的器件称为光电导探测器，也被称作光敏电阻。光电导探测器具有以下优势：(a) 可实现紫外-远红外的光谱响应；(b) 工作电流大，可达数毫安；(c) 光强探测范围广；(d) 灵敏度高，光电导增益大于1。

过渡金属硫族化合物（TMDCs）具有丰富的光学性质，在红外到近紫外的光谱范围内呈现出良好的响应度[16]。其中，MoS_2作为一种典型的过渡金属硫族化合物，具有带隙可调、高载流子迁移率、原子级界面和机械柔性等特征，可用于光电导探测器[17]。单层MoS_2的带隙约为1.83 eV，对应的波长限约为676 nm。当激发波长小于该波长时，单层MoS_2中的电子才能从价带激发到导带，从而产生光电流。2012年，Yin等[18]制备了单层MoS_2基光电导探测器，在可见光范围内具有7.5 $mA \cdot W^{-1}$的响应度和50 ms的上升、下降时间，在开关、存储器、信号放大器和传感器等领域具有很好的应用前景。2013年，Lopez-Sanchez等[19]进一步研究了单层MoS_2基光电导探测器，由于一个入射光子激发了多个电荷载流子，并且发生了多次电荷循环，器件对561 nm激光的响应度高达880 $A \cdot W^{-1}$，外量子效率远高于100%。MoS_2中的结构缺陷或无序会引起带尾陷阱态和带隙中间态，它们能捕获电子或空穴，进而延长光生载流子的寿命，产生高光电导增益，增强光电流和响应度。多层WS_2基光电导探测器中也存在相同的现象[20]，在633 nm的激光下，响应度约为5.7 $A \cdot W^{-1}$，外量子效率为1118%。此外，在氨气环境中，Mo掺杂的$ReSe_2$基光电导探测器对633 nm激光的光响应度为55.5 $A \cdot W^{-1}$，外量子效率为10893%[21]。

2. 光电导型光存储器

一般来说，利用光电导效应在半导体结构中存储的数据都是易失的，进一步存储和输出这些数据需要额外的电子存储设备，这种多设备集成的电路会导致光信息从探测器到存储器的传输效率低、功耗大。如何直接通过光学手段非易失性地调控一种材料或结构的物理量，使之用于数据存储，是一个难点问题[22]。光电导弛豫特性为解决这一问题提供了新思路。例如，单层 MoS_2 基光电导存储器件利用人工构建的电荷捕获层，功能化单层/介质界面，通过电诱导电荷捕获和电荷释放控制局域电子态，能够实现优异的光学响应和存储性能[23]。此外，MoS_2/量子点复合能够改善光电导存储器件的光学存储特性，操作周期更加稳定，编程/擦除速率得到提高[24]。利用材料的氧化诱导缺陷也能实现非易失性光电存储。2021 年，Liu 等[25]提出了一种实现偏振分辨宽带非易失性光电导存储器的新方法，通过在垂直堆叠的 MoS_2/BP/MoS_2 层中使用 BP 氧化诱导缺陷来实现光学调制存储功能，器件具有高达 1.5×10^7 的开关比、1.2×10^{16} Jones 的高比探测率、超过 6×10^4 s 的超长保留时间。通过这种独特的设计，器件获得了多位存储性能以及偏振和宽带频谱分辨能力，在高性能数据存储应用方面极具潜力。

香港大学的 Min-kun Dai 等[26]发现基于石墨烯和非晶铟镓锌氧化物（α-IGZO）半导体集成的光电晶体管具有巨大的开关比和持久的光电导行为。石墨烯纳米片的引入使电子迁移率提高了 10 倍以上，在 50 $mW\cdot cm^{-2}$ 的紫外光（350 nm）照射下，器件的开关比高达 2.0×10^7。从 α-IGZO 基体到石墨烯的电子转移促进了 α-IGZO 基体中缺陷位点的产生以及介电层与 α-IGZO 之间的界面捕获的光致空穴，有利于产生持久的巨大光电流。关闭光照后，光电流可持续数天至数年，具有高度稳定的保留特性。

3. 光电导型人工突触

基于冯·诺依曼原理的数字逻辑能够解决复杂问题，但也存在一些缺点。其中，内存和 CPU 的物理分离、无法处理非结构化数据以及处理大量数据时能耗增加等问题值得关注。为了解决这些问题，利用仿生神经突触构建人工神经元网络的神经形态系统成为一种有希望的途径。在神经形态系统中，神经元通过突触将信号传递给下一个神经元。传递信号的方式可以是化学传递或电学传递，但电学传递存在一些缺点，如需要输入电极、系统延迟、带宽有限和功耗高等[27]。基于光电导的仿生神经突触具有一些优势，如无限带宽、信号传输迅速以及更好的计算模块通信能力[28]，这为解决上述问题提供了很好的机会。

Molla Manjurul Islam 等[29]利用光生载流子在 N 沟道 MoS_2 晶体管中 MoS_2/SiO_2 界面的俘获和去俘获过程来模拟光电突触特性，利用持续的光电导效应实现了光诱导的短期和长期增强作用、电驱动的长期抑制作用、双脉冲的促进作用、尖峰时间相关的可塑性等诸多生物突触特性。通过栅极电压调制来保持电导状态，使得器件在正栅极电压下充当光电探测器，在负栅极电压下模拟光电突触，实现了器件的多功能应用。

精心设计二维异质结的能带结构，能够继承单种材料的优点，产生的协同效应可能有助于实现更高的光学灵敏度和更低的能耗，从而获得性能更加优异的光电突触器件。例如，Feng siyu 等[30]制备了沟槽型 $GaN/Ga_2O_3/GaN$ 背靠背双异质结阵列器件，通过调控 Ga_2O_3 中氧空位的电离和去电离过程，使器件在低电压和高电压下分别表现出快速光响应和持久光电导行为，通过调节偏置电压的大小，就能实现光电探测器和生物突触功能之间的相互转换。

4. 光催化

流动云层的覆盖导致太阳能收集面临着夜晚太阳光通量减少的重要挑战，特别是在能源需求高峰时。为了解决这些挑战，Joel Y. Y. Loh[31]提出了一种持久和基于记忆的光催化剂，可以在日落后的低光通量下有效运行。这种催化剂利用电荷注入和多价电荷存储材料，可以在照明消失后释放或产生电荷载流子，从而增加或保持催化剂的催化速率。具有多价状态和充满缺陷的电荷存储材料能够持续进行光催化反应，甚至在照明关闭后可以持续一个多小时。通过调控电荷分离过程，这种光催化涂层还可以被应用于解决空气污染问题，在夜间持续发挥作用。

4.2.3 光电导材料与器件的研究热点

光电导效应已经在光成像、光通信、生物传感等领域的光电器件中得到初步应用，进一步拓展光电导效应在神经形态计算和新型存储等领域的应用已经成为重要的前沿研究领域。其中，基于持续光电导效应的光电突触器件为实现感存算一体的光电忆阻器提供了新的机遇。另外，正光电导效应和负光电导效应的相互可调控性为实现低功耗多态光电存储和新型光电探测器件提供了技术基础。同时，光电导效应与其他效应（如热释电效应和热导效应）的耦合，已被证明是提升器件光电响应性能的有效手段，这对于研究和设计具有多功能特性的高性能光电探测器具有重要意义。

1. 对持续光电导效应 (PPC) 的应用探索

持续光电导效应是一种光诱导机制，是指在光激发终止后响应不会立即停止，而是随着时间缓慢衰减。持续光电导效应会对光电探测器的灵敏度产生不利影响，以往主要是从理论的角度进行探索，在应用组件中常被忽视[32]。持续光电导效应在光电突触、全息术、光学存储器、生物电子学和人工智能等方面显示出巨大的应用潜力[33]。

在仿生视觉系统中，人类感觉系统中的视网膜和视觉皮层被光电探测器和存储元件所取代。光电探测器用于图像传感模式，存储元件用于识别模式。半导体中的持续光电导效应涉及光捕获和去捕获行为，当光源照射停止时，光电流不会立即消失，通过调整光源可以引起材料电阻的变化，从而触发光电突触功能。Houk Jang 等[34]开发了一种受生物视觉启发的模拟光电处理器，排列在 32×32 阵列中的 MoS_2 基光敏场效应晶体管表现出持续光电导效应，在对 1 000 个手写数字进行光学成像后，识别准确度高达 94%。这种具有持续光电导效应的光电处理器模仿了人类视觉的两个核心功能：模仿眼睛的视神经网络，对光学图像进行捕获并存储；模仿大脑，通过执行模拟内存神经网络计算来识别被捕获的图像。

2. 对负光电导效应的探索和研究

负光电导效应在低能耗、高频率响应光电器件等领域展现了良好的应用前景，受到了广泛的关注。南京大学 Wang Yu 等[35]对具有浮栅结构的 $ReS_2/h\text{-}BN/MoS_2$ 异质结分别施加正负脉冲栅极电压，发现在撤去脉冲后，器件分别展示出正光电导效应和负光电导效应。该现象源于浮栅层对沟道层载流子浓度的有效调控和光照对沟道层与浮栅层之间载流子转移过程的控制，这种异质结具有超过 10^7 的开关比、超过 10^4 s 的阻态保留时间。若能在同一器件中同时实现正负光电导效应以及这两种效应之间的高效调控，有望为发展新型光电探测器、高性能光电存储器等提供新的思路。

当前，大多数光电探测器件是以正光电导效应为机理运行的，这极大地限制了多功能集成光电器件的发展。中山大学 He Wei 等[36]组装出了基于石墨烯/$AgBiP_2Se_6$/石墨烯垂直异质结的光电探测器，通过施加高偏置电压引入缺陷态，器件达到了负光电效应 4.9×10^5 A·W^{-1}的高响应度，1.3×10^8 %的高外量子效率和 3.60×10^{12} Jones 的高比探测率。缩短载流子传输通道长度和高偏压诱导缺陷态的策略，为设计高性能负光电导型探测器件提供了新思路，有望应用于多功能光电集成芯片设计。

3. 对多种光电或光热耦合效应的研究

低维光电探测器的物理工作机制涉及光伏效应、光电导效应、光热电效应或光辐射热效应以及表面等离子体辅助效应。复杂器件结构的构建为光调制提供了额外的自由度，但多种物理效应可能会不同程度地影响器件性能，如何实现多种效应的协同，以提高器件的灵敏度，仍是一个有待解决的问题。

湘潭大学 Qiu Dan 等[37]证明了层状结构 $CuInP_2S_6/MoS_2$ 异质结光电探测器中光电导、热电导和热释电效应之间的耦合效应。在波长 405 nm、光功率密度较低的光照下，热电导效应占主导地位；当光功率强度足够高时，光电导效应占主导地位。在波长 808 nm、光功率强度较弱时，热释电效应占主导地位；光功率强度足够高时，光电导和热电导效应占主导地位。Cao Hechun 等[38]通过制作可电调谐的 Te/WSe_2 混合维异质结光电晶体管获得了低于 0.1 pA 的超低暗电流和 10^6 的整流比，通过调整栅极和偏置电压实现光电导、光伏和光热电效应的转换，在这些协同效应的作用下，器件的响应率和探测率分别达到 13.9 A·W^{-1}和 1.37×10^{12} Jones，提高了近 400 倍。

4.3 二维光伏材料与器件

4.3.1 光伏材料与器件的关键参量

衡量二维光电导材料与器件性能的关键参量同样适用于二维光伏材料与器件。除此之外，还有以下衡量二维光伏材料与器件性能的关键参量：

1. 开路电压

开路电压 V_{oc} 是指当器件两端开路，即 $I=0$ 时，器件的电压值，公式如下：

$$V_{oc}=\frac{nK_BT}{e}\ln\left(\frac{I_L}{I_0}+1\right) \tag{4.32}$$

式中：n 为理想因子；K_B 为玻尔兹曼常数；T 为热力学温度；e 为电子电荷量；I_L 为器件受一定强度的光照所产生的光电流；I_0 为暗饱和电流。

2. 短路电流

当器件两端被短路，即 $V=0$ 时，带入式（4.32）可得短路电流为：

$$I_{sc}=I_L \tag{4.33}$$

3. 输出功率

输出功率 P_{el} 为输出电流和电压的乘积。光伏器件的输出功率受温度影响，温度升高会导致输出功率降低。当电阻与器件内阻相当时，器件具有最大的输出功率 P_{max}：

$$P_{el}=IV \quad 或 \quad P_{max}=V_{max}I_{max} \tag{4.34}$$

式中：V_{max} 和 I_{max} 分别为最大功率点的输出电压和输出电流。

4. 填充因子

填充因子 FF 是指器件的 P_{max} 和 V_{oc} 与 I_{sc} 的乘积之比。填充因子值越高，表示太阳能电池的性能越好。公式如下：

$$FF=\frac{P_{max}}{V_{oc}I_{sc}} \tag{4.35}$$

5. 串联电阻

串联电阻 R_s 表示器件各功能层的电阻及各界面间的接触电阻之和。R_s 越小，器件性能越好，FF 越大。

6. 并联电阻

并联电阻 R_{sh} 表示器件的各功能层成膜不连续产生的漏电阻，反映了器件的漏电水平。R_{sh} 越大，器件性能越好，FF 越大。

7. 能量转换效率

能量转换效率 PCE 是指太阳能电池将入射光光能转化为电能的能力。在太阳能光伏行业中，PCE 与照射在太阳能电池表面的光的波长或能量有关。PCE 值为器件 P_{max} 与入射光功率 P_{in} 的比值：

$$PCE = \frac{P_{max}}{P_{in}} \times 100\% \tag{4.36}$$

二维半导体光伏材料的带隙宽度会影响其吸收特定能量光子的能力，从而影响转换效率。一般来说，可见光的能量相对较低，因此窄的带隙有利于吸收可见光。

8. 外量子效率

外量子效率 EQE 是指太阳能电池的输出电流与太阳光照射电池时进入电池的光流之比。外量子效率是衡量太阳能电池将入射光转化为电能的效率。通常情况下，太阳能电池的 EQE 在 30%到 90%之间。高 EQE 的太阳能电池可以更有效地将太阳能转化为电能，从而提高电池的效率。

9. 红外阻隔率

红外阻隔率 RR 是指光伏器件阻隔的红外线与总红外线入射量的比值。太阳能主要是由紫外线、可见光和红外线等电磁波组成，而红外线的热量占比高达 53%。

10. 平均可见光透过率

平均可见光透过率 AVT 表示在太阳光谱中可见光（380～780 nm）可以透过太阳能电池的百分比。在光伏幕墙、光伏智能窗中，可见光透过率越高，透明度越高，视觉光线越好。

4.3.2　二维光伏材料与器件的应用

二维光伏材料除了具有与光电导材料相同的应用领域外，还可应用于制备自供电光电探测器、太阳能电池、光催化剂等，推动了对可再生能源的利用和绿色技术的发展。

1. 自供电光电探测器

与光电导探测器不同，以光伏效应为工作机理的新型自供电光电探测器无需外部电源即可实现光电探测，具有更快的光响应速度、低暗电流、高开关比等优势。根据驱动机制的不同，二维自供电光电探测器可分为三类：P-N 结、肖特基结和光电化学光电探测器。Yan 等[39]利用石墨烯作为连接半导体，金属电极作为电子传输通道，构建了基于 P-GaSe/N-InSe异质结的高性能自供电光电探测器，因异质结界面强大的内建电场和适当的带隙，P-GaSe/N-InSe 异质结具有从紫外到近红外光的宽波段光学响应。器件在 410 nm 波长、零偏压下可实现 21 mA · W^{-1} 的响应度，2.2×10^{12} Jones 的比探测率，

1.85 μs的光响应时间，这比报道的类似异质结的光电探测器要快得多。Zhou 等[40]将机械剥离得到的 WSe_2 纳米片转移到 SiO_2/Si 衬底上，构建了一种具有非对称的接触几何形状的自驱动金属-半导体-金属（MSM）光电探测器，该 MSM 肖特基结光电探测器在零偏压下具有 2.31 $A \cdot W^{-1}$ 的高响应度，0.42 V 的开路电压。此外，器件克服了传统 MSM 光电探测器的高暗电流缺陷，具有仅约 1 fA 的极低暗电流和 9.16×10^{11} Jones 的高探测率。

2. 太阳能电池

二维光伏材料具有较大的比表面积，能够更有效地吸收光照，在太阳能电池中能更高效地将光能转换为电能。此外，通过对二维光伏材料进行合理的设计和调控，可以实现对能带结构的精准控制，优化电子的传输路径并提高电荷的分离效率，进而提高太阳能电池的性能。例如，石墨烯作为一种具有极高电子迁移率和良好透光性的材料，非常适合用作太阳能电池的透明导电材料。值得一提的是，Li 等[41]于 2010 年报道了第一个基于 N 型硅/石墨烯的太阳能电池，光电转换效率约为 1.5%。硅/石墨烯异质结中，石墨烯的功函数（约 4.5 eV）高于硅的功函数（约 4.31 eV）。当太阳光照射到电池表面时，价电子吸收入射光中的光子能量发生跃迁，形成电子-空穴对。在内建电场的作用下，电子-空穴对被分离，并通过石墨烯和硅传输到外部电路中，实现太阳能到电能的转换。

3. 光催化

二维材料具有可调谐的光响应带隙、较高的电荷分离和电子迁移率，以及抑制电荷重组和高表面反应位点等优越性能，在光催化领域具有广泛的应用前景。二维材料可以应用于污染物降解、水分解、CO_2 还原、NH_3 生成、微生物消毒以及重金属还原等光催化过程。光催化过程主要包括光吸收、光生电荷载流子的分离和迁移，以及表面氧化还原反应。Li 等[42]通过球磨和超声波相结合的方法将 MoS_2 设计成具有均匀分布的孔和缺陷的纳米网状结构，充分利用了 MoS_2 的基面，最大限度地提高了光催化析氢反应的协同活性。以中性嘈红作为有机光敏剂时，光催化析氢的速率约为 4.84 $mmol \cdot h^{-1}$。此外，这种催化剂在光催化反应中表现出优异的循环稳定性，在 1 000 次的连续循环伏安测试后阴极电流几乎没有损失。新加坡南洋理工大学刘政等[43]提出了一种同步表面和界面双极化策略，通过电负性诱导电荷重新平衡，形成具有重构界面的 $Bi_{24}O_{31}Br_{10}$ 催化剂，优化后的 BP-$Bi_{24}O_{31}Br_{10}$ 在水中催化 CO_2 光还原，CO 生产速率达到 39.8 $\mu mol \cdot g^{-1} \cdot h^{-1}$，分别是缺陷 $Bi_{24}O_{31}Br_{10}$ 和贫缺陷 $Bi_{24}O_{31}Br_{10}$ 的 2.4 倍和 46.8 倍。此外，缺陷有助于提高重构界面的周期稳定性，在 4 个循环后，BP-$Bi_{24}O_{31}Br_{10}$ 的光催化活性没有明显下降，晶体结构在循环后也没有发生变化。

4. 光电二极管

在范德华器件中，自供电光电二极管因基于光伏效应的无能量消耗特性而备受关注，非常符合下一代光电子纳米器件的需求。与光电晶体管或光电导体相比，自供电光电二极管通常具有更快的响应速度。夏从新等[44]设计了一种基于 $WSe_2/MoS_2/WSe_2$ 双范德华异质结的光伏场效应光电二极管，充分利用了一个范德华异质结的光电压调制和另一个范德华异质结的光电特性。该光电二极管具有出色的自供电能力，当光功率密度为 38.6 mW・cm^{-2}时，最大开路电压和短路电流密度可达 0.34 V 和 4.1 mA・cm^{-2}，光电转换效率约为 2.98%。此外，该器件的响应率达到 715 mA・W^{-1}，响应时间仅为 45 μs，优于大多数报道的 WSe_2/MoS_2 范德华异质结器件。

4.3.3　二维光伏材料与器件的研究热点

基于过渡金属硫族化合物的异质结构是当前二维光伏材料研究的热点。通过构建不同的异质结构，可以实现不同的界面状态，从而优化光电转换效率并实现长期稳定性，其被广泛应用于太阳能电池、自供电技术和光电二极管等领域，有助于实现能源自给和推动智能设备的发展[45-48]。根据器件的几何形状，可以将它们分为两类：一类是横向结构，其中的电场方向与二维晶面平行；另一类是垂直结构，其中的电场或结垂直于二维材料的原子平面[49]。

1. 二维材料的横向 P-N 同质结

在肖特基结中，由于金属功函数和半导体费米能级之间的差异，会产生内建电场，但对称金属接触结构在光照条件下不产生净光电流。Fontana 等[50]报道了具有非对称肖特基势垒的 MoS_2 基光电晶体管。金和钯分别用于源极和漏极接触，两种金属之间的功函数差异导致相应肖特基势垒高度的不对称性，进而产生内建电场，使器件具有光伏效应[50-51]，但开路电压（V_{oc}）仅为 0.1 V，器件的光伏效应较弱。2014 年，Pospischil、Baugher 和 Ross 等通过使用分裂栅配置，构建了基于单层 WSe_2 的 P-N 同质结[52-53]。将机械剥离的层状 WSe_2 转移到覆盖栅极介电材料（如 HfO_2 和 SiN）的栅极上，在两个局部栅极上施加相反的电压，通过静电控制来实现导电类型和载流子密度的调制，成功构建了单层 P-N 结。单层 P-N 结具有优异的整流特性，能够用于光伏发电。在 140 mW・cm^{-2}的照射下（卤素灯光源），P-N 结获得了 0.87 V 的 V_{oc}和 0.5%的 *PCE*。

为获得具有优异性能的过渡金属硫族化合物横向 P-N 结，Memaran 等[54]制备了基于剥离 *h*-BN（厚度为 20～40 nm）的横向 P-N 结，并在其上转移了化学气相输运合成的 $MoSe_2$ 单晶，实现了 0.7～0.85 V 的 V_{oc}，在标准 AM 1.5G 照明（100 mW・cm^{-2}）下，器件具有超过 14%的光电转换效率，FF 接近 0.7。Wang 等[55]也做了类似的工作，在 473 nm的短波长激光照射下，$MoTe_2$ 的 V_{oc}、I_{sc}、*FF* 和 *PCE* 分别为 0.28 V、28 pA、0.51和 0.5%。

二维 BP 也因具有光伏潜力而引起了科研人员的极大兴趣。与半导体过渡金属硫族化合物相比，BP 具有许多吸引人的电学和光学性质，特别是其具有从可见光到红外光连续可调谐的直接带隙（0.3～2.0 eV）、较高的载流子迁移率（300 K 时为 1 000 $cm^2 \cdot V^{-1} \cdot s^{-1}$）以及面内各向异性，被认为是宽带光电应用的理想材料[56-57]。Buscema 等制备了基于 BP 的 P-N 结，在 940 nm 波长的红外光下，能实现高效的光电转换，在近红外波段的能量收集方面极具优势。

2. 二维材料的横向 P-N 异质结

在二维材料中实现 P-N 同质结二极管的同时，人们也在努力制造相关的横向异质结二极管器件。一种独特的方法是沿着先前生长的二维材料的边缘连续生长另一种类型的材料。然而，由于二维材料与三维材料的实质性差异，该过程相当具有挑战性[58]。首先，最先生长的二维材料边缘如果暴露在空气环境下很容易被钝化，在被转移到另一生长室之后不能用作后续横向外延的有效成核位点。其次，在大多数情况下，原子级别的纳米片太脆弱，无法承受生长温度或条件的突变，而这正是第二种材料生长所必需的。尽管有诸多困难，但类似结构已经在重要的二维过渡金属硫族化合物材料中实现[59-64]。Duan 等[58]在二维晶体的生长过程中原位调制气相反应物，通过热化学气相沉积（CVD）成功地生长了成分调制的 MoS_2-$MoSe_2$ 和 WS_2-WSe_2 横向异质结。优质 P 型 WSe_2 和 N 型 WS_2 形成 P-N 异质结二极管，器件表现出明显的整流特性。异质结的超薄性质使二极管的栅极可调谐性成为可能。在 514 nm 激光（30 nW）的照射下，器件实现了 $V_{oc} \approx 0.47$ V 和 $I_{sc} \approx 1.2$ nA 的光伏特性，外量子效率和内量子效率分别为 9.9%和 43%。类似地，通过使用气相生长工艺生长了横向单层 $MoSe_2/WSe_2$ 和 WS_2/MoS_2 异质结[46,60,65]。Chen 等通过高倍扫描透射电子显微镜表征了原子级尖锐的面内 WS_2/MoS_2 界面，证实了本征单层 P-N 异质结的光伏效应[46,60]。

2015 年，Li 等[46]成功合成了具有原子级尖锐界面的单层 WSe_2-MoS_2 横向 P-N 结。通过使用扫描开尔文探针显微镜测得异质结界面附近的耗尽区宽度约为 320 nm。本征单层 P-N 结显示出良好的整流特性，具有 0.22 V 的 V_{oc} 和 7.7 pA 的 I_{sc}（在 1 $mW \cdot cm^{-2}$ 的白光照明下），对应的 *PCE* 大于 0.2%。Tsai 等[62]探索了单层 WSe_2-MoS_2 横向 P-N 异质结在光伏领域的应用潜力，在 AM 1.5G 条件下，异质结获得了高达 2.56%的 *PCE* 和优异的全向光收集特性 。

3. 厚度调制的二维异质结

众所周知，二维层状材料的一个特性是它们的层数依赖性[66-67]。这种依赖性意味着在不同层数的界面处存在能带不连续性，从而形成了不同于传统二维异质结的横向异质结[49,68-69]。Xu 等[70]观察到了石墨烯单层-双层异质结中光电流的产生，并将其归因于光热电效应。Howell 等[71]研究了具有整流特性的单层-多层 MoS_2 异质结。在扫描光电流显微镜的表征测量下，观察到与 MoS_2 厚度明显相关的光电流。然而，在另一项关于

MoS_2 横向异质结的研究中，Tosun 等[72]观察到由 MoS_2 单层-多层界面而非 MoS_2-金属肖特基接触主导的光电流。这种光电流归因于在 MoS_2 异质界面处形成的 I 型能带排列。Zhang 等[68]研究了基于过渡金属硫族化合物单层和双层（$MoSe_2$ 和 WSe_2）的横向异质结，在原子级尖锐的异质结界面形成了 I 型能带对齐。当前，仍然需要进一步探究自然形成的横向厚度异质结的光电性能[73]。

与半导体过渡金属硫族化合物不同，BP 的带隙具有更强的层数依赖性（从单层的 2.0 eV 到块状的 0.3 eV），不同层数的 BP 薄片的界面处（在少数层范围内）具有更明显的能带不连续性。理论分析表明，在 BP 单层-双层界面可能形成 I 型和 II 型能带排列，这取决于它们的取向以及异质结的宽度[69]。最近，Wang 等[74]研究了用于高性能光伏器件的栅极可调 BP 横向异质结二极管。厚度调制导致 BP 薄片之间存在带隙差异和能带失准，消除了分裂栅极结构。通过调节背栅电压 V_g，异质结器件在一定的 V_g 范围内表现出二极管特性，并且可在可见光和近红外光谱范围内进行能量收集。在3.6 W • cm^{-2}（600 nm 波长）的光功率密度下获得了 0.21 V 的 V_{oc}和 7.4%的外量子效率。

4. 垂直肖特基势垒和 P-N 同质结

Shanmugam 等[75]制备了 Au/MoS_2 肖特基势垒太阳能电池，将 CVD 生长的 MoS_2 纳米片作为光活性层，氧化铟锡（ITO）作为透明电极。该器件能有效地吸收 350～950 nm范围内的光并产生电能，110 nm 的 MoS_2 和 220 nm 的 MoS_2 的 *PCE* 分别为 0.7%和 1.8%。为了提高器件的光响应性能，Yi 等[76]开发了多层 $Mo_{0.5}W_{0.5}Se_2$ 基的肖特基结光伏电池，其比 $MoSe_2$ 和 WSe_2 器件显示出更高的光电转换效率（在 532 nm 下为 16%，在 AM 1.5 G 下为 13%）。Wi 等[77]研究了具有垂直堆叠的 ITO/多层 MoS_2/金属电极结构的光伏器件，利用等离子体诱导的 P 型掺杂方法在 MoS_2 层中构建 P-N 结，器件显示出增强的光伏响应，在 AM 1.5 G 照明下，V_{oc}、J_{sc}、*FF*、*PCE* 分别为 0.28 V、20.9 mA • cm^{-2}、0.47 和 2.8%。Li 等[78]通过使用苄基紫精（BV）对 MoS_2 薄片的底表面进行 N 型掺杂，并使用 $AuCl_3$ 对顶表面进行 P 型掺杂，在每个表面上制作 Cr/Pd 金属触点充当器件电极，制备了垂直 P-N 同质结，11 nm 的 MoS_2 垂直 P-N 结二极管显示出 0.6 V 的 V_{oc}和 0.4%的 *PCE*。Jin 等[79]通过 Nb 元素掺杂成功合成了 P 型 $MoSe_2$（本征 N 型）薄片，并通过将 P 型和 N 型 $MoSe_2$ 垂直堆叠在一起，制造了理想的 $MoSe_2$ 垂直 P-N结。P-N 结表现出理想的二极管特性，可以很好地用于光伏领域，在 89 mW • cm^{-2}（405 nm）的光功率密度下获得 0.35 V 的 V_{oc}和 20 mA • cm^{-2}的 J_{sc}。

5. 体光伏效应（BPVE）

传统光伏器件通常依赖于固体中的界面技术，如 P-N 结或肖特基结，但光伏效应受限于晶体材料的带隙。近年来的研究表明，在非中心对称的晶体材料中存在一种称为体光伏效应的非线性光学现象。这种效应意味着单一组分的晶体材料在无外场和无空间不均匀性的条件下，能够自发地产生光生电子与空穴的分离，从而产生光电流。体光伏效应有望突破肖克利-奎伊瑟极限，提高光伏器件的能量转换效率，并实现超过材料带隙的光生电压[80]。

与传统光伏器件利用 P-N 结形成的内建电场实现电荷分离不同，体光伏效应的电荷分离机制来自非中心对称结构产生的自发极化。体光伏效应具有以下独特优势：首先，它不需要 P-N 结结构，从而避免了复杂的界面工程和制造工艺。其次，体光伏效应产生的光电流和光电压沿着材料的自发极化方向，且开路电压与单晶材料的厚度成正比，可高于带隙（传统光伏器件的开路电压小于带隙）。最后，体光伏效应在功率转换效率和响应速度等方面都具有相当大的优势。

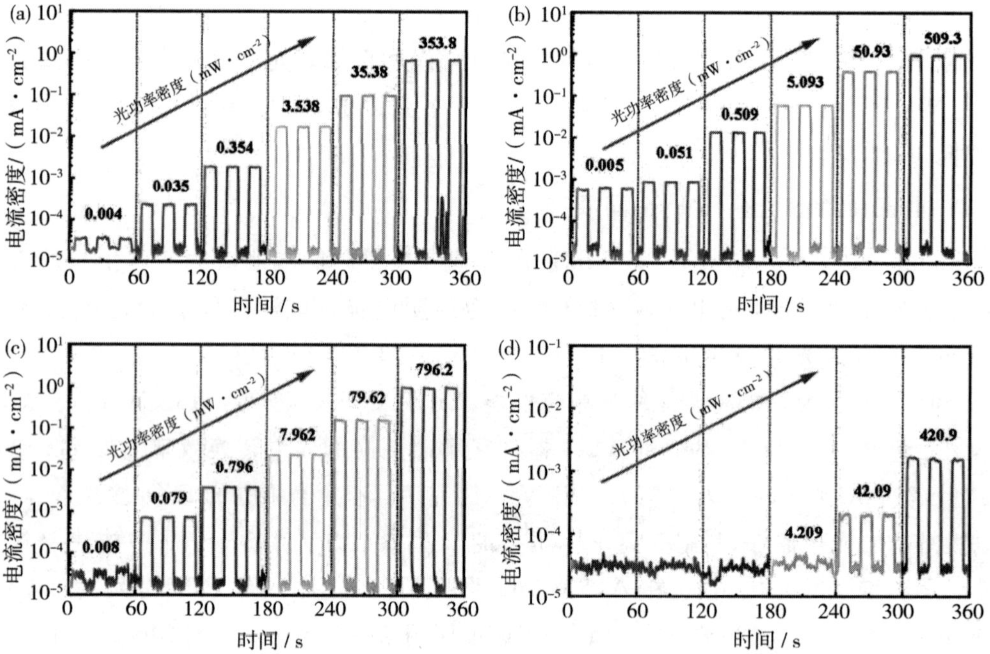

图 4.6　在零偏压下，$Ta_2NiS_5/\alpha\text{-}In_2Se_3/WSe_2$ 范德华异质结在(a) 405 nm、(b) 660 nm、(c) 808 nm 和(d) 1 064 nm 不同光功率密度激光照射下的光响应变化

华和龚课题组对二维范德华层状铁电材料 $CuInP_2S_6$ 的体光伏效应进行了研究[81]。他们利用层状铁电材料的原子级厚度和层间弱范德华力相互作用，结合石墨烯与少层 $CuInP_2S_6$ 构建了垂直异质结构。在无外加偏压的条件下，观察到了明显的自发光电流现象。通过外电场、入射光场和温度场等多种外场手段，他们成功调控了体光伏效应的强度，并证明了二维铁电极化是体光伏效应增强的主要物理机制。此外，他们通过改变二维铁电层的厚度，清晰地演示了体光伏效应在不同维度之间的过渡过程，并发现基于二维铁电材料的输出电流密度介于一维和三维体光伏材料之间。

6. 光伏效应与其他效应的耦合

光伏效应可与其他效应耦合，以增强光伏性能。如图 4.6 所示，Tan 等[82]实验制备了 $Ta_2NiS_5/\alpha\text{-}In_2Se_3/WSe_2$ 范德华异质结，利用界面工程和体光伏效应的协同来增强器件的光电响应。该自供电异质结无需外部电源即可实现近紫外到近红外的探测，并能准确识别相同光功率密度下的光波长，在 660 nm 波长探测下，比探测率高达 1.79×10^{12} Jones。Zhang 等[83]制作了一种能够同时进行热释电、光探测的自供电 MoS_2/WSe_2 异质结，图 4.7 为 405 nm 和 808 nm 下异质结的 I-t 循环曲线。该异质结同时具有光伏效应和热释电效应，由于存在面内结构极化，光伏效应和热释电效应之间存在一个 90 °的光偏振角度差。当光的偏振方向与面内结构极化方向平行时，光伏效应达到最强，比探测率约为 5×10^{12} Jones。

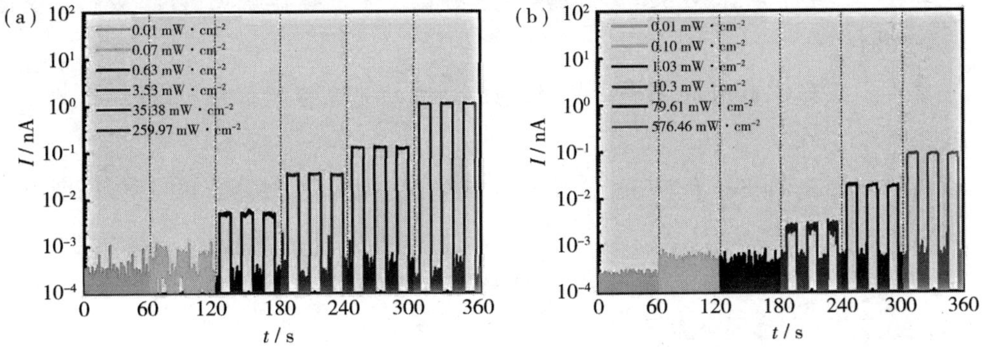

图 4.7　MoS_2/WSe_2 异质结在(a) 405 nm 和(b) 808 nm 不同光功率密度激光照射下的 I-t 循环曲线

参考文献

[1] Chou M J, Tsui D C, Weimann G. Negative photoconductivity of two-dimensional holes in GaAs/AlGaAs heterojunctions[J]. Applied Physics Letters, 1985, 47(6): 609-611.

[2] Baek E, Rim T, Schütt J, et al. Negative photoconductance in heavily doped Si nanowire field-effect transistors[J]. Nano Letters, 2017, 17(11): 6727-6734.

[3] Frenkel J. Conduction in poor electronic conductors[J]. Nature, 1933, 132(3330): 312-313.

[4] Gurevich Y G, Meriuts A V. Dember effect: Problems and solutions[J]. Physics Letters A, 2013, 377(38): 2673-2675.

[5] Dang Y, Tao X. Recent progress of bulk photovoltaic effect in acentric single crystals and optoelectronic devices[J]. Matter, 2022, 5(9): 2659-2684.

[6] Choi T, Lee S, Choi Y J, et al. Switchable ferroelectric diode and photovoltaic effect in $BiFeO_3$[J]. Science, 2009, 324(5923): 63-66.

[7] Brevik I. Experiments in phenomenological electrodynamics and the electromagnetic energy-momentum tensor[J]. Physics Reports, 1979, 52(3): 133-201.

[8] Anderson W W, Chai Y G. Becquerel effect solar cell[J]. Energy Conversion, 1976, 15(3-4): 85-94.

[9] Jiang J, Chen Z, Hu Y, et al. Flexo-photovoltaic effect in MoS_2[J]. Nature Nanotechnology, 2021, 16(8): 894-901.

[10] Zou H, Dai G, Wang A C, et al. Alternating current photovoltaic effect[J]. Advanced Materials, 2020, 32(11): 1907249.

[11] 檀朝阳. 二维半导体 WSe_2 同质/异质结制备及光电性能研究[D]. 安徽：安徽大学，2021.

[12] 张首勇. 基于 Graphene-WSe_2-Au 结构的自驱动光电探测器研究[D]. 广东：华南理工大学，2020.

[13] 洪锦涛. 基于 $MoSe_2$ 和 WSe_2 场效应晶体管的光电性能调控的研究[D]. 浙江：杭州电子科技大学，2021.

[14] 王文静. 基于 WSe_2 同质结的新型光电探测器研究[D]. 上海：上海师范大学，2022.

[15] 彭文胜，王建中. 光电导效应及其应用探究[J]. 高等函授学报（自然科学版），2007(6):32-35.

[16] Tian H, Chin M L, Najmaei S, et al. Optoelectronic devices based on two-dimensional transition metal dichalcogenides [J]. Nano Research, 2016, 9 (6): 1543-1560.

[17] Javadi M, Gholami M, Abdi Y. IR position-sensitive detectors based on double-junction asymmetric TiO_2/MoS_2/reduced graphene-oxide sandwiches[J]. Journal of Materials Chemistry C, 2018, 6(31): 8444-8452.

[18] Yin Z, Li H, Li H, et al. Single-layer MoS_2 phototransistors[J]. ACS Nano, 2012, 6(1): 74-80.

[19] Lopez-Sanchez O, Lembke D, Kayci M, et al. Ultrasensitive photodetectors based on monolayer MoS_2[J]. Nature Nanotechnology, 2013, 8(7): 497-501.

[20] Huo N J, Yang S X, Wei Z M, et al. Photoresponsive and gas sensing field-effect transistors based on multilayer WS_2 nanoflakes[J]. Scientific Reports, 2014, 4(1): 5209.

[21] Yang S X, Tongay S, Yue Q, et al. High-performance few-layer Mo-doped $ReSe_2$ nanosheet photodetectors[J]. Scientific Reports, 2014, 4(1): 5442.

[22] Cao Y, Zhao Z, Wang H. Laser-amplified nonvolatile charge trapping effect in semiconductor quantum dot structures[J]. Optica, 2023, 10(7): 897-904.

[23] Lee J, Pak S, Lee Y W, et al. Monolayer optical memory cells based on artificial trap-mediated charge storage and release[J]. Nature Communications, 2017, 8(1): 14734.

[24] Sun Y L, Ding Y T, Xie D, et al. Reconfigurable optical memory based on MoS_2/QDs mixed-dimensional van der Waals heterostructure[J]. 2D Materials, 2021, 8(2): 025021.

[25] Liu C, Zou X M, Wu M C, et al. Polarization-resolved broadband MoS_2/Black Phosphorus/MoS_2 optoelectronic memory with ultralong retention time and ultra-high switching ratio[J]. Advanced Functional Materials, 2021, 31(23): 2100781.

[26] Dai M K, Liou Y R, Lian J T, et al. Multifunctionality of giant and long-lasting persistent photoconductivity: Semiconductor-conductor transition in graphene nanosheets and amorphous InGaZnO hybrids[J]. ACS Photonics, 2015, 2(8): 1057-1064.

[27] Ci W, Xue W, Wang P, et al. All-in-one optoelectronic neuristor based on full-vdW two-terminal ferroelectric P-N heterojunction[J]. Advanced Functional Materials, 2024,34(15): 2305822.

[28] Wang Y, Yin L, Huang W, et al. Optoelectronic synaptic devices for neuromorphic computing[J]. Advanced Intelligent Systems, 2021, 3(1): 2000099.

[29] Islam M M, Dev D, Krishnaprasad A, et al. Optoelectronic synapse using monolayer MoS_2 field effect transistors[J]. Scientific Reports, 2020, 10(1): 21870.

[30] Feng S, Li J, Feng L, et al. Dual-mode conversion of photodetector and neuromorphic vision sensor via bias voltage regulation on a single device[J]. Advanced Materials, 2023, 35(49): 2308090.

[31] Loh J Y Y, Sharma G, Kherani N P, et al. Post-illumination photoconductivity enables extension of photo-catalysis after sunset[J]. Advanced Energy Materials, 2021, 11(41): 2101566.

[32] Sumanth A, Ganapathi K L, Rao M S R, et al. A review on realizing the modern optoelectronic applications through persistent photoconductivity[J]. Journal of Physics D: Applied Physics, 2022, 55(39): 393001.

[33] Gao S L, Qiu L P, Zhang J, et al. Persistentphotoconductivity of metal oxide semiconductors[J]. ACS Applied Electronic Materials, 2024(6):1542-1561.

[34] Jang H, Liu C, Hinton H, et al. An atomically thin optoelectronic machine vision processor[J]. Advanced Materials, 2020, 32(36): 2002431.

[35] Wang Y, Liu E, Gao A, et al. Negative photoconductance in van der Waals heterostructure-based floating gate phototransistor[J]. ACS Nano, 2018, 12(9): 9513-9520.

[36] He W, Wu D, Kong L, et al. Giantnegative photoresponse in van der Waals graphene/$AgBiP_2Se_6$/graphene trilayer heterostructures[J]. Advanced Materials, 2024,36(16): 2312541.

[37] Qiu D, Hou P, Wang J, et al. Photoconductivity, pyroconductivity, and pyroelectricity effects in photodetection of layer-structured $CuInP_2S_6$/MoS_2 heterojunction[J]. Applied Physics Letters, 2023, 123(4):042105.

[38] Cao H, Hu T, Zhang J, et al. Electricallytunable multiple-effects synergistic and boosted photoelectric performance in Te/WSe_2 mixed-dimensional heterojunction phototransistors[J]. Advanced Science, 2024: 2400018.

[39] Yan F, Zhao L, Patanè A, et al. Fast, multicolor photodetection with graphene-contacted P-GaSe/N-InSe van der Waals heterostructures[J]. Nanotechnology, 2017, 28(27): 27LT01.

[40] Zhou C, Raju S, Li B, et al. Self-driven metal-semiconductor-metal WSe_2 photodetector with asymmetric contact geometries[J]. Advanced Functional Materials, 2018, 28(45): 1802954.

[41] Li X, Zhu H, Wang K, et al. Graphene-on-silicon Schottky junction solar cells [J]. Advanced Materials, 2010, 25(22): 2743-2748.

[42] Li Y, Yin K, Wang L, et al. Engineering MoS_2 nanomesh with holes and lattice defects for highly active hydrogen evolution reaction[J]. Applied Catalysis B: Environmental, 2018, 239: 537-544.

[43] Di J, Zhu X, Hao G, et al. Vacancy pair-induced charge rebalancing with surface and interfacial dual polarization for CO_2 photoreduction[J]. ACS Catalysis, 2022, 12(24): 15728-15736.

[44] Jiang Y, Wang R, Li X, et al. Photovoltaic field-effect photodiodes based on double van der Waals heterojunctions[J]. ACS Nano, 2021, 15(9): 14295-14304.

[45] Pospischil A, Furchi M M, Mueller T. Solar-energy conversion and light emission

in an atomic monolayer p-n diode[J]. Nature Nanotechnology, 2014, 9(4): 257-261.

[46] Chen K, Wan X, Wen J X, et al. Electronic properties of MoS_2-WS_2 heterostructures synthesized with two-step lateral epitaxial strategy[J]. ACS Nano, 2015, 9(10): 9868-9876.

[47] Wang L, Huang L, Tan W C, et al. Tunable black phosphorus heterojunction transistors for multifunctional optoelectronics[J]. Nanoscale, 2018, 10(29): 14359-14367.

[48] Wi S, Kim H, Chen M K, et al. Enhancement of photovoltaic response in multilayer MoS_2 induced by plasma doping[J]. ACS Nano, 2014, 8(5): 5270-5281.

[49] Wang L, Huang L, Tan W C, et al. 2D photovoltaic devices: Progress and prospects[J]. Small Methods, 2018, 2(3): 1700294.

[50] Fontana M, Deppe T, Boyd A K, et al. Electron-hole transport and photovoltaic effect in gated MoS_2 Schottky junctions[J]. Scientific Reports, 2013, 3(1): 1634.

[51] Kaushik N, Nipane A, Basheer F, et al. Schottky barrier heights for Au and Pd contacts to MoS_2[J]. Applied Physics Letters, 2014, 105(11): 113505.

[52] Pospischil A, Furchi M M, Mueller T. Solar-energy conversion and light emission in an atomic monolayer p-n diode[J]. Nature Nanotechnology, 2014, 9(4): 257-261.

[53] Baugher B W H, Churchill H O H, Yang Y F, et al. Optoelectronic devices based on electrically tunable p-n diodes in a monolayer dichalcogenide[J]. Nature Nanotechnology, 2014, 9(4): 262-267.

[54] Memaran S, Pradhan N R, Lu Z G, et al. Pronounced photovoltaic response from multilayered transition-metal dichalcogenides PN-junctions[J]. Nano Letters, 2015, 15(11): 7532-7538.

[55] Wang Z X, Wang F, Yin L, et al. Electrostatically tunable lateral $MoTe_2$ P-N junction for use in high-performance optoelectronics[J]. Nanoscale, 2016, 8(27): 13245-13250.

[56] Wu S F, Buckley S, Schaibley J R, et al. Monolayer semiconductor nanocavity lasers with ultralow thresholds[J]. Nature, 2015, 520(7545): 69-72.

[57] Ye Y, Wong Z J, Lu X F, et al. Monolayer excitonic laser[J]. Nature Photonics, 2015, 9(11): 733-737.

[58] Duan X D, Wang C, Shaw J C, et al. Lateral epitaxial growth of two-dimensional

layered semiconductor heterojunctions[J]. Nature Nanotechnology, 2014, 9(12): 1024-1030.

[59] Levendorf M P, Kim C J, Brown L, et al. Graphene and boron nitride lateral heterostructures for atomically thin circuitry[J]. Nature, 2012, 488(7413): 627-632.

[60] Gong Y J, Lin J H, Wang X L, et al. Vertical and in-plane heterostructures from WS_2/MoS_2 monolayers[J]. Nature Materials, 2014, 13(12): 1135-1142.

[61] Li M Y, Shi Y M, Cheng C C, et al. Epitaxial growth of a monolayer WSe_2-MoS_2 lateral P-N junction with an atomically sharp interface[J]. Science, 2015, 349(6247): 524-528.

[62] Tsai M L, Li M Y, Retamal J R D, et al. Single atomically sharp lateral monolayer p-n heterojunction solar cells with extraordinarily high power conversion efficiency[J]. Advanced Materials, 2017, 29(32): 1701168.

[63] Zhang X Q, Lin C H, Tseng Y W, et al. Synthesis of lateral heterostructures of semiconducting atomic layers[J]. Nano Letters, 2015, 15(1): 410-415.

[64] Sreelakshmi C, Siva P, Yalambaku R, et al. Controlled growth of two-dimensional MoS_2/WSe_2 heterostructure solar cell by chemical vapor deposition[J]. Available at SSRN 4801358.

[65] Huang C M, Wu S F, Sanchez A M, et al. Lateral heterojunctions within monolayer $MoSe_2$-WSe_2 semiconductors[J]. Nature Materials, 2014, 13(12): 1096-1101.

[66] Tran V, Soklaski R, Liang Y F, et al. Layer-controlled band gap and anisotropic excitons in few-layer black phosphorus[J]. Physical Review B, 2014, 89(23): 235319.

[67] Tongay S, Narang D S, Kang J, et al. Two-dimensional semiconductor alloys: Monolayer $Mo_{1-x}W_xSe_2$[J]. Applied Physics Letters, 2014, 104(1): 012101.

[68] Zhang C D, Chen Y X, Huang J K, et al. Visualizing band offsets and edge states in bilayer-monolayer transition metal dichalcogenides lateral heterojunction[J]. Nature Communications, 2016, 7(1): 10349.

[69] Lin H F, Liu L M, Zhao J J. 2D lateral heterostructures of monolayer and bilayer phosphorene[J]. Journal of Materials Chemistry C, 2017, 5(9): 2291-2300.

[70] Xu X D, Gabor N M, Alden J S, et al. Photo-thermoelectric effect at a graphene interface junction[J]. Nano Letters, 2010, 10(2): 562-566.

[71] Howell S L, Jariwala D, Wu C C, et al. Investigation of band-offsets at monolay-

er-multilayer MoS_2 junctions by scanning photocurrent microscopy[J]. Nano Letters, 2015, 15(4): 2278-2284.

[72] Tosun M, Fu D Y, Desai S B, et al. MoS_2 heterojunctions by thickness modulation[J]. Scientific Reports, 2015, 5(1): 10990.

[73] Kallatt S, Umesh G, Bhat N, et al. Photoresponse of atomically thin MoS_2 layers and their planar heterojunctions[J]. Nanoscale, 2016, 8(33): 15213-15222.

[74] Wang L, Huang L, Tan W C, et al. Pronounced photovoltaic effect in electrically tunable lateral black-phosphorus heterojunction diode[J]. Advanced Electronic Materials, 2018, 4(1): 1700442.

[75] Shanmugam M, Durcan C A, Yu B. Layered semiconductor molybdenum disulfide nanomembrane based Schottky-barrier solar cells[J]. Nanoscale, 2012, 4(23): 7399-7405.

[76] Yi S G, Kim S H, Park S, et al. $Mo_{1-x}W_xSe_2$-based schottky junction photovoltaic cells[J]. ACS Applied Materials & Interfaces, 2016, 8(49): 33811-33820.

[77] Wi S, Kim H, Chen M K, et al. Enhancement of photovoltaic response in multilayer MoS_2 induced by plasma doping[J]. ACS Nano, 2014, 8(5): 5270-5281.

[78] Li H M, Lee D, Qu D S, et al. Ultimate thin vertical P-N junction composed of two-dimensional layered molybdenum disulfide[J]. Nature Communications, 2015, 6(1): 6564.

[79] Jin Y, Keum D H, An S J, et al. A van der Waals homojunction: ideal P-N diode behavior in $MoSe_2$[J]. Advanced Materials, 2015, 27(37): 5534-5540.

[80] 陈晓娟,徐康,张秀,等.二维材料体光伏效应研究进展[J].物理学报,2023,72(23):183-197.

[81] Li Y, Fu J, Mao X, et al. Enhanced bulk photovoltaic effect in two-dimensional ferroelectric $CuInP_2S_6$[J]. Nature Communications, 2021, 12(1): 5896.

[82] Tan S, Hou P. Synergistic effect of interface engineering and bulk photovoltaic effect enhanced self-powered $Ta_2NiS_5/\alpha\text{-}In_2Se_3/WSe_2$ van der Waals heterojunction for photodetection[J]. Applied Physics Letters, 2023, 123(17):172101.

[83] Zhang X, Qiu D, Zhou P, et al. Strong polarization sensitivity in a two-dimensional MoS_2/WSe_2 heterojunction for self-powered photodetection[J]. Applied Physics Letters, 2024, 124(4):042108.

第 5 章　二维发光材料与器件

发光过程包括光吸收、光激发跃迁、能量转移、竞争性非辐射和辐射能量弛豫以及载流子复合。传统发光材料通常是含稀土元素和 Cd^{2+} 的材料，但稀土金属供应有限，Cd^{2+} 具有高毒性，在一定程度上限制了它们的应用。二维材料受益于量子限域效应，具有可调谐的层依赖性电子结构、强光-材料相互作用、高载流子迁移率和宽光谱响应等特性，有望替代传统发光材料，在发光二极管、增益激光器和纳米生物医学设备等应用中发挥重要作用。

5.1　发光现象及激子发光的基本概念

发光是材料吸收能量并转化成光辐射（非平衡辐射）的现象，半导体、绝缘体、有机物和生物中都存在不同形式的发光。发光现象主要与光和材料中晶格的相互作用有关。当吸收不同类型的能量时，发光材料中的电子将从基态跃迁到具有较高能量的激发态，然后弛豫到基态或具有较低能量的激发态，同时伴随着紫外、可见光或红外光谱区域中的电磁辐射。根据发光过程的能量激发方式，可大致分为光致发光、电致发光、热致发光、阴极发光等。掌握激子发光的相关知识，对于理解二维材料各种发光方式的物理机制至关重要。本节将介绍半导体/二维材料的基本发光方式，阐述激子、激子效应等知识，并对二维材料的发光原理作简要的介绍。

5.1.1　材料的发光方式

1. 光致发光

光致发光(PL)是指材料吸收光子（或电磁波）后重新辐射出光子（或电磁波）的过程。根据量子力学理论，这一过程可以描述为材料吸收光子跃迁到较高能级的激发态后返回低能态，同时释放出光子的过程。光子无法凭空产生，光致发光本质上是电子跃迁引起的光子辐射。在入射光的激发下，材料的价带电子吸收特定频率的光子跃迁到导带，同时在价带中留下空穴，导带电子和价带空穴经过弛豫后达到各自的准平衡态（即未被占据的最低激发态，对于本征半导体来说就是导带底和价带顶)。激发态电子在弛豫过程中可能要经历多次跃迁才能到达较低能级的准平衡态，之后在这个准平衡态上大量聚集，最终向基态跃迁，产生发光现象。

光致发光可按光子回迁路径和延迟时间分为荧光和磷光。荧光指的是当某种常温材料经某种波长的入射光（通常是紫外线或 X 射线）照射，吸收光能后进入激发态，并且立即（皮秒到纳秒）激发出比入射光波长长的出射光。荧光又可分为共振荧光、非共振荧光和敏化荧光等类型。磷光是在光激发停止后持续较长时间（微秒到秒）的光致发光。当某种常温材料经某种波长的入射光（通常是紫外线或 X 射线）照射，吸收光能后进入激发态（通常具有和基态不同的自旋多重度），然后缓慢地退激发并发出比入射光波长长的出射光（通常波长在可见光波段）。当入射光停止后，发光现象持续存在。发出磷光的退激发过程是被量子力学的跃迁选择规则禁戒的，因此这个过程很缓慢。

2. 电致发光

电致发光(EL)又称电场发光，是指通过加在两电极的电压产生电场，电场激发电子，碰击发光中心，引起电子能级的跃迁、变化、复合，发射出高效率冷光的一种物理现象。电致发光是一种直接将电能转换成光能的现象，属于非热性转换。电致发光的基本机理是被加速的过热电子碰撞，激发发光中心，使发光中心被激发到高能态而发光。电致发光包括 4 个基本过程：(a) 载流子从绝缘层和发光层界面处的局域态穿过，进入发光层。(b) 载流子在发光层的高能电场中加速，成为过热电子。(c) 过热电子碰撞，激发发光中心。(d) 载流子再次被束缚到定域态。对于交流电导致的电致发光，这 4 个过程是反复进行的。电子随着外电场的周期性变化，在发光层和绝缘层形成的两个界面之间振荡，产生大量的过热电子，碰撞发光中心，使发光中心能级上的电子处于高能态，然后这些高能态电子通过辐射跃迁发出光子。

按发光材料，可将电致发光分为无机电致发光和有机电致发光。无机电致发光材料一般为半导体材料。有机电致发光材料可分为小分子和高分子两大类。目前，电致发光的研究方向主要为有机材料的应用。按激发过程的不同，可分为注入式电致发光与本征型电致发光。注入式电致发光直接由装在晶体上的电极注入电子和空穴，当电子与空穴在晶体内再复合时，以光的形式释放出多余的能量。注入式电致发光的基本结构是结型二极管。本征型电致发光是指通过高能电子碰撞激发发光中心所产生的发光现象，电子的能量来自数量级为 $10^8\ \mathrm{V \cdot m^{-1}}$ 的高能电场，这种发光现象也称为高场电致发光。

3. 热致发光

热致发光(TL)指的是某些晶体材料（如某些矿物质）被加热时，原来吸收并储存在晶格缺陷中的电磁辐射或其他电离辐射在加热（利用热来释放储存的光能）时以光子的形式释放出来的现象。当材料受到射线照射时，电离激发使价带上或激发能级中的电子进入导带，并在价带上产生一个空穴。电子在导带中处于自由运动的状态，直到被陷阱捕获重新回到价带中，同时空穴被捕获。当材料受到热激发时，捕陷态位能够与声子相互作用，即晶格振动，储存的载流子就有可能从晶格振动获得足够的能量而从陷阱中以光子的形式释放出来。

热致发光时，光子释放的难易程度取决于陷阱的深度和材料的温度。恒速升温时，热致发光可直观地显示材料中陷阱的种类、深度和密度等。随着晶格温度的升高，陷阱中的电子被释放的概率增大。随着时间的推移，陷阱中储存的载流子不断释放，留存的载流子不断减少。从陷阱释放载流子的速率随时间增加达到一个极大值后，随时间逐渐减少。相应地，热致发光也随时间先增强，随后逐渐变弱。此外，热致发光的发光强度与激发态的寿命息息相关。在激发态中，离子会逐渐失去能量，最终回到基态。这个过程通常需要一定的时间，即激发态的寿命。如果激发态的寿命很短，那么离子会很快回到基态，发出的光就会很弱；相反，如果激发态的寿命很长，那么离子会在较长的时间内保持在激发态，发出的光就会很强。

4. 阴极发光

阴极发光（CL）指的是材料因高能电子束（几千至几万电子伏特）激发，使电能转化为光辐射能的物理现象。由阴极发射的电子经过阳极电压加速后，形成具有一定能量的电子束，习惯上将电子束轰击造成的发光称为阴极发光。阴极发光时，高能电子束在材料表面碰撞激发原子或分子，使它们处于激发态，当这些激发态的原子或分子退激发到基态时会释放出光子，产生发光现象。

在具体 CL 测试中，测试软件参数选择、样品制备情况、束流大小、CL 探测器的选择等对测试效果均有不同程度的影响。加速电压可以影响样品的表面探测深度，同时，高电压能够激发更多的短波长电子跃迁发光，因此会影响 CL 光谱。样品不导电或弱导电会使电子束漂移，影响材料发光及显微成像。束流太小，会使发光信号低于本底，没有波峰；束流太大，则会使电子束漂移严重。

5.1.2 激子发光的相关知识

在固体物理研究史中，布洛赫首先用单电子作为独立运动的量子解释了固体的导电性。1931 年，苏联的弗伦克尔考虑电子和空穴的相互作用，提出了激子的概念。之后，激子物理被系统地深入研究。激子效应对半导体中的光吸收、发光、激射和光学非线性作用等物理过程具有重要影响，在新型半导体光源和半导体非线性光电子器件领域被广泛应用。

激子是电子和空穴通过库仑相互作用结合而形成的玻色子准粒子，它对二维材料的光学性质起着关键作用。二维材料具有激子偶极矩强度大、线宽窄、无序性低、束缚能高

（100 meV 量级）等优势，有望实现室温高效激子转换发光，为探索高效室温声子辅助上转换发光提供了一个全新的平台。二维材料的发光主要源于激子的发光，包括中性激子、带电激子、双激子等。

1．激子的概念

在半导体中，如果一个电子从满的价带激发到空的导带上去，则在价带内产生一个空穴，而在导带内产生一个电子，从而形成电子-空穴对。空穴带正电，电子带负电，它们受到库仑力而互相吸引。在一定条件下，库仑力使电子-空穴对在空间上束缚在一起，这样形成的复合体称为激子。激子实现了能量平衡，激子体系的总能量略小于未束缚的电子和空穴的能量。激子通常可分为万尼尔激子和弗伦克尔激子。前者的电子和空穴分布在较大的空间范围，库仑束缚较弱，电子"感受"到的是平均晶格势与空穴的库仑静电势，这种激子主要存在于半导体中；后者的电子和空穴束缚在体元胞范围内，库仑作用较强，这种激子主要存在于绝缘体中[1]。二维材料中的激子包括带电激子、双激子、束缚态激子、层间激子等。当材料的载流子浓度较高时，中性激子可以和一个电子或空穴结合，形成带电激子，也称三重激子或三重子[2]。三重子分为正三重子和负三重子两种，正三重子由两个空穴和一个电子组成，负三重子由两个电子和一个空穴组成。当材料的激子浓度较高时，两个中性激子可以结合，形成双激子。当材料内部的缺陷较多时，这些缺陷可以通过库仑作用俘获激子，形成束缚态激子。当材料堆叠形成异质结时，激子的电子和空穴可以分别由两种材料单独贡献，形成层间激子。

与氢原子一样，激子也具有相应的基态和激发态，激子的能量状态与固体中的介电效应和电子/空穴的有效质量有关。固体中的激子态可以用类氢模型加以描述，且模型可用来估算激子在带边下方分立能级的能态和电离能。如固体的介电常数为 ε，电子和空穴的有效质量分别为 m_e 和 m_h，则激子电离能为：

$$E = (\mu/\varepsilon^2) \times 13.6\ \text{eV} \tag{5.1}$$

式中：μ 为激子的折合质量，$1/\mu = 1/m_e{}^* + 1/m_h{}^*$；13.6 eV 是氢原子的电离能。

由光致发光光谱获得的是激子发光，而非带隙发光。由此获得的能隙（光学带隙）并非二维材料的实际能隙，实际能隙需要在此基础上加上激子电离能。二维半导体材料的激子电离能特别大，如单层 WS_2 的激子电离能约 0.7 eV，单层黑磷的激子电离能可达 0.9 eV。大的激子束缚能，使二维材料可能产生三重子，即在中性激子的基础上再束缚一个电子或者空穴。考虑到半导体中电子、空穴的有效质量一般比真空中的质量小，又存在较大的介电常数，所以半导体中激子的电离能一般远小于氢原子的电离能。激子的空间扩展范围可以用激子的等效玻尔半径描述：

$$a^* = (m_0/\mu)\varepsilon a^{\text{H}} \tag{5.2}$$

式中：m_0 为电子质量；a^{H} 为氢原子的玻尔半径。宽禁带的半导体材料，激子束缚能较大，激子玻尔半径比较小；禁带较窄的材料，激子电离能较小，激子玻尔半径比较大。

2. 激子稳定性的影响因素

激子的稳定性取决于温度、电场、载流子浓度等因素。当材料温度较高时，激子谱线由于声子散射等原因而变宽。当 kT 值（热力学温度下，粒子的热运动能引起的能量变化）接近或大于激子电离能时，激子会因热激发而发生分解，所以在许多半导体材料中，只有在低温下才能观测到清晰的激子发光。当温度升高后，激子谱线会展宽，激子发光强度降低，以致发生淬灭。另外，在电场的作用下，电子和空穴分别向相反的方向运动，因而当电场作用于半导体时，激子效应也将减弱。当样品中载流子浓度很大时，由于自由电荷对库仑场的屏蔽作用，激子也可能分解。二维材料中的激子受外界电场、磁场、机械应变等调控时，能表现出多样化的性质，可以作为激子物理基础研究的平台，并且在光电子器件领域具有广阔的应用前景。

3. 激子效应

激子效应对半导体的光学性质具有重要的影响。激子的吸收和复合直接影响半导体的光吸收和发光。作为固体中的一种元激发，激子状态与母体材料的电子能带性质和外场的作用紧密相关。此外，自由激子在半导体中受到杂质或缺陷中心在空间上的束缚，形成所谓的束缚激子。束缚激子的吸收谱线能量位置略低于自由激子的吸收谱线。

激子在电中性缺陷上的束缚过程大致可分为两种：一种是一个自由激子整体地受到缺陷中心的束缚；另一种是一个电荷（电子或空穴）首先被缺陷的近程势所束缚，使缺陷中心带上电荷，然后通过库仑相互作用（远程势）束缚一个电荷相反的空穴或电子，形成束缚激子。在间接带隙半导体材料中，由于动量选择定则的限制，材料的发光通常是很弱的，但如果存在束缚激子，由于它的波函数在空间上是局域化的，因而无需声子参与就可能具有很大的发光跃迁概率，从而大大增强间接带隙材料的发光效率。在间接带隙Ⅲ-Ⅴ族半导体材料磷化镓（GaP）中，通过掺入Ⅴ族氮原子（或同时掺入能形成施主受主对的锌和氧），以电中性原子代替磷原子，发光效率可大大增强。由于这种杂质中心的电负性与主晶格原子不同、原子尺寸不同等，在晶格中会产生作用距离较短的近程势，使激子束缚在它的位置附近，形成束缚激子。

4. 激子效应的应用

激子效应是许多材料发光机制的基础。在低温和室温下测量的激子光谱被广泛地用于材料的结构和光学性质的分析（如半导体发光性能、激光器件的质量和性能），在材料的结构设计、制备和性能评估中具有重要的意义。激子发光是一些发光二极管和特殊发光器件的重要发光机制，特别是在一些间接带隙半导体材料和低维结构半导体材料制成的发光二极管中，激子发光跃迁往往起着关键性的作用。例如，用氮化物材料可制成蓝绿光和紫外光发光二极管。尽管氮化物及其合金中的缺陷浓度较大，发光效率却很高，就是因为受到局域化的激子有很高的复合概率，使得载流子在到达非辐射复合中心之前就通过激子复合对发光作出贡献。此外，单光子源器件的光发射也主要源于激子发光[3]。

5.2　二维材料的发光现象

石墨烯衍生物、过渡金属硫族化合物（TMDCs）和黑磷等二维发光材料具有许多吸引人的特性，有望应用于下一代光电设备，包括光学传感器、显示器、激光器和发光二极管（LED）。与零带隙石墨烯相比，化学改性石墨烯、石墨烯量子点等石墨烯的衍生物因具有可调的带隙而表现出更丰富的发光特性。单层到几层过渡金属硫族化合物的发光特性优于石墨烯及其衍生物，无悬挂键的表面和直接带隙结构使得单层过渡金属硫族化合物具有接近 100% 的光致发光量子效率。黑磷是一种非常独特的材料，具有广泛可调的直接带隙。这些材料的发光特性包括光致发光、电致发光、热致发光和阴极发光。此外，垂直堆叠或横向缝合形成的二维垂直/横向异质结，为克服单一材料的发光局限性提供了可能。

5.2.1　石墨烯及其衍生物

在石墨烯的能带结构中，锥形价带和导带在布里渊区的高对称 K 点对称相交，产生零带隙。凭借零带隙结构，石墨烯表现出从紫外到可见光、红外甚至太赫兹区域的广泛光吸收。尽管光吸收很强，但由于不存在有助于辐射带间跃迁发射的带隙，限制了石墨烯中有效的光发射。然而，在飞秒激光脉冲的激发下，石墨烯从可见光到近紫外光范围内都可表现出明显的光致发光。Liu 等发现在飞秒激光的激发下，石墨烯会产生明亮的光致发光信号，且产生的光子能量大于激发激光的光子能量，而在连续波激发下则观察不到发射信号[4]。如图 5.1 所示，发射强度取决于泵浦激光注量，并在整个波长范围内遵循幂律关系。石墨烯的这种高效光致发光源于非平衡电子和空穴的辐射重组，这种重组是由载流子在光激发后数十飞秒内的快速散射产生的。这种快速散射可以通过双温模型描述，即电子的散射以及与强耦合光学声子的相互作用。

此外，在使用大偏置电压泵浦时，在少层石墨烯中也可观察到电流感应的电致发光现象[5]。不同源漏电压下的电致发光光谱由两个通用发射峰组成，分别为 1.3 eV 和 1.75 eV，其强度随着电压的增加而增加，使得通过静电门控调节石墨烯的电致发光过程成为可能。与 K 点带间跃迁不同，少层石墨烯的电致发光特性主要源于布里渊区中 M 点的填充 π^* 能带状态到 K 点的费米能级的声子辅助的辐射弛豫，与碳纳米管的电致发光特性类似。

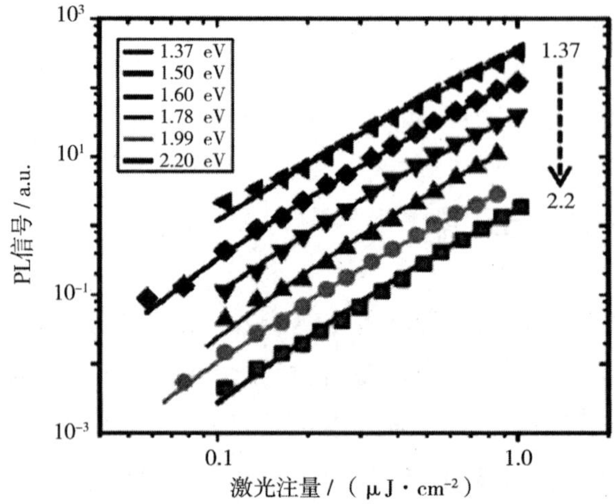

图 5.1　石墨烯的光致发光强度对激光注量的非线性依赖性

Gokus 等[6]使用氧等离子体处理方法，在单层石墨烯中诱导出强烈的光致发光现象，这源于氧化位点上与 CO 相关的局部电子态。随着氧化时间的增加，粒度分布会逐渐减小，但光致发光发射的光谱特征却几乎保持不变。与无带隙的原始石墨烯明显不同，光致发光发射在单层石墨烯中分布均匀，并与弹性散射光谱相连。Peng 等[7]通过水热切割氧化石墨烯片制备了水溶性石墨烯量子点（GQD，直径约 10 nm），在石墨烯量子点中可观察到明显的光致发光蓝色发射。在光致发光光谱中可观察到 320 nm（3.86 eV）和 257 nm（4.82 eV）两处电子跃迁，可视为从 σ 和 π 轨道（最高占位分子轨道，HOMO）到最低未占位分子轨道（LUMO）的跃迁。光致发光蓝色发射是由活化电子从 LUMO 向 HOMO 的辐照衰变所引起的。

5.2.2　过渡金属硫族化合物

块状和多层过渡金属硫族化合物是间接带隙半导体，当过渡金属硫族化合物的厚度减薄到单层时，可以实现从间接带隙到直接带隙的转变。除了独特的能带结构外，单层至几层的过渡金属硫族化合物还具有高载流子迁移率、较大的光吸收系数、强库仑相互作用，表现出极具吸引力的发光特性。下面将从光致发光、电致发光和热致发光三方面描述过渡金属硫族化合物的发光特性。

1. 光致发光

大多数过渡金属硫族化合物的能带结构强烈依赖于层数，发光覆盖很大的光谱范围。单层过渡金属二硫族化合物具有独特的电子和光电子特性，在下一代发光器件中显示出巨大的前景，其优异的机械和光学特性使得制造具有良好灵活性和透明度的 LED、纳米激光器成为可能。过渡金属硫族化合物的大多数光致发光属于激子发射，包括中性激子、三重子、束缚激子和双激子。

Mak 和 Splendiani 等[8-9]首次报道了单层 MoS_2 的光致发光现象。单层 MoS_2 具有直接带隙，由于直接激子跃迁而导致强发射。与块体 MoS_2 相比，单层 MoS_2 的发光量子效率提高了 10^4 倍以上。

通过等离子体处理、α 射线照射以及在惰性气体中热退火，可以使单层过渡金属硫族化合物产生原子尺度的点缺陷。由于表面缺陷的存在，在过渡金属硫族化合物中还有束缚激子。Chow 等[10]在等离子体处理的 WS_2 中除了观察到中性激子和三重子发射之外，还发现了一个新的亚带隙发射峰。随着等离子体处理时间的延长，亚带隙发射峰强度增加，中性激子和三重子强度降低，表明其中存在束缚激子。其他过渡金属硫族化合物中也有缺陷束缚激子发射的报道，如 MoS_2[11]、$MoSe_2$[12]和 WSe_2[13]。

在高激子密度下可形成双激子，每个双激子可以发射两个连续的光子，并且后一个光子具有比前一个光子更高的能量。You 等比较了 WSe_2 在 50 K 超快泵浦辐射下的光致发光光谱[14]。在光致发光光谱中观察到 6 个发射峰，其中，在 1.74 eV 和 1.71 eV 处的峰分别归属于中性激子和负三重子。如图 5.2 所示，峰 P_1、P_2 和 P_3 表现出亚线性的能量密度依赖性，可能是由于缺陷部位的束缚激子所致。在宽范围的激发注量下，峰 P_0 的发射强度（I_{P0}）和中性激子的发射强度（I_X）表现为幂律关系，其中，位于 1.68 eV 处的峰 P_0 源自双激子发射。

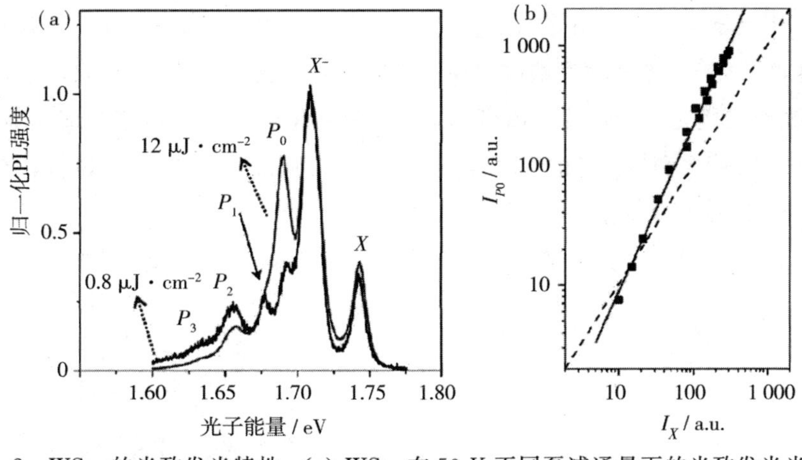

图 5.2　WSe_2 的光致发光特性：(a) WSe_2 在 50 K 不同泵浦通量下的光致发光光谱；(b) I_{P0} 与 I_X 的函数关系，拟合线表示超线性关系

2. 电致发光

一般来说，电致发光可以通过构建 P-N 结或隧道结来实现，在施加偏压的情况下，电子和空穴重新复合以光子的形式释放能量。对于同质二维半导体，可以通过施加符号相反的栅极电压来分别创建 P 掺杂区和 N 掺杂区。Ross 等利用 h-BN 作栅极电介质[15]，

通过静电掺杂在单层 WSe_2 中创建了 P 掺杂区和 N 掺杂区（施加 $V_{g1}=V_{g2}=+8$ V）。这两个掺杂区被未掺杂区隔开，在 300 K 下，注入的电子和空穴在低至 5 nA 的电流下复合发光，注入电流比 MoS_2 小 1 000 倍。这种电致发光具有与未掺杂单层 WSe_2 的光致发光类似的能量，注入的电子和空穴由于强库仑相互作用而形成激子，包括中性激子、三重子以及束缚激子。

3. 热致发光

过渡金属硫族化合物具有低热导率和高热功率耗散，其中的电子会因焦耳热而被加热并发光。Dobusch 等构建了基于单层 MoS_2 的场效应晶体管，并发现了单层 MoS_2 的热光发射[16]。当场效应晶体管处于导通状态且栅极电压高于阈值电压，MoS_2 中的电子被加热到高达 1 500～1 600 K 时，可观察到明亮的红色发射，发光强度随漏源电压增加而增加。

5.2.3 黑磷

黑磷具有直接带隙，带隙随着材料厚度在 0.3～2.0 eV 范围内变化。黑磷的光谱响应范围从可见光延伸到中红外区域，正好位于石墨烯和过渡金属硫族化合物的发射光谱之间。迄今为止，对黑磷发光性质的研究主要集中在光致发光方面。

与石墨烯和过渡金属硫族化合物面内晶格结构的六重对称性形成鲜明对比，黑磷的面内晶格是各向异性的。黑磷在扶手椅（x）方向有很强的光吸收，而沿锯齿形（y）方向几乎没有吸收。Wang 等将激发偏振和探测偏振方向沿黑磷的 x 或 y 方向对齐[17]，获得了 4 种不同的光致发光光谱。这些光谱显示了相同的峰轮廓，但峰值强度大不相同，如图 5.3(a)所示。当激发偏振和探测偏振都沿着 x 方向时，得到最高强度。当激发偏振和探测偏振都转向 y 方向时，强度降低至 3%以下，如图 5.3 (b) 所示。除黑磷之外，最近在其他二维材料中也发现了各向异性的光学特性，如 SnSe[18]、GeS/GeSe[19] 和 SnS_2[20]。

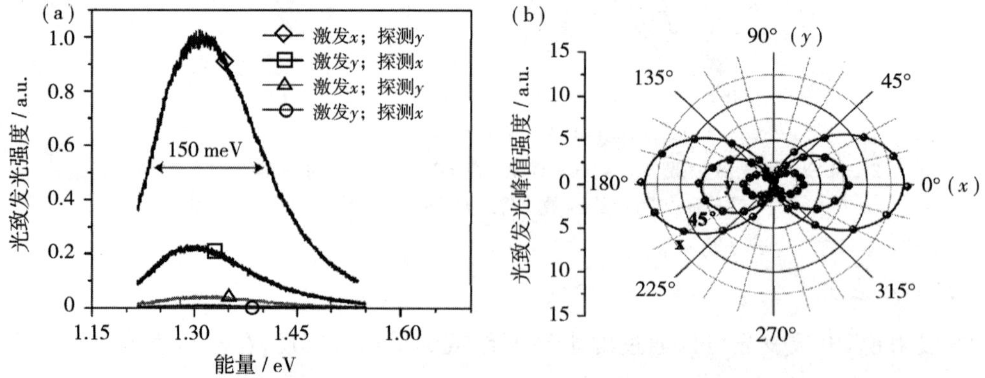

图 5.3 黑磷的强各向异性光致发光：(a) 532 nm 下黑磷的偏振分辨光致发光光谱；(b) 沿 x、45°和 y 方向偏振激发激光的光致发光峰值强度与偏振检测角的函数关系

与过渡金属硫族化合物类似，黑磷的光致发光发射主要取决于激子，发射能量（也称光学带隙）等于本征带隙减去激子结合能。Zhang 等发现，当置于聚二甲基硅氧烷上黑磷的厚度从 6 层减少到 2 层时，黑磷的激子结合能从 106 meV 增加到 213 meV[21]。据此推断，单层黑磷的激子结合能约为 800 meV。黑磷的带隙随着厚度的减小而增加，当黑磷的层数从 5 层减少到 1 层时，黑磷的发射峰从 1 500 nm 明显蓝移到 750 nm，因此可以通过调控黑磷厚度实现更丰富的发射光谱。

5.2.4　氮化硼

块状氮化硼（*h*-BN）是一种宽带隙半导体或绝缘体，光吸收峰约为 6 eV（206 nm），剥离的少层 *h*-BN 纳米片在 6.1 eV（203 nm）处有类似的吸收。与这种带隙特征密切相关的是，*h*-BN 在远紫外区能实现直接激子发光[22]，这为制备高性能的深紫外发光器件带来了希望。然而，*h*-BN 的发光对晶格的完整性和纯度高度敏感，只能在完美的 *h*-BN 晶体中实现远紫外激子发射。当晶格中引入缺陷时，由于施主-受主对转变（DAP）和缺陷束缚激子的存在，*h*-BN 晶体可出现能量低于 6.1 eV 的发射[23]。当 *h*-BN 剥离成二维纳米片时，除了深紫外区域的弗伦克尔激子发射之外，还有与缺陷相关的宽带发射。Kumbhakar 等发现在不同波长的紫外光照射下，由于与 DAP 相关的缺陷的辐射重组，双层 *h*-BN在 3～5 eV 范围内呈现出强烈的紫外发射[24]。这种 DAP 跃迁发射与温度有关，发射能量随温度的变化率为 $-1.75\ meV\cdot K^{-1}$，与带边发射的变化率（$-5.9\ meV\cdot K^{-1}$）不同。此外，随着温度升高，因存在强电子-声子耦合，DAP 发射会轻微蓝移。

5.2.5　二维异质结

1. 光致发光

目前，基于二维材料异质结构发光特性的研究主要集中在基于过渡金属硫族化合物的 II 型异质结构，如 WS_2/MoS_2[25]、$WSe_2/MoSe_2$[26] 和 $MoS_2/MoSe_2$[27]。在异质结中，除了存在层内激子的发射之外，还可观察到层间激子发射。

Fang 等[28]制备了垂直 WSe_2/MoS_2 异质结构，如图 5.4 所示，除了 WSe_2 和 MoS_2 的本征峰之外，在较低能量下还观察到了一个新的微弱的峰，该峰是由层间间接带隙跃迁产生的。更具体地说，由于能带偏移，光生电子弛豫到 MoS_2 的导带边缘，空穴弛豫到 WSe_2 的价带边缘，由于库仑引力而形成层间激子。在 WSe_2 和 MoS_2 纳米片之间插入 *h*-BN层可以有效抑制层间耦合。很明显，WSe_2 和 MoS_2 纳米片的层间激子发射和层内激子发射随着 *h*-BN 层厚度的增加而减少。类似地，Rivera 等[29]通过光致发光光谱在 $MoSe_2/WSe_2$ 异质结构中观察到了层间激子，并发现其能量和发光强度可通过施加的垂直栅极电压进行调控。同时，在 $MoSe_2/WSe_2$ 异质结构中观察到层间激子的寿命约为

1.8 ns,比单层 $MoSe_2$、WSe_2 中层内激子的寿命长一个数量级。

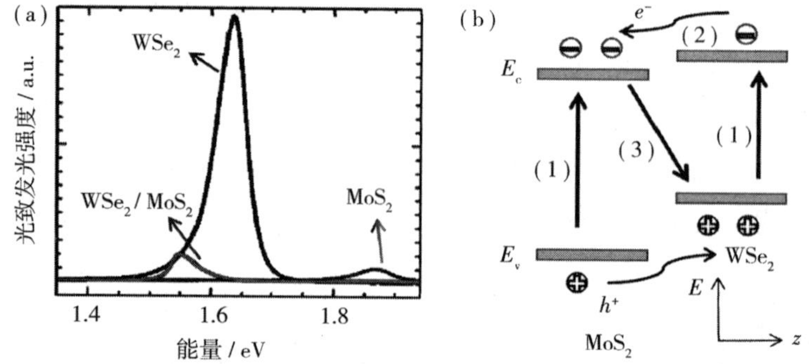

图 5.4 WSe_2/MoS_2 的光致发光:(a) 单层 WSe_2、单层 MoS_2 和 WSe_2/MoS_2 的光致发光光谱;(b) WSe_2/MoS_2 异质结在光照射下的能带结构

2. 电致发光

如前所述,电致发光可以经由静电门控在过渡金属硫族化合物中构建横向 P-N 结来实现。然而,这种横向 P-N 结通常受到长距离和长时间的电荷扩散的限制。P 型和 N 型材料垂直堆叠形成垂直 P-N 结可以克服上述限制。Cheng 等报道了基于单层 WSe_2/少层 MoS_2 和双层 WSe_2/少层 MoS_2 的垂直异质结构的电致发光光谱[30]。在双层 WSe_2 中可同时观察到直接激子发射峰 A (~ 792 nm) 和间接激子发射峰 I (~ 880 nm),而在单层 WSe_2 中仅观察到峰 A。在异质结的光谱中,除了包括激子峰 A、B (来源于少层 MoS_2) 以及间接带隙发射峰 I 外,还观察到热电子发光 (HEL) 峰 A'(546 nm) 和B'(~ 483 nm)。

3. 阴极发光

由于电子/空穴产生的原子薄截面,阴极发光在单层过渡金属硫族化合物中很弱。此外,由于电子束激发的激子在界面上的空间分布聚集成球形,大部分重组发生在支撑基底而非二维材料中。有趣的是,Zheng 等首次证明当单层半导体 (MoS_2、WS_2 或 WSe_2) 夹在带隙较大的 h-BN 之间时,在范德华异质结构中可以观察到明显的阴极发光

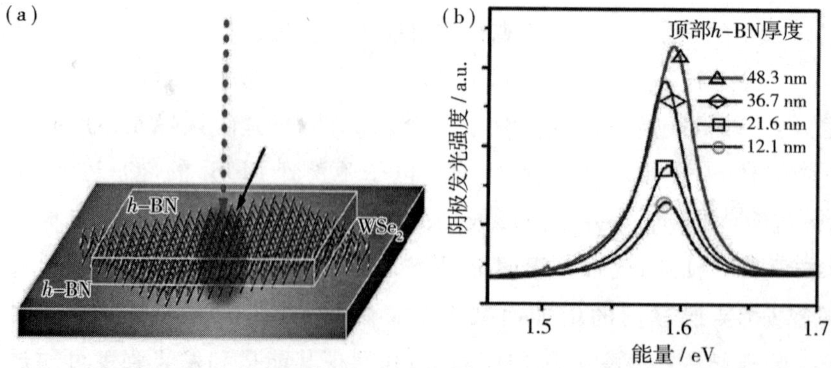

图 5.5 h-BN/WSe_2/h-BN 的阴极发光:(a) h-BN/WSe_2/h-BN 异质结的阴极发光结构示意图;(b) 底层 h-BN 厚度为 123.9 nm,顶部不同厚度 h-BN 覆盖层的器件的阴极发光光谱

信号[31]。图 5.5 (a) 是电子束照射下的 h-BN/WSe_2/h-BN 异质结示意图，h-BN 中产生的电子-空穴对在复合之前扩散到单层 WSe_2 中。如图 5.5 (b) 所示，随着 h-BN 覆盖层厚度的增加，在 h-BN 中产生的增量电子和空穴可以扩散到 WSe_2，然后复合产生显著增强的阴极发光。

5.3 二维发光材料与器件的关键参量

二维发光材料与器件的性能可以从发光性能和电学性能（主要指电致发光）两方面来评价。发光性能主要包括发射光谱、发光亮度、发光效率、发光色度和寿命。电学性能主要包括电流与电压的关系、发光亮度与电压的关系等。这些参数对于发光的基础理论研究和技术应用极为重要。

1. 发射光谱

发射光谱又称荧光光谱，是指发射的荧光相对强度随波长的分布。发射光谱通常分为光致发光光谱和电致发光光谱两种。光致发光光谱需要光能激发，并使激发光的波长和强度保持不变。电致发光光谱需要电能激发，可以测量在不同电压或电流密度下的电致发光光谱。通过比较电致发光光谱和光致发光光谱，可以得到发光物质的有用信息。发射光谱的特征能反映发光材料的种类、纯度和发光效率等，受发光过程中载流子/激子辐射复合区域、激子能量传递效率等因素的影响。

2. 发光亮度 (L)

发光亮度表示光源在某一特定方向上单位面积的发光强度，单位为 cd/m^2，是衡量器件寿命（即亮度半衰期）的重要依据。载流子注入数目、复合概率、激子辐射复合概率决定了发光亮度的大小。一般用亮度计来测量被测光源表面的像在光电器件表面所产生的光照度，该像表面的照度正比于光源的亮度，且不随亮度计与发光体之间距离的变化而变化。

3. 阈值电压 (V_{on})

以有机发光半导体（OLED）为例，V_{on}定义为发光亮度达到 1 cd/m^2 时的外加电压值。载流子传输平衡和注入通畅是降低 V_{on}的关键要素，V_{on}取决于空穴和电子传输材料的迁移率以及各功能层能级匹配程度。

4. 荧光寿命

发射荧光时，高能级的粒子经过一段时间才会向低能级跃迁而发射荧光，这段时间是随机的，它的平均值称为荧光寿命。荧光寿命定义为激发停止后，荧光衰减到起始发光强度的 $1/e$（$=0.368$）所经历的时间。可以通过分析光致发光或拟合荧光衰减来获得荧光寿命。若使用 Fluoracle® 软件来对荧光衰减进行单指数拟合，则荧光寿命可由以下公式得到：

$$I(t) = B\mathrm{e}^{-t/\tau} \tag{5.3}$$

式中：t 是时间；τ 是荧光寿命；B 是指前因子；e 是自然对数函数的底数。

5. 发光效率

发光效率是发光体把受激发时吸收的能量转换为光能的能力。发光效率是表征发光体功能的重要参量，有三种表示方法，即流明效率（LE）、功率效率（PE）、外量子效率（EQE）。

LE 表示外加电源注入 1 A 电流时，OLED 输出的发光强度，单位为 cd/A。计算公式为：

$$LE = \frac{LS}{I} \tag{5.4}$$

式中：L 是发光亮度；S 为面积。由公式可知，提高发光亮度的同时降低注入电流，即提高载流子复合效率和激子辐射复合效率，是实现高 LE 的有效途径。

PE 定义为外加电源提供 1 W 的驱动功率时，OLED 在某一特定方向上输出的光通量。计算公式为：

$$PE = \frac{\pi \cdot L \cdot S}{I \cdot V} = \frac{\pi}{V} \cdot LE \tag{5.5}$$

由公式可知，保持高 LE 的同时降低器件的驱动电压，是提高 PE 的有效方式。

EQE 是观测方向上射出器件表面的光子数 N_p 与注入电子空穴对数 N_e 之比。计算公式为：

$$EQE = \frac{N_\mathrm{p}}{N_\mathrm{e}} = C \cdot LE \cdot \frac{\int_{400}^{760} I(\lambda)\lambda \mathrm{d}\lambda}{\int_{400}^{760} I(\lambda)K(\lambda)\mathrm{d}\lambda} \tag{5.6}$$

式中：C 是与普朗克常量相关的常数；$I(\lambda)$ 是不同波长下的电致发光强度；λ 是波长；$K(\lambda)$ 是明视觉函数，在 555 nm 处达到最大值。由公式可知，LE 和电致发光光谱是影响 EQE 的决定性因素。

6. 器件寿命

器件寿命包括工作寿命和存储寿命两部分。对于投入市场的 OLED 器件，要求在连续使用条件下工作寿命达到 10 000 h 以上（不间断使用 1 年以上），存储寿命要求大于 5 年。工作寿命是指在恒定电流密度下，器件的发光亮度下降到初始亮度一半时器件连续工作的时间。水分子和氧气直接影响 OLED 的寿命，因此需要将器件封装，以隔绝水和氧气。

7. 电流密度和电压的关系

电流密度随电压变化的曲线反映了器件的电学性质。如发光二极管的电流密度和电压的关系具有整流效应，即只有在正向偏压下才有电流通过。在低电压时，电流密度随电压的增加而缓慢增加，超过一定电压值时，电流密度会急剧上升。

8. 亮度和电压的关系

亮度和电压的关系曲线反映了 OLED 器件的光电特性，其与器件的电流和电压的关系相似，即在低电压下，电流密度缓慢增加，亮度也缓慢增加，在高电压驱动时，可以得到启动电压。启动电压定义为亮度等于 1 cd · m^{-2}时的电压。

5.4　二维发光材料与器件的应用

光致发光和电致发光是两种主要的发光模式，它们具有高量子效率且容易实现，已被广泛应用于发光器件中。光致发光与发光中心的光子吸收和能量释放有关，而电致发光与半导体中的载流子复合有关。它们都高度依赖于本征能带结构和修饰的能带结构。二维材料充分发挥了光致发光和电致发光的特性，在发光二极管、激光器、生物成像等方面具有巨大的应用潜力。

5.4.1　发光二极管

单层过渡金属硫族化合物的带间跃迁具有严格的光学选择规则，可选择地光激发具有不同自旋和谷自由度的载流子。目前，过渡金属硫族化合物的圆偏振入射光以及电流泵浦下的圆偏振光致发光和电致发光相继被研究，相关的发光器件已被成功制造。

Zhang 等[32]设计和制造了基于单层和少层 WSe_2 的可切换手性的双电层晶体管(EDLT)。由于单层过渡金属硫族化合物的反演不对称性，导带底和价带顶在 K 和 K'点的电子态具有不同的手性。因此，价带顶和导带底在 K 和 K'点处的带间跃迁会产生 σ^+ 和 σ^- 圆偏振光（谷圆二色性）。通过操纵栅极、源极和漏极之间的电压，p-i-n 结可实现圆偏振电致发光，这得益于 WSe_2 沟道内部积累电子和空穴而形成的面内电场。Ross 等以 h-BN 作为介电层，钯作为栅极，构建了基于单层 WSe_2 的横向 P-N 结发光器件[33]。通过向栅极施加电压，可以构建由未掺杂带分隔的两个静电掺杂区域。电子注入的 N 掺杂区域表现出负三重子发射（X^-），空穴注入的 P 掺杂区域表现出正三重子发射（X^+），中性激子发射（X^0）在未掺杂的结区中占主导地位。在 35 nA 的电流下，室温下 P-N 结表现出电致发光特性，光子发射率高达 1.16 亿次/秒。

Withers 等通过精心设计金属石墨烯、绝缘 h-BN 和半导体过渡金属硫族化合物层的堆积顺序，制备了高性能量子阱复合结构 LED 器件[34]。其中，石墨烯和 h-BN 分别作为透明导电层和隧道势垒，过渡金属硫族化合物作为量子阱，注入的电子和空穴在此复合发射光子，器件的外量子效率接近 10%，通过引入多个量子阱能进一步提高量子效率。单层 $MoTe_2$ 在约 1.1 eV 处具有激子光致发光发射峰[35]，比硅带隙低约 50 meV。宁存政团队报道了一种基于单层 $MoTe_2$ 的近红外发光二极管[36]，在室温下的发射波长约为 1 145 nm，*EQE* 约为 10^{-4}，并且 *EQE* 随着温度的降低而提高，在 5 K 时可达到 5×10^{-3}。

5.4.2 激光器

二维材料中形成的激子不仅有助于发光，还可以实现长期的粒子数反转，从而产生光学增益和受激发射。Wu 等[37]采用单层 WSe_2 作为增益介质制造了超低阈值的纳米腔激光器，其中，单层 WSe_2 耦合在 L3 型光子晶体微腔（PCC）的表面。在 632 nm 激光泵浦下，该激光器在 740 nm 附近呈现强烈的光致发光发射，半高宽为 0.3 nm，并实现了 27 nW的超低激光阈值。这种激光发射在腔内光致发光光谱中占主导地位，发射激光的波长随着温度的升高略有红移。此外，Ye 等[38]在 Si_3N_4 和氢硅倍半环氧乙烷（HSQ）介质层之间嵌入单层 WS_2，制备了微盘谐振激子激光器，在可见光波长处观察到了明亮的激子激光，该激光器具有超低的激光阈值、低损耗和高质量回音壁模式。

由于强激子发射，单层过渡金属二硫属化合物可能成为具有最小增益介质的低能耗纳米激光器的高效光学增益材料。然而，绝大多数基于过渡金属硫族化合物的激光器需要低温的工作环境。宁存政教授和李永卓助理研究员的研究团队将厚度只有 0.7 nm 的单层 $MoTe_2$ 作为增益材料[39]，利用一个宽度为 300 多纳米、厚度为 200 多纳米的高质量硅纳米臂腔作为激光器谐振腔，在国际上首次实现了室温运转的二维材料纳米激光器。在 $MoTe_2$ 中，电子和空穴的结合能非常高，可形成稳定的激子态，具有较高的发光效率。硅基纳米臂腔具有超高的光学品质因子，而硅材料对 $MoTe_2$ 的激子辐射波长几乎没有吸收。二维材料和硅基纳米臂腔的有效结合，是将激光器运转温度提升到室温的重要原因。光由连续波激发泵浦，激光器的阈值密度为 6.6 $W\cdot cm^{-2}$，线宽窄至 0.202 nm，相应的 *Q* 值（品质因数，评定激光器中光学谐振腔质量好坏的指标）为 5 603。该工作对于超低阈值纳米激光器的基础研究和实际应用具有重要意义，为光电集成及其在未来计算机芯片上的前沿探索提供了新思路。

5.4.3 生物成像

二维材料具有比表面积大、稳定性好、生物相容性好、生物可降解性好等优点，为它在生物医学领域的应用带来了机会。比如，强激子发射为体内医学成像提供了成功的范例，可帮助诊断并提升手术治疗效果。

氧化石墨烯（GO）和黑磷是用于生物成像的两种典型二维材料。它们具有大的比表面积，从可见光到近红外的固有发光以及与疏水性药物分子的非共价相互作用等优点。Dai 等制备了聚乙二醇（PEG）修饰的 GO，用于药物递送和细胞成像[40]。聚乙二醇 GO 具有增强的水溶性和生物相容性，可以促进抗癌药物在组织表面上的物理吸附，使得其在治疗诊断方面具有广阔的前景。BP 具有层依赖的直接带隙和近红外激子发射，能与生物光学窗口很好地匹配，在生物成像和生物检测方面具有应用潜力。荧光 BP 量子点具有蓝绿发光特性，由于低细胞毒性和自发降解性已成功应用于细胞生物学成像[41]。此外，BP 纳米片具有大比表面积，可以有效地负载光敏剂和药物[42]，以构建基于荧光成像技术的辅助诊断治疗的治疗平台。Yang 等[43]利用光敏剂二氢卟吩（Ce6）修饰 BP，制备的 BP@PEG/Ce6（聚乙二醇化 BP）纳米复合材料不仅具有良好的生物相容性、生理稳定性和肿瘤靶向性，而且具有较高的光热转换效率（43.6%）。当用 BP@PEG 光敏剂体外培养 HeLa 细胞（宫颈癌细胞）时，细胞质发出明亮的红色荧光。当受到 660 nm 激光照射时，BP@PEG/Ce6 可以释放活性氧，用于有效的光动力治疗并触发荧光变化。将这种现象与荧光成像结合起来，可以使整个治疗过程可视化。BP@PEG/Ce6 可通过增强渗透性和滞留效应在肿瘤内靶向聚集，据此可以实现更精准的治疗。

5.4.4　生物传感

某些二维材料除了具有优异的导电性、高比表面积外，还具有对外部刺激的敏感性和荧光淬灭性能等，在传感领域颇有应用前景。它们能用于生物传感器，用于核酸、蛋白质和小型生物分子的生物检测。染料标记的单链 DNA（ssDNA）通过范德华力附着在过渡金属硫族化合物表面，导致染料发生荧光淬灭[44]。当 ssDNA 与目标 DNA 结合形成双链 DNA（dsDNA）时，核碱基被屏蔽，导致 dsDNA 从过渡金属硫族化合物上解离而不发生荧光淬灭。Zhang 等[45]开发了一种基于 TaS_2 纳米片的生物传感器，利用 6-羧基荧光素（FAM）标记的 ssDNA 探针（P1）和德克萨斯红标记的 ssDNA 探针（P2）分别检测甲型流感病毒 H1N1 亚型基因（T1）和 H5N1 亚型基因（T2）。两种不同的探针在 494 nm 和 595 nm 波长下分别激发出蓝色光和橙色光。探针只对特定的目标 DNA 有反应，并以相应的波长发光。T1 的存在导致 P1 在 516 nm 处出现特异性发射。同样，T2 的存在只会导致 P2 在 608 nm 处发光。此外，他们使用相同浓度的互补目标 DNA、单碱基错配 DNA 和随机 DNA 评估了这种基于单层 TaS_2 纳米片传感器的特异性。研究结果表明，这种纳米传感器对目标 DNA 具有极佳的选择性，且具有多重 DNA 检测能力。

5.5　二维发光材料与器件的研究热点

材料发光主要与光和材料的相互作用有关，包括光吸收、光激发跃迁、能量转移以及能量非辐射和辐射弛豫的光物理过程。二维材料具有良好的物理性质、高比表面积和丰富的活性表面原子，且可通过缺陷工程、合金化、化学功能化等方法，对发光过程进行精心设计和调制，以提高二维材料在发光器件中的适用性。二维半导体材料电致发光器件面临难以实现欧姆接触、单层材料难以通过化学掺杂制备 P-N 结等难题，二维半导体材料电致发光的研究是目前国际前沿研究焦点和难点问题。在传统的半导体材料中，自由激子并不能提供光学增益，半导体材料需要经历莫特相变（需极高外界泵浦注入）后才能提供光学增益。极高外界泵浦注入严重限制了半导体激光器在未来低功耗系统中的应用。探索极低载流子密度/外界泵浦条件下半导体中激子及各种高阶复合体的分布、相互转化及与此相关的光学增益之间的关系一直是科研工作者关注的热门课题，它对未来低功耗光电子器件的制造具有重要的意义。

5.5.1 二维发光材料与器件的调制方法

1. 缺陷工程

缺陷可通过局域化激子和捕获自由载流子来影响半导体材料的物理性质。缺陷工程可有效地调制二维材料的发光特性。等离子处理、高温退火、α 粒子辐照和化学处理等已被应用于缺陷工程，用来调制二维材料的发光过程。

当单层 WSe_2 经 Ar^+ 等离子体处理后，除了中性激子（X_0）和正三重子发射之外，还出现了缺陷激活的浅能级（X_b）和深能级（$X_{b'}$）发射[46]。这些缺陷激活的发射可能是由于激子与不同类型的原子级缺陷（包括空位、空位簇、旋转缺陷和反位缺陷）的复合而产生的。缺陷工程除了可引入缺陷激活发射之外，还可显著增强光致发光。例如，通过在 MoS_2 晶体中引入氧原子来替代 S 原子，可千倍增强三重子发射。通过氧取代的光致发光的增强主要受益于氧的 P 型掺杂和缺陷位置处激子的高量子效率[47]。

2. 合金化

合金化通常指的是用二维晶格中相似的异质原子来取代组成原子以形成均质固溶体的过程。目前已有 $MoS_{2(1-x)}Se_{2x}$[48]、$GaS_{1-x}Se_x$[49] 等二维固溶体的报道，这些二维固溶体具有与成分相关的带隙和发光特性。Wang 等通过改变温度连续调节平衡分压和反应物比例，制备了三角形 $WS_{2x}Se_{2(1-x)}$ 纳米片[50]。在 488 nm Ar^+ 激光照射下，$WS_{2x}Se_{2(1-x)}$ 具有随成分变化的连续可变的光致发光光谱和带隙，带隙可从 1.82 eV（$x=0.20$时达到）持续调谐到 1.99 eV（$x=1$ 时达到）。随着 S 浓度的增加，光致发光光谱从751.9 nm（纯 WSe_2 为 1.65 eV）蓝移到 626.6 nm（纯 WS_2 为 1.97 eV），这与带隙变化一致。

除了非金属元素掺杂之外，金属位点的替代掺杂也会产生与成分相关的可调谐发射和电子结构[51]。在单层 $Mo_{1-x}W_xS_2$ 纳米片中，Mo 和 W 原子随机排列。光致发光能量随着 W 原子含量的增加而增加，这归因于 MoS_2 和 WS_2 的最低未占分子轨道不同，进而导致单层 $Mo_{1-x}W_xS_2$ 的能带结构具有弓形效应。通过调节二维固溶体的成分，可对材料的宽带发射和电子结构进行调制，该措施不仅可拓宽发光器件应用的光谱范围，而且可为相关的半导体应用提供宽范围的带隙可调性。

3. 化学功能化

通过合金化进行的发光调制通常要求组成材料是同构的，以保证晶格失配率最小。然而，通过原子或分子吸收的化学功能化不需要满足这一要求。因此，金属原子、非金属原子、分子和有机基团等可被用于调控材料的发光性能。例如，用氧修饰石墨烯可以打开其带隙[52]，从而在纳米片上产生均匀的光致发光发射，并在约 1.7 eV 处产生宽带发射。GO 作为石墨烯的衍生物，具有和石墨烯相似的单分子层二维网络结构，同时含有羧基、羟基、环氧基等含氧官能团。GO 中的碳原子有两种成键形式，即 sp^{2-} 和 sp^{3-} 杂化键。sp^{2-} 键的碳原子要么与相邻的碳原子共价连接，要么与含氧的羧基和羰基偶联，而 sp^{3-} 键的碳原子与环氧基和羟基官能团连接。得益于这一结构特征，GO 具有有限的带隙，在可见光到近红外范围内表现出显著的荧光发射，在荧光生物成像和标记领域有着巨大的应用潜力。与典型半导体材料的激子辐射跃迁不同，GO 中的电子-空穴复合发射通常位于 sp^{2-} 碳团簇内[53]。通过控制功能化程度，可以实现功能化 GO 的可调谐发光。Tetsuka 等从氧化 GO 片中提取了具有离散分子量和特定边缘的氨基功能化石墨烯量子点（af-GQDs）[54]。在 365 nm 紫外光照射下，这些 GQDs 表现出从蓝色到黄绿色的明亮且可调谐的光致发光发射，且具有高量子产率（19%～29%），这取决于胺功能化的程度。离域 π 轨道与氨基分子轨道之间的共振是产生可调谐发光和具有高量子产率的原因。

由于高密度缺陷态的存在，过渡金属硫族化合物通常具有较低的发光量子产率，这些缺陷态充当非辐射陷阱，捕获自由电荷载流子并主导非辐射跃迁。表面功能化可通过钝化或修复电子活性缺陷位点来提高光致发光量子产率。以单层 MoS_2 为例[55]，经过非氧化性有机超强酸［双（三氟甲烷）磺酰亚胺，TFSI］化学处理后，MoS_2 的光致发光强度得到显著提高，量子产率达到了 95%。与未处理的样品相比，TFSI 处理后的单层 MoS_2 的光致发光强度在空间上均匀增强了 190 倍，且光谱形状没有变化。经 TFSI 处理后的单层 MoS_2 的发光寿命（10.8 ns）比未经处理的 MoS_2（0.3 ns）长得多。光致发光的增强主要受益于 TFSI 的氢化作用，其可有效去除表面污染物并重建表面结构。在这种情况下，MoS_2 中的硫空位减少，缺陷诱导的非辐射复合得到了有效抑制。

4. 光载流子注入

对于二维材料，光致发光发射主要来自束缚激子和三重子，主要由载流子之间的强库仑相互作用主导。因此，光致发光效率受激发载流子密度的显著影响，光载流子注入是操纵载流子浓度和激子发射的可控方式。Yang 等通过在相对较低的激发功率范围内控制光生载流子注入，成功探索了单层 BP 中的激子和三重子的动力学[56]。根据测量到的电子能隙，确定了二氧化硅/硅衬底上单层 BP 的激子结合能约为 0.3 eV，与理论预测十分吻合。同时，单层 BP 具有约 100 meV 的三重子结合能，是 MoS_2 的 5 倍。测量到的激子发射载流子寿命为 220 ps，与其他过渡金属硫族化合物的载流子寿命相当。

5.5.2　基于二维材料的电致发光器件

目前，基于二维半导体材料的纳米激光器绝大多数情况下仅能在光泵浦下工作，很少有能实现电注入的二维材料纳米激光器，二维半导体材料电致发光的研究是纳米发光领域的研究热点与难点。首先，二维半导体材料目前难以实现欧姆接触。基于二维材料的电注入结构常采用金属电极和二维材料进行直接接触，较高的肖特基势垒带来较大的接触电阻。目前还没有一种有效的办法在二维半导体材料和金属电极之间构建欧姆接触，这极大地影响了二维材料发光器件的电注入效率。其次，二维半导体材料和金属的直接接触常导致半导体材料的发光性能下降。再次，单层二维半导体材料目前难以通过可控的化学掺杂制备 P-N 结。虽然可以通过栅极电压调控实现单层二维材料横向 P-N 结的电致发光，但是目前该器件发光效率较低，并且电注入结构复杂，不利于发光材料与微腔等光学结构进一步结合。最后，目前通过直接生长或者机械剥离得到的二维半导体材料的尺寸仅为几十到几百微米。碎片化的二维材料严重限制了器件的尺寸以及大规模生产。

最近，清华大学宁存政教授团队在二维材料电致发光方面取得突破性进展，他们提出了一种新型的二维半导体电致发光器件[57]。不同于常见的电致发光器件，在该器件中无需从电极注入载流子，而是通过交变电场加速材料中的已有载流子，加速载流子获得足够动能后，会和半导体价带中的电子发生碰撞，这种碰撞带来的能量转移会产生发光所需要的激子。该器件对于几种常见的二维半导体材料都适用，包括单层 WSe_2、WS_2、$MoSe_2$、MoS_2 以及单、双层 $MoTe_2$，实现了从可见光到近红外的电致发光。在强平面电场的驱动下，过渡金属硫族化合物中原有的载流子被加速，以获得高动能。然后，高能载流子与晶格碰撞（非弹性撞击），将能量转移到价电子上，产生激子。最后，这些激子以辐射方式重新结合发光，或以一定的概率以非辐射方式重新结合发光。由于二维半导体材料比普通半导体材料的激子结合能高很多，激子在强电场下比较稳定、不易电离，从而能以更高的概率发射光子。该器件充分利用了单层二维半导体激子结合能较大的优势，无需对二维半导体材料进行化学掺杂或制备成 P-N 结，也无需金属电极直接接触二维半导体材料。这不仅让二维材料的优势得到有效利用，而且避开了目前材料和器件制备中的主要短板。该电致发光器件的另一个优势是不需要大尺度上空间连续的单晶材料，利用碎片化二维材料即可制备大尺寸发光器件。

5.5.3　二维材料中新的光学增益机制

光学增益是激光产生的先决条件，能够在极低载流子密度水平下提供光学增益的半导体对于节能纳米激光器等的应用至关重要。半导体中的激子以及与其相关的各种复合体之间的相互转化过程不仅是凝聚态物理的核心问题，也是半导体发光器件的物理基础。传统半导体需经历莫特相变后处于电子-空穴等离子体态才能提供光学增益，通常载流子密度需达到 $10^{12} \sim 10^{13}\ cm^{-2}$，因而需要极高的外界泵浦注入，这是导致半导体激光器高阈值的主要原因，严重限制了它们在未来低功耗集成系统中的应用。因此，探索极低泵浦条件下的增益机制已成为高能效光电子器件领域研究的焦点。二维半导体材料具有强库仑相互作用以及激子复合物的共存和相互转换机制，在室温下的激子结合能比传统半导体材料高 100 倍，为系统研究激子物理及低密度下的光学增益提供了前所未有的契机。

清华大学宁存政教授团队使用连续波激光器测试了静电门控 $MoTe_2$ 器件的微光致发光和反射光谱[58]，探讨了泵浦增加情况下单层和双层 $MoTe_2$ 中激子和三重子的共存和相互转化的内在机理，并研究了低载流子密度状态下光学增益的可能性和物理机制。研究发现，$MoTe_2$ 的光致发光和吸收光谱中三重子和激子的强度可以通过栅极电压有效控制。随着栅极电压的增加，激子随着电子和空穴数量的增加而转化为三重子，激子强度降低，三重子强度升高。光学增益在泵浦功率为 30 μW 时达到最大值。同时，单层和双层 $MoTe_2$ 在极低的载流子密度水平下存在明显的光学增益。在研究了光学增益的特征及其与激子和三重子的关系后，可以清楚地确定光学增益的起源本质上是三重子，首次在基于二维材料的实验中验证了一种新型光学增益机制的存在。该光学增益的存在并不取决于注入载流子的总数，而是取决于三重子带和电子带之间的布居数（粒子数密度）差异。因此，三重子增益原则上可以存在于任意低的载流子密度水平。这种光学增益的实现所需要的泵浦功率要比传统半导体材料（如 GaAs、InP）低 5 个数量级，对制造极低阈值和功耗的纳米激光器、光放大器等具有重要意义。

参考文献

[1] 江德生. 半导体微结构物理效应及其应用讲座 第三讲 半导体的激子效应及其在光电子器件中的应用[J]. 物理，2005(07):521-527.

[2] Huang G Y, Lin L, Zhao S, et al. All-optical reconfigurable excitonic charge states in monolayer MoS_2[J]. Nano Letters, 2023, 23(4): 1514-1521.

[3] Yuan Z, Kardynal B E, Stevenson R M, et al. Electrically driven single-photon

source[J]. Science, 2002, 295(5552): 102-105.

[4] Liu W T, Wu S W, Schuck P J, et al. Nonlinear broadband photoluminescence of graphene induced by femtosecond laser irradiation[J]. Physical Review B, 2010, 82(8): 081408.

[5] Essig S, Marquardt C W, Vijayaraghavan A, et al. Phonon-assisted electroluminescence from metallic carbon nanotubes and graphene[J]. Nano Letters, 2010, 10(5): 1589-1594.

[6] Gokus T, Nair R R, Bonetti A, et al. Making graphene luminescent by oxygen plasma treatment[J]. ACS Nano, 2009, 3(12): 3963-3968.

[7] Pan D, Zhang J, Li Z, et al. Hydrothermal route for cutting graphene sheets into blue-luminescent graphene quantum dots[J]. Advanced Materials, 2010, 22(6): 734-738.

[8] Mak K F, Lee C, Hone J, et al. Atomically thin MoS_2: A new direct-gap semiconductor[J]. Physical Review Letters, 2010, 105(13): 136805.

[9] Splendiani A, Sun L, Zhang Y, et al. Emerging photoluminescence in monolayer MoS_2[J]. Nano Letters, 2010, 10(4): 1271-1275.

[10] Chow P K, Jacobs-Gedrim R B, Gao J, et al. Defect-induced photoluminescence in monolayer semiconducting transition metal dichalcogenides[J]. ACS Nano, 2015, 9(2): 1520-1527.

[11] Nan H, Wang Z, Wang W, et al. Strong photoluminescence enhancement of MoS_2 through defect engineering and oxygen bonding[J]. ACS Nano, 2014, 8(6): 5738-5745.

[12] Tongay S, Suh J, Ataca C, et al. Defects activated photoluminescence in two-dimensional semiconductors: Interplay between bound, charged and free excitons[J]. Scientific Reports, 2013, 3(1): 2657.

[13] Wu Z, Zhao W, Jiang J, et al. Defect activated photoluminescence in WSe_2 monolayer[J]. The Journal of Physical Chemistry C, 2017, 121(22): 12294-12299.

[14] You Y, Zhang X X, Berkelbach T C, et al. Observation of biexcitons in monolayer WSe_2[J]. Nature Physics, 2015, 11(6): 477-481.

[15] Ross J S, Klement P, Jones A M, et al. Electrically tunable excitonic light-emitting diodes based on monolayer WSe_2 P-N junctions[J]. Nature Nanotechnology, 2014, 9(4): 268-272.

[16] Dobusch L, Schuler S, Perebeinos V, et al. Thermal light emission from mono-

layer MoS_2[J]. Advanced Materials, 2017, 29(31): 1701304.

[17] Wang X, Jones A M, Seyler K L, et al. Highly anisotropic and robust excitons in monolayer black phosphorus[J]. Nature Nanotechnology, 2015, 10(6): 517-521.

[18] Li L, Chen Z, Hu Y, et al. Single-layer single-crystalline SnSe nanosheets[J]. Journal of the American Chemical Society, 2013, 135(4): 1213-1216.

[19] Gomes L C, Trevisanutto P E, Carvalho A, et al. Strongly bound Mott-Wannier excitons in GeS and GeSe monolayers [J]. Physical Review B, 2016, 94(15): 155428.

[20] Xia J, Li X Z, Huang X, et al. Physical vapor deposition synthesis of two-dimensional orthorhombic SnS flakes with strong angle/temperature-dependent Raman responses[J]. Nanoscale, 2016, 8(4): 2063-2070.

[21] Zhang G, Chaves A, Huang S, et al. Determination of layer-dependent exciton binding energies in few-layer black phosphorus[J]. Science Advances, 2018, 4(3): eaap9977.

[22] Watanabe K, Taniguchi T, Niiyama T, et al. Far-ultraviolet plane-emission handheld device based on hexagonal boron nitride[J]. Nature Photonics, 2009, 3(10): 591-594.

[23] Museur L, Feldbach E, Kanaev A. Defect-related photoluminescence of hexagonal boron nitride[J]. Physical Review B, 2008, 78(15): 155204.

[24] Kumbhakar P, Kole A K, Tiwary C S, et al. Nonlinear optical properties and temperature-dependent uv-vis absorption and photoluminescence emission in 2d hexagonal boron nitride nanosheets[J]. Advanced Optical Materials, 2015, 3(6): 828-835.

[25] Gong Y, Lin J, Wang X, et al. Vertical and in-plane heterostructures from WS_2/MoS_2 monolayers[J]. Nature Materials, 2014, 13(12): 1135-1142.

[26] Wilson N R, Nguyen P V, Seyler K, et al. Determination of band offsets, hybridization, and exciton binding in 2D semiconductor heterostructures[J]. Science Advances, 2017, 3(2): e1601832.

[27] Ceballos F, Bellus M Z, Chiu H Y, et al. Ultrafast charge separation and indirect exciton formation in a MoS_2-$MoSe_2$ van der Waals heterostructure[J]. ACS Nano, 2014, 8(12): 12717-12724.

[28] Fang H, Battaglia C, Carraro C, et al. Strong interlayer coupling in van der Waals heterostructures built from single-layer chalcogenides[J]. Proceedings of

the National Academy of Sciences, 2014, 111(17): 6198-6202.

[29] Rivera P, Schaibley J R, Jones A M, et al. Observation of long-lived interlayer excitons in monolayer $MoSe_2$-WSe_2 heterostructures[J]. Nature Communications, 2015, 6(1): 6242.

[30] Cheng R, Li D, Zhou H, et al. Electroluminescence and photocurrent generation from atomically sharp WSe_2/MoS_2 heterojunction P-N diodes[J]. Nano Letters, 2014, 14(10): 5590-5597.

[31] Zheng S, So J K, Liu F, et al. Giant enhancement of cathodoluminescence of monolayer transitional metal dichalcogenides semiconductors[J]. Nano Letters, 2017, 17(10): 6475-6480.

[32] Zhang Y J, Oka T, Suzuki R, et al. Electrically switchable chiral light-emitting transistor[J]. Science, 2014, 344(6185): 725-728.

[33] Ross J S, Klement P, Jones A M, et al. Electrically tunable excitonic light-emitting diodes based on monolayer WSe_2 P-N junctions[J]. Nature Nanotechnology, 2014, 9(4): 268-272.

[34] Withers F, Del Pozo-Zamudio O, Mishchenko A, et al. Light-emitting diodes by band-structure engineering in van der Waals heterostructures[J]. Nature Materials, 2015, 14(3): 301-306.

[35] Ruppert C, Aslan B, Heinz T F. Optical properties and band gap of single-and few-layer $MoTe_2$ crystals[J]. Nano Letters, 2014, 14(11): 6231-6236.

[36] Feng J, Li Y, Fu S, et al. Externalquantum efficiency of monolayer $MoTe_2$ based near-infrared light emitting diodes[C]//2019 Conference on Lasers and Electro-Optics (CLEO). IEEE, 2019: 1-2.

[37] Wu S, Buckley S, Schaibley J R, et al. Monolayer semiconductor nanocavity lasers with ultralow thresholds[J]. Nature, 2015, 520(7545): 69-72.

[38] Ye Y, Wong Z J, Lu X, et al. Monolayer excitonic laser[J]. Nature Photonics, 2015, 9(11): 733-737.

[39] Li Y, Zhang J, Huang D, et al. Room-temperature continuous-wave lasing from monolayer molybdenum ditelluride integrated with a silicon nanobeam cavity[J]. Nature Nanotechnology, 2017, 12(10): 987-992.

[40] Liu Z, Robinson J T, Sun X, et al. PEGylated nanographene oxide for delivery of water-insoluble cancer drugs[J]. Journal of the American Chemical Society, 2008, 130(33): 10876-10877.

[41] Li L, Kim J, Jin C, et al. Direct observation of the layer-dependent electronic structure in phosphorene[J]. Nature Nanotechnology, 2017, 12(1): 21-25.

[42] Tao W, Zhu X, Yu X, et al. Black phosphorus nanosheets as a robust delivery platform for cancer theranostics[J]. Advanced Materials, 2017, 29(1): 1603276.

[43] Yang X, Wang D, Shi Y, et al. Black phosphorus nanosheets immobilizing Ce6 for imaging-guided photothermal/photodynamic cancer therapy[J]. ACS Applied Materials & Interfaces, 2018, 10(15): 12431-12440.

[44] Zhu C, Zeng Z, Li H, et al. Single-layer MoS_2-based nanoprobes for homogeneous detection of biomolecules[J]. Journal of the American Chemical Society, 2013, 135(16): 5998-6001.

[45] Zhang Y, Zheng B, Zhu C, et al. Single-layer transition metal dichalcogenide nanosheet-based nanosensors for rapid, sensitive, and multiplexed detection of DNA[J]. Advanced Materials, 2014, 27(5): 935-939.

[46] Wu Z, Zhao W, Jiang J, et al. Defect activated photoluminescence in WSe_2 monolayer[J]. The Journal of Physical Chemistry C, 2017, 121(22): 12294-12299.

[47] Nan H, Wang Z, Wang W, et al. Strong photoluminescence enhancement of MoS_2 through defect engineering and oxygen bonding[J]. ACS Nano, 2014, 8(6): 5738-5745.

[48] Mann J, Ma Q, Odenthal P M, et al. 2-Dimensional transition metal dichalcogenides with tunable direct band gaps: $MoS_{2(1-x)}Se_{2x}$ monolayers[J]. Advanced Materials, 2014, 26(9): 1399-1404.

[49] Jung C S, Shojaei F, Park K, et al. Red-to-ultraviolet emission tuning of two-dimensional gallium sulfide/selenide[J]. ACS Nano, 2015, 9(10): 9585-9593.

[50] Duan X, Wang C, Fan Z, et al. Synthesis of $WS_{2x}Se_{2(1-x)}$ alloy nanosheets with composition-tunable electronic properties[J]. Nano Letters, 2016, 16(1): 264-269.

[51] Chen Y, Xi J, Dumcenco D O, et al. Tunable band gap photoluminescence from atomically thin transition-metal dichalcogenide alloys[J]. ACS Nano, 2013, 7(5): 4610-4616.

[52] Nourbakhsh A, Cantoro M, Vosch T, et al. Bandgap opening in oxygen plasma-treated graphene[J]. Nanotechnology, 2010, 21(43): 435203.

[53] Eda G, Lin Y Y, Mattevi C, et al. Blue photoluminescence from chemically derived graphene oxide[J]. Advanced Materials, 2010, 22(4): 505-509.

[54] Tetsuka H, Asahi R, Nagoya A, et al. Optically tunable amino-functionalized graphene quantum dots[J]. Advanced Materials, 2012, 24(39): 5333-5338.

[55] Amani M, Lien D H, Kiriya D, et al. Near-unity photoluminescence quantum yield in MoS_2[J]. Science, 2015, 350(6264): 1065-1068.

[56] Yang J, Xu R, Pei J, et al. Optical tuning of exciton and trion emissions in monolayer phosphorene[J]. Light: Science & Applications, 2015, 4(7): e312.

[57] Feng J, Li Y, Zhang J, et al. Injection-free multiwavelength electroluminescence devices based on monolayer semiconductors driven by an alternating field[J]. Science Advances, 2022, 8(5): eabl5134.

[58] Wang Z, Sun H, Zhang Q, et al. Excitonic complexes and optical gain in two-dimensional molybdenum ditelluride well below the Mott transition[J]. Light: Science & Applications, 2020, 9(1): 39.

第 6 章　二维压电材料与器件

压电效应在生活中处处可见，广泛存在于许多天然材料和合成材料中，包括石英、钛酸钡、铁电陶瓷、丝绸和骨头等。压电材料常用于换能器、传感器、执行器、表面声波器等，并能应用于多声速喷嘴、微天平和扫描探针显微镜等器件中。随着器件不断向小型化、集成化、多功能化发展，纳米集能器和自供电自驱动系统受到了广泛关注。压电材料在这些系统中常用于机电耦合器件，不仅可以通过电感应和机械感应控制位移，还能收集能量，为系统提供能源。然而，传统的三维压电材料并不能完全满足纳米集能器和自供电自驱动系统的发展需求，于是人们将目光投向新型二维压电材料。2012 年，Reed 等首次预测了过渡金属硫化物（TMDCs）的压电性。2014 年，王中林、Hone 等成功通过拉伸奇数层 MoS_2 产生电流，验证了 MoS_2 的压电性。自此，二维压电材料为便携、灵活和高灵敏度的纳米集能器和自供电自驱动系统的发展带来了新的曙光。

6.1　压电效应的基本概念

1. 压电效应

压电（piezoelectricity）中的词根“piezo”在希腊语中是压力（pressure）的意思，直接理解就是压力电（pressure electricity），即将力与电耦合。压电效应分为正压电效应和逆压电效应。19 世纪 80 年代，法国科学家居里兄弟发现，在外力作用下，电气石晶体表面产生了正电荷或负电荷，由此提出了压电效应的相关理论，验证了逆压电效应的存在，并精准测量了石英与电气石的压电常数。

正压电效应是指某些电介质材料在力的作用下产生形变，内部的电荷相对于原状态发生移动而产生了极化现象，即电介质材料因宏观形变导致内部出现了符号相反且等量的正负电荷，产生相对电势差。当作用力被撤去时，电介质材料内部电荷再次发生移动，重新恢复到不带电的状态。压电材料发生正压电效应时的微观机理如图 6.1 所示[1]。图 6.1 (a) 中，晶体没有受到任何外力，形状不会发生改变，正负电荷的中心重合。图 6.1(b) 中，晶体受到压力，发生压缩形变，导致正负电荷的中心发生了相对位移，形成了内建电场，晶体沿压力方向的两端面束缚了不同的电荷。晶体受到拉力时，晶体发生拉伸形变，内部形成与受到压力时方向相反的自建电场，晶体沿拉力方向的两端面也分别束缚了与受到压力时相反的电荷，如图 6.1（c）所示。逆压电效应是指某些电介质受到电场的作用产生机械振动，从而发生了形变，在这个过程中，电介质材料完成了由电能到机械能的转化。当撤去施加的电场时，电介质形变随之消失，并恢复至不带电状态。图 6.2 所示为压电效应示意图[2]。

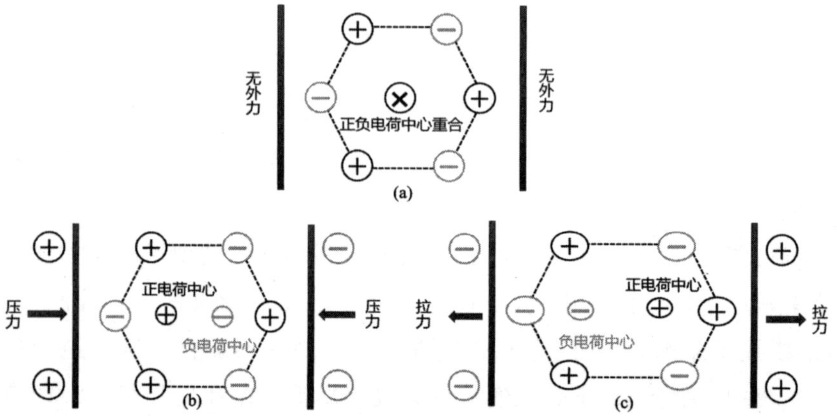

图 6.1　压电材料发生正压电效应时的微观机理示意图：
(a) 材料初始态；(b) 材料压缩状态；(c) 材料拉伸状态

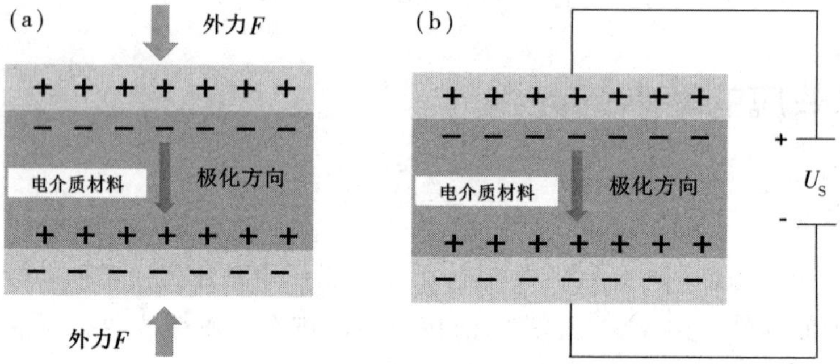

图 6.2　压电效应示意图：(a) 正压电效应；(b) 逆压电效应

从压电效应理论提出至今，压电效应的应用领域一直在拓展。正压电效应应用方面：利用压电材料能够使机械能转化为电能的特性，可以制造压电点火器、引爆装置等；利用压电材料将机械振动转化为电信号的特性，可以将压电材料应用于声纳系统、气象探测等领域；利用聚合物压电材料输出信号大、频响应高、材质柔软的性质，可以将它们应用于压电传感器领域，用于检测脉搏、呼吸、血压等生理信号。逆压电效应应用方面：利用压电材料因电场作用产生机械形变的性质，可以将压电材料应用于智能结构的飞行器的设计和制作；利用压电材料能将电能转化为机械能的性质，可以将压电材料用于制作压电驱动器。

某些压电材料如一些铁电材料，它们是压电材料的一个子类，它们的压电性本质上并不是由本征压电效应引起，而是由自发极化产生。一直以来，人们常常误以为电致伸缩效应就是逆压电效应，其实逆压电效应和电致伸缩效应是两个迥然不同的概念。电致伸缩效应是一种非线性的机电耦合现象，描述了晶体中由极化引起的机械应变（$S \propto P^2$）所导致的二次变化，这种变化甚至在某些非晶体介质材料中也存在。在电场与电极化呈线性关系的情况下，又称为与电场相关的电致伸缩效应（$S \propto E^2$）。一般压电材料的电致伸缩效应非常小，在达到 20 000 $\mathrm{V \cdot cm^{-1}}$的电场强度时，才能和逆压电效应产生类似的效果。通常，压电材料在外加电场下的应变主要是由逆压电效应产生，在实验时需要特别注意逆压电效应和电致伸缩效应之间的区别，以防混淆。

2. 压电方程

压电材料作为常见的机-电转换功能材料，其力学状态与电学状态是由边界条件来决定的。确定压电体的边界条件，在研究材料的压电效应时有着十分重要的意义。在测试或应用条件不同的情况下，压电体可以处于不同的机械边界条件和电学边界条件。

机械边界条件分为机械自由和机械夹持两种。在机械自由的条件下，压电体所受的外力是零或者是恒定的，压电体可以自由产生形变，此时边界上的应力为零或常数，而应变不为零，用上标 T 表示。在机械夹持的条件下，压电体边缘因机械固定，不能产生自由形变，此时边界上的应力不为零，而应变为零或常数，用上标 S 表示。电学边界条件分为电学短路和电学开路两种。在电学短路的条件下，压电体两电极间外电路的电阻远远小于压电体的内阻，可以忽略不计，外电路处于短路状态，压电体表面形成的电荷因短路而流失，使电场强度保持恒定状态，用上标 E 表示。在电学开路的条件下，压电体两电极间外电路的电阻远远大于压电体的内阻，外电路可视为开路状态，压电体表面汇聚的电荷量不变，电位移不变，用上标 D 表示。

将机械边界条件与电学边界条件两两组合，可以得到 4 种不同边界条件的组合，对应 4 种不同的边界方程，反映了压电体中应力 T、电场强度 E、应变 S 以及电位移 D 之间的相互关系。

1）第一类边界条件

第一类边界条件是指材料处于机械自由和电学短路的情况下。以应力 T 和电场强度 E 作为自变量，以应变 S 以及电位移 D 作为因变量，可以得到第一类压电方程组：

$$S_i = s_{ij}^E T_j + d_{ni} E_n \tag{6.1}$$

$$D_m = d_{mj} T_j + \varepsilon_{mn}^T E_n \tag{6.2}$$

式中：$i, j=1, 2, 3, 4, 5, 6$；$m, n=1, 2, 3$；d_{ni} 和 d_{mj} 代表压电应变常数；s_{ij}^E 代表弹性柔顺常数，上标 E 表明此时电场强度为零或者常数；ε_{mn}^T 代表介电常数，上标 T 表明此时应

力为零或者常数。公式(6.1)描述了逆压电效应,公式(6.2)则是正压电效应的常用形式。

2)第二类边界条件

第二类边界条件是指材料处于机械夹持和电学短路的情况下。以电场强度 E 和应变 S 作为自变量,以应力 T 和电位移 D 作为因变量,可以得到第二类压电方程组:

$$T_j = c_{ij}^E S_j - \varepsilon_{ni} E_n \tag{6.3}$$

$$D_m = \varepsilon_{mi} S_j + \varepsilon_{mn}^S E_n \tag{6.4}$$

式中:ε_{ni} 和 ε_{mi} 代表压电应力常数;c_{ij}^E 代表弹性刚度常数,上标 E 表明此时电场强度为零或常数;ε_{mn}^S 代表介电常数,上标 S 表明此时应变为零或者常数。

3)第三类边界条件

第三类边界条件是指材料处于机械自由和电学开路的情况下。以电位移 D 和应力 T 作为自变量,以应变 S 和电场强度 E 作为因变量,可以得到第三类压电方程组:

$$S_i = s_{ij}^D T_j + g_{mi} D_m \tag{6.5}$$

$$E_n = -g_{ni} T_j + \beta_{mn}^T D_m \tag{6.6}$$

式中:g_{mi} 和 g_{ni} 代表压电电压常数;s_{ij}^D 代表弹性柔顺常数,上标 D 表明此时电位移为零或者常数;β_{mn}^T 代表介电常数,上标 T 表明此时应力为零或者常数。

4)第四类边界条件

第四类边界条件是指材料处于机械夹持和电学开路的情况下。以电位移 D 和应变 S 作为自变量,以应力 T 和电场强度 E 作为因变量,可以得到第四类压电方程组:

$$T_j = c_{ij}^D S_i - h_{mj} D_m \tag{6.7}$$

$$E_n = -h_{ni} S_j + \beta_{mn}^S D_m \tag{6.8}$$

式中:h_{mj} 和 h_{ni} 代表压电刚度常数;c_{ij}^D 代表弹性刚度常数,上标的 D 表明此时电位移为零或者常数;β_{mn}^S 代表介电常数,上标 S 表明此时应变为零或者常数。

以上 4 类边界条件是压电体受不同的电学条件和力学条件影响而得出的关系式。上述 4 个压电方程组的本质是一样的,是对压电材料的电学特性和力学特性的关联性以及依赖关系的反映。其中,公式(6.1)、(6.3)、(6.5)、(6.7)是对材料弹性特性的反映。

6.2 压电材料的分类

6.2.1 传统压电材料

传统压电材料主要包括无机压电材料、有机压电材料、复合压电材料等。

无机压电材料根据材料中晶体的类型，可分为压电晶体和压电陶瓷。压电晶体一般是指压电单晶体，因无对称性的晶体结构而具有压电性。自然界中最常见的压电晶体有水晶、锗酸锂、锗酸钛、食用糖、电气石等。压电晶体主要应用在电子元器件中，可实现选频和控频的功能，如电子设备中的滤波器、手表中的石英振子等。压电陶瓷一般是指由微细晶粒无规则集合而成的压电多晶体，内部存在铁电畴，具有一定的压电性能。目前，科研人员已经成功研制了多种不同的压电陶瓷材料，如钛酸钡（$BaTiO_3$）、铌酸铅钡锂（$PbFeNbO_4$）、改性钛酸铅等。压电陶瓷具有压电性强、介电系数高、形状易加工等优点，主要用于制作高频换能器、微制动器以及蜂鸣器等。

有机压电材料又称为压电聚合物，如聚偏氟乙烯（PVDF）及其共聚物。这类压电材料具有材质柔软、较高的压电电压常数等优点，在水声、超声、医学等领域有较广泛的应用。聚偏氟乙烯-三氟乙烯［P(VDF-TrFE)］作为 PVDF 的二元共聚物之一，结构与 PVDF 类似，但是 β 相含量比 PVDF 高，剩余极化强度大，压电应变常数更大，主要应用于柔性压力传感、水声超声测量、换能器等方面。

复合压电材料又称为复合型高分子压电材料，主要是由高分子聚合物和无机压电材料所组成。复合压电材料不仅具有无机材料良好的压电性能，同时保留了高分子压电材料易加工的特性。常见的复合压电材料有 PVDF 与锆钛酸铅（$PbZr_xTi_{1-x}O_3$）的复合、P(VDF-TrFE) 与石墨烯（GR）的复合等，复合压电材料与传统的有机材料相比，拥有更高的机电耦合系数和较大的压电常数。

6.2.2　二维压电材料

二维压电材料不同于传统的压电材料，从理论上来说，二维材料若要具有压电性，必须同时满足两个条件：晶体结构是非中心对称的；属于非金属材料，即带隙不为零。根据压电性存在的条件可以筛选出潜在的二维压电材料。根据压电性的来源，二维压电材料可以分为两类，一类是本征二维压电材料，另一类是非本征二维压电材料。本征二维压电材料是指材料本身具有压电性；而非本征二维压电材料是指可以通过一系列科学技术手段使某些不具有压电性的二维材料变得具有压电特性，这些手段包括有添加原子或者引入缺陷等。下面将对这两类二维压电材料体系作简要介绍。

本征二维压电材料根据压电性能又可以分为两类：平面内的二维压电材料和平面外的二维压电材料。本征二维压电材料包含多种典型晶体结构的材料。第一种典型的结构以六方Ⅲ-Ⅴ族二维压电材料为代表。这种结构的俯视图如图 6.3（a）所示，形状如蜂窝状，B 原子和 N 原子在正六边形的 6 个顶点上交替排列；侧视图由 B 原子和 N 原子交替排列的单原子层构成。第二种典型的结构以过渡金属硫族化合物二维压电材料为代表，如图 6.3（b）所示。与 h-BN 结构不同，单层 MoS_2 的侧视图是由 3 个原子层组成的三明治结构，中间子层为金属 Mo 原子，上下两个子层为 S 原子。三维体相 MoS_2 的晶体结构是中心对称的，不具有压电性，但是当厚度薄到几纳米时，单层 MoS_2 在平面内的中心对称结构被打破，从而具有压电性。在垂直于平面的方向，由于上下两个 S 原子层完全对称，所以不存在平面外压电效应。实验测量的单层 MoS_2 的平面内压电系数可以与典型的块状压电材料的压电系数相比拟。第三种结构以二维Ⅲ族金属单硫族化合物 MX（M＝Ga 或 In，X＝S 或 Se）二维压电材料为代表，如图 6.3（c）所示。这种材料体系的结构在俯视时同样是两种原子在正六边形上交替排列的蜂窝状结构，侧视时可以看出垂直于平面方向的原子堆叠顺序是 X-M-M-X。这些层通过范德华力组合在一起。单层Ⅳ族金属单硫族化合物 MX（M＝Ge 或 Sn，X＝S 或 Se）的结构更复杂，它们具有三种不同的稳定结构，这三种不同的结构具有不同的压电系数。

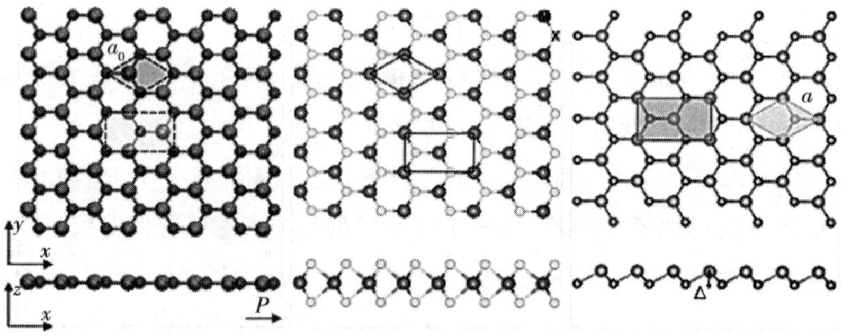

（a）　　（b）　　（c）

图 6.3　不同二维压电材料体系的结构：(a) 平面六角形单层结构；(b) 三角棱柱六角形单层结构；(c) 屈曲六角形单层结构[3]

一些本征二维压电材料在面外方向不存在反演对称性，从而具有面外压电效应。目前报道的存在面外压电效应的二维材料主要有三类。第一类材料是Ⅲ-Ⅴ族半导体的"buckled"结构，如图 6.4（a）所示，从侧视图可以看出，Z 方向不再具有中心对称性。第二类材料是单层 anus 过渡金属二硫族化合物，结构如图 6.4（b）[4]所示。通过使用特殊的制备方法，将 MoS_2 的三明治结构中一层 S 原子替换为 Se 原子，可打破面外对称性。第三类材料是 α 相硒化铟（α-In_2Se_3），晶体结构如图 6.4（c）[5]所示。α-In_2Se_3 单层由 5 个相邻的原子层（Se-In-Se-In-Se）组成，并且在垂直于平面的方向具有不对称性。在外部应变下产生的从负硒原子指向正铟原子的电偶极子会导致垂直（平面外）压电场的产生，如箭头所示。以上讨论的材料都是本征二维压电材料，一些非压电二维材料可以通过一些工程技术手段产生压电性。比如，石墨烯不是压电材料，但是 Andrei 等[6]发现，当石墨烯转移到 SiO_2 刻录光栅衬底上后，可以通过压电力显微镜和共焦拉曼光谱观察到面外压电响应。进一步研究发现，这种压电响应是由石墨烯中的 C 原子与基底 SiO_2 中 O 原子之间的化学相互作用所引起的。另外，可以在石墨烯中制造三角形的孔缺陷，缺陷周围的应变梯度使石墨烯具有压电性。

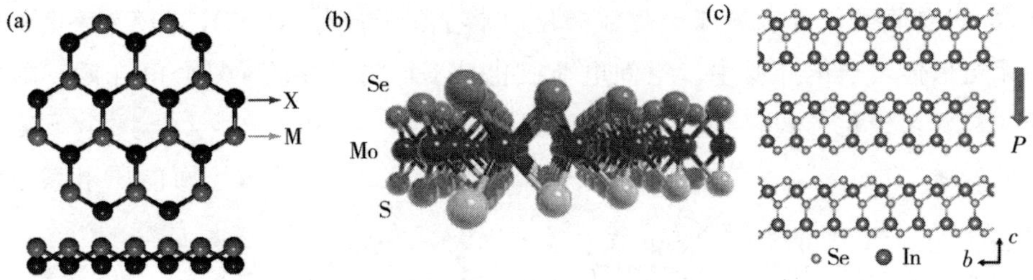

图 6.4　面外二维压电材料体系外界诱导产生压电效应的示意图[4-5]

6.3　压电材料的关键参量

描述晶体材料的弹性、压电、介电性质的重要参数，如弹性系数、压电常数和介电常数等，决定了压电材料的基本性能。描述交变电场中压电材料介电行为的介质损耗角正切值（$\tan\delta$）、描述弹性谐振时力学性能的机械品质因数（Q_m）及描述谐振时机械能与电能相互转换的机电耦合系数（k）等，决定了压电材料的具体应用方向。在压电材料的研究及实际应用中，以上参数都极为重要。

6.3.1　介电常数

介电常数是综合反映介质电极化行为的一个重要的宏观物理量。电介质在电场作用下会产生极化或改变极化状态，它以感应的方式传递电的作用。静态介电常数是电介质在静电场中极化的量化指标。一般情况下独立的介电常数个数为 1～6，对于完全各向异性的电介质来说，需要 6 个独立的介电常数。在交变电场下测得的介电常数称为动态介电常数，动态介电常数与测量频率有关。从微观来看，介质的极化有三种情况，如图 6.5所示。

（1）电子位移极化。在电场作用下，组成介质的原子或离子的正负电荷中心不重合，即带正电的原子核与壳层电子的负电中心不重合，因而产生感应偶极矩。原子中，价电子对电子位移极化率的贡献最大。

（2）离子位移极化。在电场作用下，组成介质的正负离子产生相对位移，正负离子的距离发生改变而产生感应偶极矩，离子位移极化率与电子位移极化率为同一数量级。

（3）取向极化。组成介质的分子为极性分子，具有固有偶极矩。在没有外电场作用时，分子固有偶极矩的取向是无规则的，整个介质的偶极矩之和等于零。当有外电场时，这些固有偶极矩将转向并沿电场方向排列，在介质中产生宏观的偶极矩。取向极化对介质极化的贡献最大，但随温度升高而减小，因此这类压电材料通常存在居里点。

在气体、液体和理想的完整晶体中，极化的微观机制通常为以上三种。在非晶固体、聚合物高分子和不完整的晶体中，还会出现其他更为复杂的微观极化机制，如热离子弛豫极化、空间电荷极化等。热离子弛豫极化通常存在于含有 Na^+、K^+、Li^+ 等一价碱金属离子的无定形体玻璃电介质中。空间电荷极化是不均匀电介质（复合电介质）在电场作用下的一种主要极化形式。

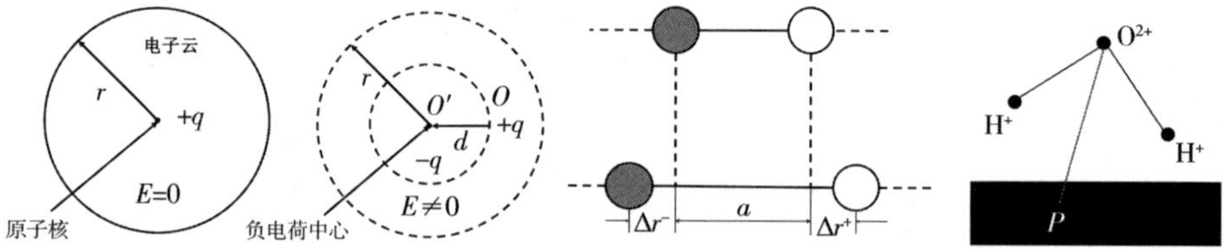

图 6.5　电子位移极化、离子位移极化和取向极化示意图

6.3.2　压电常数

压电晶体与其他晶体的主要区别在于压电晶体的介电性与弹性性质之间存在线性耦合关系，压电常数就是反映这种耦合关系的物理量。同一压电材料的正、逆压电常数相同，并且存在对应关系。与介电常数和弹性常数一样，晶体的压电常数也与晶体的对称性有关。如果具有对称中心的晶体在某一方向上存在电偶极矩，则根据对称中心的对称要求，必定存在大小相等、方向相反的电偶极矩，如图 6.6 所示，这些大小相等、方向相反的电偶极矩彼此抵消，对总极化无贡献。晶体的任何形变都不能改变这个中心对称性质，所以凡具有对称中心的晶体，肯定是非压电晶体。7 大晶系 32 类点群中，有 21 类不存在对称中心，而这 21 类无对称中心的晶体中，除去属于 432 点群的晶体未发现有压电效应外，其余 20 类无中心对称的晶体都具有压电效应。在二维压电材料中，压电性的来源一般有三种，即失去中心对称性、电荷离域和表面改性。晶体对称性对晶体的特性及应用有着显著的影响。为了诱发压电效应，材料需满足具有非零电子带隙和非对称晶体结构的条件。是否具有中心对称性决定了材料的压电性和一些光学性质。单层或少层材料的对称性可能与对应块状材料的对称性不同，导致二维材料中出现与块材不同的材料特性。许多块状晶体从三维降低到二维时会失去对称中心，尤其是在变为单层二维材料时。维数的降低显著增加了结构的各向异性，并减少了对称元素，破坏了中心对称性，产生了如 2H 相结构中的压电性，其中 2H 前缀是指块体堆叠两层的周期性及晶胞形状的符号。

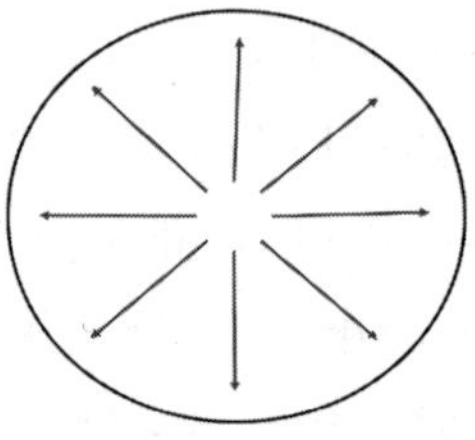

图 6.6　具有对称中心的电偶极矩分布图

对于弹性压电体来说，振动模式可以有很多种。如果压电体是压电薄膜，常见的振动模式有与电场方向垂直的、沿表面的伸缩振动和剪切振动，以及与电场方向平行的、沿厚度的伸缩振动和剪切振动，如图 6.7 所示，黑色箭头表示运动方向，灰色箭头表示电场方向。

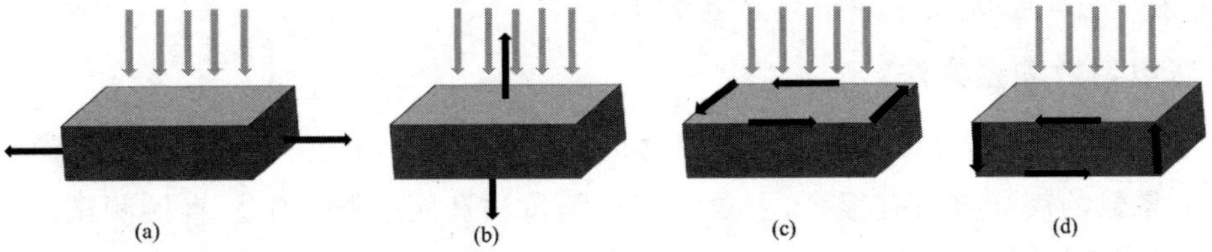

图 6.7　四种常见振动模式示意图：(a) 与电场方向垂直的伸缩振动；(b) 与电场方向平行的伸缩振动；(c) 与电场方向垂直的剪切振动；(d) 与电场方向平行的剪切振动

图 6.8 展示了在不同的振动模式下发生的三种不同类型的压电转换[1]。若压电薄膜受到的应力与压电体内的极化方向平行，则为 33 型压电转换；若压电体受到的应力与压电体内的极化方向垂直，则为 31 型压电转换；若在压电薄膜的上下表面分别受到方向相反的剪切应力，则为 15 型压电转换。通常来说，15 型压电转换的压电系数最大，也就意味着当受到压电应力时可以产生更大的压电响应。但对于压电薄膜或二维材料来说，在实验操作过程中难以获得剪切应力，所以常见的是 33 型和 31 型压电转换。不同对称性的晶体，压电常数的数值不同，独立的压电常数也不同。其中，压电常数 d_{33} 是表征压电材料最常用的参数之一，下标中第一个数字指的是电场方向，第二个数字指的是应力或应变的方向。因此，d_{33} 表示极化方向与应力方向相同时测量得到的压电常数。

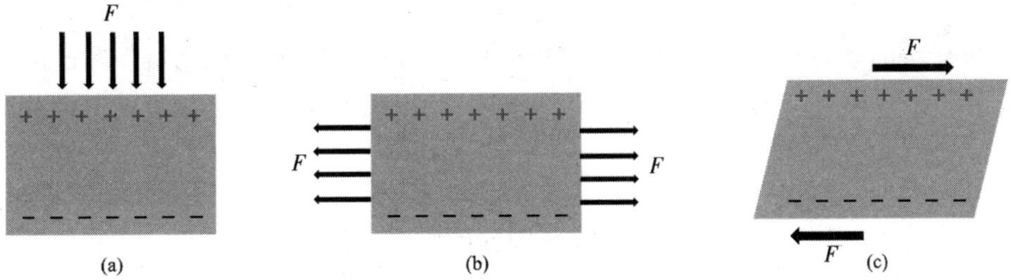

图 6.8　三种常见压电转换模式：
(a) 33 型压电转换；(b) 31 型压电转换；(c) 15 型压电转换

压电应变常数 d 和压电电压常数 g 是用来描述压电体性能的重要参数。

1. 压电应变常数 d

在外加电场 E 的作用下产生应变 x，可用压电应变常数来表征：

$$x = dE \tag{6.9}$$

2. 压电电压常数 g

外应力 X 和在此应力作用下产生的电场 E，可以通过压电电压常数 g 联系起来：

$$E = gX \tag{6.10}$$

考虑到关系式 $P = dX$,可以得到 g 和 d 之间的一个很重要的关系：

$$g = \frac{d}{\varepsilon_0 \varepsilon} \tag{6.11}$$

式中：ε_0 为真空介电常数，ε 为相对介电常数。

3.压电系数测量方法

压电系数反映压电材料能量转换能力的高低，是评价压电材料性能的关键参数之一。压电系数的表征方法有很多，主要为直接测试法和间接测试法。直接测试法是依据材料正、逆压电效应，通过材料在应力或者电场条件下产生的电荷或者应变来反映材料的压电系数，常见的有静态法、准静态法、E-S 法。间接测试法则通过激发材料的谐振，通过谐振频率结合样品尺寸进行压电性能参数的计算，主要有动态谐振法。

1）静态法

20 世纪 50 年代，静态法首次被提出用于测试压电材料性能。静态法装置简单，但测试结果误差较大，即使科研人员致力于提高静态法的测试精度，但误差依然达到 15%。1982 年，国家标准局对静态法测试建立了相应标准，并在 1999 年对国家标准进行了修订，提出了对样品尺寸和测试环境的要求。

静态法依据正压电效应，在待测试样品上加一定大小和方向的力，样品因形变而产生一定的电荷量，通过电荷量来反映材料性能参数。静态法是目前应用最为广泛的 d_{33} 参数的测试方法。据压电方程：

$$D = dT + \varepsilon^T E \tag{6.12}$$

式中：D 为材料的电位移；d 为材料的压电常数；T 为材料的弹性应力；ε^T 为自由介电常数；E 为外界电场强度。假定材料的极化方向为 3 方向，当 $E=0$，并且极化方向外的应力分量 $T_1=0, T_2=0$ 时，

$$d_{33} = \left(\frac{\partial D_3}{\partial T_3}\right) \tag{6.13}$$

$$D_3 = \frac{Q_3}{A_3} \tag{6.14}$$

式中：Q_3 为待测样品表面上产生的电荷量。若待测样品受到的平行于极化方向的力为 F_3，当材料的受力面积与样品表面积相等时，

$$D_3 = \frac{Q_3}{F_3} \tag{6.15}$$

测试过程中，样品与电容为 C 的电容器并联，通过测量电容两端的电压可以获得材料表面产生的电荷量 Q_3，则有：

$$D_3 = \frac{CV}{F_3} \tag{6.16}$$

需要注意的是，电容器电容 C 应尽量大，则在待测样品表面产生的电压较小，这样才能满足假设条件 $E=0$。

2）准静态法

1974 年，在静态法的基础上，研究人员对材料压电系数的测试方法进行了改进，提出准静态法并研制出用于测试材料纵向压电系数的准静态测量仪器。准静态法测试的基本原理与静态法基本相同。区别在于，准静态法测试时，施加在待测样品上的力 F 不是恒定的，而是一个低频交变的振动力。准静态法需要一个已知压电系数的参考样品，将待测样品与内部的参考样品进行串联，使得它们受到的低频交变力相等，即 $F=F'$，被测样品在交变力的作用下产生的电荷会聚到并联电容 C 上，C 两端的电压为 V。参考样品是一个已知压电系数为 d'_{33} 的压电振子，它在交变力的作用下产生的电荷会聚到并联电容 C' 上，则 C' 两端的电压为 V'，有

$$d'_{33} = \frac{C'V'}{F} \tag{6.17}$$

根据式 (6.15) 和式 (6.16)，当与压电振子并联的两个电容的电容量为已知量时，对比待测样品和参考样品在电容上产生的电势差信号，则有：

$$d_{33} = \frac{CV}{C'V'}d'_{33} = \alpha d'_{33} \tag{6.18}$$

3）谐振法

谐振法是利用阻抗分析仪测量样品的谐振频率和反谐振频率。压电材料受到外界激励后会产生一定频率的振动，材料的自由振动频率与材料的尺寸有着直接的关系，材料尺寸越小，振动频率越大。对于压电材料，在样品的两端施加交变电场，可以替代机械应力，以很小的振动频率引起压电材料的谐振，获得晶体的谐振与反谐振频率，结合样品的其他基本物理参数如尺寸、密度、电容等，可以计算压电材料的压电性能参数。同一样品具有多种振动模式，为测量某一特定系数，应避免其他振动模式的干扰，并且限制样品尺寸。

谐振法通过谐振频率与样品的特征参数计算压电系数，主要公式有：

$$\varepsilon_{33}^{T} = \frac{C^{T}l_r}{A} \tag{6.19}$$

$$k_{33}^{2} = \frac{\pi f_r}{2f_\alpha}\cot\left(\frac{\pi f_r}{2f_\alpha}\right) \tag{6.20}$$

$$S_{33}^{E} = \frac{1}{4(1-k_{33}^{3})l_r f_\alpha \rho} \tag{6.21}$$

$$d_{33} = k_{33}\sqrt{\varepsilon_{33}^{T}S_{33}^{E}} \tag{6.22}$$

式中：C^T 和 ρ 分别为样品的电容和密度；l_r 为膜厚；k_{33} 为伸缩振动机电耦合因数；f_r 和 f_α 为样品的谐振频率和反谐振频率；S_{33}^{E} 代表弹性柔顺系数，上标 E 表示此时电场强度为零

或者常数；ε_{33}^{T}代表介电常数，上标 T 表示此时应力为零或者常数；A 为电极面积。

4）超声法

超声法是指利用超声波的能量及传播特性对各类材料或者器件的内外部状态进行表征。主要分为超声回波法和超声共振频谱分析法。

超声回波法的基本原理：通过测量材料中的声速来确定材料的弹性常数；通过测量声波沿着材料特性方向的传播时间，计算声波的传播速度；结合材料属性计算弹性常数，通过进一步计算可以获得晶体的压电系数。

超声共振频谱分析法的基本原理：将频率连续变化的超声波垂直射入材料内部，当超声波的频率与材料的固有频率相同时，会引起材料共振，以此来计算材料的弹性常数，进一步获得材料的压电系数。

声波传输速度与方向有关，在超声回波法中，对于高对称性材料，可以快速准确地进行测量；但对于低对称性材料，相较于主轴方向，副轴方向的声波速度在测量时会有较大的误差。与谐振法相同，超声法测试也受到样品尺寸的限制，为获得准确的声波传播速度，样品尺寸越小，声波的输入频率要求越高。目前，为获得压电材料的全部参数，一般结合超声法和谐振法进行测量，可以减少测试样品的数量，能够更准确地表征材料参数。

由于二维材料的特殊性，目前用于表征二维压电材料的方法主要有两种：一是通过施加应变测量电学信号；二是通过施加电场检测应变信号。当压电材料受到应变时，材料表面的静电势分布、外电路的电流电压信号会发生变化。通过这些性质，可以表征二维材料的压电响应。Dong 等[7]将二维材料转移到柔性的聚对苯二甲酸乙二醇酯（PET）基底上，并在材料的两端制备电极，通过对柔性基底进行反复的弯折来检测两个电极之间的电压和电流信号。Lanza 等[8]将 MoS_2 转移到刻有孔洞的硅/二氧化硅片上，使用导电原子力显微镜（C-AFM）表征 MoS_2 的电流，在悬空的 MoS_2 部分区域检测到了电流响应。这种基于测量电流的表征方法适用于导电的大多数材料，对于氮化硼（BN）等绝缘材料，测量压电产生的电流信号比较困难，可使用扫描探针显微技术或拉曼等光学表征技术测量应变所诱导的压电场。Woods 等[9]利用二维材料层间气泡对 BN 施加应力，第一次使用静电力显微镜（EFM）表征了气泡之间的应力诱导的局域电场的变化。Li 等[10]对压电原子力显微镜（PFM）进行了改进，使用平面内激发电场的方式，在二硒化钨（WSe_2）的面内引入电场，诱导面内极化，从而检测了面内的应变信号。Kim 等[11]使用 PFM 对粗糙基底上的二碲化钼（$MoTe_2$）进行了表征，发现基底越粗糙，诱导的应变越大，$MoTe_2$ 的压电响应越强，从实验上证明了连续的应变梯度可以诱导结构对称的晶体的压电效应。为了同时定性和定量地表征压电势的空间分布，Wang 等[12]使用开尔文探针力显微镜（KPFM）可视化压电势分布的方法，表明奇数层的 BN 气泡上具有从气泡边缘指向气泡中心的压电场，而偶数层 BN 的气泡上却没有这种压电场的分布。当压电材料受到电场影响时，由于逆压电效应，会在材料中产生应变，这种应变的存在可以证明材料中压电效应的存在。典型的办法是使用 PFM 进行表征，即通过在针尖和样品之间施加电场，检测样品振幅图和相位图的变化，实现局域部分的压电测量。对于面外方向不对称的材料（如硒化铟及黑磷等），PFM 可以有效地表征面外压电响应。对于过渡金属双硫族化合物这种 D_{3h} 点群的结构，由于垂直方向的结构非常对称，PFM 施加的垂直方向上的电场不会引起这种材料的面内极化，需对 PFM 进行改进才能测量面内压电性质。

6.3.3　介质损耗

电介质在外电场作用下的极化包括电子云极化、离子极化和取向极化。电介质突然受到电场作用时，极化强度并不是一下就达到最终值。尽管分子（电畴）的取向会随电场方向改变，但这种转变受到材料的黏滞性所阻，要从电场中吸收能量，表现为要经过一段弛豫时间，即极化弛豫现象。如果介质受到交变电场作用，且交变频率比较高，就会使极化取向不及时而发生滞后现象，从而引起了介质损耗，并使动态介电常数与静态介电常数出现差异，供给电介质的能量有一部分消耗在固有电矩的转动上并转变为热能而被消耗掉。引起介质损耗的另一原因是介质漏电，尤其在高温和强电场作用下更为显著。由于漏电，电能被转化成热能而消耗掉（电导损耗）。显然，介质损耗愈大，材料的性能就愈差。因此，介质损耗是判别材料性能好坏、选择材料和制作器件的重要参数。可以用一个并联的损耗电阻 R_n 表征电能在介质中的消耗，通过介质的电流可分成消耗能量的部分 I_R 和通过介质纯电容不消耗能量的部分 I_C。用介质损耗角正切值来表示：

$$\tan\delta = \frac{I_R}{I_C} = \frac{1}{\omega C_0 R_n} \tag{6.23}$$

式中：ω 为交变电场的圆频率；C_0 为介质样品在电极上的静电容量；δ 是电流对电压的滞后角，又称介质损耗角或介电损耗角。$\tan\delta$ 是介质损耗角正切，又称为介质损耗、介质损耗因子，它与电场强度、温度及频率均有关。

介质损耗角正切的倒数即为电学品质因数：

$$Q_e = \frac{1}{\tan\delta} = \omega C_0 R_n \tag{6.24}$$

在谐振时有：

$$Q_e = \left(\frac{\pi}{4k^2}\right)\left(\frac{Z_1}{Z_c}\right) \tag{6.25}$$

式中：k 为机电耦合系数；Z_1 为负载声阻抗；Z_c 为压电体的声阻抗。电学品质因数 Q_e＝谐振时压电振子储存的电能/谐振时每周期内损耗的电能。它反映了压电体在交变电场作用下消耗电能（转变为热能）的大小。Q_e 越大，意味着电能损耗越小。Q_e 的存在表明任何压电材料都不可能把电能完全转变成机械能，能量损耗的原因即上述的介质损耗。

压电体谐振时，要克服内部的机械摩擦损耗（内耗），在有负载时还要克服外部负载的损耗，与这些机械损耗相联系的是机械品质因数 Q_{m0}（空载机械 Q 值）及 Q_m（有负载时的机械 Q 值）。Q_m = 谐振时压电振子储存的机械能量/谐振时每周期内损耗的机械能量，它反映了压电体振动时克服机械损耗而消耗能量的大小。Q_m 越大，意味着机械能损耗越小。Q_m 的存在也表明任何压电材料都不可能把输入的机械能全部用于输出。在谐振时有：

$$Q_m = \frac{\pi}{2}\left(\frac{Z_c}{Z_1 - Z_b}\right) \tag{6.26}$$

式中：Z_c 为压电振子的声阻抗；Z_l 为负载声阻抗；Z_b 为压电换能器中阻尼块的声阻抗。对于一个压电换能器而言，Q_m 和 Q_e 并不是常量，它们与工作频率、频带宽度、压电换能器的制作工艺、结构、辐射介质（负载）等有关。

压电换能器应用于超声检测技术时，Q_m 太高则容易使振子产生的振动波形过长（振铃现象），导致波形失真和分辨率降低。同样，Q_e 也并非越大越好。Q_m 和 Q_e 的选择应当根据实际情况决定。Q 值大，意味着压电效应过程中能量消耗小，在大功率和高频应用或者纯发射功率应用的情况下能减少发热量，这是有利的一面。但是对于以检测为目的的换能器，Q 值大对展宽频带，改善波形，提高分辨率等都是不利的。

6.3.4 机电耦合系数

压电晶体中同时存在弹性、介电性和压电性，它们同时发生作用。为此，需要引入机电耦合系数（k），它表示机械能与电能之间耦合强弱的程度，是压电材料一个很重要的参数。

在正压电效应时，外电压 $E=0$，

$$k^2 = \frac{\text{储存的机械能}}{\text{输入的电能}} \tag{6.27}$$

或者

$$k^2 = \frac{\text{储存的电能}}{\text{输入的机械能}} \tag{6.28}$$

在逆压电效应时，外应力 $\tau=0$，

$$k^2 = \frac{\text{引起机械应变的被转换的电能}}{\text{输入的电能}} \tag{6.29}$$

从物理意义上讲，机电耦合系数 k 只说明转换的强弱程度而不等于效率，而且能量并不一定转换成辐射或输出的能量（还包括内耗及反馈等）。当然，从某种意义上讲，也可以说机电耦合系数 k 表示压电体把电能转换成弹性能，或者把弹性能转换成电能的

效率，它主要由压电材料的种类确定，而且依赖于压电体的振动模式，与换能器的谐振频率无关。此外，k 值还取决于压电换能器的结构、工作条件以及压电体的电极尺寸和位置。

在科研实验和工程应用领域，期望压电材料具有以下良好特性：(a) 具有较大的压电常数，以获得较大的机电转换效率。(b) 具有强度高、刚度大的特性。(c) 具有较大的介电常数和足够高的电阻率，以削弱外界分布电容对压电材料电荷分布的影响，减少表面电荷的逃逸现象，同时可以得到较好的低频特性。(d) 在一定温度和湿度下使用稳定性良好，具有高的居里温度点，以得到较大的工作温度区间。(e) 压电特性不会随着时间而减弱，以延长压电材料的使用寿命。当然，压电材料所需的特性会因应用场景的不同而有差异。

6.4　二维压电材料与器件的应用

近年来，二维压电材料在柔性传感器、纳米发电机、柔性生物医学电学元件等领域受到了广泛关注[13-14]。

6.4.1　二维压电传感材料与器件的应用

压电传感器在振动、应变、加速度和位移等传统物理量的测量方面表现出良好的特性，在实际生活中有许多应用。常见的压电传感器有加速度传感器、力和力矩传感器等。加速度传感器广泛地应用于卫星、飞机、地面建筑物和汽车等振动的安全监测领域以及民用手机等移动通信设备。力和力矩传感器在疲劳测试、冲击力测量以及精密焊接等领域得到广泛应用。其中，力传感器主要是利用材料的纵向压电效应测试动态力的变化，而力矩传感器主要用于测量物体所受到的力或扭矩。压电传感器具有许多独特的优点：质量轻、结构简单，可以根据使用环境加工成不同形状；工作的频带范围很宽，能达到十几赫兹到几百兆赫兹；频率响应快，灵敏度相对较高；压电传感器的工作温度范围大，温度稳定性很好；压电薄膜柔软轻薄，可粘贴在待测物体表面，甚至可通过工艺流程耦合到结构体的内部。

MoS_2 是一种典型的二维压电材料，具有稳定性好、机械强度高、带隙可调等优点，而且结晶度高，具有比不锈钢更高的杨氏模量，可以与标准半导体工艺和传统电子技术集成。2020 年，Guo 等[15]利用压电效应提高了湿度传感器的性能，通过引入机械形变，在 MoS_2-金属界面内产生极化电荷，极化电荷改变了界面的肖特基势垒高度，从而提高了湿度传感器的灵敏度，响应电流随着外加应力和相对湿度的增大而增大。与一维材料相比，MoS_2 具有更高的比表面积，具有更多的氧化还原反应活性位点，制备的湿度传感器性能更好。此外，二维压电材料 α-In_2Se_3 和 γ-InSe 具有较大的压电响应和长期的机械耐久性，能够用于开发灵敏、高效的柔性压电传感器，用于脉冲和呼吸监测。Dai 等[16] 在 PDMS 薄膜的软基底上使用多层 α-In_2Se_3 薄片构建了一个自供电传感器，将传感器连接在手腕和胸部，可以实时监测人的脉搏和呼吸，表现出良好的灵敏度和时间分辨率。

6.4.2 二维压电集能材料与器件的应用

在过去几十年里，微电子技术、无线传感器网络和微纳机电系统发展迅速。如何有效地为各种环境中的众多传感器或传感器节点供电成为了一个热点问题。能量收集技术可以将自然界或日常生活中的环境能量转化为电能，给低功耗微电子器件提供不间断的电能供给，为解决电子器件的供能问题提供了很好的解决方案。能量收集器件包括压电纳米发电机（PENG）、摩擦电纳米发电机（TENG）、电磁纳米发电机（ENMG）等。压电纳米发电机是将微小弯曲或压缩产生的机械能转换为电能的能量收集器件，二维压电材料在纳米发电机中具有很大的应用潜力[17-18]。

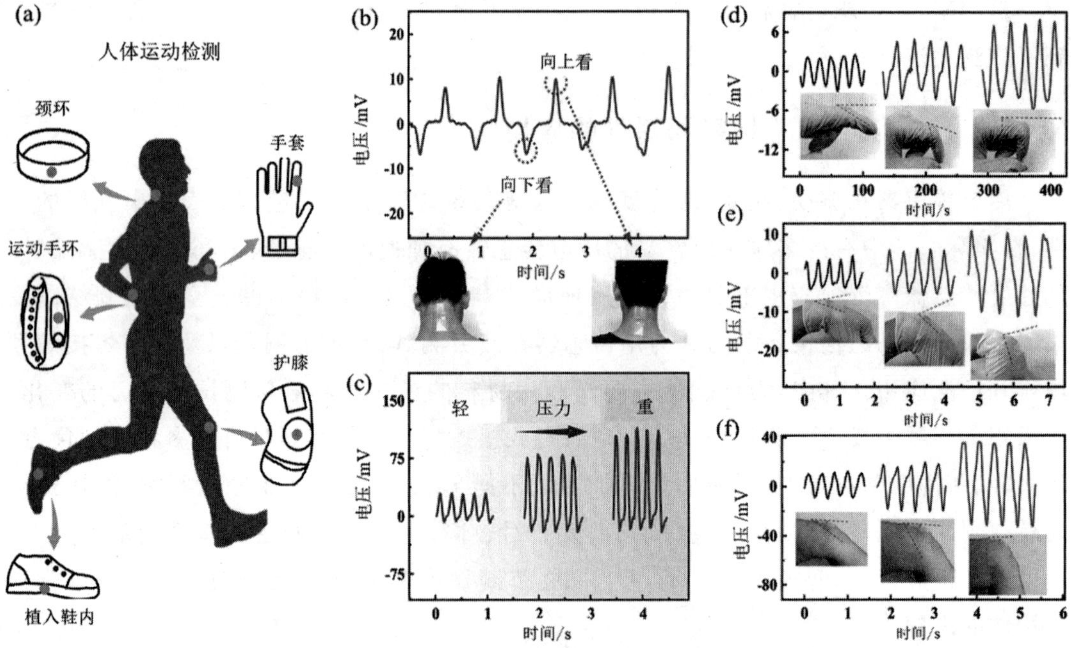

图 6.9 基于 $CuInP_2S_6$ 的压电纳米发电机作为可穿戴设备的应用：(a) 基于 $CuInP_2S_6$ 的柔性压电纳米发电机附着在人体的各个位置（颈部、手指、手腕和膝盖等），用于能量收集和传感；(b) 颈部安装装置能够识别颈部姿势的变化并相应地调制输出特性；(c) 器件在不同压力下的输出电压；输出电压值与力的大小成正比，通过区分输出信号，从 (d) 手指、(e) 手腕和 (f) 膝盖获取能量的设备可以识别它们的弯曲程度

二维压电材料 $CuInP_2S_6$ 具有较高的灵活性和较小的尺寸，适用于可穿戴能源收集设备或作为柔性运动传感器，可以很容易地附着在人体关节部位。Zhang 等[19] 制造了一

种基于 $CuInP_2S_6$ 的压电纳米发电机可穿戴器件，可用于收集人体不同位置处的能量以及探测运动行为，如图 6.9 (a) 所示。图 6.9 (b) 为压电纳米发电机附着在人体颈部时的能量收集和运动反馈监测，人在抬头和低头时能产生不同的输出电压。将压电纳米发电机置于鞋内时，能在不同压力下输出不同强度的电压，如图 6.9 (c) 所示。将压电纳米发电机置于手指关节处时，输出电压随着弯曲角度的增大逐渐增大，如图 6.9 (d) 所示。将压电纳米发电机安装在手腕和膝盖上进行类比实验，如图 6.9 (e)、(f) 所示，手腕和膝盖弯曲时输出的电压有类似的变化趋势。基于 $CuInP_2S_6$ 的压电纳米发电机可以将人体颈部、手指、手腕、膝盖等关节产生的生物力学能量转化为电信号，作为一种可穿戴设备和一种灵活的自供电传感器，在生物力学能量采集和人体活动监测方面具有巨大的应用潜力。

6.4.3　二维压电自驱动材料与器件的应用

物联网和人工智能是未来社会发展的重要驱动力，也是第四次工业革命迈向智能时代的基础。在未来的智能时代中，数万亿个可移动电子节点互联，形成智能分布式互联网络。虽然每个电子节点的功耗较小，但整个互联网络的功耗不容小觑，在大多数情况下，通过电缆传输电力的传统方式并不适用，而电化学储能电池需要频繁地充电或更换，维护成本高且存在潜在的资源浪费和环境污染问题，因此，使用传统储能电池驱动所有节点也是不切实际的，收集生活环境或人体运动中的分布式能量是一种有前途的解决方案，包括环境中的风能、太阳能、热能和机械能源等。

基于上述理念，美国佐治亚理工学院王中林教授团队成功研制出纳米发电机装置，并首次提出自驱动传感这一概念，即通过纳米发电机将环境中的能量转化为电能，用来驱动电子设备。自驱动传感器相比于传统传感器具有更大的优势，可以在没有外部电源的情况下，通过外部机械触发自动开启并产生电信号，摆脱了传统电池的束缚。同时，自驱动传感器不必持续发送信号，可以选择在“睡眠”模式下持续监测，在特定情况下再激活传感器，能够独立、持续地运行。由于自驱动传感器能够利用太阳能、热能、风能、化学能、机械能、生物质能等能量产生电信号[20]，因此自驱动传感器也被认为是未来传感器的发展趋势。

Maity 等[21]设计了一款基于聚偏二氟乙烯 (PVDF) 纳米纤维网的 MoS_2 调制高性能超灵敏压电纳米发电机和纳米传感器。为了测试压电纳米发电机作为噪声检测器以及声能采集器的效用，在 90 dB 的声压级下记录压电纳米发电机的压电响应。播放流行歌曲时，能够瞬时产生 12 V 的非整流开路输出电压和约 2 nA 的短路电流。声能到电能的转换灵敏度高达 19.0 $V \cdot Pa^{-1}$，比基于纯 PVDF 纳米纤维传感器的灵敏度高 70 倍。此外，生成的电压可以被整流，以指数级对电容器充电，最终达到稳态。

6.5 二维压电材料与器件的研究热点

2014 年，Hone 和 Wang 团队[22]从奇数层 MoS_2 薄片中测试出压电电压和输出电流，并将 MoS_2 应用于纳米发电机，证实了 MoS_2 中的压电电子学效应。此后，二维材料的压电特性被广泛研究，开启了二维压电电子学领域这一重要分支，为继续探索材料的压电性与其他特殊性质之间的耦合效应提供了独特的平台。

二维材料的超薄层状结构和优异的物理、化学性质为研究压电光电子学提供了理想的平台。原子层厚度二维材料中存在压电性的理论预测和实践证明，为进一步探索原子尺度上的新物理以及新一代光电子器件应用提供了新的视角。如图 6.10 所示，通过压电、光激发和半导体之间的耦合，利用二维压电半导体作为研究材料，极大地拓展了压电光电子学这一重要的研究领域。目前已经证明了压电光电子学效应在基于二维材料的各种应用领域(包括自供电系统、人机接口、光电传感、能量收集和环境检测等领域)的应用潜力。

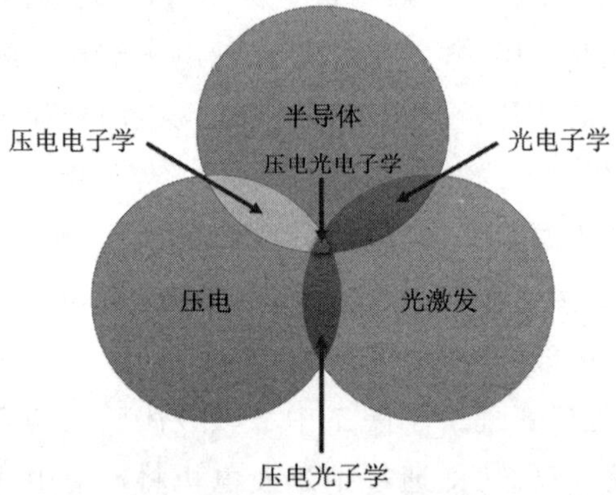

图 6.10 压电、光激发和半导体之间的三相耦合

基于压电效应和自由载流子对极化电荷的不完全屏蔽，压电半导体在受应变时会在表面或与其他材料的接触界面处产生剩余极化电荷（即未被载流子屏蔽的压电极化束缚电荷)，导致半导体内自由载流子的重新分布，并通过库仑静电相互作用影响界面处的能带结构，从而实现机械应力对界面电输运特性的直接控制。压电光电子学效应是利用应变诱导的压电电势来调控金属-半导体 (M-S) 之间的肖特基接触界面或 P-N 结处载流子的产生、分离、传输和复合过程，从而进一步提高光电器件的性能。半导体输运、压电效应和光激发三者耦合产生了压电光电子学这一新兴研究领域[23]。近年来，基于二维材料的压电光电子效应已被广泛研究，并在光电探测器、发光二极管、太阳能电池以及光电化学等领域得到了应用。

1. 压电电子学效应对肖特基接触界面的调控

以 N 型半导体为例，当与具有较大功函数的金属接触时，接触界面通常会形成肖特基势垒，使得界面两端的费米面相平，从而达到动态平衡。此时，如果半导体具有压电特性，并且受到了合适的应力，则会在界面上产生相应的压电极化电荷。这种极化电荷是由材料非中心对称的晶体结构在受到应力时产生的偶极矩叠加而成，它们并不具有迁移性，是一种束缚的压电极化电荷，通常称为压电极化束缚电荷，简称为压电极化电荷。如图 6.11 (a)所示，由于这种压电极化束缚电荷不会被半导体内的自由载流子完全屏蔽[24]，未被屏蔽的极化电荷将会在界面处产生一个库仑静电场，导致自由载流子的重新分布，改变了界面的能带结构[25-26]。如果界面处产生的是正的压电极化束缚电荷，那么肖特基势垒将会有所降低；相反，如果界面处产生的是负的压电极化束缚电荷，那么肖特基势垒将会相应地有所升高。如图 6.11 (b) 和 (c) 所示，如果在肖特基势垒上施加一个偏置电压，界面处的载流子电输运特性将完全不同于未加应力时的情况。当肖特基势垒高度由于压电电子学效应而降低，无论是正向偏置还是反向偏置，电子将会更容易越过势垒和界面，导致电流变大；相反地，当肖特基势垒高度由于压电电子学效应而升高时，电子将需要更大的能量才能越过势垒和穿过界面，导致电流减小。

对于 P 型压电半导体与具有较小功函数的金属所形成的肖特基接触界面，压电电子学效应的调控机理类似，只不过此时主要考虑多数载流子空穴的电输运特性，需要根据能带的变化情况具体分析。

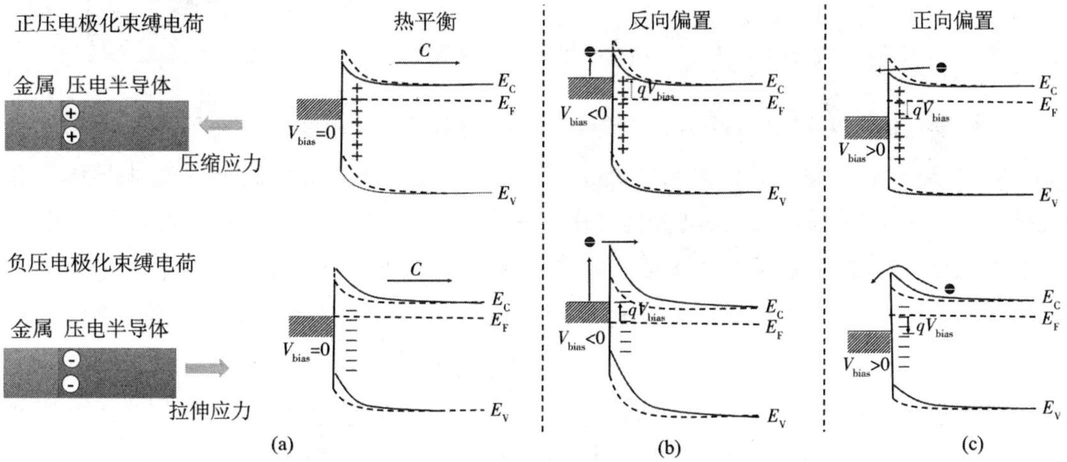

图 6.11　压电电子学效应对金属-半导体肖特基接触界面能带的调控：(a) $V_{bias}=0$（热平衡）；(b) $V_{bias}<0$（反向偏置）；(c) $V_{bias}>0$（正向偏置）（虚线为受力前，实线为受力后）

2. 压电电子学效应对 P-N 结接触界面的调控

压电电子学中另外一种最基本的结构是由两种不同掺杂类型的半导体连接而成，即 P-N 结。为简便起见，假设界面两侧的半导体材料具有相同的禁带宽度，并且只有 N 型半导体会在接触界面处产生压电极化束缚电荷。这种假设的情况可以通过将 N 型半导体的极化面同 P 型半导体的非极化面接触来实现。同肖特基接触界面的情况类似，压电极化束缚电荷并不会被完全屏蔽。对于图 6.12[26-27]所示的结构（N 型压电半导体的压电极化 c 轴方向向右），在受到外加压缩应力时（应变 < 0），在界面处产生正压电极化束缚电荷和对应的正压电电势，使界面局域能带向下弯曲，导致 N 型半导体一侧的耗尽层宽度减小，而 P 型半导体一侧的耗尽层宽度增大；相反，在受到外加拉伸应力时（应变 >0），在界面处产生的负压电极化束缚电荷和负压电电势会使界面局域能带向上弯曲，导致 N 型半导体一侧的耗尽层宽度增大，而 P 型半导体一侧的耗尽层宽度减小。

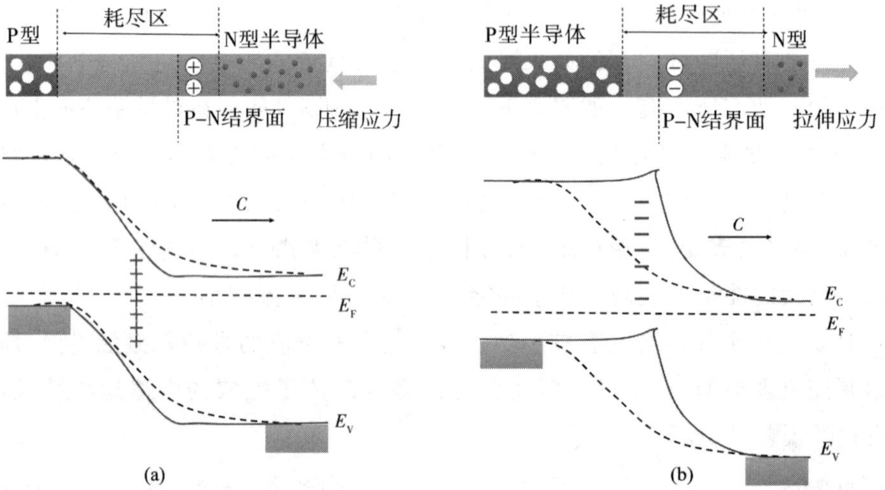

图 6.12　压电电子学效应对 P-N 结接触界面能带的调控（虚线为受力前，实线为受力后）

尽管压电极化束缚电荷的引入会导致界面一侧耗尽层宽度增大而另一侧耗尽层宽度减小，但是由于 P 型半导体多数载流子（空穴）的迁移率通常要低于 N 型半导体多数载流子（电子），不同属性的压电极化束缚电荷将对 P-N 结产生完全不同的影响。例如，当施加压缩应变时，P 型耗尽层宽度会深入扩展到 P 型半导体内部，此时空穴需要沿着耗尽层通过较大的平均距离才能到达界面处，从而增加了有效的串联电阻，使得电流减小。

2019 年，Guo 等[28]制备了一种基于单层 MoS_2 的柔性 NO_2 传感器，利用光栅效应和压电光电子效应对肖特基势垒的共同调制，增加电荷转移过程诱导的气体吸附量，在 0.67% 的拉伸应变和 625 nm 红光发光二极管的照射下（光照强度为 4 mW · cm^{-2}），传感器的灵敏度提高到 671%，检测极限降低到 $2/10^8$，响应时间减少到 16 s。压电光电子学效应增强的 NO_2 传感器在未来小型化、便携式和超灵敏气体传感系统中具有良好的应用前景。

太阳能电池是一种通过光伏效应将太阳能转化为电能的器件，利用 P-N 结或者 M-S 接触的内建电场对入射光诱导的电子-空穴对进行分离。对于压电光电子学效应增强的太阳能电池（PSC），压电势可以有效地促进光生载流子的分离，有助于开发高性能、低成本的柔性太阳能电池。目前,压电光电子学效应增强太阳能电池多采用基于第三代半导体量子点、纳米线和薄膜的材料体系。二维材料具有独特的光电特性,但目前基于二维材料的压电光电子学效应调制太阳能电池还处在理论模型阶段。2017 年,Zhang 研究组[29]提出了一种基于金属-单层 MoS_2-金属结构的二维压电太阳能电池的理论模型,两侧分别为用于太阳能电池的肖特基接触和用于电极的欧姆接触,利用压电极化电荷来调控接触点的肖特基势垒,在应变为 1%时,太阳能电池开路电压预计提高 5.8%。2019 年,该研究组[30]从理论上预测了基于单层Ⅳ族单硫化物（如 SnSe、SnS、GeSe 等）-金属结构太阳能电池的性能,并计算了压电光电子学效应增强的二维材料太阳能电池性能。

参考文献

[1] 王晓岚. 基于新型分子压电材料可穿戴式能量收集器的研究[D]. 北京：北京信息科技大学，2022.

[2] 罗亚松. 柔性压电薄膜传感器在呼吸信号检测中的应用研究[D]. 杭州：杭州电子科技大学，2022.

[3] Hinchet R，Khan U，Falconi C，et al. Piezoelectric properties in two-dimensional materials：Simulations and experiments[J]. Materials Today，2018，21（6）：611-630.

[4] Lu A Y，Zhu H，Xiao J，et al. Janus monolayers of transition metal dichalcogenides[J]. Nature Nanotechnology，2017，12（8）：744-749.

[5] Zhou Y，Wu D，Zhu Y，et al. Out-of-plane piezoelectricity and ferroelectricity in layeredα-In_2Se_3 nanoflakes[J]. Nano Letters，2017，17（9）：5508-5513.

[6] 赵俊琦. 新型二维压电纳米材料的压电及热传导性能的理论研究[D]. 上海：上海师范大学，2021.

[7] Dong L，Lou J，Shenoy V B. Large in-plane and vertical piezoelectricity in janus transition metal dichalchogenides[J]. ACS Nano，2017，11（8）：8242-8248.

[8] Song X，Hui F，Knobloch T，et al. Piezoelectricity in two dimensions：Graphene vs. molybdenum disulfide[J]. Applied Physics Letters，2017，111（8）：083107.

[9] Ares P，Cea T，Holwill M，et al. Piezoelectricity in monolayer hexagonal boron nitride[J]. Advanced Materials，2020，32（1）：e1905504.

[10] Nasr Esfahani E，Li T，Huang B，et al. Piezoelectricity of atomically thin WSe_2 via laterally excited scanning probe microscopy[J]. Nano Energy，2018，52：117-122.

[11] Kang S, Jeon S, Kim S, et al. Tunable out-of-plane piezoelectricity in thin-layered $MoTe_2$ by surface corrugation-mediated flexoelectricity[J]. ACS Applied Materials & Interfaces, 2018, 10 (32): 27424-27431.

[12] Wang W, Zhou L, Hu S, et al. Visualizing piezoelectricity on 2D crystals nanobubbles[J]. Advanced Functional Materials, 2020, 31 (6): 2005053.

[13] Aftab S, Hussain S, Al-Kahtani A A. Latest innovation in 2D flexible nanoelectronics[J]. Advanced Materials, 2023,35(42):2301280.

[14] Das N K, Veeralingam S, Badhulika S. 3D printed SnS_2/SnS-based nanocomposite hydrogel as a photoenhanced triboelectric nanogenerator[J]. ACS Applied Energy Materials, 2023, 6 (12): 6732-6741.

[15] Lu J, Guo Z, Wang W, et al. Lateral monolayer MoS_2 homojunction devices prepared by nitrogen doping[J]. Nanotechnology, 2020, 32(1):015701.

[16] Dai M,Wang Z, Wang F, et al. Two-dimensional van der waals materials with aligned in-plane polarization and large piezoelectric effect for self-powered piezoelectric sensors[J]. Nano Letters, 2019, 19 (8): 5410-5416.

[17] Zhang Q, Zuo S, Chen P, et al. Piezotronics in two-dimensional materials[J]. Info Mat, 2021, 3 (9): 987-1007.

[18] Zhou Y, Zhang J H, Li S, et al. Triboelectric nanogenerators based on 2D materials:From materials and devices to applications[J]. Micromachines (Basel), 2023, 14 (5):1043.

[19] Zhang Y, Mao J, Zheng R K, et al. Ferroelectric polarization-enhanced performance of flexible $CuInP_2S_6$ piezoelectric nanogenerator for biomechanical energy harvesting and voice recognition applications[J]. Advanced Functional Materials, 2023, 33 (26): 2214745.

[20] 郭瑞. 基于摩擦电/压电功能转换的自驱动传感研究[D]. 太原：太原理工大学，2022.

[21] Maity K, Mahanty B, Sinha T K, et al. Two-dimensional piezoelectric MoS_2-modulated nanogenerator and nanosensor made of poly (vinlydine fluoride) nanofiber webs for self-powered electronics and robotics[J]. Energy Technology, 2017, 5 (2): 234-243.

[22] Wu W, Wang L, Li Y, et al. Piezoelectricity of single-atomic-layer MoS_2 for energy conversion and piezotronics[J]. Nature, 2014, 514 (7523): 470-474.

[23] Jia M, Guo P, Zhai J, et al. Piezo-phototronic devices based on two-dimensional

materials[J]. Scientia Sinica Technologica，2023，53 (6)：892-901.

[24] Wang Z L，Wu W. Piezotronics and piezo-phototronics：Fundamentals and applications[J]. National Science Review，2014，1 (1)：62-90.

[25] 刘书海. 高性能压电电子学器件[D]. 西安：西安电子科技大学，2020.

[26] Wu W，Wang Z L. Piezotronics and piezo-phototronics for adaptive electronics and optoelectronics[J]. Nature Reviews Materials，2016，1 (7)：1-17.

[27] Zhang Y，Liu Y，Wang Z L. Fundamental theory of piezotronics[J]. Advanced Materials，2011，23 (27)：3004-3013.

[28] Guo J，Wen R，Zhai J，et al. Enhanced NO_2 gas sensing of a single-layer MoS_2 by photogating and piezo-phototronic effects[J]. Science Bulletin (Beijing)，2019，64 (2)：128-135.

[29] Zheng D Q，Zhao Z，Huang R，et al. High-performance piezo-phototronic solar cell based on two-dimensional materials[J]. Nano Energy，2017，32：448-453.

[30] Michael G，Hu G，Zheng D，et al. Piezo-phototronic solar cell based on 2D monochalcogenides materials[J]. Journal of Physics D：Applied Physics，2019，52 (20)：204001.

第 7 章　二维热释电材料与器件

20 世纪 60 年代起，激光和红外技术迅速发展，推动了有关热释电效应及其应用的研究。随着热释电理论、制备技术和相关器件的日渐成熟，热释电材料与器件在物理、信息技术、材料科学等领域中的地位愈发关键，在热成像、辐射计、红外传感器、探测器、火灾或入侵警报等方面发挥着不可或缺的作用。本章主要讲述热释电效应的基本概念、二维热释电材料的特点及设计、二维热释电材料的性能及优化、二维热释电材料与器件的应用和研究热点等。

7.1　热释电效应的基本概念

7.1.1　热释电效应的发现

在 2 400 年前，古希腊的自然科学家 Theophrastus[1] 记录了一个奇特的现象，一种名为“lyncurium”的矿石可以吸引轻小物体，他认为这是温度变化使矿石表面产生了静电。1717 年，化学家 Louis Lemery 第一次专业地阐述了热释电效应。1824 年，术语“pyroelectricity”被正式采用。1859 年，John Mothée Gaugain 对热释电电流做了历史上第一次精准表征，发现热释电电流的正负性与温度的上升和下降有关，电流幅值与热释电材料的温度变化范围有关，电荷量与材料的横截面积成比例而与厚度无关。1924 年，D. Brew-Ster观察到极性晶体会因温度变化而发生电极化的改变[2]，这一现象也是热释电现象。1938 年，Yeou Ta 首次提出将热释电效应引入红外辐射探测领域，获得了学术界的关注。1956 年，B. Malthias 等发现硫酸三甘氨酸类晶体具有优良的热释电性能；A. G. Chynoweth用动态法测试了 $BaTiO_3$ 的热释电性能。1962 年，J. Cooper 详细分析了热释电效应的快速红外响应特性，并制成了红外热释电探测器。在这之后，激光和红外技术的迅速发展带动了热释电效应的研究，热释电器件的研发和应用也得到了更多的关注。近十几年来，热释电材料和热释电探测器件发展迅速，已广泛应用于多个领域。随着热释电相关理论的发展和科技的进步，热释电效应将发挥越来越重要的作用。

7.1.2　热释电效应及热释电器件的基本原理

热释电效应是指在没有外加电场和应力的情况下，具有自发极化的材料因温度的变化而发生自发极化强度的变化，从而在材料某一方向产生电荷释放的现象。热释电效应的宏观表现是随着温度的上升或下降，一些极性介电材料产生电压或电流，并且只对变化的温度有响应，对恒定的温度没有响应。从微观角度看，热释电材料内部存在自发极化，当温度恒定时，材料自发极化所产生的束缚电荷被空气中可以附着在材料表面的自由电荷中和，此时材料处于不带电状态；当外界温度改变时，材料内部的正负电荷中心发生了相对位移，自发极化强度改变，空气中的自由电子与表面电荷的中和时间长于材料内部电荷相对位置改变的时间，此时材料表面为带电状态。一般情况下，若温度变化率相同，升降温过程中产生的热释电电荷大小相等、符号相反。

简而言之，材料中存在热释电效应有两个前提：一是材料自身具有自发极化，即材料内部结构某些方向上的正负电荷中心不重合，存在电偶极矩；二是材料的温度发生变化，即热释电效应反映的是材料在变温状态下的性能。极化对温度变化的响应很快，从外界吸引的自由电荷来不及对热释电电荷进行补偿。当热释电材料处于开路时，热释电材料两端产生电势差；当热释电材料处于短路时，外部连接的电路有电流流过。热释电效应具有以下特点：(a) 温度敏感性。热释电效应与温度变化密切相关，当温度变化较大时，电势差和电流会更加明显。(b) 物质依赖性。不同材料对热释电效应的响应程度不同，铁电材料一般具有较高的热释电响应。(c) 非线性特性。电势差和电流与温度变化之间的关系并非简单的比例关系。(d) 时间依赖性。热释电效应的响应速度与材料本身的特性以及温度变化速率有关。此外，当热释电材料的自发极化强度受外界环境因素（如外加电场等）的作用发生变化时，自身温度也会发生相应改变，即发生电卡效应，这是热释电效应的逆过程。

图 7.1 简要描绘了热释电器件工作的基本原理。当热释电材料的温度发生变化时，材料内部自发极化的大小和外部电路中的电流状态会发生变化。图 7.1 (a) 中热释电材料具有自发极化[3]，且在垂直于表面的方向存在净极化强度，这种极化会被热释电材料表面附近的正、负电荷补偿。在恒温条件下，当热释电材料表面被两个高导电性电极包围时，热释电材料垂直于表面方向的净极化被补偿，外部电路中没有电流，如图 7.1 (b) 所示。当热释电材料温度升高时，即 $dT/dt>0$ 时，材料内部的电偶极子振荡程度增大，垂直于表面方向的净极化强度减小，电子在外部电路流动，形成电流，直至达到等效平衡状态，如图 7.1 (c) 所示。当热释电材料温度降低时，即 $dT/dt<0$ 时，垂直于表面方向的净极化强度增大，平衡状态被打破，触发反向电子迁移，在外部电路中形成反向电流，直至再次实现等效平衡状态，如图 7.1 (d) 所示。

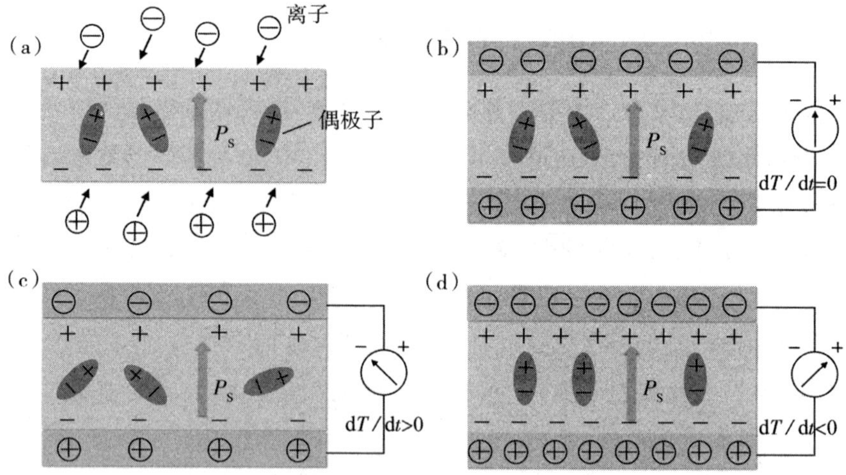

图 7.1　热释电器件工作的基本原理示意图

7.1.3　一次、二次、三次热释电效应

热释电效应可细分为一次、二次、三次热释电效应。一次热释电效应是指由于温度的波动导致材料内部偶极子振幅的变化，进而改变材料的极化强度，在材料上下表面积聚正负电荷，形成电势差。一次热释电效应[4]可分为两部分：刚性原子或离子的平均位移；热振动引起的电子重新分布（称为电子-声子重整化）。二次热释电效应是指由温度变化引起材料体积的膨胀或收缩，产生的形变诱发了热释电材料的压电性能，进而形成一个压电电势差。三次热释电效应是由于材料中存在空间应变梯度而产生极化的变化，非均匀加热或冷却也可以引起应变梯度而产生极化的变化。一般的热释电性能测试时，需要均匀加热，以减小或避免三次热释电效应。另外，场致热释电效应[5]由材料在外部电场中介电常数的温度依赖性决定，只在加电压时出现。若不考虑温度的不均匀性，一般认为热释电效应就是一次和二次热释电效应的总和。在三维材料的一次热释电效应中，一般主要考虑刚性原子或离子的平均位移，电子-声子重整化常被忽略。

2018 年，Liu 等[4]基于 Born-Szigeti 热释电理论，利用密度泛函理论（DFT）计算了二维材料 MoSSe 和 GeS 的热释电系数，发现电子-声子重整化在二维材料的热释电性能中有重要贡献，并在实验中证实了这一发现。在恒定应力 σ 下，总热释电性分为两部分，即一次（恒定外部应变 ε，p_1）和二次（与热膨胀相关，p_2）热释电性，可表示为：

$$\left(\frac{\mathrm{d}P_S}{\mathrm{d}T}\right)_\sigma = p_1 + p_2 = \left(\frac{\partial P_S}{\partial T}\right)_\varepsilon + \sum_i \left(\frac{\partial P_S}{\partial \varepsilon_i}\right)_T \left(\frac{\mathrm{d}\varepsilon_i}{\mathrm{d}T}\right)_\sigma \tag{7.1}$$

式中：下标 σ、ε 和 T 分别表示外界恒定的应力、应变和温度。根据简正模振幅 Q 展开 $P_S(T)$，可得：

$$p_1 = p_1^{(1)} + p_1^{(2)} = \sum_j \frac{\partial P_S}{\partial Q_{\vec{0}j}} \frac{\mathrm{d}\langle Q_{\vec{0}j}\rangle}{dT} + \sum_{\vec{q}\lambda} \frac{\partial^2 P_S}{\partial Q_{\vec{q}\lambda}^2} \frac{\mathrm{d}\langle Q_{\vec{q}\lambda}^2\rangle}{\mathrm{d}T} \tag{7.2}$$

式中：Q 为简正模振幅，Q^2 是静态平方振幅，括号表示热平均值；$p_1^{(1)}$ 为离子的平均位移引起的刚性离子热释电性；$p_1^{(2)}$ 描述了原子在平衡附近振动时的电子再分布。图 7.2 描述了一次热释电效应的微观机制。图 7.2 (a) 为 $\mathrm{d}T/\mathrm{d}t=0$ 的初始状态，图 7.2 (b) 和图 7.2 (c) 分别表示温度变化时($\mathrm{d}T/\mathrm{d}t>0$) 在晶格中形成的 $p_1^{(2)}$ 和 $p_1^{(1)}$ 的单独展开形式的电子云和离子位移。当 $\mathrm{d}T/\mathrm{d}t>0$ 时，热释电体中的电子云相对于原始状态 ($\mathrm{d}T/\mathrm{d}t=0$) 变得更加离域化，说明这种电子-声子重整化有助于热释电性。

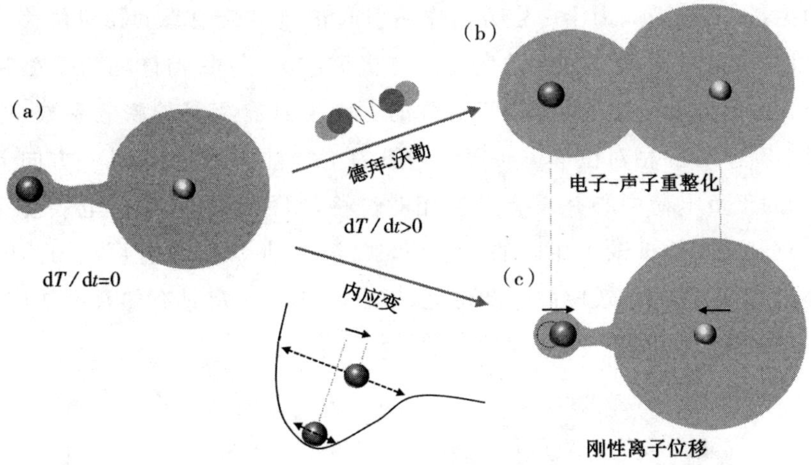

图 7.2　一次热释电效应的微观机制[3]

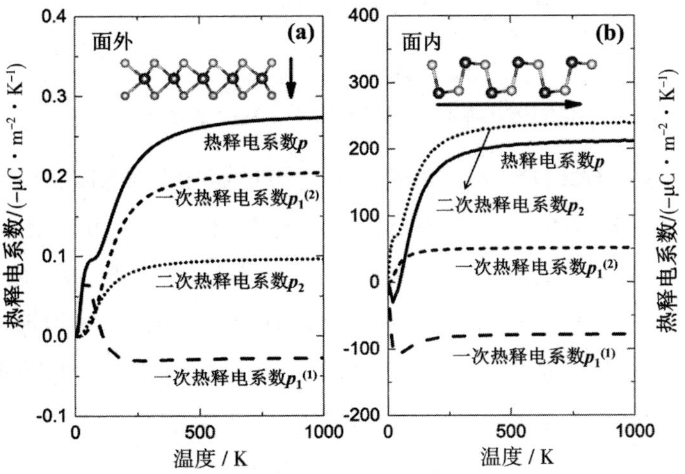

图 7.3　单层 MoSSe (a) 和 GeS (b) 的热释电系数[4]

图 7.3 为 Liu 等[4]计算的单层 MoSSe 和 GeS 在 0～1 000 K 温度范围内的热释电系数。2H-MoS_2 单层中一个 Se 原子替换一个 S 原子得到 2H-MoSSe，它的热释电系数是一次和二次热释电系数的总和 ($p_1^{(1)}$，$p_1^{(2)}$，p_2)，如图 7.3 (a)所示。通常，材料的一次热释电会比二次热释电大，只有少数材料是以二次热释电为主，如单层 GeS，见图 7.3 (b)。

7.1.4 压电、铁电、热释电效应之间的关系

压电材料、热释电材料和铁电材料之间具有一定的相关性，如图 7.4（a）所示，铁电材料属于热释电材料，热释电材料属于压电材料[6]。图 7.4（b）表示当压电材料受到外界施加的机械应力后，电偶极子被调制，其中正电荷积聚在压电材料的一侧，负电荷积聚在相反一侧。压电材料不一定都具有自发极化，因为压电效应反映的是材料电荷与机械应力之间的关系，即机械应力沿一定方向作用引起正负电荷中心的相对位移。对于热释电效应，材料的电荷变化来自温度的变化。与机械应力不同，物体均匀受热时所引起的膨胀在各个方向是同时发生的，在相互对称的方向上具有相等的膨胀系数，这些方向上引起的正负电荷中心的相对位移也相等。一般的压电材料，即使在某一方向上电矩有一定变化，但总的正负电荷中心并没有发生相对位移，因而不具有热释电效应。只有材料的结构中存在着与其他极轴不相同的唯一极轴（极化轴）时，才有可能因热膨胀而引起总电矩的变化，出现热释电效应。由此可见，压电材料不一定具有热释电效应，但热释电材料中一定存在压电效应。

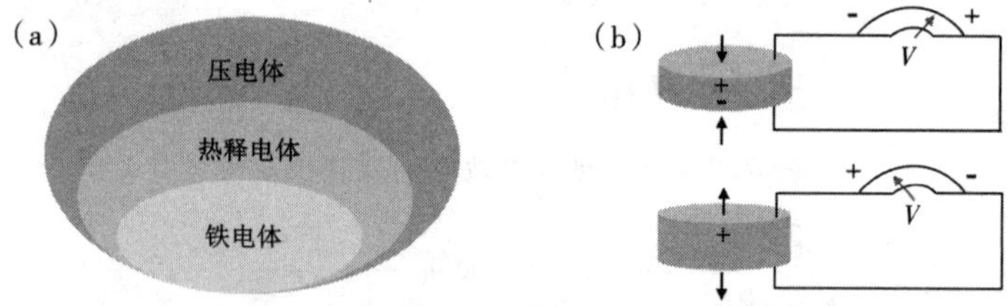

图 7.4 （a）压电、铁电和热释电材料之间的关系；
（b）压缩和拉伸引起的压电效应示意图

一般情况下，热释电材料的电极化随温度的增加而逐渐减弱，最后在某个温度下消失。热释电材料可以分为两大类：一类具有自发极化，但是自发极化不会因外电场的作用而翻转；另一类具有方向可随外电场翻转的自发极化，称为铁电材料。铁电材料的热释电性能一般优于非铁电材料。铁电材料的铁电性与温度有关，超过某一温度（居里温度，T_c）时，铁电性会消失，转变为顺电性。铁电材料在经过预电极化处理后具有宏观剩余极化，且剩余极化随温度而变化，能释放表面电荷，呈现热释电效应。对于具有单个畴的铁电材料，局部电荷存在于两个端面上。在多晶铁电材料中，通过施加足够大的外部电场可将随机取向的畴重新取向（即极化处理），能增强热释电性。

7.2 二维热释电材料的特点及设计

到目前为止，已知的热释电材料有 1 000 种以上，但真正符合实际应用要求的只有几

十种。根据热释电探测器中极化强度变化的方式，热释电材料可分为两种：介电测辐射热计材料，工作温度位于居里温度附近；本征热释电材料，工作温度位于居里温度以下。

本征热释电材料在很大温度范围内性能稳定，制作的红外探测器在工作时无需恒温器和偏置电压，具有低功耗、寿命长的特点，是制备单元和小阵列红外热释电探测器的优选材料。本征热释电材料主要有单晶（$LiNbO_3$、$LiTaO_3$ 等）、压电陶瓷（PZT 等）和高分子薄膜［PVDF、P(VDF-TrFE)等］三类。$LiTaO_3$ 等[7]单晶材料具有灵敏性强、频率响应大等特点，因介电常数相对较小，探测率优值相对较高，所以常用于热释电探测领域，但是制备成本较高，不利于大规模生产。PZT 等陶瓷材料成本较低且相对容易制造，具有高热释电系数、耐腐蚀、耐高温等优势，符合工业探测要求，但陶瓷材料脆性较高，应用依然受限。PVDF 等高分子薄膜材料具有轻质、柔性强、脆性低、热应力小以及制备成本低等优点，目前主要用于柔性电子器件领域。随着现代信息社会的发展，这些热释电材料表现出来的局限性愈加明显，急需研发以二维热释电材料为基础且性能更加优异的微电子和光电子器件。

7.2.1　二维热释电材料的特点

与传统的三维热释电材料相比，二维热释电材料具有更高的比表面积、更好的传热性能、更高的能量转换效率、皮秒级别的响应时间等独特的性能，因而在能源转换和传感器等领域颇有应用潜力。随着理论和计算方法的不断发展，研究人员使用第一性原理计算和分子动力学模拟等方法研究了众多二维材料的电子结构、能带结构、热释电性能等，已经发现了很多新型的二维热释电材料。二维热释电材料相对于传统的热释电材料具有诸多优势：(a)二维热释电材料大的比表面积可以提供更多的热能转换界面，增加能量转换效率，进一步提高热释电效应。(b)内部原子之间的连接为较强的共价键，不同的原子层之间靠着较微弱的范德华力来维系，所以电子的局域限定作用并不受层间作用力的影响，具有极高的电子迁移率。(c)厚度可减薄至单层原子厚度，可以最大限度地满足器件对柔性以及透光性的要求，表现出优异的介电性能。(d)通过控制晶体结构、化学组成、厚度和外部应力等，可以实现二维热释电材料的性能调控和优化。

铁电材料是天然的热释电材料[8]。近年发现的二维热释电材料有 MoSSe、GeS、CrSeBr 等，二维铁电材料有 $CuInP_2S_6$(CIPS)、α-In_2Se_3、SnTe、WTe_2、$MoTe_2$ 等。铁电材料的热释电系数远大于其他热释电材料，已知的热释电材料中仅有 10%左右被研究，它们几乎都是铁电材料。下面简要介绍两种典型的具有热释电性的二维铁电材料。

1. $CuInP_2S_6$

$CuInP_2S_6$ 拥有许多新奇的特性，如四势阱铁电态、自发的缺陷-极化锁定效应、负压电性、负电容效应等[9]。图 7.5(a)和(b)展示了 $CuInP_2S_6$ 的晶体结构，为六角晶系，空间群为 p63/mmc。单层 $CuInP_2S_6$ 材料中包含两种化学键：与$[P_2S_6]^{4-}$阴离子子晶格相关的共价键；与 Cu^+ 和 In^{3+} 阳离子子晶格相关的离子键。其中，阴离子子晶格中的 S 原子构成了八面体笼状框架，这个笼状框架的 1/3 被支撑这个框架的 P-P 原子对填充，剩下 2/3 被金属阳离子填充，In 位于中心附近，Cu 在八面体中靠近范德华层间的那个面占据了一个三角形的位置。由于 Cu 原子位置偏离了对称中心，打破了晶格在面外方向的中心反演对称性，从而具有面外铁电性。$CuInP_2S_6$ 的居里温度为 315 K，超过此温度会发生铁电-顺电相变，晶体结构由非中心反演对称变为中心反演对称[10]。图 7.5 (c)和(d)展示了不同层数 $CuInP_2S_6$ 的厚度，单层 $CuInP_2S_6$ 的厚度约为 0.7 nm。在面外方向，不同厚度的 $CuInP_2S_6$ 均拥有本征铁电畴分布，可测试得到电滞回线。$CuInP_2S_6$ 的厚度在 90 nm 以下时，三维结构由块材的单斜相变为三方相，因此面内铁电性具有层数依赖性，仅在 90 nm 以上时具有本征铁电畴分布以及相位、振幅回线。

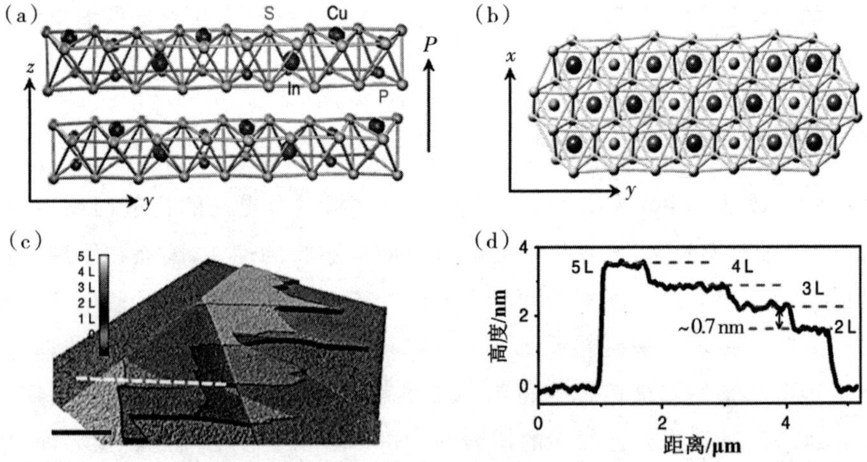

图 7.5 $CuInP_2S_6$ 的晶体结构和表征[11]：(a) (b) $CuInP_2S_6$ 晶体结构的俯视图和侧视图，向上的箭头表示极化方向；(c) 不同层数 $CuInP_2S_6$ 薄片的 AFM 图像；(d) 沿着(c)中白色虚线的高度轮廓图，L 代表层数

2. In_2Se_3

In_2Se_3 是 InSe 体系中成分最复杂的材料，In_2Se_3 包括 α (2H)、α (3R)、β (3R)、γ、δ、κ 几个相，只有 α 相和 β 相具有层状结构[12]。当温度升高至 473 K 时，α 相会转化为 β 相，β 相为高温非极性相。α-In_2Se_3 的热释电性产生于内部结构的热演化[13]。In_2Se_3 是以 Se-In-Se-In-Se 原子层序列堆叠的，每一结构单元层的厚度大概为 1 nm。对于单层 In_2Se_3，α-β 相变发生在 700 K 附近，α-β 相变通过顶部 3 个原子子层和底部 2 个原子子层在相反方向上发生相对位移实现。2017 年，研究人员通过第一性原理计算预测 α-In_2Se_3 和其他 $Ⅲ_2Ⅵ_3$ 半导体材料具有铁电性。随后，研究人员利用压电力显微镜在少数层 α-In_2Se_3 中观察到与表面形貌无关的 180°相位差的铁电畴，在实验上证实了少数层 α-In_2Se_3 的室温

铁电性。在 α-In_2Se_3 中，位于中间的 Se 原子层和相邻的两个 In 原子层之间的层间距有很大的不同，同时，打破了面外和面内方向的中心反演对称性，使得 α-In_2Se_3 同时具有面外和面内铁电性[14]。

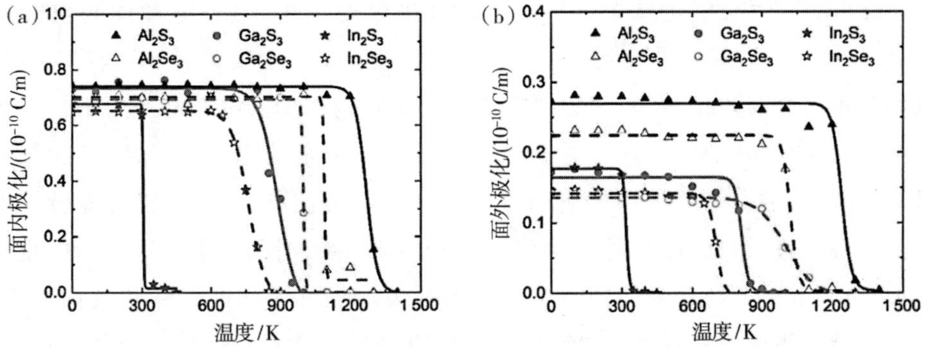

图 7.6　$Ⅲ_2Ⅵ_3$ 单层的面内 (a) 和面外 (b) 极化的温度依赖性[15]

α-$Ⅲ_2Ⅵ_3$ 单层在室温下表现出稳定的自发极化，具有压电性、铁电性和热释电性。图 7.6 总结了 $Ⅲ_2Ⅵ_3$ 单层的面内和面外自发极化的温度依赖性，它们的 T_c 遵循 $Al_2Ⅵ_3>Ga_2Ⅵ_3>In_2Ⅵ_3$ 的规律。随着温度的升高，$Ⅲ_2Ⅵ_3$ 单层的热释电性持续至铁电相到顺电相的转变，顺电相不具有热释电性。对于 α-In_2Se_3 单层，室温热释电性 p_{RT} 的面外分量 $p^{RT}_{Out\text{-}of\text{-}plane}$ 约为 -18×10^{-10} $\mu C\cdot m^{-1}\cdot K^{-1}$。为了便于比较，假设有效单层厚度为 0.97 nm，那么 α-In_2Se_3 单层平面外 p_{RT} 约为 -1.9 $\mu C\cdot m^{-2}\cdot K^{-1}$，这与纤锌矿半导体 GaN 和 ZnO 相当。$\alpha$-$In_2Se_3$ 中面内极化和面外极化相互耦合，但面内极化对层数有依赖性。α-In_2Se_3 除具有室温铁电性，适合用于铁电存储器以外，还具有合适的带隙、良好的力学性能、较高的稳定性、较高的载流子迁移率及较高的光吸收率等优异性能，在光电器件、柔性器件、离子电池等方面也有很好的应用前景。

7.2.2　新型界面热释电效应及其特点

材料具有热释电效应的前提是具有自发极化，即在某个方向上存在固有电矩，具有对称中心的材料不可能具有热释电效应。对称性[16]是构成现代物理学基础的自然定律的核心，在基本层面上决定了材料的性质。根据诺埃曼原则，有 10 种具有单一极轴的点群。只有属于这 10 种点群结构的材料才有自发极化，且自发极化强度随温度的变化而变化，因而具有热释电性。热释电效应也是极性结构的代表性特征。这 10 种极性晶类具有可用矢量描述的性质[2]，分别是：1、2、m、2mm、3、3m、4、4mm、6、6mm。

材料对称性通常由原始晶体结构决定，对称性的丧失通常由相变引起。打破晶体的反转对称性会出现许多性质和效应，如压电效应、热释电效应。例如，钛酸钡 ($BaTiO_3$) 顺电到铁电的相变，从中心对称的立方相到极性四方相，降低了晶体的对称性，使

$BaTiO_3$出现压电和热释电效应。材料的对称性也可以通过降低对称性的外部刺激来调节，如应变梯度，它表现为材料中产生不均匀应变。应变梯度打破了反转对称性，能够通过挠曲电效应在任何对称的材料中诱导电极化。对于许多材料，如中心对称的锶钛氧化物（$SrTiO_3$）和二氧化钛（TiO_2），对称性破缺与压电、热释电和体光伏效应等相关联。

电场也可诱导对称性破缺，起到与应变梯度类似的作用。电场已经用于二维系统中设计非中心对称性，从而引入自旋电子学、谷电子学和光电效应等。例如，$SrTiO_3$ 晶体被施加沿[001]方向的电场后将不再显示原始的立方对称性，而显示出极性对称。电场不仅打破了中心对称材料的反转对称性，而且诱导了极性结构的产生。这里的电场可以由外部施加，也可以是材料自身的内建电场。内建电场通常源于能带弯曲或化学势梯度，存在于异质结构界面。在界面处出现的电场可以诱导极性不对称，从而导致中心对称材料中出现压电和热释电效应。

一般来说，具有肖特基结的金属-半导体接触通常具有较强的内建电场，在金属和半导体中，能级重新排列后，费米能级的对准会产生能带弯曲，在半导体内产生耗尽区，耗尽区与从半导体指向金属的电场相关联，于是在中心对称半导体的耗尽区中诱导极性结构。因此，具有界面内建电场的中心对称材料在形成异质结构后具有正压电效应和逆压电效应，类似于传统的块状非中心对称材料。肖特基结的内建电场不仅提升了非对称性，而且通过电场的极性性质引起了局部极化，因此一些肖特基结还具有热释电效应。这种界面热释电效应来源于肖特基结中的介电常数、有效掺杂浓度和内建电势的温度依赖性，在构建二维热释电材料方面也很重要。

Yang 等[17]通过动态调制温度和测试短路电流研究了肖特基结的热释电效应。如图 7.7 (a) 所示，当正弦调制 $Au/Nb:SrTiO_3$ 肖特基结的温度时，可输出具有 90°相移的交流电，且热释电电流密度的波形沿着 $Au/Nb:SrTiO_3$ 结温度波形的变化而变化，证实了肖特基结处的热释电效应。如图 7.7 (b) 所示，肖特基结 $Au/Nb:SrTiO_3$、$Au/Nb:TiO_2$ 和 $Au/Nb:Bb_{0.6}Sr_{0.4}TiO_3$ 的热释电系数具有温度依赖性。肖特基结除了具有较大的热释电系数外，还具有两个不同于传统体材料的特点：第一，热释电系数具有较弱的温度依赖性。传统铁电材料中的热释电效应具有很强的温度依赖性，即热释电系数在远离相变温度时急剧衰减，这限制了它们的实际应用。相比之下，$Au/Nb:Bb_{0.6}Sr_{0.4}TiO_3$ 结中的热释电系数显示出较弱的温度依赖性，且由于耗尽区的持久性，在宽的温度范围内保持较好的性能。第二，界面热释电效应对热扰动有快速响应。如图 7.7 (c)和(d)，在相同的红光脉冲照射下，$Au/Nb:Bb_{0.6}Sr_{0.4}TiO_3$ 结和 $Pb(Ti_{0.8}Zr_{0.2})O_3$ 陶瓷产生的热释电电流具有时间依赖性。光打开瞬间产生的负向电流尖峰和光关闭瞬间产生的正向电流尖峰是温度瞬时变化时产生的电流，之后温度变化率减小，曲线逐渐趋于平稳。通过比较

图 7.7(c)和(d)可知，Au/Nb:$Bb_{0.6}Sr_{0.4}TiO_3$ 结的热释电响应比 $Pb(Ti_{0.8}Zr_{0.2})O_3$ 陶瓷大了超过 1 个数量级，而热响应时间较之短约 3 个数量级。

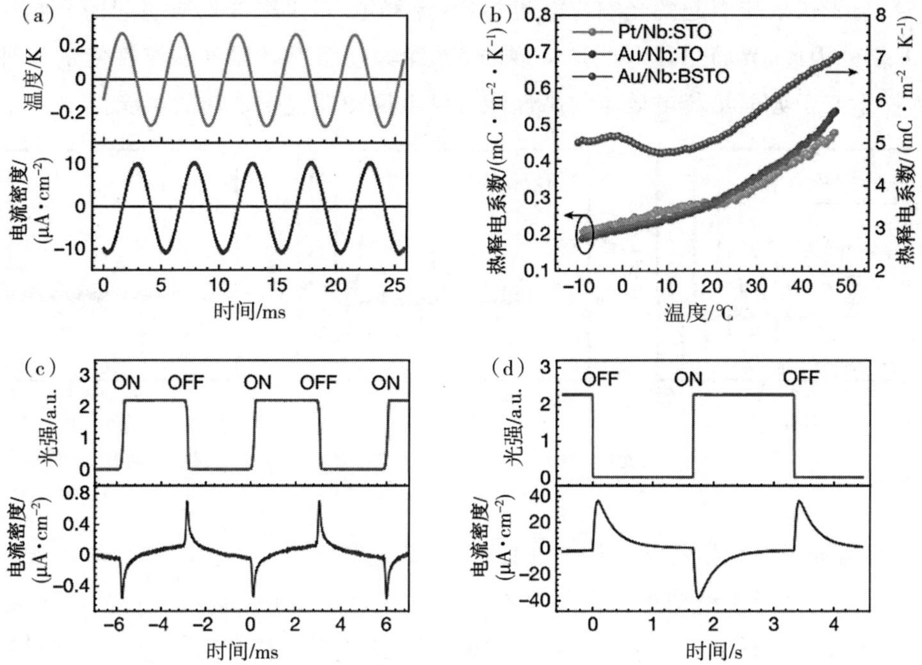

图 7.7　界面热释电效应：(a) 热释电电流密度的波形沿着 Au/Nb:$SrTiO_3$ 结温度波形的变化而变化；(b) Au/Nb:$SrTiO_3$、Au/Nb:TiO_2 和 Au/Nb:$Bb_{0.6}Sr_{0.4}TiO_3$ 肖特基结的热释电系数的温度依赖性；(c)(d) Au/Nb:$Bb_{0.6}Sr_{0.4}TiO_3$ 结和 $Pb(Ti_{0.8}Zr_{0.2})O_3$ 的脉冲光诱导的热释电电流[17]

二维 MoS_2/WSe_2 异质结也具有界面热释电性。MoS_2/WSe_2 异质结界面处的非对称结构使它在面外方向上存在指向 WSe_2 的固有极化。实验表明，MoS_2/WSe_2 异质结在 405 nm 激光光功率密度从 3.54 mW·cm^{-2} 增大到 312 mW·cm^{-2} 时，热释电系数从 27.8 μC·m^{-2}·K^{-1} 增大到 1 200 μC·m^{-2}·K^{-1}[18]。此外，二维 MoS_2/WSe_2 异质结还可能具有面内固有极化。从本质上讲，二维材料或异质结的极化决定于点群对称性，如果异质结具有 C_{nz}(n=2, 3, 4, 6)旋转对称性，那么异质结不具有面内极化[19]。MoS_2 或 WSe_2 单层都具有 C_3 旋转对称性，但两种材料构成异质结时，如果重叠部分的 C_3 轴相互发生偏移，异质结将不存在 C_3 旋转对称性，从而具有面内极化，极化的大小取决于偏移的大小。需要注意的是，MoS_2 和 WSe_2 构成异质结时，C_3 旋转对称轴完全重合的概率非常小，因此 MoS_2/WSe_2 异质结一般都具有面内极化。

二维 WSe_2/Ta_2NiS_5 垂直异质结也具有较强的界面热释电性，在低光功率密度下可实现有效的热释电探测，如图 7.8 所示。在 660 nm 激光光功率密度为 0.01 mW·cm^{-2} 时，基于热释电效应的 WSe_2/Ta_2NiS_5 异质结可实现 121 mA·W^{-1} 的响应度，2×10^{12}

Jones 的比探测率，以及高达 22.6% 的外量子效率。当升温速率为 5.5 $K\cdot s^{-1}$ 时，异质结的热释电系数可达 $8\times10^3\ \mu C\cdot m^{-2}\cdot K^{-1}$，相比传统的热释电材料显示出了巨大的优势。同时，与光伏效应引起的光响应电流相比，热释电-光伏耦合效应引起的光响应电流增强了 8 倍。因此，界面热释电性是实现弱光探测，进而提高器件探测性能的一种有效手段，为探索基于界面热释电效应的高性能自供电探测器提供了新的可能。

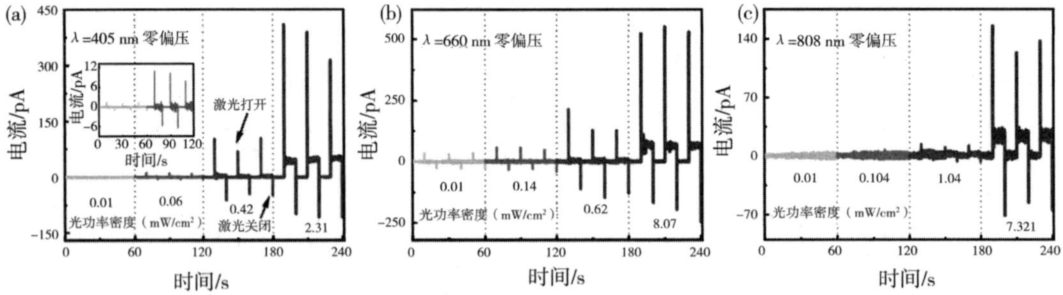

图 7.8　WSe_2/Ta_2NiS_5 异质结光电探测器在不同波长激光不同光功率密度下的 I-t 循环曲线：(a) 405 nm；(b) 660 nm；(c) 808 nm

不同材料的界面化学势并不均匀，因此电场普遍存在于界面上。界面压电效应和热释电效应可发生在异质结构中任何一个在界面建立的电场中。界面上的热释电系数较大，并且压电性和热释电性不受对称性的限制。具有界面热释电效应的二维材料是特殊的二维热释电材料，可应用于机电和热效应领域，如能量转换和红外传感器。通过精心设计，界面极性效应可与固有的体效应或外部诱导的极性（如应变梯度）同时起作用，以提升热释电系数。利用普通的材料构造新型二维热释电界面材料，是发展新型二维热释电材料的有效途径。

7.2.3　二维热释电材料的结构设计

二维热释电体中的电极化不受温度影响，能在较高的温度下应用。近年来，Janus 结构化已广泛用于设计具有不对称表面的二维热释电材料。Xin 等[20] 提出了一种新的基于五边形链的二维热释电材料筛选方法，找到了一类二维四元面内极化化合物 CuXX′Y (X，X′=S、Se、Te；Y=Cl、Br、I)。与六边形链相比，五边形链具有较低的对称性，这有利于极性材料的设计。在二维五边形链配置中，开罗五边形镶嵌是一种常用的结构模型，如图 7.9 (a) 所示。基于这种平铺图案能预测和制造多种二维材料，如五边石墨烯、$PdSe_2$ 和 NiN_2 等。这是一种实现五边形模型面内自发极化的方法，极向量沿着双螺旋轴，两个不同的原子在相邻的三配位顶点形成极键，螺旋轴位于阴影区域中间，该区域显示为链状结构。图 7.9 (b) 展示了另一种五边形链结构。虽然这两种构型中的五边形排列方式不同，但都具有双螺旋轴，当相邻的 3 个配位原子不等价时，可形成极性链，从而使材料具有热释电性。

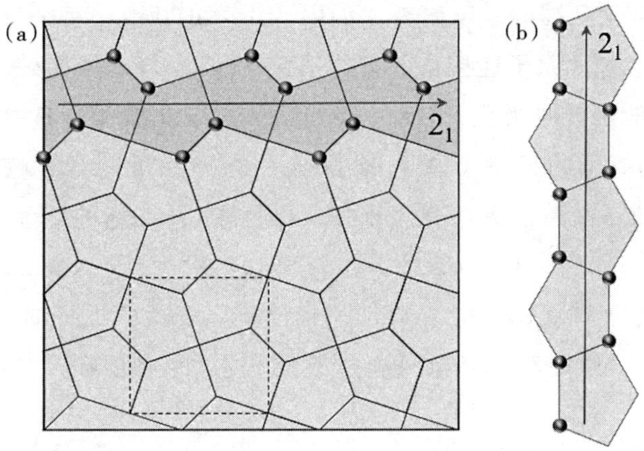

图 7.9　(a) 开罗五边形瓷砖，虚线表示单位单元，上方阴影区域显示了在三配位顶点上具有两种不同原子的极性链结构，箭头表示双螺旋轴以及极化方向；(b) 非等效三配位原子诱导的沿着链方向极化的五边形链结构[20]

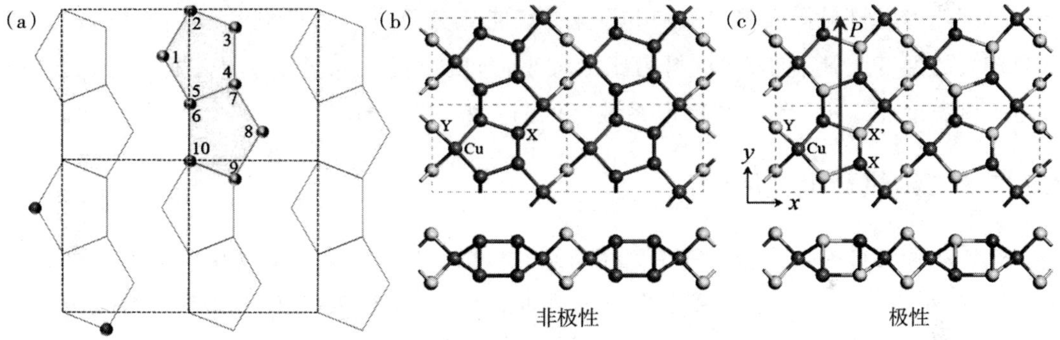

图 7.10　(a) 二维材料中五边形链构型示意图；(b) 由 CuX_4 五边形链和卤素原子 (Y) 作为连接基组成的非极性 CuX_2Y 片的几何结构；(c) 由 $CuX_2X'_2$ 五边形链和卤素原子组成的极性 $CuXX'Y$ 片的几何结构[20]

利用高通量筛选方法可以识别五边形链结构的材料。如图 7.10 (a) 所示，两个相邻的左右连接的五边形是链结构的最小重复单元，这意味着材料的单元至少包含一个这样的基序。以下步骤可用于确定数据库中的靶材料是否满足要求：(a) 使用 2×2 超晶胞，确保重复单元完全在结构内部进行筛选。(b) 找到该超晶胞中所有的化学键，当原子距离小于它们的共价半径之和时存在键。(c) 将所有原子和键投影到基面上，并计算形成的数据集，然后投影该结构的所有键角；(d) 对这 10 个键角求和并在所有组合上迭代。若存在一个总和为 1 080° (2 个五边形的内角和) 的组合，该组合中的 10 个键角由 8 个原子组成，且它们正好形成 9 个化学键，则该材料可被识别为五边形链，如图 7.10 (a) 所示。

目前已经发现了 13 种具有类似结构基序的靶材料，通式为 MX_2Y (M＝Cu、Ag、Au；X＝O、S、Se、Te；Y＝Cl、Br、I) [20]。其中，$CuSe_2Cl$、$CuTe_2Cl$、$CuTe_2Br$ 和 $CuTe_2I$ 等

4 种铜基材料的电极化已被进一步研究。如图 7.10（b）所示，每个五边形由 1 个铜和 4 个 X 原子组成，通过与 Y 原子连接构成五边形链。然而，弯曲结构破坏了反转对称性，相同的三配位原子不能诱导电极化，因此二维 MX_2Y 属于非极性的非中心对称结构。为了实现极性，可用相同基团的另一个原子 X′替换一个 X 原子进行等电子取代，如图 7.10（c）所示。之后形成了沿着链方向有序排列的极性键，并在新的四元 CuXX′Y 单层中呈现出电极化，如 CuTeSCl、CuTeSeCl、CuTeSBr、CuTeSeBr、CuTeSeI 等。与非极性 CuX_2Y 单层相比，原子替代构造的 CuXX′Y 极性单层表现出更强的、与电极化正相关的位移电流响应。综上，通过对热释电材料进行结构设计，有望提高二维热释电材料的电流/电压输出性能。

7.3 二维热释电材料的性能优值、测试及调制

二维热释电材料一般需要具有以下性能：能充分吸收入射的红外线；吸收单位热能对应较大的温度上升幅度，即材料的比热较小；介质损耗 $\tan\sigma$ 小；易加工成薄片；具有较高的居里温度 T_c；具有大的热释电系数和低的介电常数；等等。

7.3.1 二维热释电性能优值

衡量热释电材料性能的参数有热释电系数、优值因子、吸热流量和居里温度等。其中，热释电系数 p 用以描述热释电性能的强弱，反映了单位温度下热释电材料在单位面积表面上所累积的极化电荷量，单位是 $C \cdot cm^{-2} \cdot K^{-1}$。如果整个热释电材料有均匀的微小温度变化 ΔT，则材料自发极化矢量的变化为 $\Delta P_S = p\Delta T$。当温度升高时，大多数热释电材料的热运动倾向于干扰材料中电矩的有序取向，使极化强度降低，热释电系数 p 为负值。在恒定应力和电场强度下，p 可由下式计算：

$$p = \frac{\partial Q}{\partial A} = \left(\frac{\mathrm{d}P}{\mathrm{d}T}\right)_{\sigma,E} \tag{7.3}$$

式中：下标 σ 和 E 分别代表恒定应力和电场；Q 为热释电电荷；A 为材料的电极表面积。假设热释电效应恒定且热释电材料两端温度一致，热释电电流 I_p 可表示为：

$$I_p = \frac{\mathrm{d}Q}{\mathrm{d}t} = pA\left(\frac{\mathrm{d}T}{\mathrm{d}t}\right) \tag{7.4}$$

式中：$\mathrm{d}T/\mathrm{d}t$ 表示温度变化的速率。需要注意，热释电电流取决于材料的表面积，而不是厚度或体积，这是因为热释电电荷仅集中在热释电材料的表面。基于此，热释电系数还可由下式计算：

$$p = I_p\left(\frac{\mathrm{d}T}{\mathrm{d}t}\right)^{-1}/A \tag{7.5}$$

通过热释电电流、温度的变化和表面积可以计算热释电系数。由于热释电材料本质上属于电介质,因此等效电容 C 可以表示为:

$$C = \frac{A\varepsilon_p}{h} \tag{7.6}$$

式中:ε_p 为恒定压力下热释电材料在极化方向上的介电常数;h 为材料厚度。根据 Q、C 和开路电压 V 之间的关系 ($Q=CV$),结合式 (7.4) 和式 (7.6),热释电效应产生的开路电压可利用式 (7.7) 计算:

$$V = \frac{p}{\varepsilon_p} h \Delta T \tag{7.7}$$

电容器中存储的总能量为 $1/2CV^2$,温度变化结束后,热释电材料中存储的总能量 E 可表示为:

$$E = \frac{1}{2} \frac{p^2}{\varepsilon_p} Ah(\Delta T^2) \tag{7.8}$$

热释电系数代表了热释电材料极化随温度的变化率。按照加热方式,热释电系数的测试方法主要分为动态法和静态法。动态法是直接调制待测样品的温度,温度变化的形式可以是正弦波。动态法加载的变温范围较小,反应的是某一基准温度下的热释电系数。静态法是采用连续加热的方式使被测样品升温,后通过测量热释电电荷与温度的关系来求得热释电系数。静态法测量的热释电系数反映的是一个温度范围内的平均响应。动态法是在某一较窄的温度范围内测量热释电系数,是热释电系数测试常用的方法。

优值因子考虑了热释电材料的电学和热学性能,是评价热释电材料综合性能的关键参数。优值因子主要包括 4 个参数:电流响应优值 F_i、电压响应优值 F_V、探测优值 F_D 和能量收集优值 F_E。F_i 和 F_V 是衡量热检测和红外检测性能的主要参数,F_D 是衡量热释电检测器性能的主要参数,这 3 个优值因子的计算公式如下[21]:

$$F_i = p/C_V \tag{7.9}$$

$$F_V = p/(C_V \varepsilon_0 \varepsilon_r) \tag{7.10}$$

$$F_D = p/[C_V \ (\varepsilon_0 \varepsilon_r \tan\delta)^{1/2}] \tag{7.11}$$

式中:C_V 是热释电材料的体积比热容,单位为 $J \cdot m^{-3} \cdot K^{-1}$;$\varepsilon_r$ 是相对介电常数;ε_0 是真空介电常数,取 8.85×10^{-12} $F \cdot m^{-1}$;$\tan\delta$ 是介质损耗角正切。由式 (7.11) 可知,热释电材料的热释电系数越大、体积比热容越小、介电常数越小、介电损耗越小,探测优值 F_D 越高。

F_E 是热电能量转换器件最重要的考虑因素,计算公式为:

$$F_E = \frac{p^2}{\varepsilon_p} \tag{7.12}$$

由式 (7.12) 可知,理想的热释电能量转换材料应具有大的热释电系数和小的介电常数。因此,可以通过降低热释电材料的体积比热容、介电常数、介电损耗等方式来优化热释电材料的性能。

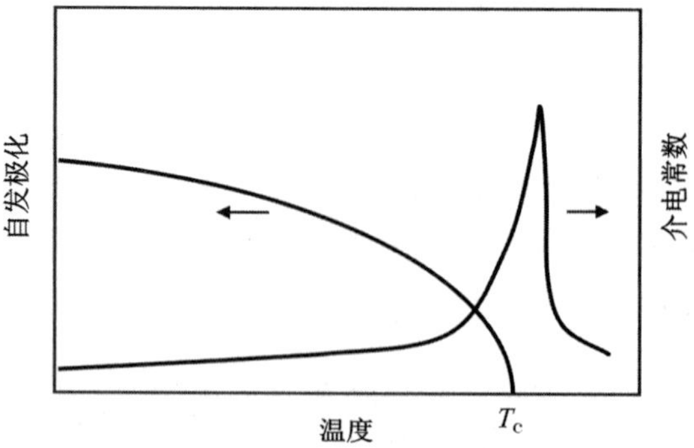

7.11　热释电体自发极化、介电常数与温度的关系

热释电材料在遭到热破坏以前，温度升高时热运动倾向于扰乱材料中电矩的有序，使得自发极化减小。图 7.11 展示了热释电材料的自发极化、介电常数与温度的关系[21]。在远离 T_c 时，热释电材料的自发极化随温度的变化相对较小，介电常数在很大的温度区间内不会发生大的变化；在 T_c 附近，自发极化急剧下降；到达 T_c 时，自发极化消失，介电常数急剧增加，材料的热释电性消失；超过 T_c 时，由于失去自发极化，介电常数明显降低。在实际测量中会发现在 T_c 以上时自发极化并不等于零，这主要由热释电材料的缺陷、尺寸和退极化场等引起。应注意，在测算 p 时，热释电材料要处于能正常工作的温度下，并避免材料因压力发生形变。

7.3.2　二维热释电材料性能的调控

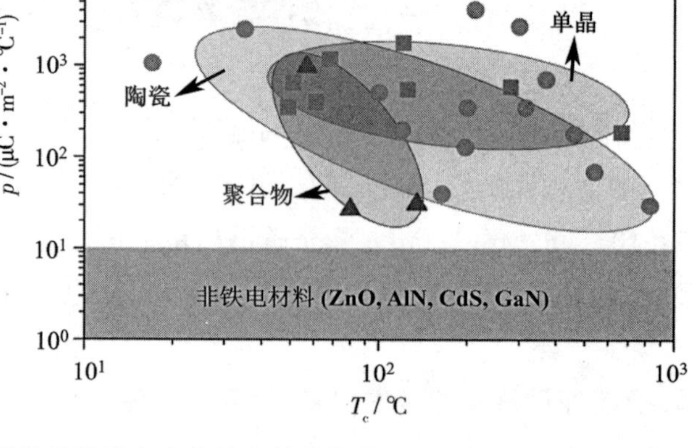

图 7.12　常用的几类铁电和非铁电材料的热释电系数 p 与居里温度 T_c 的关系[22]

与非铁电材料（ZnO、AlN、GaN、CdS）相比，铁电材料由于自发极化的重取向能力，具有较高的 p。铁电陶瓷代表了大多数极性材料，在宽的 T_c 范围内（室温至 1 000 ℃）具

有宽范围的 p（10～$10^3\mu C \cdot cm^{-2} \cdot K^{-1}$），与 PVDF 聚合物和弛豫铁电材料形成鲜明对比。图 7.12 总结了常用的几类铁电材料和非铁电材料的热释电系数 p 与居里温度 T_c 的关系。很少有极性材料在室温下具有高的 p，这限制了常见但易被忽视的非静态废热的收集，如工业废热、环境热波动、太阳热和身体热量等。因此，将热释电材料的 T_c 降至室温附近，利用热释电材料在 T_c 附近的高 p 实现有效的非静态热电转换，是一种可行的思路。

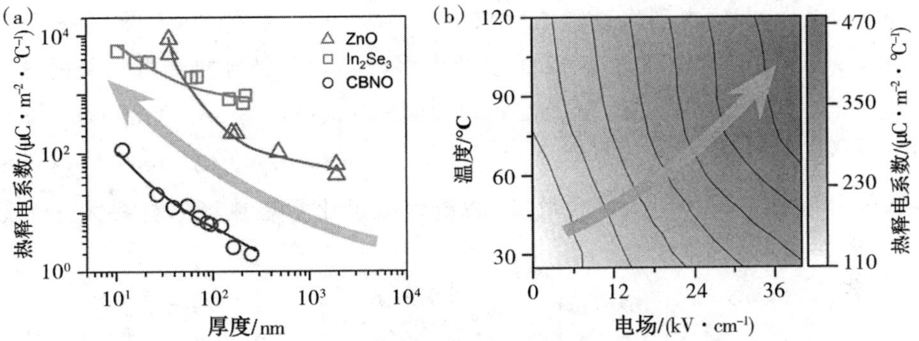

图 7.13　(a) 与厚度相关的热释电性的维数效应；(b) 电场驱动极化增强热释电性[22]

为了提高极性材料的 p，可将维数效应引入材料的合成中。Jiang 等[23]报道了 3 种类型的热释电材料，包括范德华 In_2Se_3、准范德华 $CsBiNb_2O_7$ 和离子/共价 ZnO，如图 7.13(a)所示，当极性材料的厚度接近二维结晶极限时，p 最高。换言之，在二维系统中沿着平面外/厚度方向的原子位移的较少约束有助于 p 的提高。另外，外部热/电场可以调制极性材料的偶极矩变化，如图 7.13 (b) 所示，p 随温度和电场的增大而增大，且可逆极化在外加电场下具有可调谐性，在低温下总体极化变化朝向 p 增加的方向（ΔP，$P_E \neq 0$）。

如图 7.14 (a)～(c)，热释电材料在红外激光照射下，从“ON”切换到“OFF”或从“OFF”切换到“ON”时，热释电电流（和电流密度）迅速上升到最大绝对值，然后缓慢衰减。热源的突然出现或移除引起了大的温度波动，产生了大的热释电电流，之后在持续的加热或冷却下，温度波动不明显，热释电响应较小。对于铁电材料，所有器件在测量之前已经极化，且热释电电流的方向可以通过翻转极化来切换。如图 7.14(a)所示，基于 In_2Se_3 的器件在翻转极化（正到负）之后存在可切换的热释电电流，这种可切换性可以排除其他可能的效应，如热电效应。假设 p 在一定温度范围内恒定，p 可以表示为：

$$p = \frac{J\Delta t}{\Delta T} = \frac{\sigma}{\Delta T} \tag{7.13}$$

式中：J 是电流密度，σ 是电荷密度，ΔT 是温度变化量。

在电流密度-时间曲线中，通常选择对应加热的部分计算热释电系数[24]。图 7.14

(d)～(f) 分别为 In_2Se_3、$CsBiNb_2O_7$ 和 ZnO 的热释电系数，三种材料均表现出明显的厚度依赖性。对于 In_2Se_3，p 从 222 nm 的 958.8 $\mu C \cdot m^{-2} \cdot K^{-1}$ 增加到 11 nm 的 5.5×10^3 $\mu C \cdot m^{-2} \cdot K^{-1}$；对于 $CsBiNb_2O_7$，p 从 250 nm 的 2.0 $\mu C \cdot m^{-2} \cdot K^{-1}$ 增加到 12 nm 的 110.8 $\mu C \cdot m^{-2} \cdot K^{-1}$；对于 ZnO，$p$ 从 1920 nm 的 42 $\mu C \cdot m^{-2} \cdot K^{-1}$ 增加到 32 nm 的 8.7×10^3 $\mu C \cdot m^{-2} \cdot K^{-1}$。当这三种材料厚度变薄时，$p$ 迅速增加，且 ZnO 显示出超过两个数量级的增加。In_2Se_3 的最薄和最厚膜之间的热释电系数比值为 6，$CsBiNb_2O_7$ 为 55，ZnO 为 207，ZnO 表现出最强的维数效应，In_2Se_3 的维数效应最弱。图 7.14 (g) 总结了 In_2Se_3 (11 nm) 和 ZnO (32 nm) 以及大多数单晶和外延热释电材料的热释电系数和品质因数。厚度为 11 nm 的 In_2Se_3 的品质因数 F_V 为 24.2 $m^2 \cdot C^{-1}$，厚度为 32 nm的 ZnO 的 F_V 为 32.6 $m^2 \cdot C^{-1}$。In_2Se_3 (11 nm) 和 ZnO (32 nm) 的热释电系数比大多数热释电材料高一到几个数量级，品质因数也比常规热释电材料大一个数量级以上。

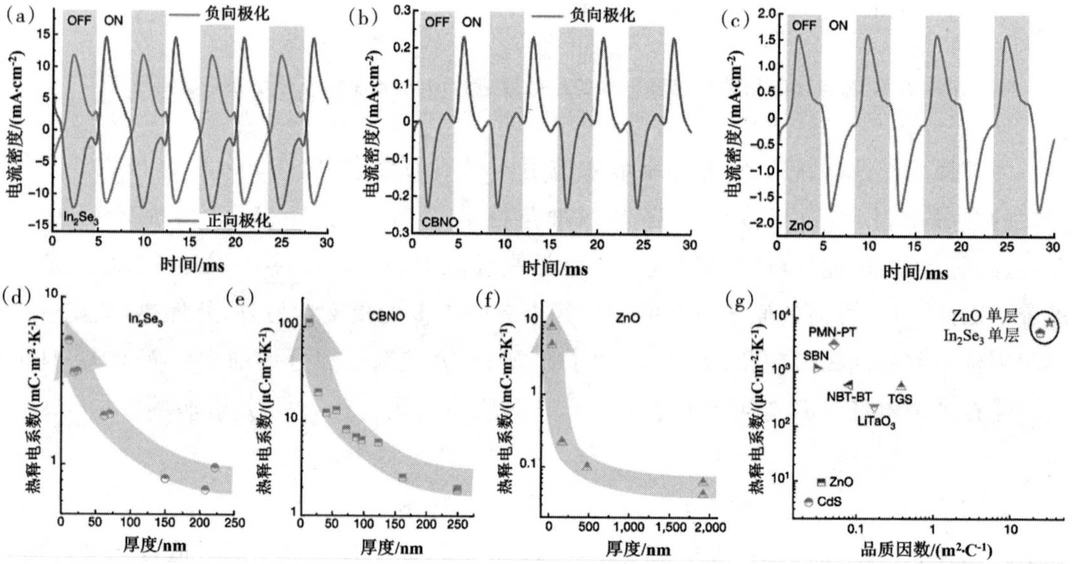

图 7.14 In_2Se_3、$CsBiNb_2O_7$ 和 ZnO 的热释电性及维数效应：(a)～(c) In_2Se_3 基、$CsBiNb_2O_7$ 基和 ZnO 基器件在调制红外激光下的热释电电流密度随时间变化的曲线；(d)～(f) In_2Se_3、$CsBiNb_2O_7$和 ZnO 的热释电系数与厚度的关系；(g) In_2Se_3 (11 nm) 和 ZnO (32 nm) 纳米片与常规单晶和外延热释电材料的热释电系数和品质因数的比较[23]

7.3.3 二维热释电材料性能的测试

在实验室环境下，热释电性能的测试主要采用半导体分析仪、静电计等。热释电电流的测试系统主要由半导体分析仪、探针台、激光器和电子快门等组成。激光器用于模拟光源/热源，在激光器上组装电子快门，可以起到开关的作用。当快门内部的挡板打开时，样品受光照后温度上升；挡板闭合时，样品表面温度下降。以此可以模拟连续或长时间脉冲的光照/加热条件。该测试方法的原理是：样品表面的温度波动引起样品极化强度的改变，进而在两电极间产生电流，可测出循环光照条件下的热释电信号。另外，可以采用静电计替换半导体分析仪，通过类似的方法测得两电极间的电压。

热释电材料中的光电能量转换是一个复杂的过程，涉及影响载流子行为的多种机制[25]。图 7.15 表示热释电器件在施加光照和变温条件下的温度随时间的变化和电流随温度的变化曲线。如图 7.15 (a)所示，当仅施加温度变化时，器件仅出现热释电电流；施加光照时，由于器件温度发生变化，会出现峰值光电流 I_{peak} 和平台光电流 $I_{platform}$（即热释电电流和光伏电流）；当器件升温且施加光照时，会出现比仅加光照时更大的 I_{peak} 和 $I_{platform}$。如图 7.15 (b)所示，器件在降温时会产生热释电电流，且与图 7.15 (a) 中器件在升温时产生的热释电电流方向相反。当给器件降温且施加光照时，I_{peak} 和 $I_{platform}$ 比仅加光照时更小，此时电流由光电效应和热释电效应共同产生。

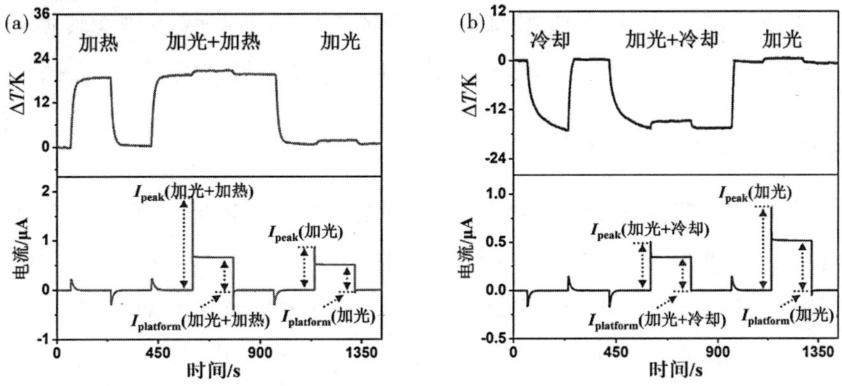

图 7.15　器件在加热 (a) 和冷却 (b) 时的温度变化与电流随时间的变化曲线[26]

通常，热释电材料具有光激发、半导体和热释电特性，如果将三者耦合在一起，会产生热释电光电子学效应。在激光照射的瞬间，器件表面温度迅速上升，促进了电子和空穴的传输，产生了热释电信号。同时，光照下材料内部发生光伏效应，使得器件的输出电流及响应度提高，这是提升器件光电性能的一种有效方法[27]。热释电光电子学效应分为 4 个阶段：第 Ⅰ 阶段，在激光照射下，器件的温度瞬时升高 ($\mathrm{d}T/\mathrm{d}t>0$)，产生了热释电极化电势，增强了光生载流子的传输，电流产生了瞬时尖峰，对应的最大输出电流为 $I_{pyro+photo}$，代表输出电流来自热释电效应和光伏效应；第 Ⅱ 阶段，当光持续照射时，器件温度保持不变 ($\mathrm{d}T/\mathrm{d}t=0$)，热释电电流消失，仅留下稳定的光电流 I_{photo}；第 Ⅲ 阶段，激光关闭，器件内部温度瞬时降低 ($\mathrm{d}T/\mathrm{d}t<0$)，热释电电荷反向分布，形成反向的热释电电流，称为 $I_{pyro'}$；第 Ⅳ 阶段，温度恢复到室温并变得稳定 ($\mathrm{d}T/\mathrm{d}t=0$)，热释电电流消失，光电流也不存在，电流逐渐恢复到接近零的稳定值 I_{dark}。

7.4 二维热释电材料与器件的应用

二维材料热释电效应的应用大体可分为两大类：一类是在物理学基础研究中的应用，如确定材料的非中心对称结构和相变温度，确定材料中原子（或离子）的相对位移等；另一类是应用于热释电传感器、红外成像、探测器和热释电能量转换器等领域中[2]。首先，二维热释电材料可以将热能转化为电能，用于自供能或自充电器件。例如，利用二维热释电材料开发自供能传感器、可穿戴设备、无线通信设备等，它的高表面积和优异的传热性能可提高能量转换效率。其次，二维热释电材料在传感器领域也有潜在应用，可以实现对温度和热流的高灵敏度检测。例如，在无人机、汽车、航空航天等领域中，二维热释电材料可用于实现高精度的温度监测和控制。此外，由于薄型结构和柔性特性，二维热释电材料在柔性电子学领域（如柔性热释电发电器、传感器、可穿戴电子设备、医疗监测和智能皮肤等领域）也具有应用前景，可实现柔性和可穿戴的热能转换和传感。可以预见，在未来的各个科技领域中，热释电效应将会有更广泛的应用。

7.4.1 纳米发电机中的应用

热释电纳米发电机能将环境中温变产生的热能转化为电能，而环境中的温变是很普遍的现象，因此热释电纳米发电机是收集环境能量的一种低成本、简易化的方案，有望应用到各种温度随时间波动的场景。利用热释电纳米发电机收集废热来进行温度检测、医疗诊断或用于个人电子产品等是未来发展的重要方向，在自供电式分布能源系统的构建中具有广阔的应用前景。此外，还可以利用热释电效应调制二维电子器件功能，制备用于热能收集的多功能器件。

Niu 等[28]制备了基于二维 $CuInP_2S_6$ 的热释电纳米发电机，它可以有效地将外界温度改变产生的热释电电荷转化为电流，器件在升、降温时产生的电流大小取决于电极尺寸和温度变化率。据估计，$CuInP_2S_6$ 的热释电系数最高可达 735 $\mu C \cdot m^{-2} \cdot K^{-1}$。$CuInP_2S_6$ 基热释电纳米发电机可将废热转化为能源，是一种新型的废热能源收集器件。Sahatiya 等[29]制备了基于 ZnO/Gr 异质结的热释电纳米发电机，在近红外光下，ZnO 纳米片内部的热释光电效应产生的热释电势可与异质结的内建电场叠加，调节耗尽区宽度，使 ZnO/Gr 异质结热释电纳米发电机在无外部电源时仍可正常运行。此外，利用异质结耗尽宽度的变化还可将它们用作频率调制器中的可变电容器。

7.4.2 红外传感器中的应用

除了用于制备纳米发电机之外，二维热释电材料还广泛用于红外传感器中。当传感器接收外界红外辐射后,表面温度发生变化,热释电材料极化发生变化,引起电极上电荷密度的变化,电路中出现电信号或信号发生改变,再通过放大电路可以检测到明显的信号变化,进而实现对外界信号的感知。

Uzhansky 等[30]对二维 α-In_2Se_3 基场效应晶体管的热释电性能进行了评估,α-In_2Se_3 的热释电系数高达 30.7 $mC \cdot m^{-2} \cdot K^{-1}$,电压响应优值 F_V 高达 135.9 $m^2 \cdot C^{-1}$。在光照射瞬间,器件温度升高,此时 dT/dt 最大,热释电电流达到最大;在缓慢冷却过程中,dT/dt保持不变,热释电电流也不变。由此可见,热释电电流随温度的变化率成比例变化。此外,面内极化和半导体性质使 α-In_2Se_3 具有体光伏效应,光照下固有的面内铁电场会分离 α-In_2Se_3 沟道内的光生电子-空穴对,诱导面内电位发生变化,产生短路电流。光照射引发的温度升高会使相应的面内极化减小,因此短路电流随温度的升高而减小。二维 α-In_2Se_3 同时具有温度敏感的热释电效应和光伏效应,实现了同一材料中热传感和光传感的新型结合。

7.4.3　能量收集中的应用

热释电材料可让一次能源的使用更加有效,并可将废弃能源用于实际。在过去的 50 年里,热释电集热技术受到学术界和工业界的关注,使用热释电材料制成的热释电能量转换器件（如热释电能量收集器）有着很好的应用前景。环境中的废热可使热释电材料在变温和变电场的热释电循环中转换为电能。

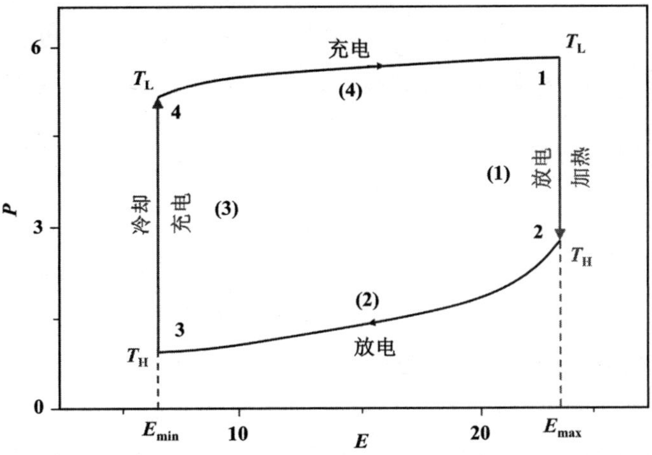

图 7.16　2 个等温线和 2 个等电场线构成的奥尔森循环

热释电转换奥尔森循环曲线如图 7.16 所示,循环的 4 个过程依次为:高电场升温、高温降低电场、低电场降温和低温增加电场[31]。具体过程为:先在初始温度 T_L（低温）下对铁电材料施加电场到 E_{max},状态设为 1 点;保持电场强度 E_{max}不变,升温到 T_H（高温）,状态为 2 点;维持温度 T_H 进行等温放电,降低电场强度到 E_{min}或零,状态为 3 点;保

持电场强度 E_{min} 不变，降温到 T_L（低温），状态为 4 点；最后在 T_L 温度增加电场到 E_{max} 返回 1 点，从而完成等电-等温-等电-等温的循环。在这个循环中，2 个对外放电和 2 个充电过程的放电量为回线的面积。热释电循环的效率与低温温度、高温温度和居里温度相关，保持高温温度略高于居里温度会具有较稳定的高热释电转换效率。

二维材料通常具有更高的电荷迁移率、更小的功耗，展现出比传统硅材料更优越的性能。二维热释电材料具有高的压电系数和热释电系数，适用于能量收集，收集的热量可以维持毫瓦级电子器件的工作，具有稳定的电输出，能够克服非静态废热源的间歇性和可变性。

Zhu 等[32]提出了一种利用热释电效应改善性能的 $Cu(In, Ga)Se_2/CdS/ZnO$ 异质结太阳能电池。器件的热释电电流密度在光开启时从零迅速增加到 15.68 $mA \cdot cm^{-2}$；当以约 0.6 $K \cdot s^{-1}$ 的速率冷却时，电流进一步增加；冷却结束时，电流下降，最后回到 15.68 $mA \cdot cm^{-2}$；当光照关闭时，电流迅速下降至零。器件在加热过程中，由于反向的热释光电子效应而产生了反向的热释电电流。异质结的热释电效应增强了光伏性能，这归因于异质结的能带在内部热释电势的影响下发生了弯曲。另外，当温度从 304 K 冷却到 275 K，dT/dt 约为 0.6 $K \cdot s^{-1}$ 时，异质结太阳能电池的光能转换效率从 13.48%提高到 14.23%，这是由热释电效应引起的。当对异质结再施加 0.65%的压缩应变时，器件的效率进一步提高到 14.37%。当向器件施加压缩应变时，由于 ZnO 的 c 轴极性取向，压电电势会沿着 ZnO 层扩展，正负极化电荷分别出现在 ZnO 的两侧使得性能增强。$Cu(In, Ga)Se_2/CdS/ZnO$异质结太阳能电池基于热释电效应和压电效应，有效提高了异质结太阳能电池的性能，为提高商用太阳能电池的输出性能提供了新的思路。

7.4.4 探测器中的应用

自然界中高于绝对温度的一切物体表面都会不断向外界辐射红外线。例如：人体体温为 36～37 ℃，可放射出峰值为 9～10 μm 的远红外线；加热至 400～700 ℃的物体，可放射出峰值为 3～5 μm 的中红外线[7]。获取物体的红外信息是人类认知自然界的一种有效途径，促进了红外探测技术的发展。红外探测器可以检测出物体所发射的各种红外线，按工作时是否需要制冷，可分为制冷红外探测器和非制冷红外探测器。制冷红外探测器对温度的灵敏度高，探测距离远，但价格昂贵，一般只用于高端军事武器中。非制冷红外探测器探测性能不够好，但不需要昂贵的制冷系统，且体积和功耗更小，价格低廉，环境适应性好，已广泛应用于中低端军用以及民用产品中。近年来，随着红外技术理论与红外探测器制备技术的发展，微型器件的制作水平越来越高，非制冷红外探测器的性能得到大幅提升。

热释电探测器能响应各个波段的光源，应用很广泛。例如：应用于火灾探测、气体分析探测、卫星遥感探矿等方面，热释电敏感元对红外辐射波动极为灵敏，会产生较强的电信号响应；应用于人员入侵探测、定位监控、红外成像等方面，热释电敏感元可有效将活动的生物热源与环境热源区分开；应用于夜视装置，基于各种物体在黑暗环境中温度的变化而发射出不同强度和波长的红外线的原理，器件在接受信号后可产生不同强度的电信号，最后还原成可视图像；应用于导弹、坦克中，热释电探测器无需冷却，可在军事上发挥着重要作用；应用于银行、保险公司的报警器中，热释电报警器可直接捕捉热源，将其转换为图像，且灵敏度高，探测角度宽，摄影死角小；应用于电力部门，红外成像技术可用于诊断发电机、电缆、避雷器等的潜在故障，在保证安全供电方面起着重要作用。

热释电红外探测器相比于其他热探测器具有很多优点：探测频率响应较宽；具有较大区域的探测敏感元；在实际工作时无需外加偏压；与热敏电阻相比，受周围温度的影响较小；不需低温冷却，适用范围更广；探测效率高，响应时间短；等等。热释电红外探测器工作时，热释电元件受到辐射加热，温度发生变化，改变了材料的极化状态，引起了正负电荷的重新分布，从而在感应元件的两侧产生电势差，并转换成电信号，由此实现对光的探测。

Kumar 等[33]报道了基于 SnS 的光电探测器，其具有从紫外（365 nm）到近红外（850 nm）的宽波段光响应，在红外光中具有热光电效应诱导的光电流。在激光的波长为 760 nm、光功率密度为 7 mW・cm^{-2}时，器件的光电流密度为 470 μA・cm^{-2}，响应度和探测率分别为 13 mA・W^{-1}和 3×10^{14} Jones。此外，光电探测器表现出超快的响应速率，上升时间和衰减时间分别为 12 μs 和 55 μs。这种优异的性能归因于垂直生长的 SnS 层中光子诱导的热释电效应，该效应也调制了光电过程。

Jiang 等[34]制备了基于二维 SnSe 的柔性光电探测器，该器件具有从 254 nm 到 1 550 nm的宽带光谱光探测能力。二维 SnSe 在 254 nm 的光照射下，由于光源为冷光源，器件仅表现出光电导效应；当波长为 405～980 nm 时，器件表现出光电导效应和热释电效应；当波长为 1 550 nm 时，二维 SnSe 仅表现出热释电效应。由此可见，基于热释电效应的光电探测器在红外光下有一定的优势，有望弥补部分光电探测器无法探测到红外光的短板，有效提高了光电探测器的性能。二维热释电材料在制备红外光电探测器方面具有很好的前景。

7.4.5　X 射线荧光分析仪中的应用

X 射线荧光分析法现已被广泛应用于冶金、地质和建筑等各个领域[35]。X 射线荧光分析仪有光谱仪和能谱仪两种类型。典型的 X 射线荧光能谱仪由激发源和探测器两部分构成。激发源发射初级 X 射线到分析目标，使原子被激发后产生次级特征 X 射线，即荧光 X 射线。目前，激发源大部分采用 X 射线管，它通过高压电场加速灯丝释放的电子撞击金属靶来产生X射线。然而,X射线管的结构使它的体积很难缩小,且工作时需要高压电源,这些都限制了X射线荧光分析仪的小型便携化。利用热释电效应来产生X射线,不再需要高压电源,仪器的功率和体积都可以显著减小。随着半导体技术的进步,出现了硅漂移探测器,其噪声更低,能量分辨率更高,应用于X射线荧光能谱仪时具有更强的元素分析能力。热释电X射线产生的基本原理是:当材料被加热或冷却时,温度的变化会引起自发极化强度的改变,由于材料表面产生的电荷来不及被中和而产生电压。在材料表面的大量束缚电荷被中和之前,附近会形成很强的电场并电离周围的空气分子,从而产生自由电子。若周围的气压较低,这些电子的平均自由程足够长,设置一个金属靶时,电子就会在电场的加速下撞击到金属靶,产生韧致辐射X射线和靶元素的特征X射线。

除上述应用外,热释电效应还可应用于材料学、纳米科技等领域。在材料学研究中,通过控制热释电材料的微观结构和化学成分,可增强热释电效应,从而实现更高效的热电能量转换。在纳米科技领域,热释电效应可用于纳米电子元器件的制备。另外,在热管理、光电器件、太阳能电池等领域,均可采用热释电效应来提高器件的性能。在某些特殊的医学检测和治疗成像中,热释电效应也有独特的应用价值。未来,随着对能源转换需求的不断增加,二维热释电材料将在更广泛的应用领域中展现出巨大的潜力,并在材料科学和应用技术领域中持续发展和创新。

7.5 二维热释电材料及器件的研究热点

二维热释电材料及器件的研究热点包括二维热释电材料的微观机理、合成与制备、性能调控与优化以及应用领域拓展等方面。在热释电性能的理论研究和实验验证方面,研究人员对二维热释电性能进行了深入研究,探索了微观热释电机制,并通过实验对热释电性能进行了验证。在制备技术方面,研究人员致力于寻找高效、可控的合成方法,以获得高质量、大面积的二维热释电材料。在应用领域拓展方面,研究人员致力于将二维热释电材料应用于能量转换、传感器和电子器件等领域,如将二维热释电材料应用于柔性电子器件、自供电传感器以及可穿戴设备和智能物联网领域。下面简要介绍二维热释电材料的微观性能表征、循环温变下二维少层黑磷(BP)的室温热催化制氢、基于$CuInP_2S_6$异质结的热释电红外探测器等。

7.5.1 二维热释电材料的微观性能表征

扫描开尔文探针显微镜(SKPM)是一种原位测量技术,可提供表面形貌信息和具有温度依赖性的表面电势信息,在纳米尺度上表征材料表面的热电荷[36]。使用SKPM

测试时，只需要导电探针和标准 Holder。在 Nap 模式下（一项基于轻敲模式的两行扫描技术），利用首行扫描获取样品的表面形貌信息，再将探针抬起一定高度，检测长程力（静电力）信号。第二遍扫描时，探针不会受到振动压电陶瓷的驱动，仅依靠探针上施加的交流电压进行振动，交流电压使探针和纳米片之间产生了静电力，沿 z 轴的力的大小为[37]：

$$F=\frac{1}{2}\frac{\mathrm{d}C}{\mathrm{d}z}V^2 \tag{7.14}$$

电压 V 可展开为 $V=(V_{\mathrm{dc}}-V_{\mathrm{cpd}})+V_{\mathrm{ac}}\sin(\omega t)$，进一步推导可得到：

$$F=\frac{1}{2}\frac{\partial C}{\partial z}\left\{\begin{matrix}\left[(V_{\mathrm{dc}}-V_{\mathrm{cpd}})^2+\frac{1}{2}V_{\mathrm{ac}}^2\right]+\\ 2[(V_{\mathrm{dc}}-V_{\mathrm{cpd}})V_{\mathrm{ac}}\sin(\omega t)]-\left[\frac{1}{2}V_{\mathrm{ac}}^2\cos(2\omega t)\right]\end{matrix}\right\} \tag{7.15}$$

式中：C 是探针尖端和表面之间的总电容；V_{dc} 为施加的外部偏压；V_{cpd} 为针尖和样品之间的接触电位差（易受针尖和样品之间近距离力的影响）；V_{ac} 为轻敲模式下针尖与样品之间的电压；ω 为频率。由公式(7.15)的中间项可以得出，当 $V_{\mathrm{dc}}=V_{\mathrm{cpd}}$ 时，F 达到最小值。在 SKPM 中，反馈系统会实时调节施加在悬臂上的直流电压，使悬臂的振幅达到最小值。SKPM 测试时，先给探针施加一个交流电压，同时反馈系统会不断在探针上增加一个直流电压，当探针上增加的直流电压与样品表面电势相同时，探针与样品间将不存在电势差，此时探针就不会因为静电力而振荡，施加的直流电压数值就是样品的表面电势。

最近，二维金属四硫属磷材料（MPDs，$\mathrm{A^IB^{II}P_2S_6}$ 和 $\mathrm{A^IC^{III}P_2S_6}$，其中 $\mathrm{A^I}$ = Ag 或 Cu，$\mathrm{B^{II}}$ = Mn，Cd 或 Zn，$\mathrm{C^{III}}$ = V，Cr 或 In）被重新审视，研究人员探索了它们在几个原子厚度内的铁电性。其中，二维 $\mathrm{CuInP_2S_6}$ 不仅具有室温铁电性，还具有良好的热释电性[28]。当 $T<T_{\mathrm{c}}$ 时，$\mathrm{CuInP_2S_6}$ 中极性 $\mathrm{Cu^I}$ 和 $\mathrm{In^{III}}$ 亚晶格相对于中平面沿反平行方向移动，并表现出可翻转的自发极化。在温度变化为 20 K 时，30 nm 厚的 $\mathrm{CuInP_2S_6}$ 的表面电势变化约为 130 mV，表面电势随温度的变化率约为 6 mV·K^{-1}，$\mathrm{CuInP_2S_6}$ 的自发极化随温度的升高而减弱。热释电系数（p）可通过下式计算：

$$p=\frac{\Delta P_{\mathrm{S}}}{\Delta T}=\frac{1}{\Delta T}\frac{\Delta V}{d}=\varepsilon_0\varepsilon_{\mathrm{CuInP_2S_6}} \tag{7.16}$$

$\mathrm{CuInP_2S_6}$ 的最高介电常数 $\varepsilon_{\mathrm{pyro}}=380$，随着温度的升高，$\mathrm{CuInP_2S_6}$ 的热释电系数可达 735 μC·m^{-2}·K^{-1}。如果 $\mathrm{CuInP_2S_6}$ 温度降低，则自发极化增大。即使是约 2 nm 厚的双层 $\mathrm{CuInP_2S_6}$ 也具有热释电性。因此，少层 $\mathrm{CuInP_2S_6}$ 能在室温下收集热能，用于制备热释电纳米发电机。

7.5.2　循环温变下二维少层黑磷（BP）的室温热催化制氢

二维 BP 是一种新的单元素二维材料，具有优异的各向异性光电和电子性能，理论和实验均证明它具有高载流子迁移率。通常，块状黑磷具有点群为 mmm 的中心对称晶体结构，然而二维少层黑磷打破了中心对称性，显示出具有 m 点群的非中心对称结构，具有压电和热释电效应。在实验上，由于纳米尺度的限制，很难直接测到交变温度下的单层黑磷纳米片的热释电电荷响应。鉴于光催化中光生电荷能参与电化学氧化还原反应，预计在二维少层黑磷中可观察到热催化效应，即在冷热温度交替下产生的热释电电荷参与电化学氧化还原反应。

为了研究热释电电荷的产生，You 等[38]测量了二维少层黑磷在 15～65 ℃温度波动下的热释电电流响应。图 7.17 (a) 为在 25～26 ℃加热过程中的温度变化曲线。如图 7.17 (b)所示，热释电电流与温度变化的斜率是一致的。热释电电流通常可用公式 (7.4) 计算。根据公式 (7.4) 计算的热释电系数 (p) 为 5.287 mC・m^{-2}・K^{-1}。对于具有低热导率的材料，快速的温度变化可能导致显著的温度梯度，这可能导致额外的热释电信号。为了尽量减少热电效应的干扰，p 通常在 0.045 ℃・s^{-1}的低温度变化率下测量。高温催化制氢的候选材料应具有合适的能带结构。根据密度泛函理论计算，二维少层黑磷的导带最小值比 H^+/H^2 还原电势更负，证明了将二维少层黑磷用于水中制氢的可行性。在热解催化过程中产生的热解电势 U 可以表示为：

$$U=\frac{pl\Delta T}{\varepsilon} \tag{7.17}$$

式中：l、ΔT 和 ε 分别是热释电材料的厚度、温度变化和介电常数。单层黑磷的 l、ΔT 和 ε 分别为 0.35 nm、50 ℃和 25 pC^2・N^{-1}・m^{-2}。

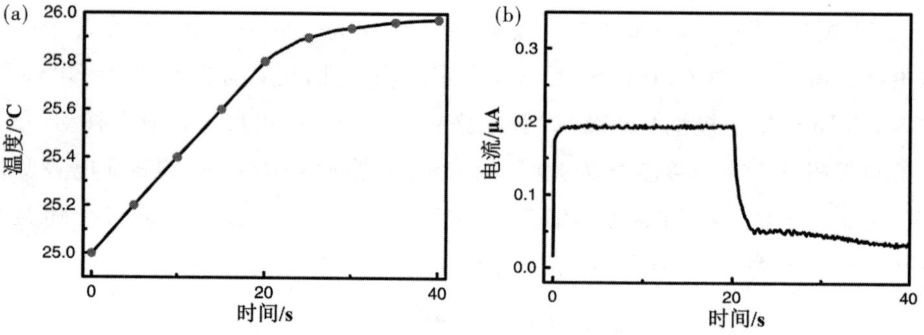

图 7.17 变温电流测量[38]：(a) 加热过程中的温度变化曲线；(b) 对应的电流响应

图 7.18 (a) 为二维少层黑磷纳米片的热电势分布图，在 15～65 ℃冷热交替下，电势从 0 变化到 3.7 V。热释电催化制氢过程如图 7.18 (b) 所示，冷热交替激发可以引起高温催化剂的电偶极矩的净变化，引起高温催化剂表面上的电荷补偿。热解产生的正电荷 (q^+) 和负电荷 (q^-) 将从热解催化剂表面转移到反应物分子上，参与氧化还原反应，水中的 H^+可以与 q^- 反应生成氢气，反应化学式为：

$$2D-BP \xrightarrow{\Delta T} 2D-BP(q^+ + q^-) \tag{7.18}$$

$$2H^+ + 2q^- \longrightarrow H_2 \tag{7.19}$$

图 7.18 (c) 为 15～65 ℃典型热循环的温度曲线。不同热循环次数的产氢量如图 7.18 (d)所示，每次热循环产氢量约为 22.5 μmol·g^{-1}，在 24 次热循环后，每克催化剂的总产氢量高达 0.54 mmol。由此可见，冷热交替激发和二维少层黑磷催化剂的存在是热催化的必要条件，热催化作用是热释电效应和电化学氧化还原反应的综合作用。由此可见，二维少层黑磷在热催化制氢方面显示出巨大的潜力，为使用二维少层材料收集热能开辟了新的途径。

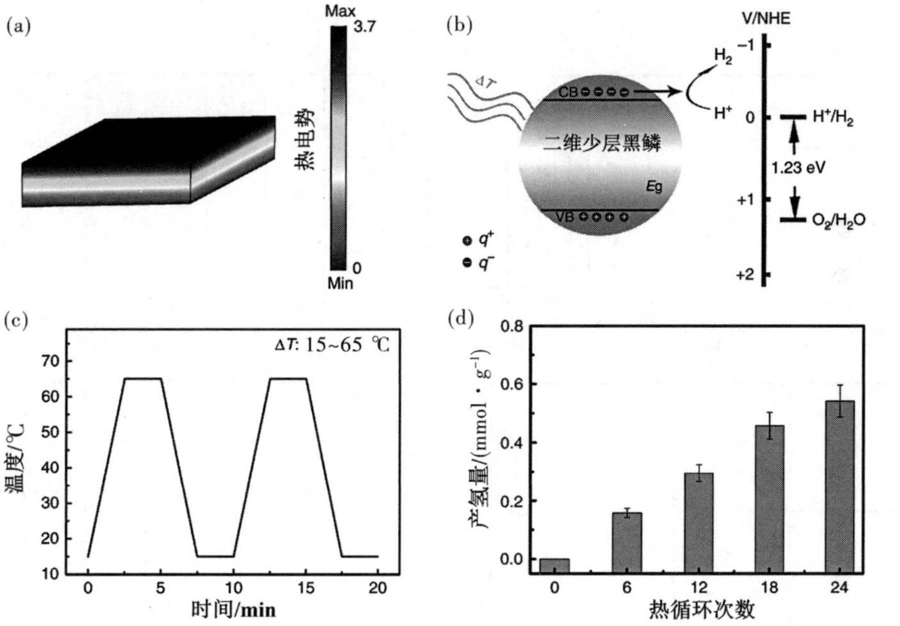

图 7.18　二维少层黑磷对水裂解制氢的热催化作用[38]：(a) 热电势分布图；(b) 热释电制氢原理图；(c) 15～65 ℃热循环下的温度变化曲线；(d) 不同热循环次数对应的产氢量柱状图

7.5.3　基于 $CuInP_2S_6$ 异质结的热释电红外探测器

自供电探测器能持续为智能设备供电，以减少设备对外部电源的依赖。根据不同类型的辐射响应和不同的操作机制，自供电探测器可分为两类：光子探测器和热探测器。光子探测器是通过直接吸收光子后引起原子或分子内部电子状态的变化来实现对光的探测，具有快的响应速度。然而，光子能量大小会直接影响内部电子状态的变化，光子探测器的探测波长通常被限制在紫外到可见光波段。相比之下，热探测器在吸收光辐射的能量之后，并不直接引起内部电子状态的变化，而是将吸收的光能转变为晶格的热运动能，因此可用于从紫外到近红外区域的光探测。

近几年，二维热释电探测器引起了广泛的研究兴趣，它的核心功能层是二维热释电材料或异质结。二维铁电材料 $CuInP_2S_6$ 由于自发极化诱导的内建电场可以分离电子-空穴对，在光电探测领域受到了广泛关注。$CuInP_2S_6$ 是一种宽带隙半导体[39]，探测波长通常被限制在紫外到可见光区域，但由光诱导的温度变化引起的自发极化变化可以在肖特基结界面有效调节载流子的产生、分离、传输和复合。$CuInP_2S_6$ 具有优异的热释电性，即使在微小的温度波动下也能观察到输出电流/电压信号。近年来，利用光致热释电效应，即热释电、光激发和半导体之间的三向耦合效应，肖特基结光电探测器的性能得到了很大的改善。将 $CuInP_2S_6$ 与 P 型半导体 WSe_2 和 N 型半导体 MoS_2 搭建形成双异质结可增强并稳定 $CuInP_2S_6$ 的极化，提高响应度、探测率，拓宽探测波长，从而实现热释电红外探测[40]。

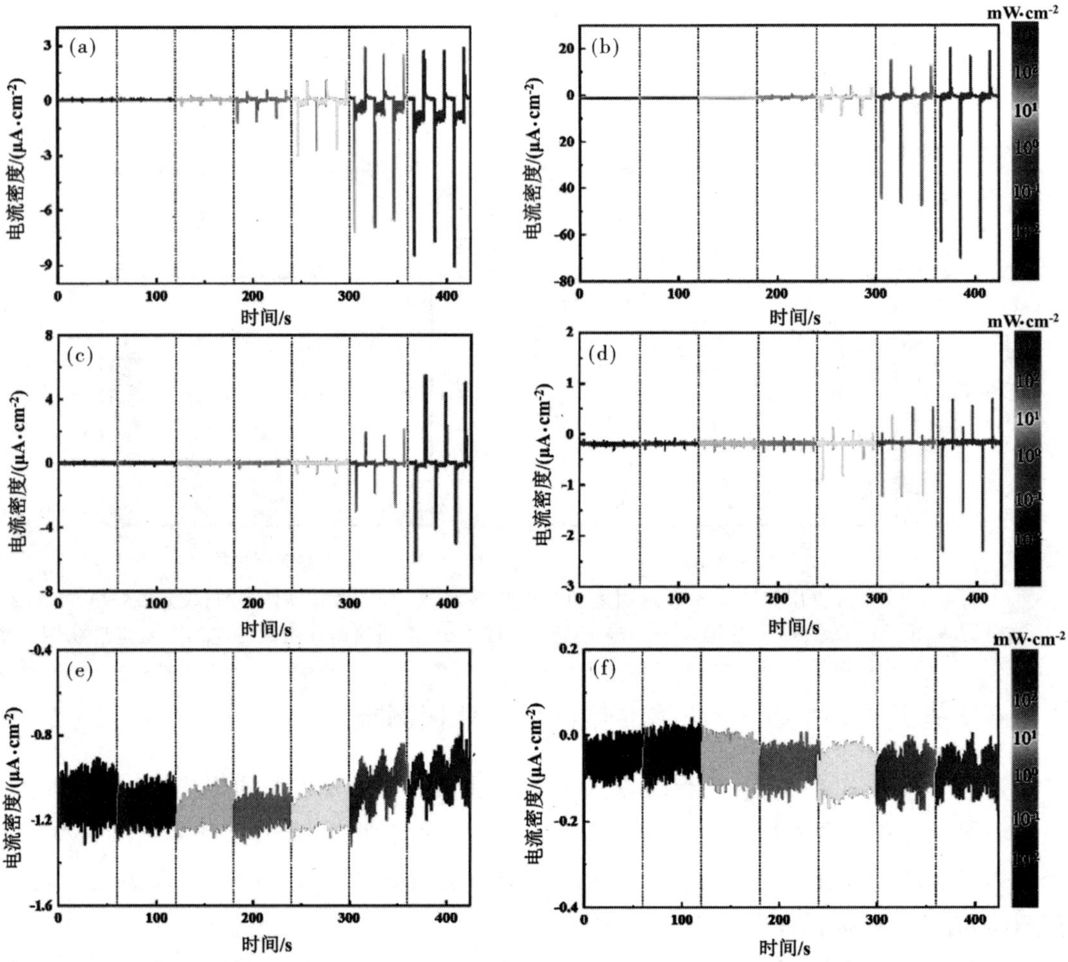

图 7.19 零偏压下 $WSe_2/CuInP_2S_6/MoS_2$ 异质结的 *J-t* 特性曲线[40]：
(a) 405 nm；(b) 660 nm；(c) 808 nm；(d) 1 064 nm；(e) 1 550 nm；(f) 2 200 nm

图 7.19 为零偏压下二维 $WSe_2/CuInP_2S_6/MoS_2$ 异质结自供电探测器分别在 405 nm、660 nm、808 nm、1 064 nm、1 550 nm 和 2 200 nm 激光照射下的电流密度-时间曲线[40]。如图 7.19 (a)所示，器件在 405 nm 激光高光功率密度下显示出稳定的 4 阶段

光响应。当激光开启时，一方面，器件表面产生的电子-空穴对被内建电场分离，形成了稳定的光电流；另一方面，在光照下，器件表面温度升高，电偶极子的随机振荡状态受到干扰，导致自发极化降低，束缚电荷减少，产生了负向的热释电电流。当激光连续照射时，温度不再变化，热释电电流消失，只剩下稳定的光电流。当激光关闭时，表面温度降低，导致自发极化的增加和更多的束缚电荷，产生了正向热释电电流。之后，温度不再变化，热释电电流消失。4 阶段的光电响应特性表明，$I_{pyro+photo}$是一个瞬时输出电流，而且比I_{photo}大得多，有利于实现快速、高灵敏度的光探测。如图 7.19(b)～(f)所示，由于 $CuInP_2S_6$ 禁带宽度的限制，器件在 660 nm、808 nm、1 064 nm、1 550 nm 和 2 200 nm 激光照射下只存在热释电电流响应，热释电电流随温度的升高而增大。在 660 nm 处具有较大的热释电电流，这是由于该波段具有较高的光子能量。器件在 1 550 nm 和 2 200 nm 激光下也有电流响应，表明 $WSe_2/CuInP_2S_6/MoS_2$ 异质结自供电探测器超出了热释电材料本征带隙的限制，可利用其热释电性实现更长波段的红外探测。

参考文献

[1] 赵静. 基于 Mn:PMNT 单晶的热释电红外探测器研究[D]. 上海：中国科学院大学(中国科学院上海硅酸盐研究所)，2021.

[2] 张鹏翚，段新源. 热释电材料及应用[J]. 山东电力高等专科学校学报，2000(01)：40-42.

[3] Mondal R, Hasan M A M, Baik J M, et al. Advanced pyroelectric materials for energy harvesting and sensing applications[J]. Materials Today, 2023, 66: 273-301.

[4] Liu J, Pantelides S T. Mechanisms of pyroelectricity in three- and two-dimensional materials[J]. Physical Review Letters, 2018, 120(20): 207602.

[5] Jachalke S, Logo O, Stöcker E M H, et al. How to measure the pyroelectric coefficient ? [J]. Applied Physics Reviews, 2017, 4(2): 021303.

[6] Li S, Zhao Z, Zhao J, et al. Recent advances of ferro-, piezo-, and pyroelectric nanomaterials for catalytic applications[J]. ACS Applied Nano Materials, 2020, 3(2): 1063-1079.

[7] 彭强祥. PZT 厚膜热释电材料及非制冷红外器件技术研究[D]. 成都：电子科技大学，2014.

[8] Jiang Y, Ma X, Wang L, et al. Observation of electric hysteresis, polarization oscillation, and pyroelectricity in nonferroelectric P-N heterojunctions[J]. Physical Review Letters, 2023, 130(19): 196801.

[9] Zhou S, You L, Zhou H, et al. Van der Waals layered ferroelectric $CuInP_2S_6$: Physical properties and device applications[J]. Frontiers of Physics, 2021, 16(1): 1-30.

[10] Maisonneuve V B C V, Simon A, Von Der Muhll R, et al. Ferrielectric ordering in lamellar $CuInP_2S_6$[J]. Physical Review B, 1997, 56(17): 10860.

[11] Liu F, You L, Seyler K L, et al. Room-temperature ferroelectricity in $CuInP_2S_6$ ultrathin flakes[J]. Nature Communications, 2016, 7(1): 12357.

[12] 汪垒. α-In_2Se_3 热电性能的理论和计算研究[D]. 武汉:武汉大学,2020.

[13] Han G, Chen Z G, Drennan J, et al. Indium selenides: Structural characteristics, synthesis and their thermoelectric performances[J]. Small, 2014, 10(14): 2747-2765.

[14] Cai C, Peng J, Ling S, et al. Photoelectric and pyroelectric performance modulated by the in-plane ferroelectric polarization in multi-functional α-In_2Se_3-based transistor[J]. Applied Physics Letters, 2023, 122(18): 182103.

[15] Liu J, Pantelides S T. Pyroelectric response and temperature-induced α-β phase transitions in α-In_2Se_3 and other α-III_2VI_3 (III=Al, Ga, In; VI=S, Se) monolayers[J]. 2D Materials, 2019, 6(2): 025001.

[16] 颜为山. 铁电晶体材料界面极性的应变调控及光致热释电性能应用探索[D]. 济南:山东大学,2022.

[17] Yang M M, Luo Z D, Mi Z, et al. Piezoelectric and pyroelectric effects induced by interface polar symmetry[J]. Nature, 2020, 584(7821): 377-381.

[18] Zhang X, Qiu D, Zhou P, et al. Strong polarization sensitivity in a two-dimensional MoS_2/WSe_2 heterojunction for self-powered photodetection[J]. Applied Physics Letters, 2024, 124(4):04218.

[19] Ji J, Yu G, Xu C, et al. General theory for bilayer stacking ferroelectricity[J]. Physical review letters, 2023, 130(14): 146801.

[20] Xin J, Guo Y, Wang Q. Screening two-dimensional pyroelectric materials based on pentagonal chains with large shift current[J]. Physical Review Materials, 2023, 7(7): 074001.

[21] 赵宁,乔双,马雯,等. 热释电材料性能及应用研究进展[J]. 稀有金属,2022, 46(09): 1225-1234.

[22] Zhou Y, Ho G W. Pyroelectric heat harvesting, what's next[J]. Next Energy, 2023, 1(2): 100026.

[23] Jiang J, Zhang L, Ming C, et al. Giant pyroelectricity in nanomembranes[J]. Nature, 2022, 607(7919): 480-485.

[24] Stafsudd I L O. Invited review article: practical guide for pyroelectric measurements[J]. Review of Scientific Instruments, 2012, 83(5): 051101.

[25] Guo L, Liu X, Gao L, et al. Ferro-pyro-phototronic effect in monocrystalline 2D ferroelectric perovskite for high-sensitive, self-powered, and stable ultraviolet photodetector[J]. ACS Nano, 2022, 16(1): 1280-1290.

[26] Liu Y, Ji Y, Xia Y, et al. Enhanced photocurrent in ferroelectric $Bi_{0.5}Na_{0.5}TiO_3$ materials via ferro-pyro-phototronic effect[J]. Nano Energy, 2022, 98: 107312.

[27] 杨亚,胡超胜,王中林. 热释电光电子学效应[J]. 中国科学：技术科学，2023，53(06)：929-948.

[28] Niu L, Liu F, Zeng Q, et al. Controlled synthesis and room-temperature pyroelectricity of $CuInP_2S_6$ ultrathin flakes[J]. Nano Energy, 2019, 58: 596-603.

[29] Sahatiya P, Shinde A, Badhulika S. Pyro-phototronic nanogenerator based on flexible 2D ZnO/graphene heterojunction and its application in self-powered near infrared photodetector and active analog frequency modulation[J]. Nanotechnology, 2018, 29(32): 325205.

[30] Uzhansky M, Rakshit A, Kalcheim Y, et al. Coupled pyroelectric-photovoltaic effect in 2D ferroelectric α-In_2Se_3[J]. arXiv preprint arXiv:2312.17360, 2023.

[31] 曹万强,沈孟,张清风,等. 铁电体热释电循环的能量转换机理[J]. 科学通报,2023,68(08)：972-980.

[32] Zhu L, Lin P, Chen B, et al. Piezo-phototronic and pyro-phototronic effects to enhance Cu(In, Ga)Se_2 thin film solar cells[J]. Nano Research, 2018, 11: 3877-3885.

[33] Kumar M, Patel M, Kim J, et al. Enhanced broadband photoresponse of a self-powered photodetector based on vertically grown SnS layers via the pyro-phototronic effect[J]. Nanoscale, 2017, 9(48): 19201-19208.

[34] Jiang T, Wu X, He Z, et al. Two-dimensional SnSe films on paper substrates for flexible broadband photodetectors[J]. ACS Applied Nano Materials, 2024,7(3): 2992-3000.

[35] 董亦凡,樊瑞睿,郭东亚,等. 一种基于热释电效应的X射线荧光分析谱仪[J]. 光谱学与光谱分析,2016, 36(02) : 550-554.

[36] 吴雅苹. 二维 α-In_2Se_3 材料极化性质的原子力显微技术表征及调制研究[D]. 湘潭：

湘潭大学，2023.

[37] Charrier D S H, Kemerink M, Smalbrugge B E, et al. Real versus measured surface potentials in scanning Kelvin probe microscopy[J]. ACS Nano, 2008, 2(4): 622-626.

[38] You H, Jia Y, Wu Z, et al. Room-temperature pyro-catalytic hydrogen generation of 2D few-layer black phosphorene under cold-hot alternation[J]. Nature Communications, 2018, 9(1): 2889.

[39] Zha J, Shi S, Chaturvedi A, et al. Electronic/optoelectronic memory device enabled by tellurium-based 2D van der Waals heterostructure for in-sensor reservoir computing at the optical communication band[J]. Advanced Materials, 2023, 35(20): e2211598.

[40] Qiu D, Hou P. Ferroelectricity-driven self-powered weak temperature and broadband light detection in $MoS_2/CuInP_2S_6/WSe_2$ van der Waals heterojunction nanoarchitectonics[J]. ACS Applied Materials & Interfaces, 2023, 15(51): 59671-59680.

第 8 章　二维铁电材料与器件

铁电材料是一类同时具有铁电、压电及热释电性能的新型功能材料，可以在外加电场的作用下实现自发极化的快速翻转。随着微电子、光电子集成技术的发展，铁电器件正迈向小型化、集成化和功能化。然而，传统的铁电材料受临界尺寸的限制，在厚度减薄到一定程度后，将失去铁电特性，严重制约了铁电器件的发展。二维铁电材料不受临界尺寸的制约，是未来铁电材料集成通用器件的重要候选材料。当前，二维铁电材料与器件已成为国际上新型功能材料与器件研究的热点。

8.1　铁电材料的相关概念

8.1.1　传统铁电材料

1. 铁电材料的概念及分类

在了解铁电材料的概念之前，有必要先认识一下电偶极矩和电介质的关系。两个相距很近的等量异号点电荷组成的系统称为电偶极子。电偶极矩被定义为电偶极子中正电荷和负电荷之间的距离与它们电荷量的乘积，是描述其中正电荷和负电荷之间偏离程度的物理量，方向由负电荷指向正电荷，简称电矩。根据电介质内部是否存在电偶极矩，可将电介质分为非极性电介质和极性电介质两类。非极性电介质由非极性分子组成，在无外加电场时，分子的正负电荷中心重合，不具有电偶极矩。极性电介质由极性分子组成，分子的正负电荷中心不重合，具有固有电偶极矩。在电场作用下，无极分子中的电荷发生相对位移，产生电偶极矩，而有极分子固有电偶极矩的取向趋于电场方向，这种现象称为电介质的极化。极化强度是电介质单位体积内电偶极矩的矢量和，是描述电介质极化程度和极化方向的物理量，计算公式如式（8.1）所示：

$$\boldsymbol{P} = \frac{\sum \boldsymbol{p}}{V} \tag{8.1}$$

式中：$\sum \boldsymbol{p}$ 为电偶极矩矢量和；V 为材料体积。

1921 年，法国人 Joseph Valasek[1] 发现罗息盐（$NaKC_4H_4O_6 \cdot 4H_2O$，即酒石酸钾钠）晶体的压电电荷产量与施加的外力呈非线性关系，并且介电性质与所施加电压相关，证实了罗息盐晶体中存在永久的电极化和滞后效应。同年 12 月，Joseph Valasek 向 *Physical Review* 递交了论文稿件，在文中阐述了铁电材料与铁磁材料的相似性，并强调了罗息盐区别于其他材料的特点，这一成果正式宣告了铁电现象的发现。1935 年，Busch 等发现磷酸二氢钾（KH_2PO_4）在 122 K 以下为铁电相，具有远高于当时其他已知材料的介电常数，由此提出了铁电材料的概念。由于罗息盐和磷酸二氢钾具有水溶性和脆性，它们的应用一直受到限制，直到钛酸钡（$BaTiO_3$）的铁电性被发现，铁电材料的大范围应用才成为可能。此后，锆钛酸铅和层状铋系等铁电材料被陆续发现。

铁电材料是一种特殊的极性电介质，内部晶体结构的不对称性使得正电荷和负电荷中心不重合，形成了固有电偶极矩，亦称为自发极化。固有电偶极矩或自发极化能在外电场的作用下发生翻转，这种效应称为铁电效应。常见的铁电材料有三类：罗息盐型，如 $NaKC_4H_4O_6 \cdot 4H_2O$、酒石酸锂铵（$LiNH_4C_4H_4O_6 \cdot H_2O$）；KDP 型，如磷酸二氢钾（$KH_2PO_4$）、磷酸二氢铷（$RbH_2PO_4$）、二氢砷酸铯（$CsH_2AsO_4$）；钙钛矿型，如 $BaTiO_3$ 等。根据铁电性的形成机理，可将铁电材料分为位移型铁电材料和有序-无序型铁电材料两类。

（1）位移型铁电材料。铁电性来自正负离子的相对位移，以 $BaTiO_3$ 为典型代表。$BaTiO_3$ 晶体中氧八面体空腔的体积大于钛离子体积。高温时，晶体中离子热振动能较大，钛离子难以固定在偏离中心的某一位置，故钛离子和 6 个氧原子接近的概率相等，晶体保持高对称性，自发极化强度为零。温度低于 120 ℃时，钛离子平均热振动能降低，能量不足以克服氧离子电场的作用，有可能向某个氧离子运动，并在新的平衡位置固定下来，形成自发极化，此时晶体发生轻微畸变，由立方晶系变为四方晶系。

（2）有序-无序型铁电材料。这类铁电材料都有氢键，从顺电相过渡到铁电相是无序到有序的相变，以 KH_2PO_4 为典型代表。当氢键两端的氢核（质子）无序分布时，材料内也存在固有电偶极矩，但是这些固有电偶极矩的方向杂乱无章，宏观固有电偶极矩的矢量和为零，整个晶体对外不显示极性；当材料内的氢核（质子）有序分布时，这些固有电偶极矩的方向一致，宏观固有电偶极矩的矢量和不为零，晶体对外显示极性，即有铁电性。

根据结构和性质，铁电材料可以分为单晶铁电材料、多晶铁电材料、薄膜铁电材料和有机铁电材料等。

（1）单晶铁电材料。这种材料具有高度的晶体结构完整性和均匀性，具有较高的极化强度和稳定性。

（2）多晶铁电材料。这种材料微观上具有多晶粒特性，也就是材料晶体结构中有多个晶体方向，具有较高的极化强度，制备成本较低。

(3) 薄膜铁电材料。这种材料是指具有薄膜形态的铁电材料，具有较高的极化强度和较小的体积。

(4) 有机铁电材料。这种材料是指由有机分子构成的铁电材料，具有较高的柔韧性和可塑性。

2. 铁电材料的重要特征

1) 铁电畴

铁电材料内部自发极化方向一致的区域称为铁电畴，简称电畴或畴。畴与畴之间的界面区域称为畴壁。畴和畴壁的数量、特性等对铁电材料的性能有重要影响，可以根据相邻畴自发极化方向的夹角对畴壁进行区分。例如，相邻电畴自发极化方向的夹角为 90°时，可称为 90°畴壁。铁电材料极化过程也就是畴壁移动或电畴生长的过程。一般情况下，在未施加外加电场前，材料中电畴杂乱分布，宏观上不表现出极性。在外电场作用下，沿电场方向的电畴长大，逆电场方向的电畴消失，其他方向的电畴翻转到与电场相同的方向。此时，极化强度随外加电场的增加而增加，一直到整个材料成为单一的电畴为止。若再增加电场，则只有离子和电子的极化效应，与一般电介质相同。

2) 电滞回线

电滞回线是指铁电材料的极化强度（P）随外电场（E）变化的曲线，描述了微观电畴在外电场作用下的宏观性质，是铁电性能的重要参数。图 8.1 所示为一典型的电滞回线。未经极化的铁电材料中，电畴的方向杂乱无章，宏观极化强度 $P=0$。当对材料施加外电场时，极化方向与电场方向平行的电畴变大，极化方向与电场方向相反的电畴变小。

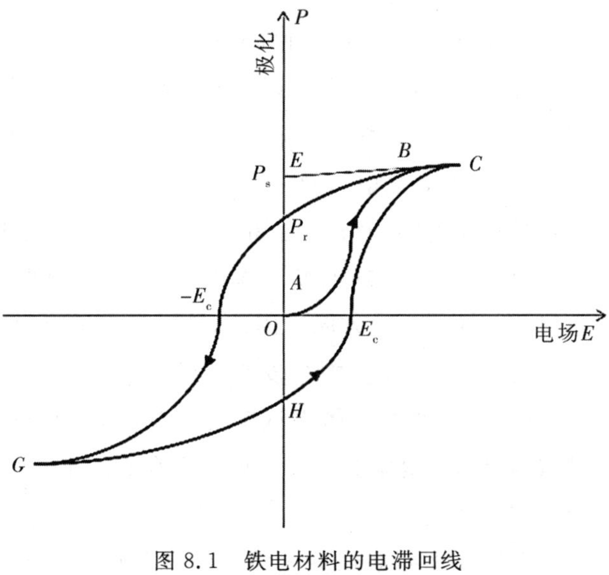

图 8.1　铁电材料的电滞回线

当外电场很小时，极化强度与外电场呈现线性关系。随着外电场的增加，极化强度沿 OA 段变化。外电场继续增大时，极化强度与外电场之间呈非线性关系，极化强度沿图中的 BC 段变化，极化强度滞后于外电场且逐渐饱和，此时材料成为单畴。将 BC 段外推至 P 轴（图中虚线所示），在极化强度轴上所得截距称为饱和极化强度（P_s）。当外电场由图中 C 处开始降低时，材料的极化强度随之减小，但不是按原来的极化曲线路径降至 0，而是沿着 CBG 曲线变化。电场降至 0 时的极化强度称为剩余极化强度（P_r）。当反向电场增加至 $-E_c$ 时，极化强度为零，E_c 称为矫顽电场强度。当反向电场继续增加时，沿反向电场取向的电畴逐渐增多，直至整个材料成为单一极化方向的电畴（G 点）。如此循环便形成电滞回线。

饱和极化强度是指在电场强度达到一定值时，材料的极化强度不再随电场强度增加，达到了一个极限值。这个极限值反映了材料的极化能力，即材料在电场作用下能够极化的程度。饱和极化强度越大，材料的极化能力越强，也就意味着材料在电场作用下的响应速度越快。

剩余极化强度是指在电场强度为零时，材料的极化强度。这个参数反映了材料的自发极化能力，即材料在没有外界电场作用时也能够被极化的程度。剩余极化强度越大，材料的自发极化能力越强，也就意味着材料的性能越稳定。

矫顽电场强度表现为电滞回线的宽度，反映了材料的响应速度和稳定性之间的平衡。电滞回线的宽度越窄，材料的响应速度越快，但是稳定性越差；电滞回线的宽度越宽，材料的稳定性越好，但是响应速度越慢。

3)居里温度

所有的铁电性都只出现在一定的温度范围内。在较低温度时，材料晶体结构的对称性较低，具有铁电性，存在自发极化。在温度升高到相变温度时，材料从对称性较低的结构转变成对称性较高的结构，自发极化消失。铁电材料随温度变化发生相变时，不具有铁电性的相称为顺电相，有铁电性的相称为铁电相，相变的温度就是居里温度 T_c。

在一定的外电场作用下，温度对铁电材料的介电常数有一定的影响。当介质温度升高时，每个晶胞的热运动加剧，铁电畴内分子电偶极矩的方向一致性遭到一定程度的破坏，分子电偶极子获得一定自由度。在外电场的作用下，分子由电偶极子克服热运动而产生的混乱取向转变为与外电场一致的方向。因此，铁电材料的介电常数随温度的升高而增加。当温度升高到居里温度时，介质内自发铁电畴彻底解体，铁电性消失。材料在达到居里温度时，介电常数最大。温度由居里温度继续升高时，电畴中的电偶极子趋向外电场的效应消失，只有热运动，介电常数随着温度的升高而减小。

4) 铁电材料的临界尺寸效应

铁电性随铁电材料厚度的减小而减弱甚至消失的现象称为铁电材料的临界尺寸效

应。界面效应可能是造成低维铁电材料临界尺寸现象的主要原因。界面效应中，最受关注的是铁电材料界面处由于极化电荷的非完美静电屏蔽而形成的退极化场。退极化场随着铁电材料尺寸的减小而增加，进而导致极化在超薄膜和纳米颗粒等低维结构中不稳定甚至消失。此外，随着薄膜厚度的减小，界面、表面在体系中的占比越来越大，晶体表面缺陷、杂质、界面化学环境以及应力等内外因素都可能导致铁电相变温度和铁电极化稳定性的改变。目前，铁电材料的临界尺寸效应已经被广泛研究，但是内在尺寸效应、表面环境、衬底应力作用、界面化学以及电子边界条件的竞争关系使得铁电材料尤为复杂，以致临界尺寸效应背后的物理机制仍未研究清楚。

此外，铁电材料的临界尺寸效应还存在争议。1998 年，Bune 等发现高分子聚合物铁电薄膜 P(VDF-TrFE) 的铁电性可以维持在 1 nm 厚的样品中。一年后，Tybell 等利用磁控溅射技术制备出高质量的锆钛酸铅［$Pb(Zr_{0.2}Ti_{0.8})O_3$］薄膜，结合静电力显微镜 (EFM) 和压电力显微镜 (PFM) 技术，在厚度只有 4 nm (10 个单胞厚度) 的薄膜中探测到稳定存在的铁电相。随后的理论计算表明，ABO_3 钙铁矿结构氧化物铁电材料也可能不存在所谓的临界厚度。但是，在这些实验和理论计算的研究中，均在铁电材料中引入了应力、应变等，克服了低维铁电材料的界面效应。当前，制备性能稳定的超薄铁电材料以及探索二维材料的铁电性，始终是这一领域的研究热点。

8.1.2 二维铁电材料

传统铁电材料在制备成超薄膜时，退极化场使得铁电性很难稳定存在，铁电材料与基底之间的界面缺陷和晶格失配也会恶化甚至破坏铁电性，而外延生长需要非常苛刻的条件，严重阻碍了它们的商业化应用。二维铁电材料在原子级厚度具有稳定铁电性，为解决这些问题提供了新的途径。二维铁电材料具有干净的范德华界面和较弱的层间范德华相互作用，在光电子和微电子集成中不存在晶格失配的问题。此外，二维铁电材料多为带隙大小适中的半导体，载流子迁移率较高，可直接作为沟道材料应用于场效应晶体管。相较于传统铁电材料，二维铁电材料可承受较大的弹性形变，大的比表面积有利于通过施加应变、电场和表面吸附分子等方法来调控铁电性。因此，二维铁电材料能进一步推动器件尺寸的小型化，提高器件单元密度，增加和提升铁电器件功能。

二维铁电材料中铁电性常见的来源有两种方式：(a) 铁电性来源于非中心对称的晶体结构，通过原子位移实现铁电极化的翻转，如 $CuInP_2S_6$、In_2Se_3 和二碲化钼 (d1T-$MoTe_2$) 等，称为本征二维铁电材料。(b) 铁电性来源于特定的层间堆垛方式导致的上下两层材料的不等价，通过层间滑移实现铁电极化的翻转，如 AB 堆垛双层 *h*-BN、双层 1T′-WTe_2、*β*-InSe 等，称为二维层间滑移铁电材料。

在二维铁电材料的研究和应用中，铁电材料的极化翻转受到研究人员的高度关注。

二维铁电材料的铁电性分为面内铁电性、面外铁电性以及同时具有面内和面外铁电性等三类。面内铁电性是指二维铁电材料中极化方向及可翻转的方向平行于二维材料的平面，如 SnS、SnTe 等。面外铁电性是指二维铁电材料中极化方向及可翻转的方向垂直于二维材料的平面，如 $CuInP_2S_6$、WTe_2 等。同时具有面内和面外铁电性是指二维铁电材料中极化方向在平行和垂直于二维材料平面的方向上均有不为零的分量，能实现面内和面外极化的翻转，如 α-In_2Se_3 等。需要指出的是，面内和面外铁电性具有本质的区别。二维材料在面内依然是无限拓展的，因此面内铁电性与传统块体材料中的铁电性并无本质区别。然而，在面外方向体系不再无限拓展，面外铁电性与传统块体材料中的铁电性具有本质差别。

面内极化与面外极化两种类型的铁电材料都有各自的优势与短板。面外极化的二维铁电材料的极化强度一般较低，这是因为较大的极化会产生较大的退极化场，使垂直于体系维度方向的极化难以维持。面内极化的二维铁电材料的铁电性受材料厚度的影响较小，可以具有较大的极化强度和较高的居里温度。从应用的角度来说，垂直极化的铁电材料可通过施加垂直的电场翻转极化方向，相比面内极化来说更加简单易行。为了提高器件单元密度，通常更需要具有垂直方向极化特性的二维铁电材料。

目前，二维铁电材料的研究仍处于起步阶段，获得二维铁电材料主要有两种途径：一是搜寻本征二维铁电材料；二是改性普通二维材料。2014 年，Shirodkar 和 Waghmare[2] 预测 1T 相 MoS_2 单层具有约为 0.28 $\mu C \cdot cm^{-2}$ 的自发极化强度。Zhou 等[3]在实验上观测到层状 α-In_2Se_3 具有面外的压电性和铁电性。随后，Cui 等[4]在实验上观测到超薄层状 α-In_2Se_3 同时具有面外和面内铁电性。2015 年，Belianinov 等[5]发现层状 $CuInP_2S_6$ 具有室温铁电性。2016 年，Wu 等预测 SnS 等磷烯类似物中具有面内铁电性和铁弹性。2017 年，Wu 等[6]在理论上预测 Bi_2O_2Se 类化合物是具有超高迁移率的铁电材料。2018 年，Fei 等[7]在双层和三层 WTe_2 中发现室温面外铁电性。2019 年，Bao 等[8]在实验上证实薄层 SnS 中存在可调节的面内铁电性，Chang 等[9]在原子厚度的 SnTe 中发现强烈的面内铁电性，Ghosh 等[10]在实验上观测到 Bi_2O_2Se 具有室温铁电性。

8.2 二维铁电阻变存储器

存储器是现代信息技术中用于保存信息的记忆设备。笼统来讲，可以认为存储器是用于保存电子设备所需的程序与数据的记忆设备。根据断电后是否能保留数据，可将存储器分为易失性存储器和非易失性存储器两类。易失性存储器在断电后会丢失数据，非易失性存储器在断电后可稳定保留数据。随着时代的发展，人们需要存储的数据越来越多，对存储器提出了越来越高的要求，当前的存储器正向着新材料、新结构、新原理和新集成模式的方向发展。近年来,能实现高速开关和高密度集成的阻变存储器受到了广泛关注。

8.2.1　阻变存储器的存储机制

阻变存储器中存储单元的结构大都分为三层,分别是上电极、中间阻变功能层和底电极。整个存储器单元看上去像一个三明治,因此这种单元结构也叫作三明治结构。在外部电压控制下,存储单元的电阻值可在高电阻状态“0”和低电阻状态“1”之间进行转换。其中,从高阻态（HRS）到低阻态（LRS）的转换称为 SET 过程。相反,从低阻态到高阻态转换过程称为 RESET 过程。存储单元中不同的电阻转换行为涉及不同的微观机制,主要有导电细丝机制、电致热化学阻变机制和界面效应机制。

1. 导电细丝机制

导电细丝机制中包含金属导电细丝阻变机制和氧空位导电细丝阻变机制。

金属导电细丝阻变机制是以活性电极为基础的金属阳离子进行的氧化还原反应,以此来调节中间阻变功能层的电阻状态。一般说来,活性金属电极大多采用 Ag 和 Cu 等电化学活性电极,底电极选用 Pt、Pd、Au、W 等惰性类电极。金属导电细丝阻变机制的 SET 过程:当在存储单元的顶电极施加正向电压时,顶电极位置的电化学活性金属就会产生氧化反应,变成对应的金属阳离子;金属阳离子在正向电场的驱使下,按正向电场的路径方向,经过中间阻变功能层向底部电极运动,最终金属阳离子到达底部电极处;金属阳离子在负电极处进行离子还原反应,变成金属原子,不断地堆积起来,形成一根或多根由金属原子堆叠成的导电通路,贯穿整个功能层,此时存储单元的电阻状态由高变到低。金属导电细丝阻变机制的 RESET 过程:在存储单元的顶电极施加负电压,组成导电细丝的金属原子再次进行氧化反应变成离子态,并且在阻变功能层中游离,金属导电细丝不停地溶解,导致金属导电细丝破裂,此时存储单元由低阻态转变为高阻态。

在氧空位导电细丝阻变机制中,导电细丝由氧空位组成。当存储单元的电场方向由顶电极指向底电极时,中间阻变功能层在正电场影响下生成带正电荷的氧空位,接着氧空位会沿着正电场的方向逐渐运动到底电极并进行还原反应,形成很多不带电的氧空位,氧空位不停地堆叠形成导电细丝。当电压方向切换时,不带电的氧空位发生氧化反应,不断地从电极中捕捉氧离子,在反向电场作用下运动,最终使得以氧空位为基础的导电细丝断开。

2. 电致热化学阻变机制

电致热化学阻变机制是在电流流经中间阻变功能层中的导电细丝时,产生足量的焦耳热,使导电通路产生熔断的现象。这类阻变存储单元初始电阻状态是高电阻状态,在施加外部电场以后,存储单元材料发生热化学反应,中间阻变功能层会形成具有渗透性质的缺陷，缺陷逐渐组成导电通路，使存储单元转变为低阻态，这是 SET 过程。在 SET 过程之后，如果对存储单元施加一样的电压（不进行限流），由于存储单元单位面积中的导电通路非常小，导电通路中单位时间的电流密度极大，在导电通路中迅速产生大量焦耳热，导致电通路熔断，存储单元达到高阻状态，这是 RESET 过程。

3. 界面效应机制

界面效应机制包括界面势垒调节型阻变机制及电荷俘获释放型阻变机制。界面势垒调节型阻变机制中电阻转换均匀地发生在存储单元的整个界面位置。目前所了解到的绝大多数界面势垒调节型阻变机制都存在于复杂氧化物的阻变功能层中，并且氧化物与金属电极之间的接触面常常是这种阻变存储单元的电阻转换区。不必设定限制电流是界面势垒调节型阻变机制的一大特征。电荷俘获释放型阻变机制主要是根据电场作用下界面处的电荷陷阱是否被完全填充，来实现存储单元电阻的改变。电荷俘获释放型阻变机制与界面势垒调节型阻变机制的相似点在于，电阻值均由交界面处的肖特基势垒的高度决定。当注入以及提取电子导致界面势垒高度发生改变时，界面势垒调节型阻变机制与电荷俘获释放型阻变机制是等同的。当氧空位或者氧离子的迁移导致界面势垒高度发生改变时，界面势垒调节型阻变机制起主导作用。

8.2.2 阻变存储器的关键参数

1. 操作电压与操作电流

操作电压是指发生电阻转变的电压，即发生 SET 过程和 RESET 过程的 V_{SET} 和 V_{RESET}。较高的操作电压会使器件功耗较大，降低器件的使用寿命，并且对外围电路的设计造成很大的困扰，增加电路设计的复杂性。操作电压低是阻变存储器的一大优势，大多数材料的操作电压低于 5 V，一些材料甚至低至 0.5 V。操作电流定义为在 SET 过程中保护器件不被击穿的限制电流（I_{cc}），或者在 RESET 过程中使器件从低阻态转变至高阻态所需要的最大电流值。过大的操作电流会增加器件的能耗，不利于存储器的应用。

2. 存储窗口值

存储窗口值是指高、低阻态的比值，也称为开关比。开关比大意味着高阻态和低阻态分界明显，更容易实现外围电路对数据的准确读取，识别存储内容，获得较低的误读率。目前，一些器件的开关比已经达到 10^{11} 以上。

3. 循环耐受性

循环耐受性是指高低阻态切换的最大次数。循环耐受性差意味着器件的可重复擦写次数少，使用寿命短。

4. 保持特性

保持特性是指保持高、低阻态电阻值不变的最长时间，是评价存储器能否实现对数据长时间保留的重要指标。目前市场要求存储器的保持时间至少为 10 年，并且在 85 ℃的温度下，依旧能稳定地读写数据。由于需要测试的时间太长，一般采用对测试数据外延来评价器件的保持特性。

5. 均一性

阻变存储器主要是通过中间阻变功能层的电致可逆电阻来实现数据的存取功能，阻变参数的离散是目前阻变存储器普遍存在的缺陷。因此，有效降低器件阻变参数的范围、改善器件的均一性是阻变存储器商业化的关键，也是器件研究的重点。通过对 SET 过程和 RESET 过程的参数进行统计，可以直观地观察器件的参数变化范围，从而分析器件的参数波动性。

6. 多位可操作性

多位可操作性是阻变存储器的一大优势。一些阻变存储器由于中间阻变功能层体系的特性或阻变结构的特点，在发生电阻转变时会出现一个或多个中间阻态，存储单元可以通过不同的操作电压进行数据的存储，使得存储量增大，有利于实现对数据的高密度存储。

8.2.3　以二维铁电材料为阻变层的存储器

近年来，基于各种机制的阻变存储器得到了广泛的研究。由于铁电极化翻转是一种内在的快速反应，不会引起化学变化，基于铁电极化的铁电电阻开关效应在近些年逐渐成为研究的热点。二维铁电材料可以通过范德华力与其他二维材料任意组装，而不受晶格匹配和工艺兼容性的限制。人们开始尝试研发二维铁电材料与阻变效应相结合的存储器，即二维铁电阻变存储器。二维铁电阻变存储器通常以金属/二维铁电材料/金属的结构存在。层状 $CuInP_2S_6$ 是一种典型的二维铁电材料，由于 Cu^+ 在亚晶格中的偏移破坏了 $CuInP_2S_6$ 的中心对称性，使得其具有铁电性质。此外，Cu^+ 在电场作用下的位移不仅可以诱导铁电性，而且有助于离子电导率的增加，在多功能信息器件中有很好的应用前景。Ci 等[11]设计了一种 $Au/CuInP_2S_6/Au$ 结构的器件，在低输入电压下，Cu^+ 仅在八面体空隙中振动，没有进行长程迁移，仅发生铁电极化翻转，通过控制极化翻转可以连续编程多个电阻状态来模拟突触可塑性。随着电压逐渐升高，Cu^+ 不仅能在八面体空隙内部振动，而且能获得足够的能量脱离八面体骨架，从而形成导电丝来连接顶部和底部电极，使由极化翻转主导的电阻切换转变为由离子迁移主导的陡峭电阻变化，实现了一种非易失性的阻变存储功能，具有超过 10^8 的高电流开关比和 2×10^4 s 的长保留时间。

由于铁电材料具有极化方向随电场方向改变而改变的性质，以二维铁电材料为阻变层的存储器还可以直接通过控制铁电材料的极化方向来调控异质结整体的阻态，从而实现快速、稳定的信息存储。下面分别介绍两种利用铁电材料的极化翻转控制阻变效应的特殊器件。

1. 二维铁电二极管

普通二极管只允许电流由单一方向通过，反向时被阻断，即正向导通，反向截止。常见的是P-N型二极管，功能区域是P型半导体和N型半导体接触形成的P-N结界面，界面处的自建电场使得二极管实现正向导通和反向截止。另外，金属/半导体界面处能形成肖特基势垒，势垒使电子容易从高势垒区域流向低势垒区域，阻碍电子从低势垒区域向高势垒区域移动，从而产生了整流效果。

铁电二极管是一种非对称接触的二端电阻存储器件。不同电极与铁电材料的接触会形成不同的肖特基势垒，中间铁电材料的极化可以调节铁电二极管的肖特基势垒，从而调制电流整流特性。

由于二维材料独特的优势，以二维铁电材料作为铁电二极管功能层的器件引起了广泛关注。2018年，Wan等[12]用α-In_2Se_3和石墨烯实现了一种可翻转的室温铁电二极管，单层石墨烯和少层石墨烯分别作为底部和顶部电极，α-In_2Se_3被厚度不同的石墨烯夹在中间。与仅在一个方向上传导电流的常规二极管不同，由于α-In_2Se_3具有面外铁电性，通过施加电压，翻转极化方向可以有效地调节石墨烯/α-In_2Se_3界面处的势垒，从而产生可翻转的双二极管效应。通过对器件施加不同方向的直流偏压，该二极管的整流性能得到了调制。这种整流方向随极化方向改变而改变的性质在存储器的应用中发挥着重要作用。

2. 二维铁电隧道结

铁电隧道结（FTJ）的结构类似于铁电二极管，但它的铁电层通常比铁电二极管中的铁电层薄，也具有非对称接触的两端垂直结构。铁电隧道结与铁电二极管的主要区别在于它们的内在物理机制不同。

铁电隧道结的阻变机理基于隧穿电阻效应[13]，通过铁电极化方向在两个相反方向之间的翻转改变势垒高度，能形成不同的电阻状态。具体如下：在铁电材料表面存在着极化电荷，这些极化电荷与铁电材料/电极界面附近的电子在一定范围内相互作用，超过该范围时，极化电荷的影响将被屏蔽，这一范围被定义为屏蔽长度δ。这种不完全的屏蔽将导致铁电薄膜和电极界面处产生静电势P，P的大小与δ呈正相关关系。在铁电隧道结中，最初的势垒是矩形的，两界面处的势垒高度相同。如果金属电极M_1比M_2的屏蔽能力更强，则$\delta_1<\delta_2$（通常情况下，电极的屏蔽长度与介电常数的比值越大，电极/铁电界面处额外的静电势越大，导致屏蔽效果越差）。在界面处极化电荷的影响下，界面处的势垒

高度将产生差异。当铁电极化指向 M_2 时，M_1 侧负的铁电束缚电荷排斥电子，M_2 侧正的铁电束缚电荷吸引电子，导致 M_2 侧的屏蔽长度更长，电子积累层更宽，势垒被更大程度地拉低，使得电子更容易隧穿，即隧穿电流变大。当铁电极化指向 M_1 时，M_1 侧正的铁电束缚电荷吸引电子，M_2 侧负的铁电束缚电荷排斥电子，同样，因 M_2 侧屏蔽长度更长，电子耗尽区域更宽，导致势垒被更大程度地抬高，从而使得电子更难隧穿，即隧穿电流变小。因此，极化方向调制了界面上的不对称势垒，平均隧穿势垒高度决定了铁电隧道结的电阻。此外，由于铁电层极化向上或向下区域的比例可以由外加电场调控，能实现开关之间的多个电阻状态。

2020 年，Wu 等[14]设计了基于 Au/Cr/$CuInP_2S_6$/石墨烯垂直结构的二维铁电隧道结。通过控制厚度为 4 nm 的 $CuInP_2S_6$ 的极化方向，实现了高达 10^7 的开关比、长期保持性和高耐久性。2022 年，Wang 等[15]通过在 $CuInP_2S_6$ 和石墨烯之间添加 MoS_2 层，开发了基于 $CuInP_2S_6$ 的铁电隧道结。由于 MoS_2 可以调制能带和隧穿势垒高度，该结构的开关比可以达到 10^{10}。Tang 等证明了 Au/Cr/h-BN/In_2Se_3/Graphene 铁电隧道结在 470 K 下仍能保持高开关比。2023 年，Zhong 等[16]通过研究层状 $CuInP_2S_6$ 材料的微观结构特性和离子电导率的激发行为，发现了层状 $CuInP_2S_6$ 材料的非均匀性，在此基础上设计了一种双端 Cu/$CuInP_2S_6$/Gr 忆阻器。通过控制 Cu 离子在 $CuInP_2S_6$ 层和 Cu 电极之间的漂移和扩散，实现了稳定的阈值电阻开关行为，器件具有良好的循环耐久性、高达 10^4 的开关比、低的工作电压、小的亚阈值摆幅。

8.3　二维铁电场效应晶体管

进入 21 世纪以来，场效应晶体管（FETs）器件作为现代大规模集成电路中重要的电子元器件，在集成电路存储器和传感器等现代电子器件中有非常广泛的应用。作为一种单极性晶体管，场效应晶体管具有输入阻抗高、噪声低、易于集成等优点。按照结构的不同，场效应晶体管可分为两大类：结型场效应晶体管和金属-氧化物-半导体场效应晶体管（MOSFET）。随着集成电路工艺的发展，MOSFET 特征尺寸不断减小，短沟道效应和漏致势垒降低效应（短沟道器件中，漏极电压的增加会导致源极与衬底间的势垒降低，严重时会造成源漏极穿通）造成的亚阈值区性能退化现象已变得不可忽略，导致器件的亚阈值摆幅增大以及功耗增加，因此迫切需要探索新型存储技术，以降低 MOSFET 的亚阈值摆幅及功耗。二维铁电场效应晶体管具有非易失性存储器的保持能力、运算速度快、能量利用率高、扩展能力强等特点，已成为智能计算平台单元组件的重要候选者。这一节主要介绍 MOSFET 的存储原理和以二维铁电材料为功能层的二维铁电场效应晶体管。

8.3.1 金属-氧化物-半导体场效应效晶体管(MOSFET)

MOSFET是以金属(电极)-绝缘体(氧化层)-半导体(衬底)电容结构为核心的场效应晶体管。其中,金属可以是铝或者其他金属,但应用更多的是在氧化物上面沉积高导电率的多晶硅。

半导体有P型和N型两种类型,以P型半导体作为衬底并对上面的金属栅施加一个负电压时,负电荷出现在上方金属板,从而产生一个方向向上的电场,如图8.2(a)所示。如果电场穿过半导体,作为多子的空穴就会被推向氧化物-半导体表面。图8.2(b)为加了一定电压后MOSFET的电荷平衡分布情况,其中,栅氧化层-半导体结处存在空穴堆积层。当施加相反电压时,正电荷出现在上面的金属板,随之产生的电场方向与施加负电压时的方向相反,如图8.2(c)和(d)所示。这种情况下,如果电场穿过半导体,作为多子的空穴就会被推离氧化层-半导体界面。空穴被推离界面,由于固定不动的被离子化的受主原子存在,将形成一个负的空间电荷区。

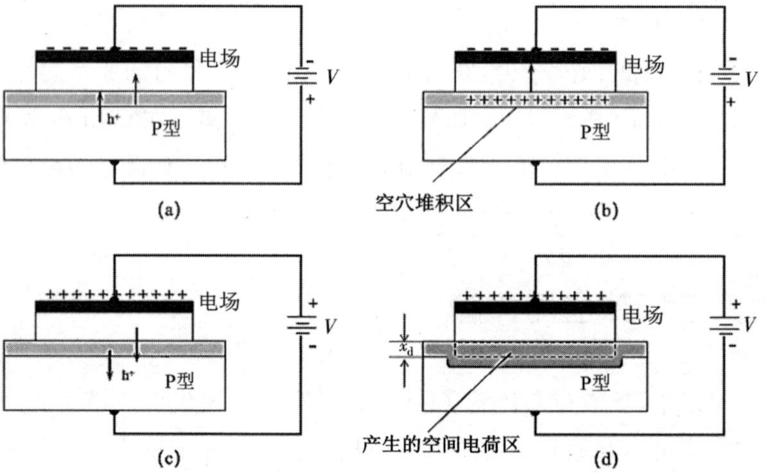

图8.2 (a)负栅极电压偏置的MOSFET的电场和电流;(b)存在空穴堆积层的MOSFET器件;(c)正栅极电压偏置的MOSFET的电场和电流;(d)正栅极电压下产生的空间电荷区

接下来,从能带变化的角度介绍沟道的形成。零偏压下,半导体能带是平的,这意味着没有净电荷存在。当在栅极施加电压时,价带、导带和本征费米能级都将弯曲。当使用P型半导体作为衬底时,在金属栅极上施加足够大的正电压,表面处本征费米能级边缘弯曲低于半导体的费米能级,从而导带比价带更接近费米能级。此时,半导体表面已经从P型转化成N型,从而产生电子反型层。当使用N型半导体作为衬底时,在栅极施加大的负电压,导带与价带的弯曲更加显著,本征费米能级已经移到费米能级上方,以致价带比导带更接近费米能级,半导体表面已经从N型转化成P型,在半导体表面形成了空穴反型层。

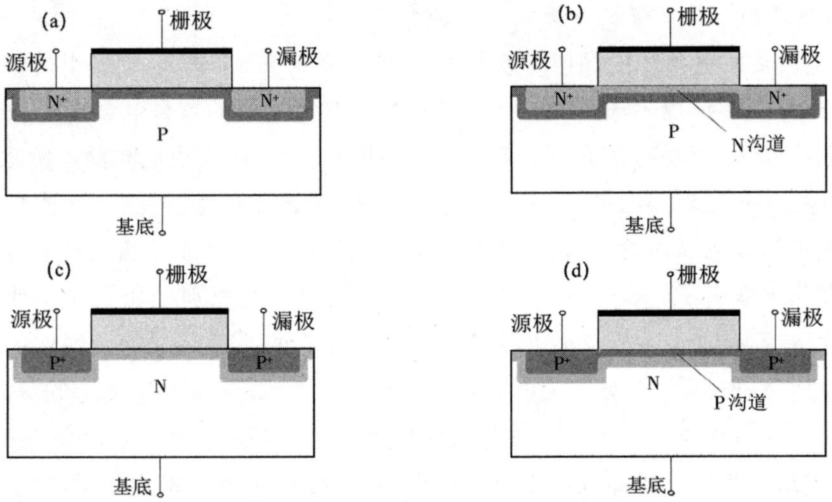

图 8.3　MOSFET 结构示意图：
(a) N 沟道增强型；(b) N 沟道耗尽型；(c) P 沟道增强型；(d) P 沟道耗尽型

MOSFET 的电流由反型层以及与氧化层-半导体界面相邻的沟道区中电荷的流动产生。MOSFET 根据导电沟道类型分为 N 沟道和 P 沟道，按栅极电压幅值分为耗尽型和增强型。图 8.3 (a) 为 N 沟道增强型 MOSFET。增强的含义为氧化层下面的半导体衬底在零栅极电压时不是反型的，需要加正偏栅极电压才能产生电子反型层，从而把 N 型源区和 N 型漏区连接起来，载流子从源极流向漏极。图 8.3 (b) 是 N 沟道耗尽型 MOSFET。栅极电压为零时，氧化层下面已经存在 N 型沟道区。我们已经知道 P 衬底 MOSFET 器件的阈值电压可以为负，这意味着，在零栅极电压时电子反型层已经存在了，图中的 N 沟道可以是电子反型层或是特意掺杂的 N 区。图 8.3 (c) 和 (d) 分别为 P 沟道增强型 MOSFET 和 P 沟道耗尽型 MOSFET。在 P 沟道增强型器件中，必须加负栅极电压才能产生空穴反型层，从而连接源区和漏区。对于耗尽型器件，零栅极电压时已经存在 P 沟道区。

8.3.2　铁电材料为功能层的场效应晶体管

铁电场效应晶体管具有与 MOSFET 相似的结构，根据铁电材料在晶体管中的作用不同，可将铁电场效应晶体管分成两类，即铁电材料作电介质的场效应晶体管和铁电半导体作沟道的场效应晶体管。

1. 铁电材料作电介质的场效应晶体管

用铁电材料作电介质的场效应晶体管，根据半导体材料与铁电介质组合方式的不同通常可以分为三种类型：金属-铁电-半导体 (MFS)、金属-铁电-绝缘体-半导体 (MFIS) 和金属-铁电-金属-绝缘体-半导体 (MFMIS)。

1）MFS 型和 MFIS 型铁电场效应晶体管

MFS 结构是铁电场效应晶体管的基本结构，它是将 MOSFET 结构中的栅极绝缘层用铁电材料替代，形成以金属-铁电-半导体为基本单元结构的器件。铁电场效应晶体管的工作机制不同于 MOSFET 的工作机制。在 MOSFET 中，沟道电导随着所施加的电场的强度而变化。一旦外部电场被移除，通道内的载流子就不再被操纵，从而导致信息的丢失。在铁电场效应晶体管中，即使在栅极电压被移除之后也能够通过铁电材料的剩余极化来控制沟道载流子。铁电场效应晶体管通过改变铁电材料的极化方向使半导体表面状态发生改变，从而改变沟道层的开关状态，实现信息的存储功能。器件的结构示意图如图 8.4 所示，以 N 型半导体为例，当在栅电极施加大于矫顽场（V_c）的负电压时，铁电层的极化方向趋于电场方向，即向上，金属电极与铁电层界面处感应出正极化电荷。相对地，铁电层与半导体界面处产生负极化电荷，半导体沟道处的电子被铁电层-半导体界面处的负电荷排斥，沟道电导降低，此时铁电场效应晶体管处于“关”态。当栅电极施加正栅极电压时，铁电层的极化方向向下，半导体沟道中的电子被铁电层-半导体界面处的负电荷吸引，沟道电导增加，铁电场效应晶体管处于“开”态。由上述可知，当在栅极施加电压时，铁电材料的极化方向随电压方向改变，极化会影响沟道内载流子的分布和迁移率，从而调节沟道电导。铁电栅极的极化状态建立后，即使在没有施加电压的情况下，极化状态也会保持稳定，直到再次施加与之相反的电压。这种非易失特性使得铁电场效应晶体管能够在没有外加电压的情况下保持电导状态，从而使它在低功耗应用领域受到广泛关注。

在实际应用中，MFS 结构还存在一些问题，包括大的漏电流和短的数据保留时间。在 MFS 结构中，铁电/半导体界面的漏电流降低了表观介电极化，减少了器件数据保留时间，导致开关比逐渐降低。为了解决这些问题，通常在铁电层和半导体层之间插入绝缘层，形成 MFIS 结构。MFIS 结构的工作机制与 MFS 结构相似，但是 MFIS 结构提供了改进的界面，从而降低了漏电流，并显著延长了存储器的数据保留时间（在许多研究中至少提高了一个数量级）。

图 8.4　二维铁电场效应晶体管基本结构与工作原理

2) MFMIS 型铁电场效应晶体管

在 MFIS 结构中的绝缘体与铁电材料间插入金属层充当浮栅形成 MFMIS 结构，可使铁电场效应晶体管的性能得到进一步提高。铁电场效应晶体管性能的好坏与铁电极化和金属-绝缘体-半导体结构中感应电荷的匹配程度紧密相关。然而，在 MFS 和 MFIS 结构中，铁电材料的剩余极化通常远大于介电层中感应的最大电荷。这种大的电荷差异意味着只有一小部分极化可以被利用。不完全的电荷补偿将导致大的去极化场的产生，破坏存储状态，导致短的数据保留时间。MFMIS 结构的优点是 MIS 和 MFM 模块可以独立作用。通过精心设计 MFM 和 MIS 模块的面积比，金属-绝缘体-半导体结构中的铁电极化和感应电荷可以很好地匹配，从而获得较大存储窗口和较长存储时间。

2. 二维铁电半导体场效应晶体管 (FeSFET)

人工智能和物联网将颠覆半导体行业，迫切需要具有超高效、超低功耗、可持续小型化以及与现有半导体技术完全集成和兼容的器件[17]。尽管铁电材料作介质层的铁电场效应晶体管在高稳定性和高开关比的新一代晶体管中具有很好的应用前景，但栅极电流泄漏以及半导体与铁电材料界面上的电荷俘获导致数据保留时间短，极大地限制了它的应用。为了解决这一问题，最近提出了一种以铁电材料作半导体层，以高质量的非晶绝缘材料作绝缘层的铁电半导体场效应晶体管[18]。与上述基于半导体材料沟道和铁电介质的结构不同，新兴的铁电半导体场效应晶体管既具有铁电半导体沟道，又有成熟的栅介质调控技术，有助于用更加高质量、成熟的介电工艺减少电荷捕获和漏电流[19-21]。此外，移动电荷还可屏蔽铁电半导体上的去极化场，提高器件稳定性。

铁电半导体场效应晶体管的工作机制与铁电场效应晶体管不同。在铁电场效应晶体管中，极化电荷积聚在铁电层和半导体之间的界面上[22]。在铁电半导体场效应晶体管中，极化电荷积聚在铁电半导体的底面和顶面，由此决定了漏电流的大小，如图 8.5 所示。半导体性质和铁电性的耦合使铁电半导体场效应晶体管的传输机制变得复杂。一方面，沟道中的移动载流子使得铁电半导体不同层中的电场分布不均匀。另一方面，沟道内的电场决定了铁电半导体的极化程度。因此，漏电流与栅电压之间的关系由沟道中的电场决定，而沟道内电场的大小与铁电半导体上的电场强度息息相关。

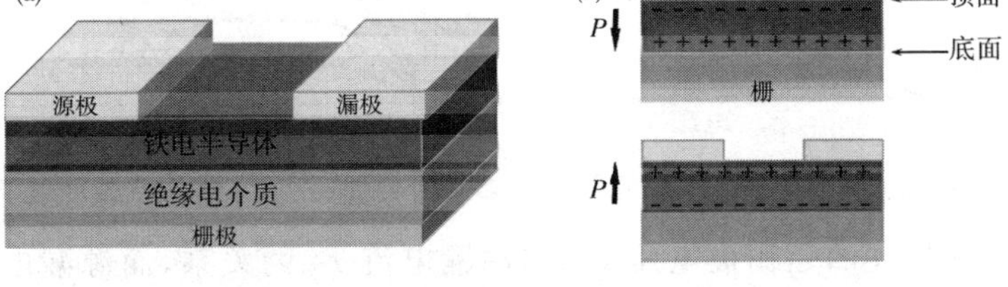

图 8.5　(a) 铁电半导体场效应晶体管的结构示意图；
(b) P_{down} 状态和 P_{up} 状态下的极化电荷分布图

铁电半导体层的电场强度与它的有效氧化物厚度有关。有效氧化物厚度的定义为具有高介电常数的栅介质和纯 SiO_2 栅介质达到相同电容时纯 SiO_2 栅介质的厚度。以 N 型半导体为例，对于具有厚的有效氧化物厚度的晶体管，交叉电场不足以穿透铁电层，只有部分铁电翻转发生在铁电半导体的底部，移动的载流子由于极化向下（P_{down}）状态下的能带弯曲而仅积累在底表面处，导致器件表现出低阻态。在极化向上（P_{up}）状态下，沟道载流子耗尽，导致器件表现出高阻态。在具有薄的有效氧化物厚度的晶体管中，由于足够大的电场，整个铁电半导体中发生铁电开关现象，并且顶面变得导电。此时，在 P_{up}状态下，移动的载流子在顶表面处积累并且表现出低阻态。类似地，在 P_{down}状态时表现出高阻态。因此，使用厚的有效氧化物材料作绝缘电介质的器件具有大的存储窗口，而使用薄的有效氧化物材料的器件更容易获得低的漏电流和大的开关比。除了使用本征铁电半导体之外，在层间滑移铁电半导体场效应晶体管中引入可调肖特基势垒，也可获得宽的存储窗口和大的开关比。铁电半导体场效应晶体管在长数据保留时间的存储器、超快开关和低功耗神经计算等方面表现优异。

8.3.3 铁电场效应晶体管的关键参量

1. 铁电场效应晶体管的电学参数

在相同的栅极电压 V_{GS}下，源漏电流 I_{DS}随源漏电压 V_{DS}的变化曲线称为场效应晶体管的输出特性曲线。在相同的源漏电压下的，源漏电流随栅极电压的变化曲线称为场效应晶体管的转移特性曲线。通过这两种曲线关系，可获得器件的各种电学指标，如阈值电压、亚阈值摆幅和开关比等。输出特性曲线是源漏电压与源漏电流的关系曲线，通过分析输出特性曲线是否具有线性的关系，可以分析晶体管的源漏电极与半导体之间的接触类型是肖特基接触还是欧姆接触。

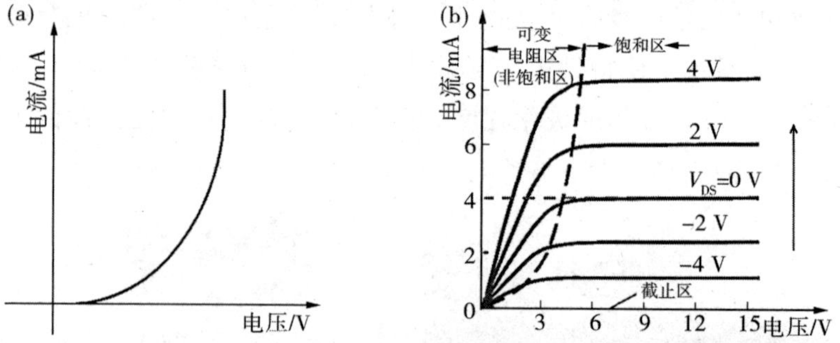

图 8.6 (a) 铁电场效应晶体管的转移特性曲线；(b) 输出特性曲线

转移特性曲线描述的是栅极电压 V_{GS}与源漏电流 I_{DS}的关系，而源漏电压 V_{DS}通常固定不变。转移特性曲线根据源漏电流 I_{DS}是否随着栅极电压 V_{GS}发生改变可以分为两个区域，分别为线性区和饱和区。线性区和饱和区主要是根据源漏电压 V_{DS}、栅极电压 V_{GS}

和阈值电压 V_{th} 三者之间关系进行判断的。当 $|V_{DS}|<|V_{GS}-V_{th}|$ 时，晶体管工作在线性区，此时源漏电流 I_{DS} 和栅极电压 V_{GS} 满足关系：

$$I_{DS}=WC_{i}\mu\left(V_{GS}-V_{th}-\frac{V_{DS}}{2}\right)\frac{V_{DS}}{2L} \tag{8.2}$$

式中：W、L 分别为晶体管导电沟道的宽度和长度；C_i 为栅质层单位电容的大小；μ 为半导体的载流子迁移率；V_{th} 为晶体管阈值电压。

当 $|V_{DS}|\geqslant|V_{GS}-V_{th}|$ 时，晶体管工作在饱和区，载流子的数量趋向饱和，此时源漏电流和栅极电压满足关系：

$$I_{DS}=\frac{WC_{i}\mu\,(V_{GS}-V_{th})^{2}}{2L} \tag{8.3}$$

下面介绍铁电场效应晶体管的电流开关比、阈值电压、亚阈值摆幅、载流子迁移率等电学参数。

1）电流开关比

在转移特性曲线中，晶体管的开态电流（I_{on}）与关态电流（I_{off}）之比称作电流开关比（I_{on}/I_{off}）。对于晶体管，当处于线性区时，开态电流与栅极电压呈正相关，栅极电压越大，开态电流越大；当处于饱和区时，栅极电压对源漏电流不调控。开态电流与晶体管的驱动能力呈正相关，开态电流越大，晶体管的开关比越大，栅极电压对晶体管的控制能力就越强。当晶体管处于关闭状态时，栅介质存在的泄漏电流就是关态电流。关态电流越小，晶体管的静态功耗越低。MFIS 型场效应晶体管中有绝缘层的插入，减少了铁电层与半导体层的界面缺陷，比 MFS 型场效应晶体管具有更低的漏电流和更高的开关比。

2）阈值电压

当对晶体管的栅极施加一定的电压时，导电沟道由耗尽层向反型层转变，开始有电流从源漏两端流过，此时的栅极电压称为阈值电压。以 N 型场效应晶体管为例，当栅极电压小于阈值电压时，导电沟道截止，即使对源漏电极两端施加电压，源漏电流依然为零。当栅极电压大于阈值电压时，对源漏两端施加电压，源漏电流开始增加。因此，阈值电压是晶体管工作电压的临界点。晶体管的阈值电压越小，功耗也就越小。影响阈值电压大小的因素通常有沟道的材料、栅介质层的材料、栅电容的大小等。

3）亚阈值摆幅（SS）

亚阈值摆幅反映的是源漏电流每增大一个数量级，所需要额外增加的栅极电压的大小，单位是 V/dec。

$$SS=\frac{\mathrm{d}V_{GS}}{\mathrm{d}(\lg I_{DS})}=\frac{\mathrm{d}V_{GS}}{\mathrm{d}\varphi_{S}}\frac{\mathrm{d}\varphi_{S}}{\mathrm{d}(\lg I_{DS})} \tag{8.4}$$

式中，φ_s 为表面势。对传统场效应晶体管的分析表明，室温下式（8.4）中的第二个因子

$d\varphi_s/d(\lg I_{DS})$ 不能低于 60 mV/dec。V_{GS}和 φ_s 与电容器分压有关，第一个因子 $dV_{GS}/d\varphi_S$ 通常称为体因子 m。

$$m_{MOS}=\frac{dV_{GS}}{d\varphi_S}=1+\frac{C_S}{C_{ins}} \tag{8.5}$$

式中：C_{ins}表示绝缘体电容；C_S 表示半导体电容。因此，亚阈值摆幅存在 60 mV/dec（对应于 $m=1$）的下限。晶体管的亚阈值摆幅越小，晶体管从关闭状态切换到开启状态的速度越快，晶体管的功耗越低。影响亚阈值摆幅的因素有很多，如器件工作环境、栅介质层的材料、绝缘层电容大小等。

类比于传统场效应晶体管，MFS 型铁电场效应晶体管的体因子 m_{MFS}为：

$$m_{MFS}=\frac{dV_{GS}}{d\varphi_S}=1+\frac{C_S}{C_{fe}} \tag{8.6}$$

式中：C_{fe}表示铁电层的电容值；C_S 值恒为正。利用铁电材料的负电容效应，$C_{fe}<0$ 时，有 $m_{MFS}<1$，因此 MFS 型铁电场效应晶体管能够打破玻尔兹曼热力学极限，实现室温下小于 60 mV/dec 的极低 SS 值。

对于 MFIS 型铁电场效应晶体管，体因子 m_{MFIS}为：

$$m_{MFIS}=\frac{dV_{GS}}{d\varphi_S}=\left(1+\frac{C_S}{C_{ins}}\right)\left(1+\frac{C_{mos}}{C_{fe}}\right) \tag{8.7}$$

式中：$C_{mos}=\left(\frac{1}{C_{ins}}+\frac{1}{C_S}\right)^{-1}$，且 C_S、C_{ins}以及 C_{mos}值恒正。利用铁电材料的负电容效应（即 $C_{fe}<0$），在满足一定的电容匹配条件下，能够实现 $m_{MFIS}<1$，因此 MFIS 型铁电场效应晶体管也可以打破玻尔兹曼热力学极限。

4）载流子迁移率（μ）

载流子迁移率表示在单位电场作用下，单位时间内载流子的平均漂移速率，单位为 $cm^2\cdot V^{-1}\cdot s^{-1}$，载流子迁移率直接决定了场效应晶体管的开关速度。当器件在线性区工作时，载流子迁移率计算公式如下：

$$\mu=\frac{L}{WC_{ins}V_{DS}}\frac{\partial I_{DS}}{\partial V_{GS}} \tag{8.8}$$

当器件在饱和区工作时，载流子迁移率计算公式如下：

$$\mu=\frac{2L}{WC_{ins}}\left(\frac{\partial\sqrt{I_{DS}}}{\partial V_{GS}}\right)^2 \tag{8.9}$$

式中：C_{ins}为绝缘层电容；L 是沟道长度；W 是沟道宽度。文献中所指的载流子迁移率一般是饱和区载流子迁移率。

2. 铁电场效应晶体管的存储参数

1）存储窗口

存储窗口是指器件在写入态和擦除态下阈值电压之间的差值，用来表示存储器容量的大小，可用于衡量不同存储状态之间的区分度。存储窗口越大，器件可以存储的信息越多，容量也越大。换言之，提高器件性能的方法之一，就是尽可能大地提升存储窗口。

2）保留时间

保留时间是在相同的栅极电压下连续测试两个状态（写入状态和擦除状态）之间的源漏电流，看一段时间后是否能保留初始电流比。若器件经过长时间测试后，开关比值和初始状态保持相对稳定，说明器件中泄漏的电荷数少，稳定性好。

3）耐受性

耐受性是指在两种状态（写入状态和擦除状态）之间转换多次后，器件仍能保持一定的电流比值的状态。读取、写入和擦除是用于获得器件耐受性能的常用测试方法，在写入和擦除之间施加不同的脉冲，实现写入-读取-擦除-读取-写入循环，对器件进行连续测试，若经过多个周期的读取、写入和擦除循环后，器件两个状态之间的电流开关比维持在与初始状态相当的水平，说明器件耐受性良好。

8.3.4　二维铁电材料在场效应晶体管中的应用

将二维铁电材料应用到铁电场效应晶体管中，不仅可以满足下一代存储器和逻辑器件小型化的需求，还可以获得额外优势，如能带可调谐性能、对衬底要求的缓和等。

1. 二维铁电材料在 MFS 型和 MFIS 型铁电场效应晶体管中的应用

Si 等[23]将二维铁电绝缘体与二维半导体构建为二维范德华异质结，以消除界面问题，降低界面陷阱密度，制备的二维 $MoS_2/CuInP_2S_6$ 范德华异质结铁电场效应晶体管展现出稳定的非易失存储特性。

Prashantsingh 等[24]设计了一款基于范德华异质结的铁电场效应晶体管，该晶体管可以执行多位存储器和逻辑操作。晶体管以具有面内铁电性的二维材料 SnS 为绝缘层，将它部分地堆叠在 SiO_2 涂覆的硅衬底上的半导体 MoS_2 之上，以制作具有背栅结构的场效应晶体管。通过 SnS 沟道中面内极化方向的翻转来调制电极/SnS 和 SnS/MoS_2 界面处的接触势垒，从而产生高电阻态和低电阻态，开关比达 10^6，数据保留时间外推可达 10 年。Liu 等[25]使用 MoS_2 作为导电沟道，$CuInP_2S_6$ 作为铁电栅介质，石墨烯作为底栅电极，制备了 MFS 型铁电场效应晶体管。通过在石墨烯底栅电极上施加电场来控制 $CuInP_2S_6$ 中的铁电极化翻转，使流经 MoS_2 沟道的电流出现典型回滞行为，器件具有高达 4.09 V 的存储窗口和高达 72.3 $cm^2 \cdot V^{-1} \cdot s^{-1}$ 的载流子迁移率。

Prashant Singh 等[26]制备了一种以铁电材料 $CuInP_2S_6$、六方氮化硼（*h*-BN）为介质，InSe 为铁电半导体沟道的 MFIS 型铁电场效应晶体管，器件具有大存储窗口（4.6 V，扫描电压为 5 V）、高漏电流开关比（$>10^4$）、高耐久性和长数据保持时间（$>10^4$ s）等优良的非易失性存储器（NVM）性能。2019 年，Wan 等[27]报道了一种

α-In_2Se_3作为顶栅介质、石墨烯作为导电沟道的器件，通过添加 h-BN 改善界面特性，同时增强石墨烯的导电性。当改变顶栅电压时，可以改变 α-In_2Se_3 的铁电极化，从而在石墨烯中诱导或掺杂不同类型的载流子，实现费米能级的移动和电阻的调制，显著延长器件的数据保留时间。

2. 二维铁电材料在 MFMIS 型铁电场效应晶体管中的应用

2021 年，Wang 等[28]用 $CuInP_2S_6$ 作铁电层，MoS_2 作沟道材料，h-BN 作栅极电介质，石墨烯作为浮栅，构造了 MFMIS 型铁电场效应晶体管，器件表现出 3.8 V 的大存储窗口，实现了 10^7的高开关比和超过 10^4 个循环的耐久性，具有 10 年的数据保留时间和低于 5 μs 的写入速度，比使用 MFS 结构的 $CuInP_2S_6$ 铁电场效应晶体管快得多。其中，MFMIS 结构将补偿电荷移动到铁电材料表面附近，消除了残余的退极化场，而 h-BN 的高势垒和理想的无缺陷表面抑制了栅极泄漏和电荷俘获。

3. 二维铁电材料在铁电半导体场效应晶体管中的应用

Lim 等[29]提出了利用喷雾热解大面积制造的多晶 γ-In_2Se_3 为半导体沟道材料，SiN_x/SiO_2 为绝缘电介质的铁电半导体场效应晶体管，通过二次谐波（SHG）和压电响应力显微镜（PFM）测试，证明了 γ-In_2Se_3 固有的铁电性。该铁电半导体场效应晶体管表现出 40.3 V 的大存储窗口（栅极电压扫描±40 V），0.97 $cm^2 \cdot V^{-1} \cdot s^{-1}$的电子场效应迁移率，以及大于 10^7 的高开关电流比，证实了其作为存储器件的潜在适用性。

8.4 二维铁电仿生神经突触

8.4.1 仿生神经网络

人工智能这一概念于 1956 年 8 月被约翰·麦卡锡等科学家提出，这一年也就成为人工智能元年。2016 年，Google 的 AlphaGo 通过多层神经网络实现的深度学习算法首次在围棋上战胜人类选手，至此，人工智能这一概念变得家喻户晓。

人工智能的发展与计算设备的进步和更新密切相关。自 1945 年冯·诺依曼首次提出了存储程序的概念和二进制原理以来，这种计算机硬件架构（如图 8.7 所示）几乎已经成为现代电子计算设备的代名词。尽管该体系结构在许多方面取得了前所未有的成功，但这种将中央处理器（CPU）与内存分离的设计并不完美。CPU 和存储器分离时，CPU 为了执行任务必须先从存储器中访问数据资源，由于 CPU 和存储器之间的性能差距越来越大，容易出现计算结果的波动和功耗的提高，甚至在处理器和储存器之间出现延迟，这种计算指令和存储速度不匹配限制了中央处理器利用率的现象称为冯·诺依曼瓶颈。

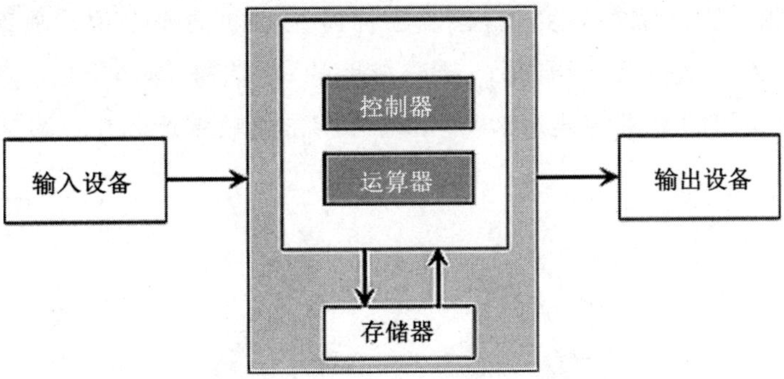

图 8.7　传统冯・诺依曼体系结构

为了克服冯・诺依曼瓶颈，必须探索出无需总线的计算机架构。受到生物神经系统的启发，艾伦・图灵在 1948 年提出了一种称为“神经形态计算”的新型计算系统：使用电子模拟电路的超大规模集成电路系统来模拟神经系统中的生理结构。由于固有的模拟能力和高效的并行结构，它可以有效地解决计算密集型问题。不仅如此，它还有望与现有的神经网络软件体系完美结合，使现有的人工智能迎来真正的飞跃，成为未来计算设备的理想形态。

为了实现这一构想，人造突触成为神经形态计算研究的热点。突触在生物神经系统中是神经元之间发生联系的部位，也是信息传递的必由之路。在新型计算系统中，人造突触不仅是计算单元，同时具备存储的能力，实现人造突触的运算存储一体化成为科研工作者首先要面对的问题。在做了诸多尝试和努力之后，人们发现忆阻器、场效应晶体管均可很好地模拟生物突触。与此同时，二维材料凭借原子级的厚度、较低的电荷屏蔽能力、特殊的物理性质等优势，有望使器件在实现高密度集成的同时降低操作能耗，因而被认为是实现神经形态计算技术的重要候选者。除此之外，二维材料体系涵盖了从绝缘体、半导体、半金属到金属的带隙范围，可调的载流子浓度和迁移率也为通过载流子动力学实现突触可塑性和神经形态计算提供了可能。

8.4.2　生物突触

1. 突触作用机理

突触处于神经元之间，或神经元与肌细胞、腺体之间的连接处，一般由突触前膜、突触间隙和突触后膜构成。它具有将前神经元冲动传递到后神经元或另一细胞的功能，是神经细胞传递信号的必经环节。根据神经冲动传递的方式，神经元之间的突触可以分为电突触和化学突触两大类。在生物中，化学突触较电突触更为常见且类型更为丰富，因而当前人工突触主要针对化学突触的生物特性进行模拟。当动作电位到达突触前神经元时，轴突传来的刺激信号导致 Ca^{2+} 通道打开并释放 Ca^{2+}，然后诱使突触小泡释放神经递质，神经递质传入突触间隙后会与突触后膜中的受体产生感应，从而打开突触后膜上的离子通道，突触后膜电位发生变化，触发后神经元中的动作电位。典型的神经元与神经突触的结构如图 8.8 所示，具有单向传导特性的"电信号-神经递质-电信号"传递方式实现了前后神经元间的紧密相连，且规定了信号的传递顺序。

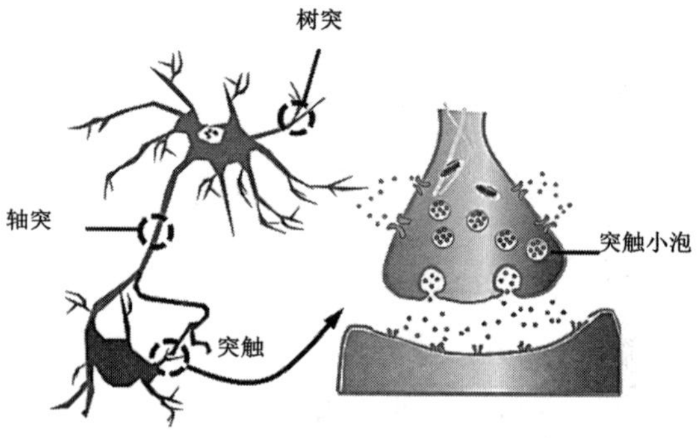

图 8.8　人脑神经元和突触结构示意图[30]

由于只有突触前膜能释放递质，因此在神经系统中神经元之间的神经冲动是单向传导的，故前神经元产生的动作电位沿着轴突传播，最后必须作用于突触。除此之外，只有当突触前膜释放的化学递质积累到足以激发后神经元产生动作电位的阈值时，神经元之间的信号传递才能成功进行，此时电位的幅度常称为突触的强度。

突触的强度主要与突触前膜内神经递质的储备量，突触后膜上受体的多寡以及神经递质释放后的重吸收快慢有关。需要注意的是，由于突触自身的活动以及其他一些因素的影响，突触的强度时刻都在发生改变。例如，前神经元的电位信号长期高频率地刺激突触时，突触的强度会得以增加并维持较长时间，这一突触特性称为长期增强作用。类似的，还有短期增强作用和短期抑制作用等。这些突触强度的调整过程被统称为突触的可塑性。突触的可塑性主要包括短期突触可塑性与长期突触可塑性。短期突触可塑性主要包括易化、抑制、增强。长期突触可塑性的主要表现形式为长时程增强和长时程抑制。突触可塑性和神经系统的发育、适应和学习等过程关系密切，因而被广泛研究和关注。

2. 突触的基本功能

1）兴奋性突触后电流（EPSC）和抑制性突触后电流（IPSC）

在生物神经元中，前神经元的电信号沿轴突进行传递，信号到达突触前膜，促使 Ca^{2+} 通道开放。Ca^{2+} 通道的激活会诱导产生化学信号形式的神经递质，神经递质从突触前膜释放，与突触后膜上的受体结合，信号又转换成电脉冲的形式，继续传递到下一个神经元。如果神经递质与受体结合时增加了细胞膜对 Na^+ 和 K^+ 等离子的通透性，会导致 Na^+ 和 K^+ 内流，产生兴奋性突触后电流。如果神经递质与受体结合时，使得 Cl^- 内流，会引起突触后膜超极化，产生抑制性突触后电流。

2)短期可塑性和长期可塑性

根据突触权重变化的保持时间，可将突触可塑性分为短期可塑性和长期可塑性。短期可塑性是指变化的突触权重会快速回到初始状态的性质。根据突触连接水平的短暂性增强或抑制可分为短时程增强（STP）和短时程抑制（STD）。双脉冲易化（PPF）、双脉冲抑制（PPD）是短期可塑性的重要表现形式，短期可塑性一般只能持续几十毫秒到几分钟。

双脉冲易化指的是当施加两个连续的信号时，第二个信号产生的电流水平 A_2 要比第一个信号产生的电流水平 A_1 高。双脉冲抑制是指施加两个连续脉冲时，第二个信号触发的电流 A_2 小于第一个信号产生的电流 A_1。双脉冲易化和双脉冲抑制指数（A_2/A_1）用来表征电流增益。

长期可塑性分为长时程增强（LTP）和长时程抑制（LTD)。长时程增强是指突触权重的增强，长时程抑制是指突触权重的连续减弱。

3)脉冲依赖可塑性

加强突触间的联系可以实现短期可塑性向长期可塑性的转换。突触可塑性遵循 Hebbian 理论，该理论表明重复或持续的刺激能够产生更高的突触权重，因此可以通过重复高强度的训练建立突触的长期可塑性，加强学习记忆效果。在光电突触器件的模拟中，可以通过选择合适的激光波长，调节突触前激光脉冲的持续时间、脉冲数、频率、光强等，实现短期可塑性向长期可塑性的转化，称为脉冲依赖可塑性。

脉冲频率依赖可塑性（SRDP）是一种重要的突触学习规则，当突触前的脉冲频率改变导致突触权重改变时，表明发生了 SRDP 行为。高频率的脉冲产生增强效果是因为在下一个光刺激到达之前，前一个脉冲产生的光生载流子还没有完全复合，因此在通道中剩余的载流子具有累加效应。当一个脉冲与下一个脉冲的间隔时间较长（低频）时，电导出现明显的下降，这主要是由于带间跃迁和电荷捕获效应。

脉冲时间依赖可塑性（STDP）指刺激两个神经元时，突触前神经元接受刺激的时间早于突触后神经元接受刺激的时间，输出电流会增强；相反，如果刺激两个神经元，前一个神经元接收刺激的时间晚于后面一个神经元接收刺激的时间，那么突触后电位明显减小，从而产生抑制效果。

4)学习-经验

突触受到刺激后，输出电流表现为增强，类似于人脑的学习过程。刺激消失，原先的改变无法继续加固，逐渐消失和瓦解，输出的电流逐渐减小，呈现衰减状态。这种效果和人脑学习记忆后不加巩固会逐渐遗忘极为相似，所以称之为遗忘。当再一次受到刺激后，通过更短的时间甚至更少的刺激就可以达到之前学习记忆的程度，甚至高于原来学习的程度。这种效果类似于人脑学习后出现遗忘，再次学习得到巩固的过程，可以把它称为再次学习。人脑中的再次学习就是对之前已经学习的内容再次学习以巩固加深的过程。再次学习也可以叫作经验学习，第一次学习已经具备了基础信息，自发衰减后保留了一定的学习记忆信息，再次学习后记忆快速达到原先学习状态并且具备非常高的保留比例。这种独特的学习特性是搭建类脑神经网络的基础，也给类脑芯片的研制提供技术支持。人工突触器件可以模拟人脑的这种特殊的学习遗忘特性。

8.4.3 仿生神经突触器件

突触可以对神经元传达的电信号进行响应，并对不同的刺激表现出不同的响应强度，这种响应本身就是一种计算；相应地，被改变的突触强度反映了响应的结果，这就是存储功能的体现。突触的最大优势和特殊之处就在于存算一体化。目前，对人工突触的仿真在实现基本的突触性质的基础上，还追求能在单个器件上实现对不同突触可塑性的模拟，对突触间的竞争、合作等更复杂的生物突触机制的模拟也是追求的目标。采用二维铁电材料可构成新型突触器件。通过控制铁电极化翻转，可以逐步调制铁电突触器件的沟道电导。近年来，基于二维铁电材料的各种两端和三端突触器件已有报道，其中两端器件主要包括铁电忆阻器，三端器件主要包括前面介绍的铁电场效应晶体管。

1. 二维铁电忆阻器与仿生突触

忆阻器是一种表示电荷与磁通关系的电路器件，它的电阻值能够通过调控而发生连续的变化。忆阻器这个物理概念很早就已被提出，但实验人员制出合格器件花费了 37 年。2008 年，惠普实验室的 Strukov 等设计了 $Pt/TiO_2/Pt$ 结构的器件，可以实现忆阻器的功能。从此，这种电极/绝缘层（阻变层）/电极的三明治结构成为经典，被绝大多数忆阻器所采用。忆阻器的经典范式由此得以确立，即阻值可由外加电流或电压改变的两端无源电子器件。经过十余年的研究，人们发现忆阻器可以同时扮演存储器和处理器的角色，即忆阻器可以同时进行逻辑运算和存储大量数据，从而实现模拟大脑中的突触功能。

不同种类忆阻器的开关机理不同，导致电学性能存在巨大差异，进一步减小器件的功耗并提升器件的稳定性，仍然是忆阻器研究中的重要方向。新兴的忆阻器中，铁电忆阻器成为一大突破性技术，而铁电隧道结是其中一种典型结构。铁电隧道结的结构相对简单，通过铁电层极化方向可调节势垒高度。由于隧穿电流与势垒高度之间呈指数函数关系，可通过改变隧穿电流的大小来改变隧穿电阻，形成高低阻间的切换。目前报道的大多数铁电隧道结的操作电压在 4 V 以下，操作时间为 10～100 ns，具备低写入功耗与非破坏性读取等优点，明显优于传统的闪速存储器（Flash）。此外，铁电隧道结高低电阻比值一般为 10～100。通常，提高铁电层厚度有助于提高高低电阻的比值，但会使导通电流与读取电流下降，读取时间增加。另一种较为可行的方案则是采用双层结构，使电偶极子翻转与隧穿电流发生在不同功能层，通过铁电隧道结的作用提升忆阻器的可靠性。

在使用了忆阻器的神经形态计算系统中，忆阻器单元被规律地排列成人工神经网络，以模拟生物神经元接收、处理和传输信号的功能，以及突触权重在突触前和突触后神经元间“学习”后的变化。在生物体内，突触权重的变化是由钠、钾离子的迁移实现的。铁电畴可以在外电场作用下翻转并在撤去外电场后保持其极化方向，因此基于铁电材料的突触器件通常具有高稳定性、大的开关比、编程脉冲时间短以及权重更新变化小等一系列优点。铁电隧道结可以通过施加在电极上不同的电场强度，改变铁电材料的极化状态，以实现对基本突触响应的模拟。铁电隧道结作为一种新型的忆阻器，具有非常简单的物理机制和清晰的电阻切换微观过程。铁电隧道结忆阻器的最新研究成果表明，基于铁电隧道结的突触器件可以成功模拟突触的脉冲时间依赖可塑性、长时程增强和抑制等行为，并且可进行图像识别。

硒化锡（SnSe）是一种典型的二维铁电半导体材料，Yan 等[31]采用脉冲激光沉积（PLD）技术在 NSTO（0.7%Nb 掺杂 $SrTiO_3$）单晶衬底上外延生长了一层 SnSe 薄膜，构建了一种基于二维 SnSe 铁电薄膜的忆阻器。通过铁电 SnSe 层的逐渐极化实现了器件电导的连续调制，器件高低阻态之间的转换呈现出逐渐变化的过程，成功模拟了生物突触的兴奋性突触后电流、双脉冲易化、长时程增强与抑制、脉冲时间依赖可塑性等功能。此外，该器件能耗低至 66 fJ，有望应用于小型化、高密度、低功耗的神经形态计算。Zhao 等[32]基于二维 α-In_2Se_3 纳米片，制备了 Ag/α-In_2Se_3/ITO 垂直结构的忆阻器，该器件通过 Ag 导电丝的形成和断裂实现对电阻的调控，表现出典型的双极性阻变行为、良好的耐循环特性、快的开关速度和连续可调的电导，还可以实现多种生物突触功能，包括短期记忆、长期记忆、双脉冲易化、脉冲时间依赖可塑性、强化学习行为等。

2. 二维铁电场效应晶体管模拟突触

忆阻器只具有二端口结构，它具有一定的容错度和大脑级别平行度的结构特征。铁电忆阻器采用夹层结构，通过外部施加的电场来调节导电状态。二端口器件的结构特征导致调节电流和输出电流同时输出，信号难以辨别。三端口晶体管具有并行处理和记忆功能，更适合用于模拟突触器件。作为人工突触器件，晶体管栅极可充当突触前膜，源极/漏极可充当突触后膜，沟道电导即为突触权重。三端口结构的平面型器件较两端口器件多了一个输入输出端口，使得器件在施加外部电场的条件下，可调节范围大大增加。三端口器件通过施加电压的栅控电荷实时变化实现电阻态的改变。其中，导电沟道起到信息传输的作用，栅电极起到调控作用，两者相互独立，信号的处理和传输也可以分离操作。三端口器件处理信息的原理更贴近生物突触。三端口器件工艺相对简单、易制备以及具有与突触相似的功能，使得其对于模拟大脑突触具有独一无二的优势。其中，二维铁电场效应晶体管具有稳定性好、测试参数相对可控、操作机制清晰等优异的性能，在人工突触器件中得到广泛关注。

Mohamed Soliman 等[33]制作了 $CuInP_2S_6$ 作为铁电层、ReS_2 作为二维半导体的铁电场效应晶体管，可实现超过 10^7 的开关比、宽达 7 V 的记忆窗口、超过 10^3 s 的保留特性。该晶体管可以利用电刺激和光刺激改变铁电材料的极化状态和二维半导体中的光生载流子来控制晶体管的沟道电导，从而实现对突触功能的模仿，包括电长期可塑性、光电可塑性、光学增强和尖峰速率依赖可塑性。基于该器件模拟的人工神经网络表现出接近理想模型突触 91%的出色准确度。

由于 α-In_2Se_3 具有铁电性和半导体特性，α-In_2Se_3 作为沟道材料的铁电半导体场效应晶体管也被广泛研究。基于二维 α-In_2Se_3 的铁电半导体场效应晶体管是实现超低能耗神经形态计算的潜在候选者。2020 年，Loh 等[34]以 50 nm 的 Al_2O_3 为栅介质层、α-In_2Se_3为半导体沟道，制备了铁电半导体场效应晶体管。通过控制面外极化，可以在基于 α-In_2Se_3 的铁电半导体场效应晶体管中诱导多个电导态，成功模拟了各种生物突触行为，并在模拟人工神经网络中实现 91.9%的模式识别精度。Loh 等提出，铁电半导体场效应晶体管的多级电导调制是由于铁电沟道中部分极化翻转具有良好的可控性，优于两端忆阻器中导电细丝的随机生长/断裂机制。2021 年，Zhou 等[35]报道了以原子沉积的 30 nm 的 Al_2O_3 为栅介质层、α-In_2Se_3 为沟道的铁电半导体场效应晶体管，通过在 Al_2O_3 和 α-In_2Se_3 中插入 h-BN 进行界面优化，使得其成为一种具有神经形态计算功能的非易失性存储器。该器件实现了 40 ns 超快编程的非易失性切换特性，通过对器件施加连续 ±0.5 V 脉冲，可以实现长时程增强和长时程抑制，热调制电导映射网络表现出 94.74% 的识别准确率，且表现出低能耗和热稳定性。2022 年，Chen 等[36]制备的基于 α-In_2Se_3 的铁电半导体场效应晶体管器件的性能有了进一步提高。由于铁电极化翻转导致肖特基势垒高度可调，器件具有大量可编程电导状态数（～100），电导变化表现出接近理想的线性度（0.207/0.211）和对称性（不对称值为 0.004）。在模拟的人工神经网络中，模式识别任务的准确率高达 97.76%。

除了铁电性外，α-In_2Se_3 还具有优良的光电性能。α-In_2Se_3 的光敏化和铁电极化使得通过光或背栅电压来调节突触的弛豫时间尺度和其他时间动力学的异突触可塑性成为可能。2022 年，Liu 等[37]报道了一种基于铁电 α-In_2Se_3 的光电突触，其具有动态响应，可提供多模和多尺度信号处理。通过施加一系列相同的电压脉冲，该突触表现出长期稳定的电导。同时，具有不同强度的光脉冲也可以调制该铁电突触的电导。当施加光脉冲后施加电压脉冲时，较强的电脉冲可以覆盖由光脉冲引起的电导率变化。如果先施加电压脉冲，然后施加光脉冲，光诱导载流子和两个脉冲之间的时间间隔将影响最终电导。耦合的铁电和光电性质使得其可以用于处理光电信号。基于这些特征，可以构建具有混合输入库的人工网络（ANN）实现多模信号处理。2023 年，Chen 等[38]采用 α-In_2Se_3 作为沟道材料、重掺杂硼的 Si 衬底作为背栅电极、Al_2O_3 作为栅极电介质、Cr/Au 作为源极/漏极，研制了一种基于 α-In_2Se_3 铁电半导体的双向突触光电晶体管，通过多波长光脉冲刺激增强和抑制突触权重，揭示了晶体管结构中栅极调制下的互锁面外-面内极化开关。可调节的势垒高度变化，证明了不同的突触特征，包括双脉冲易化、长时程/短时程增强、长时程抑制。重要的是，基于 α-In_2Se_3 突触光晶体管的人类视觉系统的仿真证明了单色和混合色模式识别的可行性。

8.5　二维铁电材料与器件的研究热点

8.5.1　二维铁电存储器件的研究热点

传统铁电存储器利用铁电材料的极化翻转来实现信息的存储，这类存储器存在疲劳退化这一致命缺陷，并且在器件尺寸的进一步缩小以及存储容量的增大方面存在着挑战。使用二维铁电材料代替传统铁电材料，使得这些问题迎刃而解。二维铁电二极管与二维铁电隧道结具有尺寸小、易于集成、灵敏度高、使用寿命长等优点，很好地解决了传统铁电存储的痛点，但是二维铁电存储器中使用的功能材料仍然面临可伸缩性的瓶颈。因此，寻找用于二维铁电存储器的新型功能材料仍然是目前重要的研究领域。除了寻找新型功能材料，还可以通过改进操作工艺使阻变存储器的性能得到提升，常用改进方法有掺杂、电极工程和界面工程。

掺杂是调节给定材料的光、电和磁等特性的一种非常有效的方法。在过去的研究中，掺杂是改善二维铁电阻变存储器性能非常有效和常用的方法之一。2019 年，Wang 等[39]提出了一种基于平面 P 型半导体/铁电材料/N 型半导体同质结构的二维铁电隧道结。通过在具有面内电极化的二维铁电半导体中进行掺杂，实现了同质结型的 In∶SnSe/SnSe/Sb∶SnSe 二维铁电隧道结，观察到了与传统的全氧化物隧道结相当的隧穿电阻比率，约为 1460%。

电极工程指的是通过改变存储器的顶部或底部电极材料来改善器件性能的方法。Kang 等[40]用二维铁电材料 BiP 和石墨烯设计了二维铁电隧道结，其中，单层 BiP 作为中心铁电隧道势垒，石墨烯/BiP 范德华垂直异质结构作为引线。通过在左右引线的石墨烯层中进行 B/N 掺杂，打破左右引线的对称性，得到两条引线的非对称屏蔽长度。这个隧道结获得了约 623%的隧穿电阻比率，与传统隧道结相当。其中，不同的屏蔽长度源于 B 和 N 的掺杂垂直异质结构中不同的半导体特性和电子密度。

界面工程通常是在存储器的电极和阻变层之间加入一层材料，以阻止界面缺陷造成的器件性能恶化，也称为插层工程。例如，Chen 等[41]设计了基于 In_2Se_3/h-BN/Ni(NIBN) 结构的器件，发现通过插入 h-BN 作为缓冲层，可以提高隧穿电阻。

8.5.2 二维铁电场效应晶体管的研究热点

二维材料没有悬挂键的表面能提供无陷阱界面，独特的层状结构能消除短沟道效应的影响，进而提升铁电场效应晶体管的存储性能。二维铁电场效应晶体管能在低电压下工作，可实现超快的工作速度，并表现出极低的功耗，存储性能在某些方面已经接近甚至超越了静态数据随机存储器（SRAM）、动态随机存储器（DRAM）、闪速存储器（Flash）等主流存储器。二维铁电场效应晶体管也存在一些挑战，总结起来主要有两点：(a)进一步提高二维铁电场效应晶体管的性能。(b)推动二维铁电场效应晶体管的研究从实验室走向工业应用。

1. 高性能二维铁电场效应晶体管的研发

高性能二维铁电场效应晶体管的研发和推广需要可靠且实用的评估参数。过去通常以载流子迁移率和接触电阻来评价二维铁电场效应晶体管的性能，然而这些参数常常受测试复杂性和不确定性的影响，导致实验结果不准确或者误差较大。相比之下，开态电流是一种直接测量的参数，误差和不确定性导致的偏差比较小，可以直接用于与传统硅基晶体管性能的比较。一般从以下几个方面来提升晶体管的开态电流：

(1) 沟道的选择与优化。除了尽量提高二维材料的质量、减少晶界等缺陷外，二维半导体还需要有适当的带隙，以确保其在具有高开态电流的同时具有足够低的关态电流。随着源漏电场的增大，载流子的迁移速率会因声子散射而达到饱和。此时，高场强下晶体管的驱动电流和开关切换速度更依赖于饱和速度而不是迁移率，因此具有较高的饱和速度也很必要[42]。临界电场是另一个重要的参数，它是晶体管达到速度饱和时的源漏电场，通常与低功耗应用直接相关。

(2) 栅介质的选择与优化。栅介质的优化对提升开态电流非常重要，高质量的栅介质具有较小的等效氧化层厚度和少量界面态，能提高栅控效率、开态电流水平，减小亚阈值摆幅和降低关态电流。目前常见的沉积氧化层的方法是引入种子层来促进氧化物沉积[43]，或者利用物理转移制备异质结构来改善高质量的顶栅晶体管的半导体/栅介质界面[44]。另外，采用内嵌式的栅极制备局域背栅晶体管也是一种可行的方案。

(3) 二维沟道与基底之间界面的优化。高的开态电流通常会产生大量焦耳热，导致器件性能下降或损害器件稳定性。因此，选择热导率更高的基底对晶体管的散热具有一定的帮助。另外，由于二维半导体沟道与基底之间具有较大的界面热阻，常使用 BN（面内热导率＞400 $W\cdot m^{-1}\cdot K^{-1}$）作二维半导体器件的基底[45]，以形成原子级洁净的二维半导体-BN 热传导界面，从而辅助晶体管散热。

(4) 二维半导体与金属电极之间接触界面的优化。金属电极与二维半导体之间的界面接触称为电学接触。电学接触对晶体管电学性能至关重要，直接关系到金属/半导体界面处的肖特基势垒、载流子注入的效率等。金属电极与半导体沟道之间的电阻称为接触电阻，由于二维铁电场效应晶体管的总电阻等于沟道电阻与两倍的接触电阻之和。当器件沟道长度不断缩短，沟道电阻会变小，所以接触电阻直接关系到开态电流的大小和极限。如何优化半导体与金属的接触界面以减小接触电阻，一直是该领域的研究重点和关键挑战之一[46]。除了通过化学掺杂[47]、介电掺杂[48]等方式来降低接触电阻外，边缘接触或面内金属-二维半导体异质结也获得了较低的接触电阻[49]。另外，范德华接触具有原子级洁净的界面，可以降低界面态，通过选择功函数匹配的金属电极可降低肖特基势垒[50]，获得低的接触电阻，近年来成为该领域的研究热点。Liu 等[51]使用 MoS_2 作为导电沟道、$CuInP_2S_6$ 作为铁电栅极电介质、石墨烯作为底栅电极，制造了基于二维范德华异质结构的晶体管。通过在石墨烯底栅电极上施加电场来控制二维 $CuInP_2S_6$ 中的铁电极化翻转，成功实现了流经 MoS_2 沟道电流的典型回滞行为。其中，在金属电极与二维材料之间插入石墨烯可以避免二维材料和金属之间的界面缺陷对电性能的影响。

利用铁电材料的负电容效应来提高晶体管的性能也是二维铁电场效应晶体管的研究热点。铁电材料极化翻转的同时存在极化向上和极化向下的铁电畴，铁电材料处于势能较高的非稳态，此时铁电材料的电容值为负值，称为负电容效应。铁电场效应晶体管可以利用铁电材料的负电容效应实现对栅极电压的放大，理论上可以将场效应晶体管的亚阈值摆幅降低到 60 mV/dec 的玻尔兹曼极限以下，从而降低晶体管的能耗，以提高它的性能。目前，基于 MFS、MFIS 和 MFMIS 结构的铁电负电容晶体管均有报道，由于响应时间过短和极化相对较弱，目前对二维铁电材料负电容效应的研究尚不充分，探究二维铁电材料的负电容效应对于提升晶体管性能至关重要。

2. 高性能二维铁电场效应晶体管的应用

推进二维铁电场效应晶体管真正走向应用，具有很大的挑战。

(1) 确立并逐步实现晶体管的一些关键技术目标。可参照硅基晶体管的技术路线图来确立一些关键的技术目标，如近期目标、关键目标和长期目标。业界曾在 ITRS(国际半导体技术发展路线图)2015 中提出硅基晶体管在 2021 年预期的性能指标。对于近期目标，需要突破现阶段二维晶体管的性能极限。对于关键目标，需要达到与最好的硅基晶体管性能相当的程度。对于长期目标，需要各参数指标均超过硅基晶体管。

(2) 选择适合二维铁电场效应晶体管且工业兼容的集成工艺。在制备二维铁电场效应晶体管的过程中，常常会引入一些不可控的损伤和污染，规模化制备无损伤的二维晶体管仍然存在不少困难，包括无损伤地对二维半导体进行特定类型的掺杂且掺杂浓度可控，以及实现栅介质和金属电极与二维半导体的无损伤集成等。

(3) 二维铁电场效应晶体管融入未来芯片工业需要一个关键应用。要让二维铁电场效应晶体管进入芯片工业产业链，需要一个合适的关键应用作为切入点。一个潜在的方案是实现材料、器件或电路在同一个晶圆上的三维集成。在材料层面上，二维材料表面无悬挂键，适合多层集成；在器件层面上，二维材料原子级薄的厚度使得其应用于环绕式栅极技术时具有明显的优势，比传统三维材料在工艺复杂度上要简单一些；在电路层面上，不同的二维材料很容易通过一些后道工艺实现连接，从而具有很高的集成度。

参考文献

[1] Valasek J. Piezo-electric and allied phenomena in Rochelle salt[J]. Physical Review, 1921, 17(4): 475.

[2] Shirodkar S N, Waghmare U V. Emergence of ferroelectricity at a metal-semiconductor transition in a 1T monolayer of MoS_2[J]. Physical Review Letters, 2014, 112(15): 157601.

[3] Zhou Y, Wu D, Zhu Y, et al. Out-of-plane piezoelectricity and ferroelectricity in layered α-In_2Se_3 nanoflakes[J]. Nano Letters, 2017, 17(9): 5508-5513.

[4] Cui C, Hu W J, Yan X, et al. Intercorrelated in-plane and out-of-plane ferroelectricity in ultrathin two-dimensional layered semiconductor In_2Se_3[J]. Nano Letters, 2018, 18(2): 1253-1258.

[5] Belianinov A, He Q, Dziaugys A, et al. $CuInP_2S_6$ room temperature layered ferroelectric[J]. Nano Letters, 2015, 15(6): 3808-3814.

[6] Wu M, Zeng X C. Bismuth oxychalcogenides: A new class of ferroelectric/ferroelastic materials with ultra high mobility[J]. Nano Letters, 2017, 17(10): 6309-6314.

[7] Fei Z, Zhao W, Palomaki T A, et al. Ferroelectric switching of a two-dimensional metal[J]. Nature, 2018, 560(7718): 336-339.

[8] Bao Y, Song P, Liu Y, et al. Gate-tunable in-plane ferroelectricity in few-layer SnS [J]. Nano Letters, 2019, 19(8): 5109-5117.

[9] Chang K, Liu J, Lin H, et al. Discovery of robust in-plane ferroelectricity in atomic-thick SnTe[J]. Science, 2016, 353(6296): 274-278.

[10] Ghosh T, Samanta M, Vasdev A, et al. Ultrathin free-standing nanosheets of Bi_2O_2Se: Room temperature ferroelectricity in self-assembled charged layered heterostructure[J]. Nano Letters, 2019, 19(8): 5703-5709.

[11] Ci W, Wang P, Xue W, et al. Engineering ferroelectric-/ion-modulated conductance in 2D vdW $CuInP_2S_6$ for non-volatile digital memory and artificial synapse

[J]. Advanced Functional Materials, 2024:2316360.

[12] Wan S, Li Y, Li W, et al. Room-temperature ferroelectricity and a switchable diode effect in two-dimensional α-In_2Se_3 thin layers[J]. Nanoscale, 2018, 10(31): 14885-14892.

[13] Alghamdi M, Lohmann M, Li J, et al. Highly efficient spin-orbit torque and switching of layered ferromagnet Fe_3GeTe_2 [J]. Nano Letters, 2019, 19(7): 4400-4405.

[14] Wu J, Chen H Y, Yang N, et al. High tunnelling electroresistance in a ferroelectric van der Waals heterojunction via giant barrier height modulation[J]. Nature Electronics, 2020, 3(8): 466-472.

[15] Wang Q, Xie T, Blumenschein N A, et al. Extraordinary tunnel electroresistance in layer-by-layer engineered van der Waals ferroelectric tunnel junctions[J]. Matter, 2022, 5(12): 4425-4436.

[16] Zhong Z, Wu S, Li X, et al. Robust threshold-switching behavior assisted by Cu migration in a ferroionic $CuInP_2S_6$ heterostructure[J]. ACS Nano, 2023, 17(13): 12563-12572.

[17] Liu C, Chen H, Wang S, et al. Two-dimensional materials for next-generation computing technologies[J]. Nature Nanotechnology, 2020, 15(7): 545-557.

[18] Chen L, Pam M E, Li S, et al. Ferroelectric memory based on two-dimensional materials for neuromorphic computing[J]. Neuromorphic Computing and Engineering, 2022, 2(2): 022001.

[19] Xu Y, Liu T, Liu K, et al. Scalable integration of hybrid high-κ dielectric materials on two-dimensional semiconductors[J]. Nature Materials, 2023, 22(9): 1078-1084.

[20] Zhang Y, Yu J, Zhu R, et al. A single-crystalline native dielectric for two-dimensional semiconductors with an equivalent oxide thickness below 0.5 nm[J]. Nature Electronics, 2022, 5(10): 643-649.

[21] Wang W, Meng Y, Zhang Y, et al. Electrically switchable polarization in Bi_2O_2Se ferroelectric semiconductors[J]. Advanced Materials, 2023, 35(12): 2210854.

[22] Si M, Saha A K, Gao S, et al. A ferroelectric semiconductor field-effect transistor [J]. Nature Electronics, 2019, 2(12): 580-586.

[23] Si M, Liao P Y, Qiu G, et al. Ferroelectric field-effect transistors based on MoS_2 and $CuInP_2S_6$ two-dimensional van der Waals heterostructure[J]. ACS Nano,

2018, 12(7): 6700-6705.

[24] Singh P, Rhee D, Baek S, et al. SnS/MoS_2 van der Waals heterojunction for in-plane ferroelectric field-effect transistors with multibit memory and logic characteristics[J]. EcoMat, 2023, 5(5): e12333.

[25] Liu Z, Sun Y, Ding Y, et al. Ferroelectric-gated all 2D field-effect transistors with Sub-60 mV/dec subthreshold swing[J]. The Journal of Physical Chemistry Letters, 2023, 14(30): 6784-6791.

[26] Singh P, Baek S, Yoo H H, et al. Two-dimensional $CuInP_2S_6$-InSe van der Waal heterostructure ferroelectric field effect transistor for nonvolatile memory applications[J]. ACS Nano, 2022, 16(4): 5418-5426.

[27] Wan S, Li Y, Li W, et al. Nonvolatile ferroelectric memory effect in ultrathin α-In_2Se_3[J]. Advanced Functional Materials, 2019, 29(20): 1808606.

[28] Wang X, Zhu C, Deng Y, et al. Van der Waals engineering of ferroelectric heterostructures for long-retention memory[J]. Nature Communications, 2021, 12(1): 1109.

[29] Lim T, Lee J H, Kim D, et al. Large-area growth of ferroelectric 2D γ-In_2Se_3 semiconductor by spray pyrolysis for next-generation memory[J]. Advanced Materials, 2024, 36(4): 2308301.

[30] 秦琦. 基于PZT的铁电忆阻器及其模拟突触可塑性的研究[D]. 南京:南京邮电大学,2023.

[31] Wang H, Lu W, Hou S, et al. A 2D-SnSe film with ferroelectricity and its bio-realistic synapse application[J]. Nanoscale, 2020, 12(42): 21913-21922.

[32] Zhao Y, Pei Y, Zhang Z, et al. Memristor based on α-In_2Se_3 for emulating biological synaptic plasticity and learning behavior[J]. Science China Materials, 2022, 65(6): 1631-1638.

[33] Soliman M, Maity K, Gloppe A, et al. Photoferroelectric all-van-der-Waals heterostructure for multimode neuromorphic ferroelectric transistors[J]. ACS Applied Materials & Interfaces, 2023, 15(12): 15732-15744.

[34] Wang L, Wang X, Zhang Y, et al. Exploring ferroelectric switching in α-In_2Se_3 for neuromorphic computing [J]. Advanced Functional Materials, 2020, 30(45): 2004609.

[35] Wang S, Liu L, Gan L, et al. Two-dimensional ferroelectric channel transistors integrating ultra-fast memory and neural computing[J]. Nature Communications,

2021, 12(1): 53.

[36] Chen Y, Li D, Ren H, et al. Highly linear and symmetric synaptic memtransistors based on polarization switching in two-dimensional ferroelectric semiconductors[J]. Small, 2022, 18(45): 2203611.

[37] Liu K, Zhang T, Dang B, et al. An optoelectronic synapse based on α-In_2Se_3 with controllable temporal dynamics for multimode and multiscale reservoir computing [J]. Nature Electronics, 2022, 5(11): 761-773.

[38] Chen Y, Zhang M, Li D, et al. Bidirectional synaptic phototransistor based on two-dimensional ferroelectric semiconductor for mixed color pattern recognition [J]. ACS Nano, 2023, 17: 12499-12509.

[39] Shen X W, Fang Y W, Tian B B, et al. Two-dimensional ferroelectric tunnel junction:The case of monolayer In: SnSe/SnSe/Sb: SnSe homostructure[J]. ACS Applied Electronic Materials, 2019, 1(7): 1133-1140.

[40] Kang L, Jiang P, Cao N, et al. Realizing giant tunneling electroresistance in two-dimensional graphene/BiP ferroelectric tunnel junction[J]. Nanoscale, 2019, 11 (36): 16837-16843.

[41] Chen Y, Tang Z, Dai M, et al. Giant magnetoresistance and tunneling electroresistance in multiferroic tunnel junctions with 2D ferroelectrics[J]. Nanoscale, 2022, 14(24): 8849-8857.

[42] Liu Y, Duan X, Shin H J, et al. Promises and prospects of two-dimensional transistors[J]. Nature, 2021, 591(7848): 43-53.

[43] Li W, Zhou J, Cai S, et al. Uniform and ultrathin high-κ gate dielectrics for two-dimensional electronic devices[J]. Nature Electronics, 2019, 2(12): 563-571.

[44] Cheng R, Jiang S, Chen Y, et al. Few-layer molybdenum disulfide transistors and circuits for high-speed flexible electronics[J]. Nature communications, 2014, 5 (1): 5143.

[45] Yalon E, McClellan C J, Smithe K K H, et al. Energy dissipation in monolayer MoS_2 electronics[J]. Nano Letters, 2017, 17(6): 3429-3433.

[46] Schulman D S, Arnold A J, Das S. Contact engineering for 2D materials and devices[J]. Chemical Society Reviews, 2018, 47(9): 3037-3058.

[47] Yang L M, Majumdar K, Liu H, et al. Chloride molecular doping technique on 2D materials: WS_2 and MoS_2[J]. Nano Letters, 2014, 14(11): 6275-6280.

[48] Utama M I B, Kleemann H, Zhao W Y, et al. A dielectric-defined lateral hetero-

junction in a monolayer semiconductor[J]. Nature Electronics, 2019, 2(2): 60-65.

[49] Zhang Q, Wang X F, Shen S H, et al. Simultaneous synthesis and integration of two-dimensional electronic components[J]. Nature Electronics, 2019, 2(4): 164-170.

[50] Liu Y, Guo J, Zhu E B, et al. Approaching theschottky-mott limit in van der Waals metal-semiconductor junctions[J]. Nature, 2018, 557(7707): 696-700.

[51] Liu Z, Sun Y, Ding Y, et al. Ferroelectric-gated all 2D field-effect transistors with sub-60 mV/dec subthreshold swing[J]. The Journal of Physical Chemistry Letters, 2023, 14(30): 6784-6791.

第9章　二维能源材料与器件

能源是人类社会发展的重要动力。二次电池储能、氢能以及太阳能电池的相关技术一直是能源材料与器件领域的研究热点。随着我国“碳达峰”和“碳中和”战略目标的确立,未来对高效能源材料与器件的需求将进一步扩大。目前,我国已在新能源汽车、新光伏、风电等领域取得重要突破。这些技术突破最终能否革新现代能源供给结构,主要取决于能量收集、转换与存储的材料、器件和系统,特别是关键材料的储量、生产成本、稳定性和安全性等。因此,发展高性能、低成本、长寿命、高安全性的能量收集、转换与存储的材料及器件具有重要意义。二维材料具有优异的机械性能、热力学稳定性、较大的比表面积等特点,能够进一步提高二次电池、氢能和太阳能电池的能源利用效率,减少环境污染,是极具发展潜力的新型能量收集、转换与存储材料。

普通太阳能电池的关键参量与二维光伏材料与器件的性能指标类似,本章中将不再赘述。本章将简要介绍新型钙钛矿太阳能电池,以补充介绍二维材料在光伏材料与器件中的应用以及研究热点。

9.1　能源材料与器件的储能原理

9.1.1　二次电池的储能原理

为满足便携式电子产品、电动汽车等对能源日益增长的需求,迫切需要开发具有良好成本效益、高能量密度和长寿命的可充电电池系统。石墨烯、过渡金属氧化物、过渡金属硫化物等二维材料的发展,给高性能二次电池的研发提供了很大的机遇。一些二维材料具有较高的电导率和离子储存能力,能够显著提高二次电池的功率密度和循环寿命;超高比表面积和大量暴露的活性位点,有利于实现电荷的快速存储和增加电池容量;高纵横比和卓越的机械性能,使其在可穿戴技术方面具有广阔的应用前景。下面简要介绍二次电池的工作原理、电化学反应类型、二维材料应用优势等方面的相关知识。

1. 二次电池的工作原理

二次电池也称为蓄电池,是放电后能够通过充电使活性物质激活,从而反复使用的一类电池。一般的二次电池基本组成单元包括负极、正极、隔膜（多孔聚合物材料）及电解液。二次电池的电极反应一般具有可逆性高，正负电极电位相差大等特性。放电过程中，自发的电极反应能有效实现化学能到电能的转换。在此过程中，负极上进行氧化反应产生电子，电子通过外电路流向正极进行还原反应。与此同时，电解液中的阴、阳离子作为溶液中的载荷离子，分别向负极与正极移动，形成一个完整的回路。充电过程有着与放电过程相反的电极反应和电子流向。放电过程中的负极反应分别如式（9.1）和式（9.2）所示，其中，A 代表金属，B 代表非金属，z 代表价电子数。

$$A \rightarrow A^{(z+)} + ze^- \tag{9.1}$$

$$B + ze^- \rightarrow B^{(z-)} \tag{9.2}$$

电池的理论输出电压由电极反应的吉布斯自由能决定。式（9.3）中 ΔH_0 与 ΔS_0 分别代表标准态下的焓变与熵变，ΔG_0 代表吉布斯自由能，F 代表法拉第常数，E_0 代表标准电极电势。在等温等压条件下，体系吉布斯自由能的变化等于对外所做的最大非膨胀功。在电池体系中，若电功是唯一非膨胀功，则可根据式（9.4）算出标准电池电势 ΔE_0，它代表了化学能转变为电能的最大理想值。

$$\Delta G_0 = \Delta H_0 - T\Delta S_0 \tag{9.3}$$

$$\Delta G_0 = -zF\Delta E_0 \tag{9.4}$$

开路电压表示电池在非工作状态下，即电路无电流流过时，电池正负极之间的电势差。电池的开路电压用 V_{open} 表示，即 $V_{\text{open}} = \varphi_+ - \varphi_-$，其中 φ_+、φ_- 分别为电池的正负电极电位。电池的两极在电解液中所建立的电极电位，通常并非平衡电极电位，而是稳定电极电位。电池的开路电压一般小于它的电动势。在设计电池时，除了考虑正负极的电极反应电势差之外，还必须考虑电解液的热力学稳定性。对于一个高能量密度电池体系，正极电位越高越好，负极电位越低越好，并且电解液需要在电极反应窗口内保持稳定且不发生副反应。

在实际工作中，二次电池的各部件接触电阻、电极反应等都会对过电位造成影响，如式（9.5）所示，致使电池电压低于开路电压。其中，接触电阻又称为欧姆过电位，由电池电极材料、电解液、隔膜及各部件的接触电阻组成。电极反应过程中所产生的过电位被细分为活化过电位与浓差极化过电位。正负电极反应均可导致活化过电位的产生。在一些电极动力学缓慢的反应中，如金属-空气电池中的氧还原/水氧化反应，活化过电位是重要限制因素之一。浓度极差过电位是由于电极反应时传质速率缓慢，致使电化学活性物质在电极附近的浓度不均匀所引起的。

$$\varphi = \varphi_{\text{IR}} + \varphi_{\text{a}} + \varphi_{\text{c}} \tag{9.5}$$

式中：φ_{IR} 是欧姆过电位，φ_{a} 是活化过电位，φ_{c} 是浓度极差过电位。

2. 二次电池的电化学反应类型

目前，二次电池的种类主要包括铅酸电池（铅蓄电池）、镍镉电池、镍氢电池、锂离子电池、钠离子电池等。二次离子电池的能量密度、倍率性能、热稳定性、循环寿命等，与电极材料的本征属性密切相关。离子电池电极材料的电化学反应类型可分为嵌入脱出反应和转换反应两种。

嵌入脱出反应机制中，正极材料的晶体结构通常具有稳定的配位环境，为客体离子提供存储位点，其中不同维度的开放空间可为客体离子提供传输通道，使客体离子能可逆地嵌入和脱出电极材料。在锂离子电池中，锂离子是客体离子，嵌入脱出型正极材料主要包括金属硫族化合物、过渡金属氧化物和聚阴离子化合物。按照晶体结构划分，该类型正极材料有层状、尖晶石相、橄榄石相和塔佛拉特相等。过渡金属氧化物和聚阴离子化合物具有较高的工作电压和较高的比容量，是目前嵌入脱出型正极材料的研究热点。典型的嵌入脱出型正极材料具有 100～200 $mA \cdot h \cdot g^{-1}$的比容量和 3～5 V 的平均电压[1-2]。锂离子电池是当前主流的商用二次离子电池，本章将以锂离子电池为重点来阐述二维材料在二次电池领域的应用与调制策略。

3. 二维材料用于二次电池的优势

目前，二维材料已成功应用于多种离子电池的电极材料、隔膜夹层、电解质等，其优势主要体现在以下四个方面：

（1）二维材料可通过弱范德华力堆积，当用作金属离子电池的电极材料时，离子嵌入和脱出过程中的体积变化得到缓解。因此，二维材料作为电极或电极的复合材料时，能在一定程度上抑制活性材料充放电过程中引起的体积变化，维持电池的结构稳定性。

（2）二维材料涵盖了从宽带隙绝缘体到优良电子导体的范围。例如，二维绝缘材料氮化硼可用作界面层以抑制锂金属负极的枝晶生长，而二维导电材料石墨烯则可被用作金属离子电池正极的添加剂以提高电子导电性。通过官能团修饰、缺陷、掺杂或者异质结构建等方法可改变二维材料的电子结构，进而调控电池的电化学性能。

（3）二维材料开放的离子存储空间为离子的传输提供了迁移路径，有利于实现快速的电化学反应。

（4）活化的石墨烯基材料和一些过渡金属氧化物对氧还原反应/析氧反应具有良好的催化活性，在锂（钠）氧电池中可用作催化材料。由于对多硫化锂有适度的吸附作用，某些二维材料可作为锂硫电池中良好的锚定材料，以抑制锂硫电池的穿梭效应。

9.1.2　电催化析氢的原理

传统化石能源的过度消耗导致的能源短缺和环境污染已成为当前人类社会所面临的两大棘手问题。因此，寻找可持续、可替代的清洁能源一直是人们关注的重点。氢气具有较高的能量密度且对环境友好，被认为是一种有前途的替代能源载体。目前工业上常用的制氢方法依旧是围绕着传统化石能源进行，这些方法虽然工艺简单、便于操作，但是所制备的氢气浓度十分有限，而且化石能源在反应过程中会产生大量的二氧化碳，与开发清洁能源的设计初衷大相径庭。鉴于此，人们积极开拓新型制氢方式，如化石燃料制氢、生物质制氢、光电解水制氢和电解水制氢。其中，电解水制氢由于清洁无污染和可持续发展等优势受到了重点关注。电解水现象于 1789 年被首次发现[3]。1800 年，Nicholson 等研究和改进了该技术。与矿物燃料制氢等方法相比，该技术应用较为广泛且逐步成熟，有希望实现氢气的工业化生产。此外，通过电解水得到的氢气具有较高的纯度，对环境无污染，产氢过程高效简单。因此，电解水制氢被认为是非常有前景的绿色制氢方式。接下来，将对电解水制氢技术作详细的介绍。

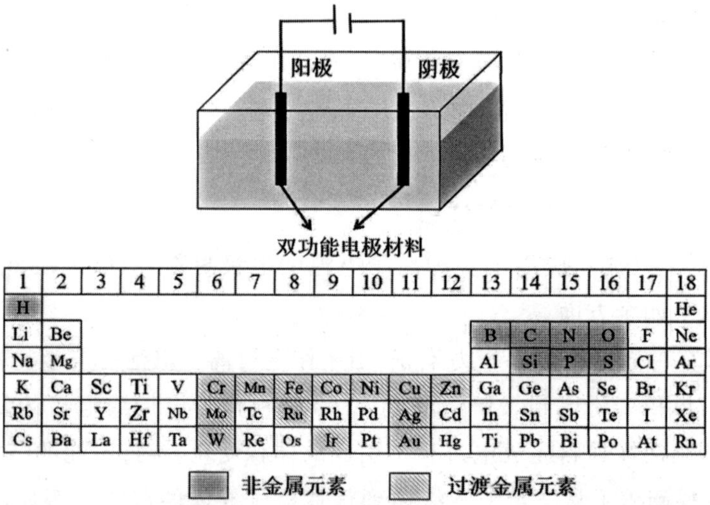

图 9.1　电解电池和可能含有双功能电催化剂的元素周期表示意图

图 9.1 所示为一个使用双功能电催化剂作为电极的电解池原型图，电解池由三个部分组成：阳极、阴极和电解质溶液。水分解包括析氧反应（OER）和析氢反应（HER）两个重要的半反应，如式（9.6）所示。

$$H_2O \rightarrow H_2 + 1/2O_2 \tag{9.6}$$

实际的电解水过程中，析氢反应在电解质中存在两种不同的反应机制。

（1）Volmer Tafel（V-T）机制。在该机制中，转移的电子首先与质子结合并被催化剂吸附，在催化剂的活性位点形成被吸附的氢原子（H_{ads}^*）（称为 Volmer 或 Discharge Reaction 步骤）。随后，两个 H_{ads}^* 结合并生成 H_2 气体（称为 Tafel 步骤）。

Volmer 步骤（氢原子的吸附步骤）：

$$H^+ + e^- + {}^* \rightarrow H_{ads}^* \tag{9.7}$$

Tafel 步骤（化学脱附步骤）：

$$2H_{ads} \rightarrow H_2 \tag{9.8}$$

式中：符号 * 表示氢吸附位点。

(2) Volmer-Heyrovsky (V-H) 机制。与 V-T 机制不同的是，在 Volmer 反应后，H_{ads}^*倾向于与电解质中的一个 H^+ 结合，并从外部电路中转移另一个电子，随后形成氢气(Heyrovsky 步骤)。

Volmer 步骤(氢原子的吸附步骤)：

$$H^+ + e^- + {}^* \rightarrow H_{ads}^* \tag{9.9}$$

Heyrovsky 步骤(电化学脱附步骤)：

$$2H_{ads}^* + H^+ + e^- \rightarrow H_2 + {}^* \tag{9.10}$$

上述两种机制存在竞争关系，通常依据 Tafel 斜率来判断具体的机制。

此外，析氢反应是依赖 pH 值的反应。如图 9.2 所示，在酸性溶液和碱性溶液中，析氢反应过程有一定的差异，主要表现在 Volmer 步骤上。在酸性溶液中，由于氢离子(H^+) 丰富，氢吸附位点通过 Volmer 反应很容易得到质子。此外，H_{ads}^*通过 Tafel 步骤或 Heyrovsky 步骤生成氢气，这两个步骤中 H^+ 的获取相对容易。当碱性溶液用作电解质时(碱性或中性)，因为缺乏质子，H_2O 在接下来的反应中充当质子提供体，导致析氢反应缓慢。

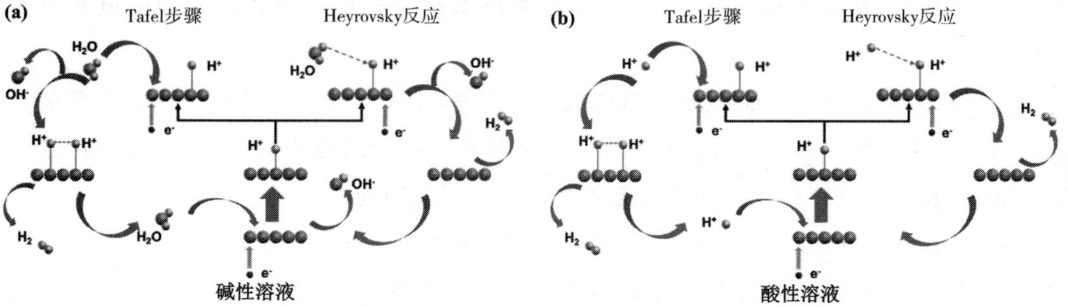

图 9.2　析氢反应不同的反应路径：(a) 酸性溶液中；(b) 碱性溶液中

事实上，无论是在碱性还是酸性条件下，都是反应粒子首先被吸附在催化材料的活性位点上生成中间产物，然后中间产物相互作用，最后产生氢气。氢吸附自由能 ΔG_H 是评价电催化剂性能的一个重要参数。较负的 ΔG_H 值表明氢在电极上的吸附比脱附容易，Heyrovsky 反应或者 Tafel 反应是决速步骤。反之，较正的 ΔG_H 值代表催化剂和 H_{ads}^*的相互作用较弱，决速步骤是 Volmer 反应。因此，高催化活性的 HER 电催化剂应具有接近于零的 ΔG_H，从而实现氢吸附和脱附的平衡。

9.1.3　太阳能电池的储能原理

节约能源已成为当今国际社会最关注的话题之一，开发和利用新型的环保清洁能源对于保障能源安全、促进环境保护、减少温室气体排放、实现经济可持续发展具有重要意义。太阳能是全球储备最为丰富的能源，开发高效且稳定的太阳能电池能够极大地缓解全球的能源危机。在未来的科技发展及生产生活中，太阳能电池将会发挥越来越重要的作用。

1. 太阳能电池的工作原理

太阳能电池的核心装置是一个 P-N 结半导体二极管。不同类型的半导体接触时，半导体内部载流子浓度存在差异，导致载流子从浓度高的区域向浓度低的区域扩散，最终处于动态平衡，并形成由 N 区指向 P 区的自建电场。太阳光照射到 P-N 结且光子的能量大于禁带宽度时，价带中的电子吸收光子的能量被激发到导带，同时在价带中留下一个空穴，构成电子-空穴对。在自建电场的作用下，光生电子被驱动进入 N 区，光生空穴进入 P 区，造成光生载流子的分离，接通电路后就形成电流。自建电场越强，光生电子-空穴对分离的效率就越高，与自建电场方向相反的光生电动势越大。

2. 太阳能电池的分类

人类对太阳能转化为电能的研究最早可以追溯到 1839 年，Edmond Becquerel 在对由两个金属电极组成的电解池进行实验时发现了光伏效应。Charles Fritts 在 1883 年制造出第一个固态光伏电池。随后，太阳能电池技术高速发展。通常将太阳能电池分为三代：

第一代太阳能电池以晶体硅太阳能电池为代表，包括单晶、多晶和非晶硅太阳能电池。这类电池发展较为成熟，已在商业和民用领域得到广泛应用，占据全球光伏市场的 90%，但面临着能量转化效率提升的瓶颈及生产成本高的问题。

第二代太阳能电池主要是化合物半导体太阳能电池。这类电池具有较高的理论转化效率，但生产成本较高，难以民用化，通常只用于航空航天、军事等领域。

第三代太阳能电池也称为新型太阳能电池，主要包括无机、有机薄膜太阳能电池，染料敏化、量子点敏化太阳能电池和钙钛矿太阳能电池（PSCs）。

钙钛矿太阳能电池的发展时间较短，其拥有较高的理论转化效率且成本相对较低，具有极大的发展潜力。钙钛矿太阳能电池实验室规模的能量转换效率已达 23.3%，开路电压最高可达 1.78 V，性能已能与商业化的多晶硅太阳能电池相媲美，且成本远低于传统的硅基太阳能电池，具有广阔的发展前景。通常，钙钛矿太阳能电池的主要组成部分包括导电玻璃基底、电子传输层、光敏层、空穴传输层、金属或碳对电极。由钙钛矿材料构成的光敏层是钙钛矿太阳能电池的核心部分，其主要作用是吸收太阳光。由于钙钛矿材料的能带结构特点，可通过原子替换的方式调节带隙，使能级与电子、空穴传输层更加匹配，以有效加速载流子的分离和传输效率。

3. 二维材料及其异质结用于太阳能电池的优势

二维材料的原子层厚度和高柔韧性使它成为未来光伏技术集成的不二选择。零带隙石墨烯材料具有高比表面积、高载流子迁移率、高透明性和化学稳定性等特性，在太阳能电池透光电极、受体材料、光阳极材料等方面具有巨大的应用前景。单层直接带隙的二维半导体，如过渡金属二卤化物，可以用作超薄柔性太阳能电池的活性层。与传统的块体材料相比，二维材料作为太阳能电池材料时，体现出了前所未有的优越性：

（1）原子级的厚度使这些二维材料具有内在的柔性、几乎透明的特点，符合新一代光电子器件轻便、灵活、透明的要求。

（2）垂直于表面方向的量子限制效应使二维材料具有不同于块体材料的电子和光学性能。例如，维度的减少使得单层 MoS_2 受到的屏蔽效应减弱，激子结合能显著提高，进而增强了光吸收效率。

（3）大部分二维材料表现出随层数可调谐的带隙，可以应用于光电工程。

（4）二维材料的表面自然钝化，没有悬挂键，为构建各种垂直的异质结构提供了许多可能。二维异质结构太阳能电池具有高吸收系数、高辐射效率和清晰的界面，可以使活性材料的利用率更高。

此外，与单层材料相比，二维异质结具有更强的光-物质相互作用，能够提供更大的活性界面区域，吸收更多的光子，产生更多的激子，使光吸收性能增强，载流子迁移率提高，从而使能量转换效率提高。尤其是界面处 type-II 类型的二维异质结拥有交错的能带结构，能促进光生电子-空穴对的空间分离，阻碍载流子的复合，延长载流子的寿命，增强光吸收，适合应用于光伏领域。2011 年，浙江大学陈红征教授团队[4]首次报道了基于二维 $(3\text{-}BrC_3H_6NH_3)_2CuBr_4$ 的反型平面异质结太阳电池，光电转化效率为 0.021%。Graphene/MoS_2 异质结能够充当有机太阳能电池中有效的空穴传输层，并且具有高的能量转换效率（9.5%）和更好的寿命稳定性[5]。Chen 等[6]理论预测的 AsP 基太阳能电池的能量转换效率为 12%。Mao 等[7]构建的二维 GeSe/SnSe 范德瓦尔斯异质结具有 type-II 的能带对齐方式和合适的直接带隙，能量转换效率高达 21.47%。

9.2　能源材料与器件的关键参量

9.2.1　二次电池的关键参量

二次电池品种繁多，性能各异，用以表征性能的指标主要有电极-电解质界面、体积变化、过电位、电压、容量、内阻、能量密度、功率密度、使用寿命、荷电状态、贮存性能和自放电率等。不同类型的二次电池性能指标存在差异。

1. 电极-电解质界面

电极与电解液之间的界面对保证电化学反应的高度可逆性起着决定性的作用。这种界面通常为固体电解质界面，只允许阳离子选择性地通过。稳定的固体电解质界面层被认为是不稳定的电极/电解质的缓冲层，在许多高能量体系中，构建均匀且稳定的固体电解质界面层至关重要。

2. 体积变化

体积变化是影响固体电解质界面层发挥作用的因素之一。与碳的体积变化（10%）相比，合金负极或碱金属负极的体积在充放电过程中会发生巨大的变化，硅的体积变化甚至达到了400%。体积的巨变会产生较大的应变和应力，导致活性物质产生裂纹、粉化等问题。此外，体积变化会不断破坏固体电解质界面层，导致较差的库仑效率。因此，克服剧烈的体积变化是保证二次电池实现高效能量转换的关键。

3. 过电位

体积的变化会导致固体电解质界面层的不断生长，随着固体电解质界面层厚度的增加，界面电阻会越来越高。内阻的不断增大会导致大的过电位或极化，引起更严重的副反应，使电池性能恶化。

4. 电压

电池的电动势是指在电池内部将电子从正极搬运到负极，建立并维持电势差的本领，在数值上等于电池中的正极和负极的平衡电极电势之差。电动势是表征电池对外作电功能力的物理量，其他条件相同时，电动势越高，理论上能输出的能量就越大。在等温等压条件下，电动势大小与电池体系的吉布斯自由能的变化量有关。因此，不同的化学电源体系具有不同的电动势。一般以电压作为性能评价的关键参量，如开路电压、额定电压、工作电压、放电终止电压、平均充/放电电压等。

(1) 开路电压。开路电压是指电池正负两个电极之间在开路状态下的电势差。按照理论计算，电池的电动势通常大于开路电压。在实际应用中，电池的电动势在数值上往往接近电池的理论开路电压。在工程应用领域，通常将电池开路状态下的正负极电势之差作为电池的电动势。电池的开路电压取决于电池正负极材料的活性、电解质和温度等条件，与电池的几何结构和尺寸大小无关。

(2) 额定电压。额定电压是指电池正常工作时的标准电压，也称为标称电压。用额定电压可以区分电池的化学体系。

(3) 工作电压。工作电压是指外电路有电流通过时的实际电压，又称端电压或放电电压。初始电压指电池在刚开始有工作电流时的电压。接通负载后，电池的工作电压会受到欧姆内阻和极化内阻的影响，通常低于开路电压。

(4) 放电终止电压。电池电压下降到不宜再继续放电的最低工作电压值，即为放电终止电压，也称为放电截止电压。对于所有二次电池，放电终止电压都是必须严格规定的重要指标。根据电池类型及应用场景的不同，对电池性能的要求也不尽相同，因此放电终止电压也会有所区别。在实际应用中，电池的终止电压在电池处于较低温度工作或者需要大电流放电时会设置得低一些，而在只需要小电流放电或者间断式放电时会设置得高一些。

（5）平均充/放电电压。平均充/放电电压是指在一定的充放电制度（充/放电电流和截止电压一定）下，外界对电池所作的电功或电池对外所作的电功与流经电池电量的比值。

5. 容量

在特定放电条件下，电池能够释放的全部电量称为电池的容量，通常用符号C表示，单位为A·h或mA·h。

（1）理论容量。假设活性物质全部参与电池的成流反应，此时电池所能提供的电量称为电池的理论容量。理论容量的计算可以参照法拉第定律，然后代入活性物质的质量来求得。

（2）额定容量。按照国家或有关部门的规定，在特定放电条件下，电池应该放出的最低限度的电量称为额定容量。

（3）实际容量。在特定放电条件（温度、终止电压等）下，电池实际放出来的电量称为实际容量。当电池处于恒电流放电工况时，放电电流与时间的乘积即为实际容量；当电池处于恒电阻放电工况时，实际容量则为放电电流与放电时间的积分。

（4）剩余容量。电池在特定条件下放电后，剩余的可用容量称为剩余容量。剩余容量的计算精确度通常有一定差异，这是因为电池前期工作时会受到倍率、时间、温度等环境因素的影响。

6. 内阻

电池的内阻是指电池在工作时，电流流过电池内部所受到的阻力。电池的内阻通常包括欧姆内阻和极化内阻。其中，极化内阻又包括电化学极化内阻和浓差极化内阻。

（1）欧姆内阻。由正负极、电解液、隔膜等材料的电阻以及各部分零件的电阻构成。由于欧姆内阻的存在，当电池有电流通过时，会产生电池极化，通常称为欧姆极化或电阻极化。

（2）电化学极化内阻。电极上进行电化学反应的速度会滞后于电极上电子运动的速度，从而引起电化学极化。

（3）浓差极化内阻。由于参与反应的离子在固相中的扩散速度小于电极反应速度而造成的极化称为浓差极化。由浓差极化所产生的内阻称为浓差极化内阻。浓差极化内阻的大小受电极材料中活性物质组成、电解液浓度以及温度等环境因素的影响。

电池内阻可以作为评判电池性能好坏的重要指标，它的大小会直接影响电池的工作电压、输出功率等性能。通常来说,一个实用的电化学电源应当具有较小的内阻。

7. 能量密度和功率密度

(1) 能量密度,是单位重量或单位体积的电池在一定放电条件下对外做功所输出的能量,又称比能量。重量比能量常用的单位是 $Wh \cdot kg^{-1}$,体积比能量常用的单位是$Wh \cdot m^{-3}$。

(2) 功率密度,是单位重量或单位体积的电池输出的功率,又称为比功率。重量比功率常用的单位是 $Wh \cdot kg^{-1}$,体积比功率常用的单位是 $Wh \cdot m^{-3}$。能量密度和功率密度都与放电速率有关。在高的放电速率下,随着电池功率密度的增大,能量密度下降,主要原因是极化随着电流的增大而增加,致使电极活性物质的利用率降低。在低的放电速率下,随着电池功率密度的下降,能量密度上升,主要原因是电极活性物质的利用率在电流减小时增加。

在开发新型化学电源时,能量密度和功率密度是需要考虑的重要指标。在不同的应用场合,对电池能量密度和功率密度的要求不一样。例如:在 3C 电子产品领域,通常要求电池具有高能量密度;在电动汽车领域,要求电池具有高能量密度和功率密度;在电动鱼雷的推进系统中,要求电池具有高功率密度。

8. 使用寿命

一次完整的充放电过程称为一次循环。在特定放电条件下,二次电池的容量降至某一规定值之前,电池所能耐受的循环次数,称为二次电池的循环寿命或使用周期。随着充放电循环次数的增加,二次电池的容量会有所衰减,从而影响二次电池的循环寿命。二次电池的循环寿命受电极材料、电解液、隔膜、制造工艺、充放电制度(充放电速率及充放电深度等)、环境温度、存储条件、电池维护过程以及过充电量等诸多因素的影响。此外,在动力电池成组应用中,动力电池单体的一致性、所处温区以及车辆的振动环境等都会对电池寿命产生影响。循环寿命是二次电池一个非常重要的指标,循环寿命越长,电池的性能越好。根据电池应用领域的不同,对电池循环寿命的要求也不同。例如,电动汽车动力锂离子电池的循环次数一般要求达到 1 000 次时,容量衰减应不低于初始容量的 80%。

9. 荷电状态

电池荷电状态 (SOC) 是指电池在使用一段时间或长时间搁置后,电池的剩余容量与电池完全充电状态的容量的比值,是电池的重要参数,此参数与电池的使用过程以及充放电过程中的电流大小有关。荷电状态是一个相对量,通常用百分数来表示,电池荷电状态的取值为 0～100%。目前主要是从电量角度定义电池荷电状态,如美国先进电池联合会 (USABC) 在《电动汽车电池实验手册》中定义电池荷电状态为:电池在一定放电倍率下，剩余电量与相同条件下额定容量的比值。

10. 贮存性能和自放电率

电池在开路时容量不断下降的现象，称为自放电。自放电率指容量下降的速率，通常以百分数表示，如%/月。从热力学上看，电池产生自放电的根本原因是电极活性物质在电解液中不稳定。除此之外，正负极之间的微短路以及电池密封不严，进入水分、空气等物质都会引发电池的自放电。减少自放电的方法有：提高原材料的纯度，提升电极的制备工艺水平，严格控制电池制造过程中的环境，等等。需要特别注意的是，电池自放电导致的过放电，给电池带来的影响是不可逆的。也就是说，即使再充电，电池的实际工作容量以及寿命也会受到很大的影响。长期搁置不工作的电池，需要定期进行充电，避免过放电使电池性能下降。

9.2.2　电催化析氢的关键参量

二维材料催化剂在电解水制氢过程中的性能，往往采用以下几个指标进行评估。

1. 起始过电位和过电位

通常采用线性扫描伏安法（LSV）来进行催化剂析氢活性的测试，由此可得到关于电流和电压的极化曲线，在极化曲线上可读取一定电流密度下的电位值，从而来评价催化剂的优劣。施加一定的外部电位，使得阴极产生明显的电流，此时的电位值称为起始过电位。然而，该电位值很难准确地判定，一般将电流密度为 0.5 $mA \cdot cm^{-2}$ 或 1 $mA \cdot cm^{-2}$ 时的电位值作为起始过电位。对于标准条件下的析氢反应，电位值为 0，过电位就是起始电位与 0 之间的绝对值。可由方程 $E_{electroysis} = E_{reversible} + \Delta E_{irreversible} + I \times R$ 表示，$E_{reversible}$ 为标准条件下的理论分解电压，$\Delta E_{irreversible}$ 为析氢反应的过电位，$I \times R$ 为电解液引起的电压降。为了消除 $I \times R$ 电压的干扰，进行 $I \times R$ 补偿是一种有效的手段。现在大多数电化学设备含有 $I \times R$ 补偿电路，还可以根据公式 $E_{corrected} = E_{uncorrected} - I \times R$ 得到 $I \times R$ 补偿后的精确过电位，其中 R 可以通过 Nyquist 曲线的高频区部分与 X 轴的交点得出。

目前，几乎所有过电位都是以可逆氢电极（RHE）作为参考对比，但可逆氢电极制备成的参比电极不如其他参比电极（如氯化银电极）方便易用，所以实验过程中所用的参比电极并不是可逆氢电极。饱和甘汞电极（SCE）和氯化银电极是目前常用的参比电极。为了比较不同参比电极测试下的催化剂活性，需要将化学工作站测得的电位转换为与 RHE 对应的电位：

$$E_{RHE} = E_{SCE} + 0.059\,1 \times pH + 0.241\,5_{SCE} \tag{9.11}$$

$$E_{RHE} = E_{NHE} + 0.059\,1 \times pH \tag{9.12}$$

$$E_{NHE} = E_{Ag/AgCl} + 0.197_{Ag/AgCl} \tag{9.13}$$

式中：E_{RHE} 代表转换后的可逆氢电极电位；E_{SCE} 是使用饱和甘汞电极的实际测量电位；

E_{NHE} 表示转换后的一般电极电位；$E_{Ag/AgCl}$ 表示的是 Ag/AgCl 电极的实验测量电位；pH 表示电解液的酸碱度；0.059 1×pH 是氢离子的电极电位值；$0.241\ 5_{SCE}$为 25 ℃时饱和甘汞电极的标准电位；$0.197_{Ag/AgCl}$是 25 ℃时 Ag/AgCl 电极的标准电位；单位均为 V。

2. Tafel 斜率

Tafel 斜率是分析催化剂作用机理的关键参数。目前主要可以通过三种方式获得 Tafel 曲线：(a) 直接使用电化学工作站测试；(b) 通过阴极极化曲线进行换算；(c) 分析计算阻抗数据。

通过阴极极化曲线进行换算获取 Tafel 曲线是最普遍的方法，即将极化曲线进行重新绘制，将横纵轴进行调换，并且将电流密度转换成对数形式。由于高电压时气泡的急剧产生，会导致测试发生偏差，不满足线性关系，一般从低电压范围的极化曲线获取 Tafel 曲线。采用这种方法得到 Tafel 斜率后，所对应的 Tafel 方程为 $\varphi = b \times \lg j + a$，其中，$\varphi$ 为过电位，b 为 Tafel 斜率，j 为电流密度。Tafel 斜率越小，表明析氢过程的反应动力学越快。此外，通过 Tafel 斜率的值也可以大致推断氢演化过程，帮助研究者了解电极反应速率与过电位之间的关系，进而深入理解电极反应机理。在分析计算阻抗数据获取 Tafel 曲线的方法中，首先需要通过阻抗谱测量得到等效电路模型中的电荷转移电阻 R_{ct}。然后，选择一系列不同的过电位值，测量相应的电流值。通过线性拟合，可以得到 Tafel 斜率。

交换电流密度是评估材料活性的关键指标，该值的大小与电极材料、电解质组成、电极表面状态和实验温度有直接关系。通过分析计算 Tafel 图可以获得其具体数值：将 Tafel 图外推到 x 轴，假设 φ 为零，交换电流密度可根据 $\varphi = b \times \lg j + a$（$a$ 和 b 通过 Tafel 图拟合可得）计算获得。交换电流密度与催化活性表面积具有正相关比例关系，较大的交换电流密度表明催化剂具有较大的表面积、较快的电子转移速度和良好的动力学。

3. 电化学阻抗

电化学阻抗测试是一种常用的电化学表征技术，能够辅助研究析氧反应/析氢反应的动力学过程。通常，电化学阻抗测试在 100 kHz～100 MHz 的频率范围内，扰动电压幅度为 5～10 mV，选择超过起始电位的恒定电位作为施加电位。从阻抗中获得的信息很大程度上取决于分析的频率范围。例如，由于高频区的非法拉第过程，电阻与施加的电位无关。起始电阻可以反映基板和催化剂材料的电阻以及它们之间的接触电阻。高频区域代表反应电荷转移电阻（R_{ct}），它可以提供有关电子从催化剂表面转移到反应物界面的电荷转移过程的信息。较小的电荷转移电阻值表明更快的电荷转移动力学，更好的催化活性。低频区域则代表电荷在电解质中的传输速率，是以电解质为媒介进行的物质转移过程。此外，电荷转移电阻值随着过电位的增大而减小。低频区的半圆表示的是吸附阻抗（R_{ad}），即电极表面氧化物质的吸附。

4. 周转频率

在过去的很长一段时间里，主要通过比较 10 mA・cm^{-2}电流密度下的过电位来评估催化剂活性。由于忽略了材料的负载量，即使是相同成分的催化剂，过电位也存在差异。为了客观地比较不同成分的催化剂，研究者引入了本征催化活性这一参量，也称为周转频率（*TOF*）。本征催化活性已成为表征材料催化活性的核心参数，指的是单位活性位点上单位时间内反应的原子数，代表了催化剂的反应速率。*TOF* 值越大，则材料的电催化活性越强。

一般通过两步计算催化剂活性位点（n）和 *TOF* 值。通过循环伏安法测试 CV 曲线，可以计算获得活性位点的数量。具体操作为：将催化剂放入 1.0 mol・L^{-1}的磷酸盐缓冲溶液中，设置扫描速率为 20 mV・s^{-1}或 50 mV・s^{-1}，电压范围选择从－0.2 V 到＋0.6 V（对比 RHE），得到相应 CV 曲线，并计算电荷量 Q；空白测试伏安电荷（阴极和阳极）的绝对分量并将它们带入公式。如果还原和氧化反应均为单电子过程，则可由下式计算 n 值：

$$n = Q/(2F) \tag{9.14}$$

TOF 可根据以下公式获得：

$$TOF = I/(2nF) \tag{9.15}$$

式中：F 为法拉第常数（96 485 C・mol^{-1}）；I 为电流（A）；n 为活性位点数（mol）。公式中的因数 1/2 指氢分子失去 2 个电子成为 H 离子。

5. 电化学活性面积

根据电化学双电层电容可确定电化学活性面积，利用循环伏安法可测得双电层电容。在一系列扫速（10～200 mV・s^{-1}）下进行循环伏安法测试，随着扫速的增加，循环伏安法曲线的形状会偏离最初的矩形，因此需选择合适的扫速以保证最终所得的数据呈线性关系。针对不同扫速下的循环伏安法曲线，选取 5～10 个连续的扫速，在测量电压范围的中间值处求得电流密度的差值，即 $\Delta J = J_a - J_c$，并绘制 ΔJ 与扫速的关系曲线，曲线的斜率即为 2 倍双电层电容。双电层电容值越大，表明催化剂能暴露的活性位点越多，拥有的电流密度越大。

6. 法拉第效率

法拉第效率用来反映电化学过程中电子的转化效率，对于电催化制氢，即为实际产氢量与理论产氢量的比值。通过气相色谱法或排水法可以测得析氢反应的实际产氢量。通过电化学工作站可以读出产氢所需的电荷量，根据得到的电荷量可以推算出理论产氢量。电解水反应的电荷利用率越高，法拉第效率越高。

7. 稳定性

催化剂能否长时间稳定工作很大程度上决定了它能否实现广泛应用。一般来说，可以通过两种方法来评估催化剂的稳定性，即循环伏安法和计时安培法（包括计时电流法和计时电位法）。

在循环伏安法实验中，电位循环值范围与线性扫描伏安法的取值范围一致，主要比较连续循环后曲线的改变量以评估材料的析氢稳定性。一般选取 5 000 次循环次数，比较首次与末次的极化曲线，如果几乎完全重合，则说明材料没有发生任何变化，稳定性非常好。过电位增幅也可用来衡量催化剂的稳定性，若过电位增幅电位小于 10%，说明稳定性好，否则催化剂稳定性较差。

在计时安培法中，采用计时电位法来评估材料的催化稳定性更为普遍。通常选取固定电流密度值为 10 $mA \cdot cm^{-2}$，测试 10 h 以上的电压变化情况。测试过程中 H_2 气泡的积累和释放会影响曲线的形状，导致测得的 i-t 曲线呈现典型的锯齿状。由于产生的 H_2 气泡可能会不断累积，掩盖催化活性位点，释放时还可能引起电极材料的脱落，因此测试过程中需要不断搅拌溶液。

9.2.3 太阳能电池的关键参量

本节首先介绍效率及稳定性、制备成本、生物毒性、大面积制备等衡量新型钙钛矿太阳能电池能否实现广泛应用的关键参量，然后简要介绍评估新型钙钛矿太阳能电池性能的关键参量。

1. 效率及稳定性

目前，实验室条件下有效面积小于 1.0 cm^2 的单结太阳能电池的认证效率为25.8%，与理论极限效率（31%）仍有一定的差距。此外，太阳能电池的稳定性问题也是其在商业化进程中所必须解决的一大重要问题。在稳定性方面，国际电工委员会提出了稳定性测试标准，即电池组件在“双 85”条件下（相对湿度为 85%，温度为 85 ℃）连续运行 1 000 h后，器件的损失效率不得高于 10%。目前的钙钛矿太阳能器件在高温、高湿度条件下受连续光照时，钙钛矿材料会发生降解，并且空穴传输材料对温度、湿度较为敏感，在较高的温度和湿度环境下，材料的空穴传输能力减弱，进而影响到器件的性能。当前选用最多的空穴传输材料为 2，2″，7，7″-四[N,N-二（4-甲氧基苯基）氨基]-9，9′-螺二芴（Spiro-OMeTAD，一种正交四元芳香叔胺分子），当暴露在“双 85”条件下时会发生分解，产生大量的孔洞，进而导致器件性能的下降。因此，需要深入研究钙钛矿太阳能电池的不稳定性机制，针对性地对钙钛矿器件中所使用的材料和器件结构进行优化设计，以提高电池的效率及稳定性，促进钙钛矿太阳能电池的产业化发展。

2. 制备成本

太阳能电池在原材料和制备工艺方面成本较高。比如，空穴传输材料 Spiro-OMeTAD 以及金属电极等均比较昂贵，且高温制备 TiO_2 层的设备成本及能耗不断增加。目前，许多研究者提出使用无机的空穴传输材料来替代昂贵的 Spiro-OMeTAD 材料，如 CuI、CuSCN，但是基于无机传输材料制备的太阳能电池器件的性能均较低。也有研究者提出不采用空穴传输材料，使用碳电极来替代昂贵的金属电极，降低钙钛矿电池的制备成本。Priya 团队制备了高性能无空穴传输层太阳能电池[8]，通过在电池中引入全氟十四烷酸（$C_{14}HF_{27}O_2$，PFTeDA），有效抑制了离子的迁移，同时钝化了钙钛矿晶体的缺陷，电池获得了 18.9%的能量转换效率。萨里大学张伟教授等[9]利用单壁碳纳米管（SWCNTs）作为双面太阳能电池的前后电极，制备成本降低了 70%，面板每平方厘米可产生超过 36 mW 的功率，后面板产生的功率几乎是前面板的 97%，相比之下，目前市场上大多数双面面板的功率利用率仅为 75%～95%。

3. 生物毒性

铅（Pb）基太阳能电池作为最有前景的商业化光伏技术之一，近年来引起了科研工作者极大的关注。然而，这种电池存在重金属 Pb 的毒性及泄漏问题。在大雨、高温或强烈阳光等极端天气条件下，可能会加速钙钛矿薄膜的非预期分解，在生态系统中造成 Pb 污染，对动物和环境造成潜在的威胁。Pb 离子作为有毒的重金属离子，会与细胞膜上的谷胱甘肽巯基和其他亲和官能团结合，增强氧化应激反应，从而危害人体健康。因此，Pb 含量超过安全阈值时，可能会引发许多疾病。研究者尝试开发出高效的封装技术或者对废弃器件进行回收来解决 Pb 的泄露问题，但这样会增加光伏器件的整体成本，所以开发无 Pb 基钙钛矿或少 Pb 基钙钛矿材料成为研究热点。现阶段，Sn 基太阳能电池发展较好，但是由于 Sn^{2+} 在空气中容易被氧化成 Sn^{4+}，所以制备 Sn 基电池对设备和环境的要求比较高。基于此，科研人员采用 Sn 来部分取代 Pb，开发出了 Sn-Pb 混合钙钛矿体系[10]。Sn-Pb 混合电池的最高效率达到 23.6%，不仅达到了低毒（少 Pb）的要求，而且器件具有较优异的性能。

4. 大面积制备

现阶段，大部分研究还处于实验室阶段，即器件有效面积小于 1 cm^2，面对商业化的需求，光伏电池必须实现大面积制备。基于此，目前的研究关键在于在保证高效率的前提下实现大面积制备太阳能电池，其中需要解决的问题是制备出高结晶度和高重复性的大面积钙钛矿薄膜（高结晶度、低表面粗糙度、均匀的覆盖率等）以及改善相邻功能层之间的相容性。目前已在器件的制备、效率及尺寸方面取得了突破性的进展，但是在综合性能的提升和改善方面还有很大的发展空间。

5. 太阳能电池的性能指标

光照条件下的电流密度与电压（J-V）特性曲线是获取太阳能电池重要性能指标的关键，如图 9.3 所示，从图中可以分析得出几个重要的参数，包括开路电压、短路电流密度、最大功率、转换效率等。

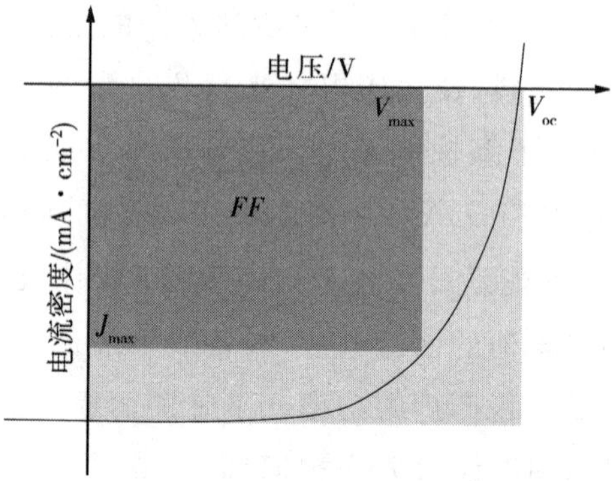

图 9.3　太阳能电池器件的 J-V 特性曲线

(1) 开路电压 (V_{oc})。开路电压是指太阳能电池在标准光源（AM 1.5 G 的太阳光模拟器和 100 mW· cm^{-2}的光强）的辐照下，无外接任何负载时，电池两端的电压值。此时，两个电极之间相当于断路状态。图 9.3 的 J-V 特性曲线与横轴的交点就是该器件的开路电压[11]。一般情况下，开路电压的大小与给体最高占据分子轨道能级以及受体最低占据分子轨道能级相关联。此外，两电极的薄膜形貌、界面修饰层和功函数等因素也会对开路电压产生一定的影响。

(2) 短路电流密度 (J_{sc})。短路电流是太阳能电池在标准为 AM 1.5 G 的太阳光模拟器和 100 mW·cm^{-2}的光强辐照下，闭合回路在短路的情况下产生的电流。图 9.3 中 J-V 特性曲线与纵轴的交点就是短路电流密度，它代表单位面积的太阳能电池产生的短路电流。器件的短路电流密度受到活性层材料、活性层形貌、电荷提取效率和载流子迁移率等因素的影响。

(3) 填充因子 (FF)。填充因子是最大输出功率与开路电压和短路电流乘积的比值。填充因子可以通过以下公式计算：

$$FF = (V_m J_m)/(V_{oc} J_{sc}) \tag{9.16}$$

式中：V_m 为最大功率点的电压；J_m 为最大功率点的电流。FF 是衡量太阳能电池输出特性的重要指标。

(4) 能量转换效率 (PCE)。能量转换效率是太阳能电池的最大输出功率与入射到太阳能电池表面的功率之比，代表了器件将入射太阳能转换成电能的能力，由以下公式计算可得：

$$PCE = P_m / P_{in} = V_{oc} J_{sc} FF / P_{in} \tag{9.17}$$

式中：P_m 为最大输出功率；P_{in} 为入射到电池表面的功率。

(5) 外量子效率（*EQE*）。外量子效率是在某一特定波长内，单位时间内单位面积的电极处所收集的电荷数与入射光子数的比值，表示入射光子转换成外电路电子的比例。光吸收效率和激子扩散效率等均会影响器件的外量子效率。

9.3 二维能源材料与器件的应用

9.3.1 二维材料在二次电池中的应用

锂离子电池具有重量轻、比能量密度高的优势，被认为是最重要的储能技术之一。当前的商用锂离子电池一旦长期运行或内部结构损坏，可能产生大量热量，易挥发和易燃的有机电解质很容易发生燃烧和爆炸。内部液态电解质容易导致锂枝晶的产生，可能导致电池发生短路和爆炸。电解质溶液容易产生副反应，进而影响电池的可逆容量和稳定性。石墨烯、过渡金属氧化物和过渡金属硫化物等二维材料的发展，为高性能锂离子电池的研发提供了机遇。二维材料具有良好的电化学性能，已被应用于解决当前锂离子电池存在的一些问题，如高界面阻抗和低电解质离子电导率等。本节将简述二维材料在锂离子电池主要组件（电极、电解质和隔膜）中的应用。

1. 二维材料在锂离子电池负极中的运用

随着便携式电子设备和电动汽车的发展，二次锂离子电池成为研究热点。其中，正极和负极是锂离子电池的关键部分，研发具有优异孔隙率、良好化学稳定性和导电性的电极材料成为新的研究热点。在负极材料中，二维材料由于具有层间距可控、大比表面积和边缘活性位点等优势，受到了广泛的关注。下面以石墨烯、氮化硼和 MoS_2 为代表，介绍二维材料在锂离子电池负极中的应用。

1) *石墨烯*

石墨烯具有高电导率（$\approx 10^6\ S \cdot cm^{-1}$）、高比表面积（$\approx 2\,630\ m^2 \cdot g^{-1}$）和高储锂容量，在锂离子电池新型电极材料应用方面具有广阔的前景。根据特性和功能，可通过磁控溅射、化学气相沉积（CVD）等方法，将石墨烯制备成锂离子电池的高性能负极材料。Lin 等[12]设计了一种将纯石墨烯作为负极材料的微型锂离子电池，电解质为 LiPON，正极为 $LiCoO_2$，单个电池的面积为 1 mm^2，总厚度为 600 nm。这种微型电池的容量在 10 个循环后不仅没有衰减，反而增加至 7 $\mu A \cdot h \cdot cm^2$，与采用块状结构的电池的容量相当。Wei 等[13]使用化学气相沉积方法在 Cu 表面生长单层石墨烯制备了固态锂离子电池，电池的总厚度为 50 μm。这种超薄电池的最高能量密度为 10 $W \cdot h \cdot L^{-1}$，最高功率密度为 300 W·L^{-1}，表现出卓越的循环稳定性，可在 100 次循环中维持 100 μA·cm^{-2}的放电电流密度。

2）氮化硼

氮化硼具有高化学和机械稳定性以及低电子电导率等特性。氮化硼在锂离子电池中的应用主要分为两种：一种是利用它的高离子电导率和低电子电导率特性，改善负极和电解质之间的界面接触。其中，低电子电导率可以抑制锂枝晶的生长。Wen 等[14]将氮化硼纳米片（BNNS）与金属锂一起应用于制备复合负极，以改善锂金属负极与固体电解质之间的界面接触。5%的 BNNS 就可以显著改善锂金属和电解质之间的界面接触，界面电阻仅为 9 Ω·cm^{-2}，远低于无 BNNS 时的界面电阻（560 Ω·cm^{-2}）。此外，电池的电化学电镀/剥离过程可以稳定 380 h，并表现出 1.5 mA·cm^{-2}的高临界电流密度。另一种是利用氮化硼的高机械和化学稳定性，作为负极保护层以抑制电解质和锂金属负极之间的副反应。例如，Cheng 等[15]通过化学气相沉积法在负极表面上涂覆氮化硼（BN）以防止 $Li_{1.3}Al_{0.3}Ti_{1.7}(PO4)_3$（LATP）固体电解质进一步与金属锂反应。电池在 0.3 mA·cm^{-2}的电流密度下显示出 500 h 的循环寿命，且在 500 次循环后仍保持了 96.6%的容量。原位透射电子显微镜和截面扫描电子显微镜的观察结果表明，在充放电过程中 LATP/BN 的颗粒结构没有发生变化，说明 LATP 与锂之间没有发生副反应。

3）MoS_2

MoS_2 具有低电子电导率、高离子电导率和高选择性离子传输能力，适合用作锂金属负极表面的保护界面，防止电极直接接触。例如，Kızılaslan 等[16]将 MoS_2 作为保护界面替代了锂离子电池中的双层固态电解质设计。电池在 0.4 mA·cm^{-2}的电流密度下表现出 675.8 mA·h·g^{-1}的初始容量和 584.1 mA·h·g^{-1}的最终容量。在 200 次循环后，电池容量仅衰减 13.58%，而无 MoS_2 的电池容量衰减了 27.3%。

2. 二维材料在锂离子电池正极中的运用

正极是锂离子电池的关键组成部分，正极和电解质之间的界面接触是实现高性能锂离子电池的一个重要挑战。由于活性材料在锂化和脱锂过程中会发生体积变化和物理降解，导致界面电阻增加和机械接触不良，进而影响锂离子的扩散。将二维材料应用于正极有望缓解以上问题。

1）石墨烯

石墨烯具有良好的电化学性能和层状结构，是最有前途的正极材料之一。石墨烯的主要作用如下：

(1) 石墨烯具有高比表面积和柔韧性，可用于正极表面改性，以改善正极与电解质的表面接触。例如，Li 等[17]通过氟化石墨烯的电化学预锂化在正极/电解质界面上原位构建了 LiF/石墨烯无机复合中间层（ICI）。具有柔韧性和离子导电性的 ICI 可以改善正极和电解质之间的接触，而 LiF 则增强了正极侧锂离子的传输，从而使电池能够在没有任何液体的条件下稳定运行 60 个循环，且容量保持率达 90%。

(2) 石墨烯优异的导电性可提高电子的迁移速率，改善电池的倍率性能。Cai 等[18]将 $CuCo_2S_4$/石墨烯/10%$Li_7P_3S_{11}$ 作为高性能锂离子电池的正极，$Li_7P_3S_{11}$ 的涂层解决了正极和电解液之间的接触问题，石墨烯则增强了电子导电性，$CuCo_2S_4$ 和石墨烯的结合能有效平衡电子和离子电导率，电池在 500 $mA \cdot g^{-1}$ 的电流密度下经 100 次循环后可逆容量为 556.41 $mA \cdot h \cdot g^{-1}$。

(3) 石墨烯与 $LiFePO_4$、$LiMn_2O_4$ 等复合形成的正极材料可提升电池的电化学性能。橄榄石型 $LiFePO_4$ 是广泛应用的锂离子电池正极材料，它的理论比容量为 170 $mA \cdot h \cdot g^{-1}$，但电子电导率低和锂离子扩散等问题限制了它在高倍率方面的应用。武汉科技大学周盈科教授团队采用定向冷冻法成功合成了一种定向多孔三维 $LiFePO_4$ 石墨烯复合气凝胶，并将它用作锂离子电池的正极[19]。引入的石墨烯纳米片均匀地嵌入 $LiFePO_4$ 颗粒形成的三维多孔骨架中，与 $LiFePO_4$ 颗粒紧密接触，从而加速了复合材料的电子转移。随着石墨烯含量的增加，复合材料的比表面积增大，可以为锂离子的插层提供更多的活性位点，增加电解质/电极的接触面积，从而提高复合材料的储能能力。优化的定向多孔磷酸锂铁-石墨烯复合材料表现出高的比放电容量（0.1 C 时为 168.2 $mA \cdot h \cdot g^{-1}$），卓越的速率能力（1 C 和 20 C 时分别为 154.8 $mA \cdot h \cdot g^{-1}$ 和 72.4 $mA \cdot h \cdot g^{-1}$）和出色的循环稳定性（1 C 下经 800 次循环后保持率达 98.1%）。

2) MoS_2

近年来，研究人员发现 MoS_2 可提供高离子电导率和良好的界面兼容性，可有效解决电池低离子低电导率和高界面电阻的问题。Santhosha 等[20]将块状 MoS_2 与二维层状 MoS_2 进行比较后，发现二维层状 MoS_2 非常适合用于锂离子电池，电池的理论容量为 670 $mA \cdot h \cdot g^{-1}$，理论氧化还原电位为 1.54 V，电子电导率为 10^{-4} $\Omega \cdot cm^{-1}$。Vincent Tung 和陈翰仪团队[21]将 MoS_2 纳米片结构化为三维分层组织的实体，MoS_2 泡沫提供了一个互穿网络，可实现高效的电荷传输和快速的离子扩散。在倍率性能测试中，当电流密度增加到 0.2 $A \cdot g^{-1}$、0.5 $A \cdot g^{-1}$、1.0 $A \cdot g^{-1}$、2.0 $A \cdot g^{-1}$、5.0 $A \cdot g^{-1}$ 和 10 $A \cdot g^{-1}$ 时，MoS_2 泡沫的可逆比容量分别稳定在 1 575 $mA \cdot h \cdot g^{-1}$、1 550 $mA \cdot h \cdot g^{-1}$、1 515 $mA \cdot h \cdot g^{-1}$、1 431 $mA \cdot h \cdot g^{-1}$、1 268 $mA \cdot h \cdot g^{-1}$ 和 1 111 $mA \cdot h \cdot g^{-1}$，电化学性能优于大多数报道的 MoS_2 基锂离子电池正极材料。

3. 二维材料在锂离子电池电解质中的运用

二维材料由于出色的离子传输性能和高的离子扩散速率，可以作为电解质材料，用于制造性能优异的锂离子电池。与传统的电解质相比，使用二维材料作为电解质可以显著提高锂离子电池的功率密度和循环性能，还可以降低电池内部电阻，提高电池的安全性能。

（1）二维材料可被单独用作传输锂离子的电解质。Kian Ping Loh 等[22]报道了一种可扩展合成的具有单离子导电特性及宽温度范围适用性的共价有机框架（COF）材料，无溶剂的 COF 具有良好的低温离子导电性，作为固态电解质能有效抑制有机正极材料的溶解，组装的电池表现出良好的循环稳定性。电池在 −40 ℃的条件下可实现无溶剂离子传导，离子电导率为 10^{-5} S·cm^{-1}，锂离子转移数达 0.92，在 20 ℃、500 mA·g^{-1}的电流密度下可稳定运行 500 次循环。

（2）改善电极和电解质的界面相容性。Xu 等[23]将 BN 掺杂的 $Li_7P_3S_{11}$用于全固态锂硫电池的电解质，BN 纳米薄片可以有效隔离 $Li_7P_3S_{11}$固体电解质和金属锂，并防止 $Li_7P_3S_{11}$与金属锂反应，从而改善电极和电解质的界面相容性。电池表现出增强的电化学性能、更好的循环稳定性和更高的库仑效率。

（3）提供额外的锂离子传输通道。TiS_2 属于过渡金属硫族化合物。为了解决活性材料和电解质之间离子接触不良的问题，Oh 等[24]采用可扩展机械化学锂化法制备了 TiS_2，然后通过超声剥离制备了 TiS_2 纳米片。由于具有与 TiS_2 纳米片的良好接触和更短的锂离子传输通道，电池显示出优异的可逆容量和高电子电导率。

4. 二维材料在锂离子电池隔膜中的运用

安全性和离子电导率是锂离子电池应用中应首先考虑的问题，而功能化隔膜是解决这两个问题的关键组件。在锂离子电池中，传统的聚烯烃隔膜由于表面极性较低，对电解液的润湿性较差，降低了离子电导率，使得电池容量和倍率性能下降，且在高温条件下工作时，隔膜的热稳定性较差，易引起电池短路现象，引发安全事故。目前，发展锂离子电池功能化隔膜的重点是提高隔膜的安全性能和离子电导率，促进 Li^+ 的传输，提高电池的电化学性能[25]。下面对近年来在锂离子电池中利用二维材料作修饰隔膜的案例作简要介绍。

Stephan 课题组[26]率先以 PVDF-HFP 为黏结剂制备了新型二维蒙脱土基陶瓷膜，新型薄膜表现出良好的热稳定性、机械稳定性，对于液体电解质有良好的润湿性。传统的聚烯烃因结构中的碳和氢具有较低的化学极性，对水的润湿性较差，并且表面的水接触角较大，固-液-气界面的净牵引力增大，使得水无法渗透分离。通常，表面能较低的溶剂对聚烯烃隔膜的接触角较低，适合用作电解液。为了降低碱性氧化石墨烯（GO）水溶液的表面能，Kim 等[27]将 GO 均匀分散在水/异丙醇（IPA）混合物中，然后通过蒸发诱导沉积在聚烯烃膜上。由于 GO 表面含有许多亲水官能团，通过改变隔膜的表面极性和多孔结构，可以获得良好的电解质润湿性。此外，GO 层可以通过表面缺陷诱导的离子输运和控制沉积厚度来保持离子导电性，从而提高电池的电化学性能。Semnani 课题组[28]制备了 PVDF/TiO_2/GO 复合纳米纤维膜，与纯 PVDF 膜相比，GO 的加入减小了纳米纤维的直径，增加了膜的孔隙率，增加了 Li^+ 转移的通道，电解质表现出更高的吸收率。另外，利用二维无机材料修饰隔膜可以提高隔膜的热稳定性。Park 课题组[29]将剥离的二维 Na-MMT 黏土片分散在多孔 PVDF-HFP 骨架中来修饰隔膜，可以产生额外的孔隙，与初始隔膜的多尺度孔隙结合可以获得额外的离子传输通道。此外，少量二维 Na-MMT 黏土片的加入，可以增加聚合物隔膜的热稳定性，降低电池短路的可能性，从而提高电池的安全性能。

9.3.2　二维材料在电解水析氢中的应用

目前，析氢反应主要使用 Pt 基贵金属催化剂，但贵金属催化剂储量有限，价格高昂，限制了它们在电解水领域的大规模应用。廉价且高效的电解水催化剂的制备是当前亟待解决的问题。与体相材料相比，超薄的二维材料具有非常大的比表面积，会暴露更多的原子表面，为设计高活性的催化表面提供了可能。同时，一些二维材料具有独特的结构和电子特性，有助于析氢反应中间产物在材料表面的反应及产物的脱附，降低反应的过电势，提高能量利用效率。此外，以石墨烯、过渡金属硫族化合物为代表的非贵金属二维材料，相比于贵金属催化剂廉价易得，更容易实现大规模的应用。下面重点介绍石墨烯及其杂化结构、$g-C_3N_4$ 及其衍生物、二维金属硫化物为代表的二维材料析氢反应催化剂。

1. 石墨烯及其杂化结构

石墨烯的电子能带结构在布里渊区 K 点附近接近线性分布，在接近费米能级处导带底和价带顶刚好交于 K 点，形成无带隙的金属能带结构。尽管完美的石墨烯是化学惰性的，但缺陷、杂原子、官能团等化学修饰方法可以增强石墨烯的催化活性。

Asefa 课题组[30]使用湿化学法合成 B 掺杂石墨烯，用于催化析氢反应，石墨烯的催化析氢起始电位达到−0.3 V。随后，Chen 课题组[31]使用化学气相淀积的方法合成 N、S 共掺杂纳米多孔石墨烯结构，将石墨烯的析氢起始电位升高至−0.13 V。除了在石墨烯骨架中引入 B、N、S 杂原子外，Qiao 课题组[32]在石墨烯骨架中引入 N、P 原子，通过杂原子调变邻近 C 原子的价键轨道能级进而活化 C 原子，使 H 在 C 原子上的吸附自由能降低至接近 0，降低了析氢反应过电势。

除通过杂原子掺杂提高石墨烯的析氢反应活性外，石墨烯和非贵金属的杂化结构也可进一步提升催化活性。孟祥宇课题组[33]利用石墨烯封装非贵金属作为催化剂并应用于电催化中，发现非贵金属可以调控表面石墨烯的电子结构和催化活性，并能显著增强催化剂在酸性介质中的稳定性。这种利用非贵金属的“电子穿透”来增强活性并提高催化剂稳定性的策略，被形象地描述为“催化剂穿铠甲”。在此基础上，该课题组于 2014 年利用氮掺杂石墨烯封装非贵金属 Fe、Co 和 FeCo 合金作为析氢反应催化剂，非贵金属通过“电子穿透”可以显著增强石墨烯的析氢反应活性和稳定性[34]。

2. g-C_3N_4 及其衍生物

g-C_3N_4 是一种具有类似石墨烯平面结构的二维材料。g-C_3N_4 结构稳定，但本征导电性较差，常与导电性较好的碳基材料复合以增强它的导电性，用于电催化析氢反应。例如，Qiao 课题组[35]将 g-C_3N_4 和 N 掺杂石墨烯复合，得到 C_3N_4@NG 复合结构材料。其中，N 掺杂石墨烯向 g-C_3N_4 传递电子，使夹层电子态密度重组，导致 g-C_3N_4 层成为富电子区域，石墨烯层成为富空穴区域，形成无能隙的导电 C_3N_4@NG 复合结构材料，使 g-C_3N_4 的电催化析氢反应成为可能。C_3N_4@NG 复合材料的氢吸附自由能在零附近，与氢的作用介于 N 掺杂石墨烯和 g-C_3N_4 之间，催化活性明显增强。

通过原子掺杂也能调控 g-C_3N_4 的电子结构和性质，进而提高 g-C_3N_4 的电催化析氢反应活性。Zhi 课题组[36]在 C_3N_4 中掺杂硫原子并和多孔碳复合，得到了新型催化剂（SCN-MPC）。其中，硫原子可以增强 C_3N_4 的电荷和自旋密度，降低 H^* 吸附在催化剂表面的自由能，进而增强 C_3N_4 的催化活性。在电流密度为 10 $mA \cdot cm^{-2}$时，催化剂过电势为 145 mV。

3. 二维金属硫化物

对于电催化析氢反应来说，可以通过调节催化剂的电子结构实现对中间体反应和产物脱附的调控，以 MoS_2、WS_2 为代表的过渡金属硫族化合物具有结构和电子的可调控性，是一类极具前景的析氢反应催化剂。Jaramillo 等[37]通过扫描隧道显微镜（STM）观察了 Au 衬底上 MoS_2 纳米粒子的边位原子结构，并测试了析氢反应中 MoS_2 面覆盖度和边位原子长度与交换电流密度的关系，发现只有边位原子长度和交换电流密度呈线性关系，说明 MoS_2 边缘是反应的活性位。

为了增强 MoS_2 的催化析氢反应活性，研究人员在设计并调控 MoS_2 催化剂结构使它具有更多的边活性位方面做出了很多努力。Kibsgaard 等通过设计 MoS_2 的表面结构[38]，选择性地暴露边活性位并合成纳米级的 MoS_2 薄膜。这种介孔催化剂具有较大的表面曲率和高表面积，暴露的大量边活性位使之具有高的析氢反应活性。除了在 MoS_2 中添加孔增加边活性位外，在 MoS_2 面内设计缺陷同样可以达到增加活性位的效果。谢毅课题组[39]通过设计高浓度前驱体和不同量的硫脲反应，可控地实现了在 MoS_2 表面设计缺陷的同时暴露边活性位，过量的硫脲不仅可以作为还原剂将 Mo（VI）还原为 Mo（IV），还可用作有效的添加剂以稳定超薄纳米片的形貌结构，富含缺陷的 MoS_2 超薄纳米片催化析氢反应的起始电位达到 120 mV，比无缺陷 MoS_2 超薄纳米片（160～250 mV）要低，且具有较大的阴极电流密度（13 $mA \cdot cm^{-2}$）。

WS_2 和 MoS_2 同为六方密排的层状结构。WS_2 的层间距比 MoS_2 大，摩擦系数比 MoS_2 低，且 WS_2 的热稳定性比 MoS_2 更好。作为 MoS_2 的类似物，WS_2 在催化析氢反应中也表现出了可观的活性。但 WS_2 在析氢反应中也遇到了如催化剂与衬底之间的电子相互作用较弱等问题。Chhowalla 课题组[40]将单层 WS_2 纳米片用于催化析氢反应时，发现单层 WS_2 纳米片催化析氢反应的过电势很低，是一种有效的析氢反应催化剂。经过研究分析发现，WS_2 的催化活性和纳米片中的应变金属性 1T 相（八面体）硫化物有关。为增强金属性以提高 WS_2 的催化析氢活性，Jin 课题组[41]用简单的微波辅助插层反应制备得到 WS_2 纳米片，然后组装在惰性的导电基底上，可使 WS_2 纳米片实现 10 $mV \cdot dec^{-1}$ 的 Tafel 斜率和较低的过电势（-142 mV），与已经报道的过渡金属硫族化合物催化剂相比，具有较大优势。

9.3.3　二维材料在太阳能电池中的应用

基于钙钛矿材料的薄膜太阳能电池具有能量转换效率高、机械柔韧性好、重量轻、半透明和低成本等优势，已成为新一代光伏产业发展中的明星器件。二维材料具有高电荷载流子迁移率、高光学透明度和可调电子结构等独特的性质，是薄膜太阳能电池器件中的理想接触层材料，能用作电极、空穴传输层（HTL）和电子传输层（ETL）以及活性层中的添加剂。本节以第三代新型太阳能电池中的钙钛矿型太阳能电池为代表，介绍石墨烯、过渡金属二硫属化物、MXene、黑磷等在其中的应用。

1. 石墨烯基钙钛矿太阳能电池

在有机-无机杂化钙钛矿材料中加入石墨烯及其衍生物，可优化钙钛矿太阳能电池的光伏性能和运行稳定性。高导电性和透明性使石墨烯具有替代传统金属电极的潜力。氧化石墨烯和还原氧化石墨烯被用作空穴传输层或空穴传输层中的掺杂剂，可增强钙钛矿层中的空穴提取，以增强钙钛矿太阳能电池的光伏性能，同时延长钙钛矿层的长期稳定性[42]。

石墨烯可充当钙钛矿太阳能电池的透明电极，并可根据需要通过卷对卷印刷技术来制造柔性钙钛矿太阳能电池。2014 年，You 等[43]将层压堆叠式石墨烯作为钙钛矿太阳能电池的半透明顶部电极，石墨烯电极与空穴传输层（即钙钛矿层上的 spiro-OMeTAD）保持了良好的接触，电池具有 12.03%的能量转换效率。

Yeo 等[44]将室温处理的还原氧化石墨烯作为一种新型的空穴传输材料，用以提高 $CH_3NH_3PbI_3$ 钙钛矿太阳能电池的稳定性。还原氧化石墨烯具有较高电导率，有效改善了器件的能级排列，并增强了钙钛矿 $CH_3NH_3PbI_3$ 的结晶度。在环境稳定性测试中，与基于聚（3,4-乙撑二氧噻吩）:聚苯乙烯磺酸盐（PEDOT:PSS，一种高分子聚合物的水溶液）的钙钛矿太阳能电池相比，采用还原氧化石墨烯的钙钛矿太阳能电池在暴露于空气 140 h 后表现出良好的稳定性，能量转换效率仍保持在 6%，而基于 PEDOT:PSS 的钙钛矿太阳能电池在曝光 120 h 后，光伏特性急剧恶化甚至完全消失。

2. 用于钙钛矿太阳能电池的其他二维材料

过渡金属硫族化合物和黑磷作为带隙可调的激子阻挡层对于钙钛矿太阳能电池技术也非常具有吸引力。

1）用于钙钛矿太阳能电池的空穴传输层

对于钙钛矿太阳能电池来说，电荷传输中间层对器件的光伏性能和长期稳定性发挥着重要作用。目前，高效率的有机太阳能电池普遍采用 PEDOT:PSS 作为器件的空穴传输层，但它的酸性及吸湿性会显著影响器件寿命。也有一些金属氧化物或者金属盐被报道用作空穴传输层，但是器件效率不是很高，并且制备过程往往需要高真空蒸镀、高温退火处理或者需要有毒溶剂等，工艺成本较高，且污染环境。基于二维材料的空穴传输层具有高载流子迁移率、厚度依赖的能带结构、光滑表面无悬空键以及与柔性电子器件的高兼容性，可以显著提高钙钛矿太阳能电池的光伏性能、寿命和长期稳定性，得到了研究者的广泛关注。

Capasso 等[45]将固溶处理后的 MoS_2 薄片用作混合 Pb-卤化物钙钛矿太阳能电池（$FTO/c\text{-}TiO_2/m\text{-}TiO_2/CH_3NH_3PbI_3$）中的活性缓冲层。$MoS_2$ 薄片既充当保护层，有效防止了钙钛矿材料和金电极之间形成分流接触；又作为从钙钛矿材料到 Spiro-OMeTAD 的空穴传输层，在光敏层和正极之间具有适当的能级对准。所制备的钙钛矿太阳能电池具有 13.3%的能量转换效率，以及 550 h 以上的长寿命。

Huang 等[46]使用水溶性 MoS_2 和 WS_2 作为钙钛矿太阳能电池的空穴传输层，发现 1T 相的含量对于钙钛矿太阳能电池的能量转换效率至关重要，富含 1T 相的过渡金属硫族化合物往往具有更高的能量转换效率。含 MoS_2 和 WS_2 的钙钛矿太阳能电池分别实现了 14.35%和 15.00%的能量转换效率，而含 PEDOT:PSS 的钙钛矿太阳能电池的能量转换效率仅为 12.44%。能量转换效率的显著增强主要是由于空穴传输层和钙钛矿材料的价带之间的能级对准得到改善，有利于实现有效的空穴提取。

Muduli 等[47]将液相剥离得到的黑磷纳米片作为钙钛矿太阳能电池的空穴传输层。使用光电子能谱测量得到黑磷纳米片的价带底为−5.2 eV，有利于来自 $MAPbI_3$ 中的空穴注入。与能量转换效率为 13.1% 的 Spiro-OMeTAD 相比，黑磷纳米片加 Spiro-OMeTAD 的空穴传输层，能量转换效率提高了约 25%（$\eta=16.4\%$）。当黑磷纳米片单独用作空穴传输层时，钙钛矿太阳能电池的能量转换效率为 7.8%，相对于无空穴传输层的钙钛矿太阳能电池中的 4%有所改善。

2）用作钙钛矿太阳能电池中的电子传输层和吸收材料添加剂

二维材料已被证明适合用作钙钛矿器件中的电子传输层，其中具有高电子迁移率、有效的空穴阻挡能力、良好的化学稳定性、与钙钛矿材料导带良好匹配的电子传输层候选材料大受追捧。同时，二维材料掺杂钙钛矿型吸收材料可以调整钙钛矿材料及其相关界面的能级排列，对减少钙钛矿太阳能电池中陷阱介导的复合具有重要意义。

Wang 等[48]在 PEDOT:PSS 中使用氧化石墨烯和 MoS_2 作为界面层，实现了钙钛矿太阳能电池开路电压、能量转换效率和稳定性的大幅提高（开路电压从 0.962 V 提高到 1.135 V，能量转换效率从 14.15%提高到 19.14%）。Yang 等[49]使用 Spiro-OMeTAD 作为空穴传输层、$Ti_3C_2T_x$ 纳米片作为电子传输层，制备了平面结构钙钛矿太阳能电池。采用紫外-臭氧处理来调整 $Ti_3C_2T_x$ 的光电特性，经 30 min 处理后，钙钛矿太阳能电池实现了最佳的能量转换效率（17.17%）。这是由于紫外-臭氧处理产生了额外的类氧化物 Ti—O 键，改善了 $Ti_3C_2T_x$ 和钙钛矿层之间的界面性能，从而提高了电池的光伏性能。此外，$Ti_3C_2T_x$ 的紫外线臭氧处理有助于提高电池的稳定性，在保存 800 h 后能量转换效率仍保持了初始值的 70%。

将 $Ti_3C_2T_x$ 添加到卤化物钙钛矿材料和 TiO_2 层，可以在不影响其他电子特性的情况下调整材料的功函数。此外，利用 MXene 的低功函数也能在不影响材料的其他电子特性的情况下，精细地对准钙钛矿吸收层和阴极传输层之间的能级。Saranin 等[50]将 MXene 用于 ITO/NiO/钙钛矿＋MXene/PCBM＋MXene/BCP/Ag 器件中的钙钛矿吸收层和电子传输层，MXene 的添加不仅可以调整钙钛矿材料/电荷传输层界面处的能级排列，还可以钝化单元结构中的陷阱态，从而有效改善电极处的电荷提取和收集。同时，由于在化学合成过程中可以微调 MXene 功函数，当用作掺杂剂时可以提高钙钛矿层的光电性能。基于 MXenes 的电池表现出卓越的性能，相对于参考器件，能量转换效率超过 19%，同时电池功率输出的稳定性也得到大幅提高。

9.4　二维能源材料与器件的研究热点

9.4.1　二维材料在二次电池中的调控策略

石墨烯、过渡金属氧化物以及过渡金属硫化物等二维材料的发展，给高性能电极材料的研发提供了机遇。尽管二维材料在以锂离子电池为代表的二次电池应用领域取得了显著的进展，但仍面临着诸多挑战。比如：层状石墨烯的制备工艺苛刻，自身团聚问题严重，使它们在电极材料的应用中受限；金属氧化物虽然成本较低，但是导电率较低，在反复的离子插层过程中会诱发体积膨胀。此外，这些电极材料往往具有较低的初次库仑效率、较大的不可逆电容以及较明显的电容量衰退等问题。针对以上难题，探究调控二维材料的有效策略，以提高二次电池的倍率性能和循环稳定性，成为了研究人员的关注热点。本节以二次电池中的锂离子电池为代表，讲述二维材料助力锂离子电池发展的三种改进策略。

1. 导电基体杂化

原始二维材料的优异性能仍不足以满足锂离子电池应用日益增长的需求。例如，原始石墨烯具有出色的电子迁移率，仅在边缘具有化学活性，在表面则不具有化学活性，并且无法提供稳定的电势输出。将性能互补的纳米材料杂化成多功能纳米复合材料，结合各成分的优点，使其表现出良好的协同效应，是提高二维材料电化学性能最广泛使用的策略之一。二维材料可以与一些性能互补的导电纳米材料杂化，包括石墨烯、有机聚合物和金属纳米颗粒，可以大大提高电池的整体电导率，有助于降低电池内阻，加快电化学反应速率。

1）与石墨烯杂化

各种过渡金属氧化物、硫化物纳米片已被用来与石墨烯结合形成石墨烯基复合材料，包括 MoS_2、WS_2、TiO_2、Cr_2O_3、Fe_2O_3、Co_3O_4、SnO_x、$ZnMn_2O_4$、CoO 等。这些二维材料与石墨烯的杂化可分为三种类型：在石墨烯上水平生长二维材料结构，在石墨烯上垂直生长二维材料结构以及形成夹层石墨烯二维材料结构。水平生长可以增强纳米片和石墨烯之间的复合；垂直生长能为离子传输提供更多的活性位点；夹层结构可以最大限度地利用二维材料的优点，而不会出现明显的聚集，为电极材料体积膨胀/收缩提供缓冲空间，具有良好的柔韧性和显著的附着力。

2）与有机导电聚合物杂化

聚吡咯（PPy）、聚乙炔（PA）、聚噻吩（PTH）和聚苯胺（PANI）等聚合物具有高电荷密度，适合用于二维复合电极材料。Liu 等[51]将均匀的 $ZnSn(OH)_6$ 立方体作为锡源，通过简单的水热还原和原位聚合路线合成了超薄聚吡咯/SnS/聚吡咯杂化纳米片。SnS 层具有电化学活性，能促进 Li^+ 的扩散，而 SnS 纳米片两侧的高导电性 PPy 层确保了电子的快速传输。当它作为锂离子电池的电极材料时，在 0.01～3.0 V 的电压范围和 100 $mA \cdot g^{-1}$ 的电流密度下，可以实现约 1 000 $mA \cdot h \cdot g^{-1}$ 的极高可逆容量，非常接近锂离子电池 1 138 $mA \cdot h \cdot g^{-1}$ 的理论容量。此外，在 500 次循环后，在电流密度为 1 $A \cdot g^{-1}$ 时，容量为 703 $mA \cdot h \cdot g^{-1}$。

3）与金属纳米材料杂化

一些金属纳米材料如 Ag、Cu、Au、Ni 等，由于具有优异的固有导电性、更高的刚性、更小的变形，被广泛用作二次电池的导电基体材料。银纳米粒子（Ag NPs）是其中研究最为广泛的一种。二维材料表面上存在的 Ag NPs 能使层间距增加，有利于锂离子的嵌入。Pan 等[52]研究了在加入巯基琥珀酸的情况下，Ag NPs 在 MoS_2 纳米片上配位驱动的异位分层组装。这种多功能有机酸可以通过 Ag—S 共价键和羧酸根与 Ag NPs 结合。通过这种配位驱动的连接，Ag NPs 和 MoS_2 纳米片之间的相互作用比传统的弱键（如范德华力）强得多。即使 Ag 纳米颗粒的质量分数仅为 5%，在 100 $mA \cdot g^{-1}$ 的电流密度下，电池仍具有 920 mA·h·g^{-1}的高可逆容量。

2. 边缘或表面功能化

众所周知，直接在储能装置中应用二维材料仍然存在一些挑战。原始石墨烯边缘的活性高于表面，与其他纳米材料的化学亲和力较差，导致界面相容性差、扩散路径长、化学反应缓慢。对于锂离子电池来说，还存在不可逆容量大、初始库仑效率低、容量衰减快等问题，而且充放电曲线之间存在较大的滞后现象。二维材料边缘/表面的功能化，可以有效地改变本征电导率和能带结构等物理性质，从而解决这些问题。

1）通过掺杂实现边缘功能化

将活性原子或离子掺杂到石墨烯和过渡金属氧化物纳米片中，可以改善它们的电化学性能。例如，在石墨烯骨架中引入一些杂原子，如 N、F、Cl、Br、S、P、B 等，可调节表面吸附能，减少离子扩散势垒，以克服石墨烯骨架的结构限制，从而提高电池性能。Liao 等[53]研究了 B、C、N 和 O 的边缘掺杂对锯齿形石墨烯纳米带的影响，发现石墨烯上电荷/载流子的最大负载量遵循[8-n-1]规则，其中 n 是构成吸附位点的边缘位点原子的价电子数。如果使用金属原子（Cr、Mn、Fe 等）作为掺杂元素，石墨烯可再次弯曲，形成具有增强电化学性能的金属焊接碳纳米管。

2）通过缺陷实现表面功能化

大量缺陷（如点缺陷、晶界或面内异质结等）的存在可能导致在二维材料的基面上产生空位或应力，显著增加活性位点的暴露率，从而大大增强了 Li^+ 插入和扩散的能力。此外，缺陷能增强大多数二维过渡金属氧化物、过渡金属硫化物的导电性。在二维材料中引入缺陷的方法主要包括化学气相传输法、化学气相沉积法等直接合成法，以及等离子体处理、离子/电子辐照以及不同气氛下高温退火等后处理方法。

3. 结构优化

结构优化是提高锂离子电池储锂性能的重要策略，包括厚度调节、孔隙率控制和形貌调控。二维材料的电化学性质很大程度上取决于总厚度，因此厚度调节是增强锂存储性能的一种切实可行的方法。多孔结构的引入使二维材料具有更多暴露的活性位点和更好的缓冲电化学反应期间体积膨胀的能力。此外，由二维材料或相关异质结构组装的三维分级结构可以有效地为电化学反应提供高表面积，并为锂离子的高效扩散提供各种类型的孔。通过调节二维材料的形态和结构，锂离子电池在高倍率下的可逆容量和在充电/放电过程中的循环稳定性将显著增强。

1）通过厚度调整进行结构优化

二维材料的厚度与能带结构、润湿性、面外输运等物理化学性质密切相关，这些性质对可充电电池的电化学性能具有重要影响。例如，电极材料与电解液之间的润湿行为会影响活性物质与电解液之间的接触、离子扩散和固体电解质界面膜的形成。Rafiee 等[54]

通过分子动力学证明了石墨烯单分子膜对铜、金和硅等衬底是湿润透明的，但对玻璃并不透明，原因是对玻璃的润湿性由短程化学键主导。随着石墨烯层数的增加，水与铜的接触角逐渐增大（单层为 86.2°），并最终在块体石墨（6 层）时达到饱和（约 90.6°）。

2）基于孔隙率控制的结构优化

通常将多孔结构引入二维材料中以实现孔隙率控制。在多孔二维材料中，孔隙可以提供充足的活性中心，促进锂离子的快速扩散，而充足的开放空间有利于抑制插层/脱插层循环期间的体积变化。Fan 等[55]研究发现，孔径为 3～8 nm 的多孔石墨烯可以有效克服石墨烯与锂离子之间的扩散阻力，为锂离子的存储提供更多的边缘活性位点，多孔石墨烯具有高的可逆容量（0.1 C 时容量为 1 723 mA · h · g^{-1}）和优异的高倍率性能（20 C时容量为 203 mA · h · g^{-1}）。

3）通过形态调制进行结构优化

构建分层结构是避免二维材料重新堆叠或聚集，充分利用二维材料优势的有效方法。分级结构和异质结构的构建通常伴随着多孔结构和额外反应位点的引入，可以进一步增强电池的电化学性能。

为了开发循环寿命长、倍率性能好的电极，Cao 等[56]在铜箔上制备了三维分层多孔 α-Fe_2O_3 纳米片，并直接用作锂离子电池的无粘结剂负极，在 2.01 A · g^{-1}的电流密度下循环 1000 次后，可保持高达 877.7 mA · h · g^{-1}的可逆容量，即使电流密度增加到 20.1 A · g^{-1}，仍能保持 433 mA · h · g^{-1}的容量。独特的多孔三维分层纳米结构改善了电子、离子传输，减轻了循环时因电极体积变化引起的内部机械应力，且不需要添加任何不具有电化学活性的导电剂或聚合物粘合剂。该电极进一步避免了由于物理混合和粘结剂的添加而导致的导电碳在集流器上的不均匀分布，有利于电池电化学性能的提升。

9.4.2 二维材料电催化析氢性能的调控策略

积极有序地发展氢能源是实现“碳达峰”和“碳中和”目标的关键环节，电解水制氢是目前众多制氢方案中碳排放最低的技术。大规模电解水制氢在很大程度上依赖于析氢反应电催化剂的活性和成本。到目前为止，最常用的析氢反应电催化剂仍然是贵金属 Pt-基纳米材料。由于贵金属储存量有限、价格昂贵，严重阻碍了它们的广泛应用。因此，开发高活性、低成本的非贵金属基析氢反应催化剂十分必要。

过渡金属二硫族化合物因具有出色的催化活性被认为是一种最有希望替代商用 Pt/C催化剂的材料，其在大规模商用之前还需解决活性位点缺乏和层间电荷输运能力差等问题。目前制备的二维材料的析氢性能与理论值相比还有很大差距，进一步提升二维材料的导电性、增加活性位点、提高光电催化剂的循环稳定性是提升其析氢性能的关键。本节总结了提升二维材料电化学析氢性能的策略：缺陷工程、掺杂工程及异质结构建。

1. 缺陷工程

由晶体本身结构不完整而引起的缺陷称为本征缺陷。空位缺陷和边缘缺陷是过渡金属二硫属化合物两种典型的本征缺陷，前者是由晶体结构中存在一个或几个缺失原子引起的，后者是由丰富的边界和孔隙结构引起的。下面主要讨论不同的原子空位和活性边缘缺陷对过渡金属二硫属化合物催化性能的调节。

1）引入原子空位

引入原子空位可以在大范围内灵活调节相邻原子周围的局部催化环境和相应的电子结构，从根本上优化析氢反应催化剂的活性。在过渡金属硫族化合物体系中，S-空位主要涉及有效的催化活性位点，可以从根本上提高析氢反应活性。除了浓度之外，空位的类型也是影响二维材料催化性能的重要因素。Ouyang 等[57]认为，MoS_2 平面位点的析氢反应催化性能与 S-空位的类型相关。密度泛函理论研究表明，不同类型的点缺陷对 H 原子具有不同的吸附能力。V_S（单硫空位）和 V_{S2}（二硫空位）的 ΔG_{H^*} 仅为 -0.06 eV 和 -0.18 eV，说明 Volmer 反应发生迅速。对于通过取代产生的点缺陷，S_{Mo}（S 原子取代 Mo 原子）和 $S2_{Mo}$（S_2 取代 Mo 原子）类型分别具有 1.22 eV 和 1.33 eV 的正 ΔG_{H^*} 值，表明 H 原子和 MoS_2 基面之间的相互作用太弱而无法形成自发吸附。相比之下，ΔG_{H^*} 值接近 0 的单硫空位更有助于提升过渡金属硫族化合物基催化剂的活性。

2）丰富活性边缘

过渡金属硫族化合物纳米片边缘的金属和非金属位点都是有效的催化位点，更多的边缘缺陷可以促进这些活性位点的暴露，极大地提高催化活性。通过降低二维材料的维度和构造孔隙可以形成有效边缘，这两种方法突破了活性中心的限制，能显著提高电催化性能。

降低维度最常见的策略是剥离成分层结构。Nguyen 等[58]发现，液相剥离可以产生单层或几层超薄 MoS_2 纳米片，与原始 MoS_2 相比，其暴露出更多的活性边缘位点。剥离的单层 MoS_2 纳米片的起始电位约为 100 mV，与块体 MoS_2 相比，析氢反应性能得到明显改善。他们把这种现象归因于过渡金属硫族化合物从块体降维到二维纳米结构导致活性位点数量的大幅增加。然而，剥离过程往往缺乏对纳米片尺寸和层厚度的精确控制，与液相剥离相比，化学气相沉积方法可以制备控制边缘的纳米片，为揭示催化机制提供了一个理想的平台。

在过渡金属硫族化合物纳米片的基面内挖孔形成多孔结构是丰富活性边缘的另一种可行方法。Ye 等[59]通过 H_2 退火方法在化学气相沉积方法生长的 1H-MoS_2 基面上制造了三角形孔。由于活性位点有限，原始的 1H-MoS_2 几乎没有析氢反应活性。然而，三角形孔形成后，析氢反应性能显著提高，起始过电位和 Tafel 斜率分别从约 500 mV 和

342 mV·dec^{-1}下降到 300 mV 和 162～171 mV·dec^{-1}。

2. 掺杂工程

非本征缺陷工程是指将杂原子掺杂到过渡金属硫族化合物中，掺杂原子将改变原有的周期性原子结构和电子结构。合适的表面电子态可以提供有利于氢吸附的高活性中心，以促进析氢反应过程。根据杂原子的元素性质和掺杂方式，将非本征缺陷分为金属掺杂、非金属掺杂和混合掺杂。下面讨论不同掺杂剂和掺杂方式对析氢反应性能的影响。

1）金属掺杂

将金属原子引入过渡金属硫族化合物已成为一种广为接受的调节催化剂活性的方法。多种金属元素（V、Zn、Fe、Co、Mn、Ni、Pt、Pd 等）已被成功用作掺杂剂来改善催化剂的性能。这些原子分散的活性中心为探索结构和催化性能之间的关系提供了一个理想的平台。

Sun 等[60]通过在 2H-MoS_2 层中掺杂钒，成功优化了它的催化活性。密度泛函理论计算表明，8%的 V 替代（即 $V_{0.08}Mo_{0.92}S_2$）引入了缺陷态，缺陷态来自 V 与相邻 Mo 原子之间的相互作用。缺陷态略高于价带顶，使宿主材料半金属化，因此可以从价带接收激发电子，促进电荷转移过程。钒掺杂可使 2H-MoS_2 表现出更好的析氢反应活性，过电位为 130 mV，Tafel 斜率降低至 69 mV·dec^{-1}。降低析氢反应过电位的根本途径是调节与该反应相当的电催化剂能级。Shi 等[61]基于能级匹配将 Zn 原子掺杂到 MoS_2 中以降低析氢反应中的势垒。Zn 掺杂的 MoS_2（Zn-MoS_2）表现出优异的电化学活性，具有低起始电位和 Tafel 斜率，分别为 130 mV 和 51 mV·dec^{-1}。此外，在 300 mV 的过电势下，Zn-MoS_2 的周转频率为 15.44 s^{-1}，超过了大多数 MoS_2 催化剂。

2）非金属掺杂

非金属原子（O、C、P、N、F、S 等）掺杂具有不同的电负性和扭曲的配位几何形状（键长和角度），能在掺杂位点处引发电荷密度的重新分布，不仅能优化 ΔG_{H*}，还能导致二维材料发生晶格畸变，暴露出大量的活性中心。Zang 等[62]利用 C 原子取代部分 S 原子，在 MoS_2 最外层产生 sp^2 杂化位点，并空出一个垂直于基面的 p 轨道用于水的吸附和活化，这种轨道策略赋予 MoS_2 纳米片优异的析氢反应特性。制备的 C-MoS_2 在碱性和电流密度为 10 mA·cm^{-2}的条件下，过电位为 45 mV，Tafel 斜率为 46 mV·dec^{-1}。X 射线光电子能谱和 X 射线吸收光谱分析表明，MoS_2 晶体中掺杂的 C 很可能形成了 Mo—C 键，从而调节局域配位环境和电子结构。此外，密度泛函理论计算结果表明，缺电子碳元素的引入可以在垂直于 MoS_2 的基面方向产生未占据的 2pz 轨道，同时，由于碳的 2p 轨道能级低于硫的 3p 轨道能级，从而降低了导带底杂化轨道的能级分布，有利于水在基面的电子转移和耦合，从而促进惰性基面碱性析氢反应。

3）混合掺杂

优质的析氢反应催化剂具有丰富的活性位点、低动力学势垒和长期耐用性。然而，通过简单的金属或非金属掺杂很难满足上述所有要求。相比之下，混合掺杂通过杂原子之间的协同效应来增强整体析氢反应性能，可能会提供新的机遇。Tran 等[63]通过 V 和 P 的双重取代获得了混合掺杂的 $Co_{1-x}V_xSP$ 纳米材料。掺杂 V 可以暴露丰富的活性中心，掺杂 P 则可提高析氢反应催化剂的动力学以及每个活性位点的质量。有趣的是，在 P-V 双取代的协同作用下，由于析氢反应的动能势垒降低，$Co_{0.97}V_{0.03}SP$ 表现出优异的析氢催化性能，在电流密度为 10 mA・cm^{-2}时，具有 55 mV 的低过电势，50 mV・dec^{-1}的低 Tafel 斜率，性能接近商用 20％Pt/C 催化剂。

3. 异质结构建

由于具有界面协同效应，异质结构型催化剂在析氢反应中具有独特优势。异质结不仅能为整个反应过程提供多个功能位点，结构中的自建电场还能促进催化反应中电荷的有效解离/转移。Pt 是人们熟知的高活性析氢反应催化剂，它的高成本和低储量是阻碍电解水制氢商业化应用的关键因素，设计和制备具有高电催化性能的催化剂是当前的热点问题。有研究表明，在金属-载体界面处电子的强相互作用可以通过大幅度调整 Pt 的电子结构来增强析氢反应催化性能。以 MoS_2 为代表的过渡金属硫族化合物由于具有极高的比表面积和优越的化学稳定性，成为很有前途的催化剂载体。S 原子与 Pt 原子之间的强电子耦合，有利于析氢反应的有效电子输运通道的形成。同时，产生的电子转移会改变 Pt 的 d 轨道中心，从而调节 Pt 的催化行为。

王荣明教授课题组[64]采用一种通用的湿化学方法，在水溶液中成功制备了 Pt-MoS_2 纳米异质结构。通过 X 射线光电子能谱发现在界面处 Pt 纳米颗粒的部分电子转移到了 MoS_2 纳米片。界面处形成的 Pt—S 键阻止了 Pt 纳米颗粒的团聚，提高了结构的稳定性。同时，负载的 Pt 显著提高了 MoS_2 的导电性，有利于析氢反应中电子的快速转移。得益于这种界面电子结构调控行为，Pt 负载量为 3.0％的 Pt-MoS_2 异质结构显示出优良的析氢反应活性和稳定性，在电流密度为 10 mA・cm^{-2}时，过电位为 67.4 mV，Tafel 斜率为 76.2 mV・dec^{-1}，优于纯 MoS_2 纳米片和 Pt 纳米颗粒，经 24 h 的催化稳定性测试后，催化活性几乎无衰减。

9.4.3　二维钙钛矿太阳能电池的调控策略

二维钙钛矿材料通常由一层或几层钙钛矿晶体组成，具有可调控的光学和电学性质，在太阳能电池领域具有广泛的应用前景。二维钙钛矿材料可以增强吸收剂的鲁棒性，或为脆弱的三维钙钛矿材料提供保护，从而提高钙钛矿太阳能电池的稳定性。然而，稳定性的提高是以效率的降低为代价的，需要额外的调控策略来同时实现高效率和稳定性。本节总结了已用于钙钛矿电池的几种常用调控策略。

1. 构建二维/三维异质结

三维钙钛矿太阳能电池在下一代光伏器件中显示出巨大的应用前景。然而，在大规模商业化生产之前还需要解决一些问题。例如，表面形成的巨大缺陷，导致严重的缺陷辅助复合。最近，二维钙钛矿材料被广泛关注，其中的有机层充当保护屏障以阻止水分或离子的侵蚀，表现出显著的鲁棒性。受此启发，研究人员开始在三维钙钛矿材料顶部沉积二维钙钛矿材料进行表面钝化。二维钙钛矿材料作为三维钙钛矿薄膜的表面钝化剂，在化学上结合，形成异质结构，具有以下优点：(a) 修复表面空位缺陷，提高薄膜质量。(b) 间隔有机层，阻挡离子迁移和水分侵蚀。同时，具备较大的形成能，能够提升材料的稳定性。(c) 由二维/三维钙钛矿材料堆叠形成的异质结构能有效地促进电荷转移/提取，提高器件的光伏性能。

Huang 等[65]引入 BA 大体积阳离子以在三维 $MAPbI_3$ 钙钛矿材料的顶部生长纯 $(BA)_2PbI_4$ 钙钛矿材料覆盖层。在黑暗和光照条件下，三维钙钛矿材料中发生的离子迁移可被低维钙钛矿材料抑制，实现了二维钙钛矿材料高稳定性和三维钙钛矿材料高效率的有机协同。Li 等[66]在前驱体溶液中加入少量的 2-氨基茚氢氯酸盐调控了无甲胺钙钛矿材料的结晶过程。这种添加剂可形成自下而上的二维/三维异质结来调节界面处的载流子复合和提取。测试结果表明，0.09 cm^2 的器件可实现 25.12%的转换效率，在较大面积（1 cm^2）下达到了 22.48%，且几乎没有滞后效应。此外，器件在连续 AM 1.5G 光照下，在最大功率点连续运行 1 500 h 后，能量转换效率达到 25%，并保持初始效率的 98%以上。

2. 能级匹配

多量子阱结构的二维钙钛矿材料能级排列相对复杂，因此需要根据钙钛矿材料的多相分布规律选择合适的电荷传输层，并采取一定措施以优化不同界面的能级。无能级势垒的排列有利于实现更高的电荷提取效率和更低的能量损失，能够促进载流子传输。

1) n-i-p 结构器件

在传统的 n-i-p 器件中，底部的高 n 值相钙钛矿材料有利于电子的注入/收集，而顶部的低 n 值（$n=1,2$）二维钙钛矿材料有利于空穴的注入/收集。为了实现有效的能级匹配，研究人员通常需要通过各种措施来改变钙钛矿薄膜的生长方向，然后选择能级匹配较低的电荷传输层。在二维钙钛矿电池中最常用的空穴传输材料是小的有机分子，如 Spiro-OMeTAD 因合适的能级分布而被广泛使用。然而，在钙钛矿材料中，Spiro-OMeTAD 和低 n 值相钙钛矿材料之间存在特定的能级失配，难以实现有效的空穴提取。因此，在传统 n-i-p 结构的研究工作中，关键是在前驱体中加入添加剂以抑制低 n 值相钙钛矿材料的出现，使 n 值集中在 3～5，以增强空穴的注入。

2) p-i-n 结构器件

在二维钙钛矿材料中，在竖直方向上不同 n 值的纳米片会形成从小到大的阶梯状有序排列。有序排列的准二维钙钛矿材料在竖直方向上有良好的电荷传输。目前已经开发了多种电荷载流子传输层材料，用以匹配二维钙钛矿材料的不同能级，以实现有效的电荷载流子传输。例如，Fu 等[67]开发了一种硒苯基间隔物 2-硒苯甲基铵（SeMA），用于二维 RP 型钙钛矿太阳能电池，并提出了预沉积传输层策略（PDTL）以钝化钙钛矿材料的表面缺陷，使电子传输层（[6,6]-苯基-C_6-丁酸甲酯，PCBM）致密化，加速了电子的提取和传输。预沉积薄 PCBM 层后，太阳能电池的能量转换效率高达 17.25%，短路电流密度达 21.85 $mA \cdot cm^{-2}$，开路电压为 1.09 V，填充因子为 72.45%。为深入研究 PDTL 策略的作用机理，研究组采用紫外光电子能谱测试了 SeMA-MA-Pb 和 SeMA-MA-Pb/PDTL 薄膜的能级分布。结果表明，相较费米能级为 4.21 eV 的 SeMA-MA-Pb 薄膜，在 PDTL 作用下，SeMA-MA-Pb 薄膜的费米能级上升至 3.81 eV，更接近导带边缘。这意味着 SeMA-MA-Pb/PDTL 薄膜具更强的 N 型性质，可以减少界面复合损失，促进钙钛矿层与电子传输层之间的电荷传输，从而提高电池的开路电压。

3. 表面改性

溶液法制备的钙钛矿薄膜，不可避免地会产生大量的离子缺陷和晶界缺陷。深部能级缺陷作为非辐射复合中心，在器件运行过程中会引起载流子复合。表面改性是解决这一问题的有效方法。在二维钙钛矿器件中，表面改性能有效降低缺陷密度，促进二维相重排，从而获得有利于电荷输运的晶体取向和排列。

Huang 等[68]在钙钛矿薄膜表面采用溴化镓来优化二次结晶工艺，实现了二维 $GA_2MA_4Pb_5I_{16}$ 钙钛矿材料的多功能界面工程。GA^+ 的引入能改变钙钛矿材料表面层中不同相的成核势垒，抑制具有较大激子结合能的低 n 值相钙钛矿材料的出现，降低缺陷密度，可得到具有光滑表面和优异光电性能的薄膜。由于薄膜分布更均匀，GABr 处理后的钙钛矿太阳能电池实现了有效的电荷提取/传输，在 AM 1.5G 照明下实现了 19.3% 的能量转换效率。此外，在没有封装的情况下，经过优化的器件可以将 94% 的初始能量转换效率保持 3 000 h 以上。

4. 晶格操控

基于甲脒的二维钙钛矿材料已成为太阳能电池中极具前景的候选材料。然而，将二维间隔阳离子插入钙钛矿材料的晶格中会引入微应变，从而影响效率和稳定性。杨旭东等[69]通过间隔阳离子工程微调二维钙钛矿材料晶格，构建了具有平衡畸变、微应变松弛和减少载流子-晶格相互作用的稳定晶格结构。该工程有效地稳定了钙钛矿固有的柔软晶格，以抵抗光和热老化应力，特别是极端的温度变化。为了减少晶体结构引起的光电流损失，采用极性匹配的分子型硒脲（SENA）添加剂来调节结晶动力学。SENA 的引入显著抑制了间隔阳离子引起的无序结晶，并驱动了垂直方向的量子阱结构的模板化生长。这种受控结晶过程有效减少了晶体缺陷并增强了电荷分离。优化后的钙钛矿太阳能电池实现了高达 20.03％的能量转换效率，创下了二维钙钛矿太阳能电池的新纪录。此外，器件在最大功率下运行1 000 h后效率下降不到 1％，在 85 ℃下老化 720 h，冷温冲击循环 50 次后，仍分别保持初始效率的 92.3％和 91.1％。

参考文献

[1] Islam M S, Fisher C A J. Lithium and sodium battery cathode materials: computational insights into voltage, diffusion and nanostructural properties[J]. Chemical Society Reviews, 2014, 43(1): 185-204.

[2] Cho J, Kim Y J, Park B. Novel $LiCoO_2$ cathode material with Al_2O_3 coating for a Li ion cell[J]. Chemistry of Materials, 2000, 12(12): 3788-3791.

[3] Wang J, Xu F, Jin H, et al. Non-noble metal-based carbon composites in hydrogen evolution reaction: Fundamentals to applications[J]. Advanced Materials, 2017, 29(14): 1605838.

[4] Yang Z, Yang L, Wu G, et al. A heterojunction based on well-ordered organic-inorganic hybrid perovskite and its photovoltaic performance[J]. Acta Chimica Sinica, 2011, 69(6): 627-632.

[5] Zheng X, Zhang H, Yang Q, et al. Solution-processed graphene-MoS_2 heterostructure for efficient hole extraction in organic solar cells[J]. Carbon, 2019, 142: 156-163.

[6] Cai X, Chen Y, Sun B, et al. Two-dimensional blue-AsP monolayers with tunable direct band gap and ultrahigh carrier mobility show promising high-performance photovoltaic properties[J]. Nanoscale, 2019, 11(17): 8260-8269.

[7] Mao Y, Xu C, Yuan J, et al. A two-dimensional GeSe/SnSe heterostructure for high performance thin-film solar cells[J]. Journal of Materials Chemistry A, 2019, 7(18): 11265-11271.

[8] Ye T, Hou Y, Nozariasbmarz A, et al. Cost-effective high-performance charge-carrier-transport-layer-free perovskite solar cells achieved by suppressing ion migration [J]. ACS Energy Letters, 2021, 6(9): 3044-3052.

[9] Zhang J, Hu X G, Ji K, et al. High performance bifacial perovskite solar cells enabled by single-walled carbon nanotubes[J]. Nature Communications, 2024, 15(1):

2245.

[10] Hu S, Otsuka K, Murdey R, et al. Optimized carrier extraction at interfaces for 23.6% efficient tin-lead perovskite solar cells[J]. Energy & Environmental Science, 2022, 15(5): 2096-2107.

[11] 韩丹翱. 采用界面修饰提高聚合物太阳能电池性能的研究[D]. 长春:吉林大学, 2022.

[12] Lin J, Wu Y, Bi R, et al. All-solid-state microscale lithium-ion battery fabricated by a simple process with graphene as anode[J]. Sensors and Actuators A: Physical, 2017, 253: 218-222.

[13] Wei D, Haque S, Andrew P, et al. Ultrathin rechargeable all-solid-state batteries based on monolayer graphene[J]. Journal of Materials Chemistry A, 2013, 1(9): 3177-3181.

[14] Wen J, Huang Y, Duan J, et al. Highly adhesive Li-BN nanosheet composite anode with excellent interfacial compatibility for solid-state Li metal batteries[J]. ACS Nano, 2019, 13(12): 14549-14556.

[15] Cheng Q, Li A, Li N, et al. Stabilizing solid electrolyte-anode interface in Li-metal batteries by boron nitride-based nanocomposite coating[J]. Joule, 2019, 3(6): 1510-1522.

[16] Kızılaslan A, Çetinkaya T, Akbulut H. 2H-MoS_2 as an artificial solid electrolyte interface in all-solid-state lithium-sulfur batteries[J]. Advanced Materials Interfaces, 2020, 7(20): 2001020.

[17] Li Y, Li Y, Yang Y, et al. Conversion inorganic interlayer of a LiF/graphene composite in all-solid-state lithium batteries[J]. Chemical Communications, 2020, 56(11): 1725-1728.

[18] Cai L, Wan H, Zhang Q, et al. In situ coating of $Li_7P_3S_{11}$ electrolyte on $CuCo_2S_4$/graphene nanocomposite as a high-performance cathode for all-solid-state lithium batteries[J]. ACS Applied Materials & Interfaces, 2020, 12(30): 33810-33816.

[19] Liu Z, Du G, Zhou Y, et al. Freeze-casting preparation of three-dimensional directional porous $LiFePO_4$-graphene composite aerogel for lithium-ion battery[J]. Diamond and Related Materials, 2023, 137: 110074.

[20] Santhosha A L, Nayak P K, Pollok K, et al. Exfoliated MoS_2 as electrode for all-solid-state rechargeable lithium-ion batteries[J]. The Journal of Physical Chemistry C, 2019, 123(19):12126-12134.

[21] Wei X, Lin C C, Wu C, et al. Three-dimensional hierarchically porous MoS_2 foam as high-rate and stable lithium-ion battery anode[J]. Nature Communications, 2022, 13(1): 6006.

[22] Li X, Hou Q, Huang W, et al. Solution-processable covalent organic framework electrolytes for all-solid-state Li-organic batteries[J]. ACS Energy Letters, 2020, 5(11): 3498-3506.

[23] Xu X, Wang L, Fei H, et al. Boron nitride doped $Li_7P_3S_{11}$ solid electrolyte with improved interfacial compatibility and application in all-solid-state Li/S battery [J]. Journal of Materials Science: Materials in Electronics, 2019, 30: 19119-19125.

[24] Oh D Y, Choi Y E, Kim D H, et al. All-solid-state lithium-ion batteries with TiS_2 nanosheets and sulphide solid electrolytes[J]. Journal of Materials Chemistry A, 2016, 4(26): 10329-10335.

[25] Xiang Y, Li J, Lei J, et al. Advanced separators for lithium-ion and lithium-sulfur batteries: A review of recent progress[J]. Chem Sus Chem, 2016, 9(21): 3023-3039.

[26] Raja M, Kumar T P, Sanjeev G, et al. Montmorillonite-based ceramic membranes as novel lithium-ion battery separators[J]. Ionics, 2014, 20: 943-948.

[27] Kim J Y, Shin D O, Kim K M, et al. Graphene oxide induced surface modification for functional separators in lithium secondary batteries[J]. Scientific Reports, 2019, 9(1): 2464.

[28] Khassi K, Youssefi M, Semnani D. PVDF/TiO_2/graphene oxide composite nanofiber membranes serving as separators in lithium-ion batteries[J]. Journal of Applied Polymer Science, 2020, 137(23): 48775.

[29] Kim M, Kim J K, Park J H. Clay Nanosheets in skeletons of controlled phase inversion separators for thermally stable Li-ion batteries[J]. Advanced Functional Materials, 2015, 25(22): 3399-3404.

[30] Sathe B R, Zou X, Asefa T. Metal-free B-doped graphene with efficient electrocatalytic activity for hydrogen evolution reaction[J]. Catalysis Science & Technology, 2014, 4(7): 2023-2030.

[31] Ito Y, Cong W, Fujita T, et al. High catalytic activity of nitrogen and sulfur co-doped nanoporous graphene in the hydrogen evolution reaction[J]. Angewandte Chemie International Edition, 2015, 54(7): 2131-2136.

[32] Zheng Y, Jiao Y, Li L H, et al. Toward design of synergistically active carbon-based catalysts for electrocatalytic hydrogen evolution[J]. ACS Nano, 2014, 8(5): 5290-5296.

[33] Deng D, Yu L, Chen X, et al. Iron encapsulated within pod-like carbon nanotubes for oxygen reduction reaction[J]. Angewandte Chemie International Edition, 2013, 52(1): 371-375.

[34] Deng J, Ren P, Deng D, et al. Highly active and durable non-precious-metal catalysts encapsulated in carbon nanotubes for hydrogen evolution reaction[J]. Energy & Environmental Science, 2014, 7(6): 1919-1923.

[35] Zheng Y, Jiao Y, Zhu Y, et al. Hydrogen evolution by a metal-free electrocatalyst[J]. Nature Communications, 2014, 5(1): 3783.

[36] Pei Z, Zhao J, Huang Y, et al. Toward enhanced activity of a graphitic carbon nitride-based electrocatalyst in oxygen reduction and hydrogen evolution reactions via atomic sulfur doping[J]. Journal of Materials Chemistry A, 2016, 4(31): 12205-12211.

[37] Jaramillo T F, Jørgensen K P, Bonde J, et al. Identification of active edge sites for electrochemical H_2 evolution from MoS_2 nanocatalysts[J]. Science, 2007, 317(5834): 100-102.

[38] Kibsgaard J, Chen Z, Reinecke BN, et al. Engineering the surface structure of MoS_2 to preferentially expose active edge sites for electrocatalysis[J]. Nature Materials, 2012, 11(11): 963-969.

[39] Xie J, Zhang H, Li S, et al. Defect-rich MoS_2 ultrathin nanosheets with additional active edge sites for enhanced electrocatalytic hydrogen evolution[J]. Advanced Materials, 2013, 25(40): 5807-5813.

[40] Voiry D, Yamaguchi H, Li J, et al. Enhanced catalytic activity in strained chemically exfoliated WS_2 nanosheets for hydrogen evolution[J]. Nature Materials, 2013, 12(9): 850-855.

[41] Lukowski M A, Daniel A S, English C R, et al. Highly active hydrogen evolution catalysis from metallic WS_2 nanosheets[J]. Energy & Environmental Science, 2014, 7(8): 2608-2613.

[42] Yeo J S, Kang R, Lee S, et al. Highly efficient and stable planar perovskite solar cells with reduced graphene oxide nanosheets as electrode interlayer[J]. Nano Energy, 2015, 12: 96-104.

[43] You P, Liu Z, Tai Q, et al. Efficient semitransparent perovskite solar cells with graphene electrodes[J]. Advanced Materials, 2015, 27(24): 3632-3638.

[44] Yeo J S, Kang R, Lee S, et al. Highly efficient and stable planar perovskite solar cells with reduced graphene oxide nanosheets as electrode interlayer[J]. Nano Energy, 2015, 12: 96-104.

[45] Capasso A, Matteocci F, Najafi L, et al. Few-layer MoS_2 flakes as active buffer layer for stable perovskite solar cells[J]. Advanced Energy Materials, 2016, 6(16): 1600920.

[46] Huang P, Wang Z, Liu Y, et al. Water-soluble 2D transition metal dichalcogenides as the hole-transport layer for highly efficient and stable p-i-n perovskite solar cells[J]. ACS Applied Materials &Interfaces, 2017, 9(30): 25323-25331.

[47] Muduli S K, Varrla E, Kulkarni S A, et al. 2D black phosphorous nanosheets as a hole transporting material in perovskite solar cells[J]. Journal of Power Sources, 2017, 371: 156-161.

[48] Wang Y, Wang S, Chen X, et al. Largely enhanced V_{OC} and stability in perovskite solarcells with modified energy match by coupled 3D interlayers[J]. Journal of Materials Chemistry A, 2018, 6(11): 4860-4867.

[49] Yang L, Dall'Agnese C, Dall'Agnese Y, et al. Surface-modified metallic $Ti_3C_2T_x$ MXene as electron transport layer for planar heterojunction perovskite solar cells [J]. Advanced Functional Materials, 2019, 29(46): 1905694

[50] Saranin D, Pescetelli S, Pazniak A, et al. Transition metal carbides (MXenes) for efficient NiO-based inverted perovskite solar cells[J]. Nano Energy, 2021, 82: 105771.

[51] Liu J, Gu M, Ouyang L, et al. Sandwich-like SnS/polypyrrole ultrathin nanosheets as high-performance anode materials for Li-ion batteries[J]. ACS Applied Materials & Interfaces, 2016, 8: 8502-8510.

[52] Pan L, Liu Y T, Xie X M, et al. Coordination-driven hierarchical assembly of silver nanoparticles on MoS_2 nanosheets for improved lithium storage[J]. Chemistry—An Asian Journal, 2014, 9(6): 1519-1524.

[53] Liao T, Sun C, Sun Z, et al. Chemically modified ribbon edge stimulated H_2 dissociation: A first-principles computational study[J]. Physical Chemistry Chemical Physics, 2013, 15(21): 8054-8057.

[54] Rafiee J, Mi X, Gullapalli H, et al. Wetting transparency of graphene[J]. Nature

Materials, 2012, 11(3): 217-222

[55] Fan Z, Yan J, Ning G, et al. Porous graphene networks as high performance anode materials for lithium ion batteries[J]. Carbon, 2013, 60: 558-561.

[56] Cao K, Jiao L, Liu H, et al. 3D hierarchical porous α-Fe_2O_3 nanosheets for high-performance lithium-ion batteries [J]. Advanced Energy Materials, 2015, 5(4): 1401421.

[57] Ouyang Y, Ling C, Chen Q, et al. Activating inert basal planes of MoS_2 for hydrogen evolution reaction through the formation of different intrinsic defects[J]. Chemistry of Materials, 2016, 28(12): 4390-4396.

[58] Nguyen T P, Choi S, Jeon J M, et al. Transition metal disulfide nanosheets synthesized by facile sonication method for the hydrogen evolution reaction[J]. The Journal of Physical Chemistry C, 2016, 120(7): 3929-3935.

[59] Ye G, Gong Y, Lin J, et al. Defects engineered monolayer MoS_2 for improved hydrogen evolution reaction[J]. Nano Letters, 2016, 16(2): 1097-1103.

[60] Sun X, Dai J, Guo Y, et al. Semi-metallic molybdenum disulfide ultrathin nanosheets as an efficient electrocatalyst for hydrogen evolution[J]. Nanoscale, 2014, 6(14): 8359-8367.

[61] Shi Y, Zhou Y, Yang D R, et al. Energy level engineering of MoS_2 by transition-metal doping for accelerating hydrogen evolution reaction[J]. Journal of the American Chemical Society, 2017, 139(43): 15479-15485.

[62] Zang Y, Niu S, Wu Y, et al. Tuning orbital orientation endows molybdenum disulfide with exceptional alkaline hydrogen evolution capability[J]. Nature Communications, 2019, 10(1): 1217.

[63] Tran N Q, Bui V Q, Le H M, et al. Anion-cation double substitution in transition metal dichalcogenide to accelerate water dissociation kinetic for electrocatalysis [J]. Advanced Energy Materials, 2018, 8(15): 1702139.

[64] Shan A, Teng X, Zhang Y, et al. Interfacial electronic structure modulation of Pt-MoS_2 heterostructure for enhancing electrocatalytic hydrogen evolution reaction [J]. Nano Energy, 2022, 94: 106913.

[65] Lin Y, Bai Y, Fang Y, et al. Suppressed ion migration in low-dimensional perovskites[J]. ACS Energy Letters, 2017, 2(7): 1571-1572.

[66] Li H, Zhang C, Gong C, et al. 2D/3D heterojunction engineering at the buried interface towards high-performance inverted methylammonium-free perovskite solar

cells[J]. Nature Energy, 2023, 8(9): 946-955.

[67] Fu Q, Chen M, Li Q, et al. Selenophene-based 2D ruddlesden-popper perovskite solar cells with an efficiency exceeding 19%[J]. Journal of the American Chemical Society, 2023, 145(39): 21687-21695.

[68] Huang Y, Li Y, Lim E L, et al. Stable layered 2D perovskite solar cells with an efficiency of over 19% via multifunctional interfacial engineering[J]. Journal of the American Chemical Society, 2021, 143(10): 3911-3917.

[69] Zeng F, Kong W, Liang Y, et al. Highly stable and efficient formamidinium-based 2D ruddlesden-popper perovskite solar cells via lattice manipulation[J]. Advanced Materials, 2023, 35(42): 2306051.

第 10 章　二维生物医学材料与器件

生物医学材料是用来对生物体进行诊断、治疗、修复，或替换病损组织、器官，或增进生物体组织、器官功能的材料，被广泛应用于人工器官替代、外科手术修复、康复理疗等领域。生物医学材料应具有以下特点：(a) 生物相容性。生物医学材料必须无毒性、无致敏性、无刺激性、无遗传毒性、无致癌性，不会使人体组织、血液、免疫系统等产生不良反应。(b) 抗生物老化能力。生物体内代谢产生的酸碱物质可能对生物医学材料造成腐蚀，因此长期植入的材料要求具有高生物稳定性，能够耐受体内化学物质的腐蚀。对于短暂植入的医学材料，要求在一定时间后可以被人体吸收或代谢。(c) 物理机械性质和加工性。生物医学材料需要具备良好的物理机械性能，如强度、韧性和弹性等，以满足不同应用需求。同时，材料的加工生产工艺应尽可能方便、容易。(d) 低成本和易消毒。生物医学材料的制备应低成本，以降低医疗费用。此外，要便于消毒灭菌，以确保在临床应用中的安全性。(e) 特殊功能。不同的生物医学材料需要具备不同的功能，如支撑和修复组织、促进细胞生长和修复、阻止感染等。这些特殊功能可以根据材料的应用需求进行设计和定制。总而言之，生物医学材料是一类具有特殊性能和功能的材料，应用要求高，需要具备良好的生物相容性、抗生物老化能力、适当的物理机械性质和加工性、低成本并易于消毒，同时具备特殊的功能。

二维材料在生物医学领域具有广阔的应用前景。根据不同的用途，可以将二维生物医学材料分为杀菌材料、靶向材料、光热材料以及检测材料等。

10.1　二维生物医学杀菌材料

人类的发展史中相当重要的一部分就是与病菌的斗争史。致病细菌具有多样性、传播速度快、易引起不良反应等特点。全球新发传染病中有一半以上是由细菌引起的，细菌感染可能引发各种疾病，甚至导致癌症。抗生素的发现被视为现代医学史上最伟大的发现之一，但抗生素的滥用导致病原菌对常规抗生素的耐药性增加。耐药菌的出现严重威胁着人类的生命健康，微生物感染也一直是医疗领域急需解决的问题。因此，研发高效且不易使细菌产生耐药性的新型抗菌材料变得十分迫切。

10.1.1 二维生物医学杀菌材料的原理

二维材料一般通过增加细菌的跨膜通透性来造成细胞膜破裂、降低代谢活性、破坏DNA以及利用自身尖锐边缘诱导细胞膜的物理损伤来达到抗菌的目的。主要抗菌机理有物理破坏、氧化应激、光引发抗菌、搭载药物或金属离子抗菌等。

1. 物理破坏

二维材料在接近细菌后,锐利的边缘插入细菌,导致细胞膜被破坏和内容物泄漏,进而使细菌死亡,因而也称为纳米刀。黑磷与石墨烯均能通过对细菌膜造成物理损伤以达到抑菌的效果。石墨、氧化石墨、氧化石墨烯和还原氧化石墨烯能够抑制大肠杆菌活性,氧化石墨烯分散体的抗菌活性最高,其次是还原氧化石墨烯,最后是氧化石墨和石墨。氧化石墨烯的锋利边缘对抗菌活性起到重要作用。石墨烯的边缘长度和取向角也会影响杀菌效率,边缘的密度被认为是决定抗菌性能的关键因素之一。与大肠杆菌相比,氧化石墨烯对金黄色葡萄球菌的损伤更严重,这可能与氧化石墨烯的还原状态改善了细菌细胞和材料之间的电荷转移有关。石墨烯的抗菌能力不仅来自它的锋利边缘,表面的吸附也能对细菌膜造成损伤。

2. 氧化应激

氧化应激杀菌是大部分碳材料的主要抗菌机理。氧化应激作用可以通过干扰细菌的新陈代谢,破坏细胞的功能,导致细胞失活甚至死亡。一般来说,氧化应激主要通过以下两种途径发生:

1) 对活性氧依赖性的途径

活性氧抗菌是指通过高浓度的活性氧打破细胞内的抗氧化防御机制,与细菌内的遗传物质、酶、蛋白质等反应造成氧化损伤,或与细胞膜、细胞壁的结构成分反应造成细胞脂质过氧化,使细菌受损死亡。细胞受外界刺激或者胞内积累一定量的纳米材料后,会产生一系列自由基,如过氧化氢、羟基自由基(·OH)、超氧自由基($\cdot O^{2-}$)、单线态分子氧($^1O_2$)等,它们能够诱导蛋白质失活、脂质过氧化、线粒体功能障碍、细胞膜解体,最终导致细菌死亡。

2) 对活性氧非依赖性的途径

对活性氧非依赖性的途径主要是将电荷从细胞膜转移到材料上,使细胞膜被破坏而不产生活性氧。在这个过程中,二维材料起着类似于电子泵的作用。谷胱甘肽通过防止活性氧引起的细胞损伤来维持细菌中稳定的氧化还原状态。石墨烯具有良好的导电性,被认为是使细菌氧化应激最可能的刺激物,而还原氧化石墨烯的导电性优于氧化石墨烯,表现出更高的谷胱甘肽氧化能力。还原氧化石墨烯作为一个导电桥梁,通过绝缘脂质双分子层促进细胞能量的释放。

3. 光引发抗菌

光引发抗菌包括光热、光催化、光动力三种方式。这些光引发抗菌方法具有无创、靶向选择性、副作用小等优点，被认为是很有前景的抗菌机制。

1）光热抗菌

光热抗菌是一种利用光热剂将光转化为热的抗菌方法。这种方法是利用光吸收剂在光照下产生局部过高热，从而使目标部位的病原体产生高温裂解，不受细菌耐药性的影响。目前，光热疗法在局部细菌性感染、耐药性细菌感染以及肿瘤的靶向治疗中显示出巨大的应用潜力。在光热抗菌过程中，首先将二维光热材料引入被感染部位，以选择性靶向黏附细菌；然后用适当波长的光照射，二维材料吸收光并通过周围环境中的非辐射弛豫迅速将能量转化为热量；最终高温效应对细菌细胞造成不可修复的损伤，导致细菌死亡[1]。常见的石墨烯光热材料可以吸收 700～1 100 nm 范围的光波并产生热量，从而起到杀菌的作用。

2）光催化抗菌

光催化抗菌是指半导体材料在光照射下，价带、导带中的空穴和电子分离，生成具有高氧化能力的活性氧，从而杀死细菌。光催化抗菌具有成本低、环境友好、无副产物等优点。比如，二硫化钼（MoS_2）可以催化过氧化氢的分解，产生羟基自由基，经近红外光诱导产生的热量可以促进谷胱甘肽的氧化，加速细菌的死亡。

3）光动力抗菌

光动力抗菌是利用光和光敏剂产生的光动力效应产生活性氧来灭活细菌的方法。光动力抗菌具有以下优点：广谱抗菌，对革兰氏阴性菌、革兰氏阳性菌、真菌等均表现出良好的抗菌性能；不易使细菌产生耐药性；疗程短，操作方便。光敏剂、光和氧气同时存在是光动力抗菌的必要条件。

在光动力抗菌治疗的过程中，首先将光敏剂（PS）聚集至病原体位置，随后用特定波长的激光进行局部光照，光敏剂被激发，发生能级跃迁，由基态$^1PS^0$转化成不稳定的单重激发态$^1PS^*$，这种不稳定的受激发状态易通过发射荧光等方式释放能量回到稳定的基态，或通过交叉跃迁变为较稳定的三重激发态$^3PS^*$。三重激发态$^3PS^*$可以通过两种途径回归基态，在此过程中会产生大量活性氧。第一种回归基态的途径是电子转移：处于$^3PS^*$的光敏剂与周围的分子进行电子转移，可以同细菌中的磷脂、核酸、蛋白质等物质反应形成生物分子自由基，造成功能损伤；随后，生物分子自由基可以进一步与水或氧气反应生成以超氧化物（O^{2-}）、羟基自由基（$\cdot OH$）为主的氧自由基，破坏细菌结构的完整性并增加细菌细胞膜的离子渗透性。第二种回归基态的途径是能量转移：$^3PS^*$与基态氧分子（$^3O_2$）通过能量转移的方式生成具有抗菌活性的单线态氧（$^1O_2$）。单线态氧具有分子质量小、作用迅速、穿透性强、抗菌活性高等优点，能够对微生物直接造成氧化损伤，是几种活性氧分子中杀菌效果最好的。在上述两种转化途径中，以能量转移途径为主。产生的活性氧多为杀菌效果最好的单线态氧，在光动力抗菌治疗中起主导作用[2]。

4. 搭载药物或金属离子抗菌

利用二维材料搭载抗生素、药物、金属离子等抗菌剂，通过释放的药物或金属离子干扰细胞膜的完整性、呼吸和三磷酸腺苷的产生，使细菌失活。同时，二维材料还可发挥自身的抗菌特性，起到协同抗菌的作用。与直接使用抗菌剂相比，使用二维材料搭载可以提高靶向性，降低所使用抗菌剂的浓度，同时可以降低抗菌剂药物对使用者的伤害。例如，利用半胱氨酸修饰的 MoS_2 负载银离子，在表面涂上带正电荷的聚二烯丙基二甲基氯化铵聚电解质，能构建良性的纳米抗菌剂，可以在特定刺激下控制银离子的释放。同时，负载银是低剂量的离子形式，大大降低了银的潜在毒性，避免了银的浪费[3]。

5. 其他抗菌机理

细菌的捕获、磷脂层提取、蛋白质间相互作用、自杀机制等也是重要的二维材料抗菌机理。例如，脂质分子疏水尾巴在石墨烯纳米片表面的再分布进一步增强了疏水作用，通过从细菌的内外膜中强有力地提取脂质分子，造成严重的膜损伤，从而有效地抑制细菌的生存[4]。

10.1.2 二维生物医学杀菌材料的关键参量

1. 光热转换效率

光热转换效率作为光热材料的重要指标，其数值越大，意味着光热转换能力越强。另外，材料所能吸收的光波长范围也是选择光热材料的重要指标。

2. 活性氧的产量与活性

活性氧的产量主要与激光的穿透能力和光敏剂的光化学性质有关。选择激光光源需要考虑激光的穿透性和能量密度。事实上，大多数光敏剂都能被紫外光或者可见光激活。光的波长越短，在组织中的穿透性越差，治疗效果越差。光动力治疗中一般选择波长为 600～1 000 nm 的激光，即红光或近红外光光谱范围内的激光，该波段的光处于被血红蛋白吸收和水溶液吸收之间，能够穿透较厚的生物组织。

3. 物理性质

二维材料的边缘长度和取向角对杀菌效率有一定的影响，同时也影响细胞死亡的顺序。氧化石墨烯薄片的大小决定了石墨烯对细菌的毒性，同时也极大地影响了其他理化因素，如分散性、棱角的可用性和细菌失活的吸附能力。氧化石墨烯片尺寸越小越能更好地附着在细菌上，但不能抑制细菌的增殖速率。较大的氧化石墨烯薄片能够诱捕细菌，阻止细菌的增殖，还能通过细胞夹持机制抑制细菌对营养物质的吸收。

石墨烯的抗菌活性会随着暴露介质的不同而发生变化。石墨烯衍生物的高表面能使纳米材料在分散体中聚集。氧化石墨烯分散体通常会形成一层层的纳米薄片包裹单个细菌。还原氧化石墨烯倾向于形成大的聚集物，使细菌嵌入还原氧化石墨烯聚集物中。氧化石墨烯中的含氧官能团有助于氧化石墨烯在水中的分散，但在电解质介质中往往会形成高度依赖于 pH 值和离子强度的聚集物。

10.1.3　二维生物医学杀菌材料的研究热点

1. 多种抗菌机理协同作用

光动力抗菌相对于其他类型的抗菌方式有广谱抗菌、高效失活耐药菌株、低细胞毒性、无暗毒性等优点，但是存在单线态氧产率低、低氧黑暗等特定环境下抗菌效果差、易被光漂白等局限性，同时，在治疗后可能会出现细菌无法完全灭活而再次繁殖的现象。因此，往往采用不同的增效方法和协同策略来增强抗菌功效。

2. 抗菌机制的分子水平研究

目前，对二维材料抗菌机制的认知仍处于宏观角度，一些二维材料在光动力和光热抗菌过程中的作用机理还有待探究。虽然大多数二维材料具有光引发抗菌能力，能够有效地杀灭细菌，但目前尚不清楚是哪部分起主导作用，所以还需要深入探索杀菌机理，充分利用不同材料的特性，合成更快、更有效、更实用的二维生物医学杀菌材料。

10.2　二维生物医学靶向材料

恶性肿瘤是一种严重威胁人类健康的常见病和多发病，死亡率较高。到目前为止，肿瘤的治疗方式包括手术治疗、放射治疗、化学治疗、生物治疗、物理治疗及中医治疗等。其中，化学治疗被认为是有效的肿瘤治疗手段之一。化学治疗，即采用化学合成的药物，对肿瘤细胞的核酸生物合成、蛋白质合成、DNA 转录等进行干扰。然而，化学治疗的药物往往缺乏靶向性，给药后进入体内循环，真正到达肿瘤部位的有效量很少，在杀伤癌细胞的同时也对正常细胞产生损害，产生了极大的毒性和不良反应，如骨髓抑制、胃肠道反应等，长期使用可累及心、肝、肾等重要器官。1906 年，德国细菌学家 Paul Ehrlich 首次提出了靶向治疗的概念。靶向治疗的目的在于提高药物的生物利用度，改善药物在体内的分布，提高靶区药物浓度，降低药物在正常组织中的毒性。

10.2.1　二维生物医学靶向材料的原理

二维材料可以依靠高渗透长滞留效应在肿瘤部位进行被动积累，也称为被动靶向。

区别于被动靶向，主动靶向完全依赖材料本身来定向移动，采用主动靶向可以更有效地将二维材料运送到肿瘤部位。使二维材料拥有主动靶向能力一般有以下几种方法：

1. 表面修饰识别分子获得靶向能力

各种聚合物的修饰不仅为二维材料提供了更多的功能（如基因载送），也可以将二维材料转化为具有主动靶向能力和刺激响应能力的智能药物递送系统。修饰方式可大致分为非共价键连接、共价键连接、生物修饰等。

1）非共价键连接

非共价连接主要是在不影响二维材料结构的情况下，利用功能分子与二维材料之间的 π-π 堆积、氢键、物理吸附、静电作用、静电吸附或亲水大分子包附等方式进行的修饰。还原的氧化石墨烯被两亲性聚乙二醇非共价功能化，在各种生物溶液中表现出极大的稳定性，并且对光动力治疗具有良好的生物相容性[5]。

2）共价键连接

共价键连接主要是通过化学键的形成来实现改性分子与二维材料之间的连接。借助材料表面和边缘暴露的羧基、羟基、环氧基等活性基团，进行酯化、酰化、硅烷化反应，用于细胞标记、小分子修饰以及生物监测等。共价键连接可以使修饰过的二维材料更加稳定，并且可以在特定的条件下实现键的断裂和组合。

3）生物修饰

生物修饰包括自底向上的配体连接和自顶向下的细胞膜封装。目前，已经可以通过单独或融合方式用红细胞、白细胞、干细胞和癌细胞在内的各种细胞膜包裹黑磷纳米粒子，以满足各种生理环境下复杂任务的需要。

2. 恰当反应获得靶向能力

二维材料可以在机体特定部位引起恰当的反应，使之具有靶向能力。黑磷纳米片在正常细胞中保持了高度的生物相容性，表现出理想的选择性。癌细胞内较强的氧化应激及能量代谢会加速黑磷纳米片降解，导致细胞内磷酸根阴离子急性升高，诱导癌细胞的G2/M 期停滞和随后的凋亡，以及自噬介导的细胞死亡，但正常细胞中没有此现象。同时，黑磷纳米片产生的高水平磷酸根阴离子可增加癌细胞的脂质过氧化，降低超氧化物歧化酶活性，升高细胞内活性氧含量，最终杀死细胞。

3. 磁性二维材料在外磁场作用下获得靶向能力

磁性二维材料具有独特的磁学性质，可响应外磁场，产生力、热等效应，从而实现对药物的可控释放。例如：在静磁场下，将药物磁靶向递送至肿瘤部位；在低频交变磁场下，将纳米药物主动渗透至病灶部位，实现瘤内均一分布；在中频交变磁场作用下，磁滞损耗产生热和增强的活性氧，用于肿瘤治疗。磁性材料作为药物载体，可智能介导外磁场。静磁场下，可实现精确磁驱动，控制材料的运动轨迹，实现高载药量和同步靶向药物释放。一方面，可利用肿瘤微环境内的特征信号为刺激源构建多种内源响应性递药系统；另一方面，可利用磁性材料自身在外场作用下的磁热或磁力效应为外源刺激，实现药物的有效递送和可控释放。

10.2.2　二维生物医学靶向材料的特点及应用

二维生物医学靶向材料的性能与二维材料的表面直接相关，可以在表面修饰一些活性基团进行改性，表面修饰位点的数目与二维材料的靶向能力有直接关系。一般通过比较粒径大小来间接比较表面修饰位点数目，因为粒径较小的材料比表面积较大，可修饰较多的活性基团。下面针对二维生物医学靶向材料的特点及应用作简要介绍。

1. 作为载体装载化疗药物靶向输送

理想的递药系统一般包括以下特点：(a) 粒径较小，比面积较大，表面具有较多的修饰位点，易于修饰。(b) 生物安全性好，易于在体内代谢降解。(c) 可以主动或被动聚集在肿瘤部位。(d) 起到药物缓释作用，使药物在血液中的循环时间延长。利用二维材料特定的生物学性质及功能构建的递药系统可实现延长药物血液循环时间，增强药物在肿瘤部位的穿透和蓄积，促进肿瘤细胞对药物的摄取，控制药物释放等多重目标，为提高瘤内递药效率提供了新策略。通过对二维材料进行修饰，使其与靶细胞表面特异性受体相结合，可以有效提高靶向能力[6]。

2. 直接作为治疗手段

在二维磁性材料表面修饰对肿瘤具有亲和力的靶向分子，如叶酸、单克隆抗体、乳铁蛋白、RGD 多肽等，可与肿瘤细胞或血管过量表达的受体特异性结合。癌细胞比普通细胞更易受温度影响，通过施加交变磁场，可进行靶向肿瘤磁感应热疗，有效诱导肿瘤细胞凋亡，实现主动靶向热疗。当温度在 43～45 ℃时，癌细胞开始发生凋亡，升至 50 ℃时出现坏死。此外，高温可导致细胞膜和细胞质蛋白变性，破坏肿瘤脉管系统，引起氧气和营养物质的缺乏，导致肿瘤微环境的改变，也能诱导癌细胞死亡。

10.2.3　二维生物医学靶向材料的研究热点

1. 两种或多种靶分子修饰的靶向载体

随着二维靶向材料研究的深入，发现单一的靶分子、单一的载体，甚至单一的药物并不能实现肿瘤的有效治疗。在各类疾病的基础研究和临床实践中，可采用多种载体、多种靶分子、多种药物联合治疗的方式，解决药物的耐药性及副作用问题，增强药物活性，以提升治疗效果。

2. 二维靶向材料与所搭载药物的协同作用

在光热治疗过程中，纳米给药系统主动靶向肿瘤部位，经近红外光照射后产生的高温会造成细胞热消融，同时，高温能增强细胞膜的通透性，触发药物的释放，增加化疗的敏感性，通过加强对药物递送的调节提高治疗效果。比如，癌细胞在接受光热治疗的同时会增强阿霉素的渗透作用，在保证生物安全性的同时提高了肿瘤抑制效果。

10.3 二维生物医学光热材料

光热治疗是将具有较高光热转换效率的光热剂注射到生物体内部，聚集在肿瘤组织附近，吸收外部光源的光能并转化为热能，从而消灭目标病原体的一种治疗方法。光热转换剂在无光照情况下的毒性很低且生物相容性较高。光热治疗中，可以精确控制激光照射的位置、波长、照射时间和光强等参数，因此副作用很小。此外，生物体本身对波长为700～1 100 nm的近红外区域光吸收少，这个区域的光具有非常好的生物组织穿透性。通常，理想的光热剂需要具有较强的近红外光吸收能力和光热转换效率。

10.3.1 二维生物医学光热材料的原理

不同二维材料对应的光热转换原理也不尽相同。

1. 表面等离子体共振效应

表面等离子体共振效应利用光与物质的相互作用进行能量的转换，进而调控二维材料表面电磁场与载流子的性质，诱导光热电子的产生，有利于近红外光的吸收，并将光能转化为热量，通过晶格散射的振动耗散到周围介质中，从而提高温度[7]。典型的过渡金属碳化物和氮化物在808 nm近红外激光照射下，通过局域表面等离子体共振效应，吸收光能并转换成热能。

2. 电子自激发态回落至基态放热

碳材料主要包括sp^2和sp^3杂化，能级非常接近，具有较宽的可见光吸收范围，可见光中绝大部分能量的光子都能被电子吸收，从而使电子处于激发态。激发态的电子回落至基态时放出热量，从而使局部温度升高，并向周围的材料和环境扩散。

10.3.2 二维生物医学光热材料的特点及应用

传统的癌症治疗手段有手术治疗、放疗及化疗，它们的副作用很明显。手术治疗具有一定风险，并且术后易产生一系列不良反应；放疗的强射线会对体内正常细胞和表面皮肤产生伤害；化疗过程中使用的大量抗癌药物会使体内的肿瘤细胞产生抗体。光热疗法是具有非侵入性和局部针对性的肿瘤治疗方案，因具有无创性、精准性、副作用小等优点受到极大关注。

光热转换能力是衡量一种材料能否作为光热材料用于医学治疗的重要指标，光热转换率是材料光热转换能力的直观表现。消光系数是影响二维光热材料性能的基本参数，表示光热剂对光的吸收能力。

采用公式（10.1）可计算光热转化效率

$$\eta = -\frac{hS(T_{max} - T_{surr}) - Q_s}{I(1 - 10^{-A_\lambda})} \tag{10.1}$$

式中：η 为光热转化效率；h 为容器的传热系数，W·(m^2·℃)$^{-1}$；S 为容器的表面积，m^2，T_{max}为体系所能达到的最高温度，℃；T_{surr}为周围环境温度，℃；Q_s 为溶剂在激光照射下吸收的功率，W；I 为激光功率；A_λ 为二维材料在波长为 λ 的激光下的吸光度。hS 值由公式（10.2）确定：

$$hS = \frac{m_s c}{t} \ln \frac{T - T_{surr}}{T_{max} - T_{surr}} \tag{10.2}$$

式中：t 和 T 分别为体系升温时间和温度；m_s 为水的质量，g；c 为水的比热容，J·(g·℃)$^{-1}$。

光热治疗法通过静脉注射光热剂使其在肿瘤组织中积累，进而在近红外光（NIR）照射下产生足够的热量来消融实体肿瘤。光热材料通过静脉注射到体内之后，需要经历体内长效循环、肿瘤富集、肿瘤渗透、细胞摄取和胞内释药才能真正发挥药效杀死肿瘤细胞。这五个步骤相互关联，相辅相成，缺一不可。因此，理想的二维光热材料光控释药系统不仅需要良好的光控药物释放能力，还需要在血液中维持长效循环以保证足够的保留时间，以及具有通过靶向作用将药物输送到肿瘤病灶部位的能力，这就需要对二维材料表面进行功能化修饰。

二维过渡金属碳（氮）化物材料（MXenes）的超薄特性和可控尺寸及其丰富的表面化学组成使它们能很容易通过生理过程（即细胞内吞）被细胞内化，并对外界光刺激作出快速反应，特别适用于局部光热癌症治疗。迄今，大部分研究工作都集中于探索 MXenes 作为光热药剂在 NIR-I 生物窗口中的应用性能。在 NIR-II 生物窗口中工作有几个优点，包括 1 000～1 100 nm 波长下的最大组织穿透深度以及比 808 nm（0.33 W·cm^{-2}）更高的最大允许暴露极限（1 W·cm^{-2}）。Ti_3C_2-MXene 和 Ta_4C_3-MXene 仅在 NIR-I 生物窗口中表现出明显的光吸收和光热响应，而 Nb_2C-MXene 则表现出强、宽和几乎恒定的光吸收（包括 NIR I 和 NIR II 生物窗口），有望实现宽窗口的光热治疗[8]。

10.3.3　二维生物医学光热材料的研究热点

为了提高光热治疗的效果，提高光热剂在肿瘤中的浓度十分重要。可以从被动靶向和主动靶向两方面考虑，提高光热剂在肿瘤中的积累。

微观尺寸能影响光热剂的被动靶向过程，从而影响光热剂在肿瘤组织中的积累。流体动力学尺寸（直径）大于 100 nm 的颗粒会迅速地被具有单核吞噬细胞系统效应的器官（如肝脏或脾脏）从血液中清除，而直径小于 100 nm 的颗粒则显示出更高的肿瘤组织积累量。但是过小的纳米颗粒（直径小于 5 nm）可能会被肾脏清除，导致它的血液循环时间减少并降低在肿瘤中的积累量。对于直径为 5～100 nm 的纳米颗粒，较小的颗粒虽然表现出更快的积累和更强的肿瘤渗透性，但受肿瘤内压力的影响，会更容易从肿瘤返回到血管中，而较大的颗粒则更倾向于留在肿瘤组织中。需要指出的是，在肿瘤组织中具有高效积累和优异渗透性的最佳纳米颗粒的尺寸可能因病例而异。受观察方法的限制，目前尚无法全面了解纳米颗粒是如何与体内生物系统相互作用的，仍需要更深入的研究来提高对光热剂与生物系统相互作用的认识。

除了提升被动靶向能力外，还可在光热剂中引入靶向基团来提高光热剂的主动靶向能力，进一步提升光热剂在肿瘤中的积累效果和细胞摄取效率。对光热剂中的靶向基团进行修饰，利用它们对肿瘤组织或肿瘤细胞上过表达的分子或受体的特异性亲和力，可以增强光热剂与肿瘤细胞之间的相互作用或光热剂对肿瘤微环境的响应。常用的靶向基团包括抗体、肽、核酸、多糖和小分子等。最近，以细胞膜作为纳米颗粒涂层的伪装策略引起了研究者的极大关注。已报道的可用于光热剂的细胞膜涂层材料可来源于肿瘤细胞、巨噬细胞、红细胞等，具有这种生物衍生涂层的光热剂具有独特的优势，包括对免疫系统具有规避性、长期的血液循环以及对肿瘤细胞靶向的特性等。

10.4 二维生物医学检测材料与器件

随着现代医学技术的不断发展和进步，人类对疾病的研究水平已经达到了前所未有的高度，但是仍有一些疾病（如癌症、糖尿病等）没有有效的根治方法。若能及时发现并对这些疾病进行医学干预，病情的可控性将显著提高。人体患病是一个机体发生病变引起器官功能变化的过程。在此过程中，大多数疾病都有与之相对应的一类生物标志物，通过检测生物标志物的浓度即可进行疾病的检测。疾病的早期诊断对人类健康具有重要意义，监测与疾病相对应的生物标志物的浓度是实现疾病检测的重要手段之一。目前医疗机构主要采用大型分析仪器对各种疾病标志物进行检测，然而这些仪器笨重、操作复杂、需要专业人员操作且花费较高。因此，近年来研究者致力于研发各种可用于检测疾病的微/小型传感器。由于具有独特的物理、化学、电催化等特性，以石墨烯为代表的二维材料受到广泛关注。基于二维材料的疾病传感器，具有微型化、响应速度快、灵敏度高等优点，有望使早期疾病检测进入一个新阶段。

10.4.1　二维生物医学检测材料与器件的相关原理

与大部分纳米材料生物传感器一样，基于二维材料的疾病传感装置主要由生物识别元件和信号转换器组成，将与疾病相关的生物标志物的浓度信号转换成可识别的信号，以实现疾病检测的目的。

1. 电化学生物传感器

1）多电极电化学生物传感器

多电极电化学生物传感器的原理是将探针分子固定在电极表面，探针分子与目标分子作用产生的信号，经识别元件到转换元件，转换成可测量的电化学信号，以电势或电流为特征检测信号。其中，识别元件可以是酶、抗体/抗原、细胞、DNA、细菌等。作为转换元件的基底电极可分为汞电极和固体电极。汞电极主要是悬汞电极，由于汞有毒，不适用于生物传感器，所以固体电极的使用较为广泛。固体电极中常用的有玻碳电极和碳糊电极。电化学生物传感器具有设备简单、轻便、稳定、快速、特异性强、灵敏度高等优点，在分析检测领域得到了广泛应用，是目前发展最为成熟的一类传感器。电化学生物传感器正朝着功能多样化、微型化、智能化、集成化的方向发展，传感器的灵敏度、选择性、稳定性也得到进一步提高。

（1）酶传感器。电化学酶传感器是由固定化酶与电化学传感器组合而成的生物传感器，以固定化酶为识别元件，酶与目标分子作用产生的信号经转换元件转换成电信号，从而测定目标分子。酶具有高效催化性和高度专一性，但也存在寿命短、保存条件苛刻等缺点。因此，进一步探索可减少酶失活的基底材料和固定方法，以及可以代替天然酶的人造酶，是酶生物传感器研发的重点。

（2）免疫传感器。免疫电化学传感器是一种将电化学检测与免疫技术相结合的传感器，以抗体或抗原作为分子识别元件，与电化学传感元件直接接触，通过转换器把检测到的物质浓度信号转变成相应的电信号，从而测定抗原或抗体的浓度。相比于酶的传感机制，抗体的识别范围更广，可以识别蛋白质、核酸、病毒、小分子化合物等。因此，基于抗体修饰的生物传感器比酶修饰的生物传感器应用更广。

癌胚抗原（CEA）是一种检测肿瘤的生物标志物。可用 MoS_2 纳米片与纳米金颗粒（AuNPs）的复合物修饰玻碳电极（GCE）作为癌胚抗原抗体 1（Ab1）的载体，在银纳米球上固定葡萄糖氧化酶（GOx）和癌胚抗原抗体 2（Ab2）作为信号放大探针。当溶液中存在目标物癌胚抗原时，Ag 纳米球-GOx 复合物通过双抗体夹心结构 Ab2-CEA-Ab1 连接在 MoS_2-AuNPs 电极上。溶液中的葡萄糖经葡萄糖氧化酶催化氧化产生过氧化氢，接触复合催化剂 MoS_2-AuNPs 时被还原，在微分脉冲伏安法的检测模式下有增大电化学传感信号的作用。这种传感器的检测范围为 0.001～50 $ng \cdot mL^{-1}$，检测限低至 2.70×

10^{-4} ng · mL^{-1}[9]。免疫传感器中抗原键合能力与抗体的表面性能密切相关，选择合适的抗体固定方法能提升器件的性能。

(3) DNA 传感器。DNA 传感器的工作原理是将单链 DNA 作为识别元件固定在电极上，单链 DNA 与目标 DNA 杂化产生生物信号，经转换元件转换成可识别的信号。DNA 传感器具有选择性强、制备简单、反应快速等优点。石墨烯、过渡金属硫化物都能用于 DNA 传感器，例如用掺有 AuNPs 的二硫化钨（WS_2）纳米片和石墨烯的复合物对玻碳电极进行修饰，将硫醇化的单链 DNA 通过金-硫键固定在电极上，可检测目标 DNA[10]。WS_2 纳米片与石墨烯的复合不仅提高了石墨烯的分散性，减少了团聚，而且增加了电极的比表面积，提高了电催化活性，有利于探针分子的固定和信号的放大。用 MoS_2 纳米片修饰玻碳电极，单链 DNA 探针的碱基通过范德华力固定在 MoS_2 纳米片上，可以制备非标记 DNA 电化学生物传感器[11]。目标单链 DNA 与探针 DNA 杂化脱离 MoS_2 纳米片表面时，产生的电信号的变化可以作为检测目标 DNA 的依据。利用 MoS_2 纳米片制得的传感器检测限可以低至 1.90×10^{-17} mol · L^{-1}，还能用于检测碱基分子如鸟嘌呤和腺嘌呤。

2) 场效应晶体管生物传感器

场效应晶体管生物传感器是生物传感器中的另一个重要分支，近年来发展十分迅速。场效应晶体管主要包括识别待测物的生物探针和信号转化的导电沟道两部分。生物探针修饰在沟道表面，捕获探测物后通过场效应原理对沟道产生电荷掺杂作用，从而将化学信号转化为电信号。这类传感器采用集成电路工艺，适合批量生产和微型化。

场效应晶体管生物传感器是由源极、漏极、栅极组成，在源极和漏极之间覆盖半导体材料形成导电沟道，同时也作为分子识别元件的载体。用于场效应晶体管传感器的识别元件包括抗体/抗原、酶、细胞、DNA、细菌等。场效应晶体管具有可集成、可微型化、多功能的优点，结合二维材料活性比表面积大、目标分子吸附强、灵敏度高等优点，使基于二维材料的场效应晶体管生物传感器在疾病检测方面有更大的优势。二维材料基场效应晶体管生物传感器根据栅极位置的不同，可分为底栅型和顶栅型两类[12]。底栅型场效应晶体管传感器的栅极在传感器的背面，主要用于检测气体分子。被检测的气体分子吸附在二维材料上，会引起场效应晶体管传感器的电导变化，通过检测该信号的变化即可检测出目标物的浓度。顶栅型场效应晶体管传感器又称为液栅型场效应晶体管传感器，可直接将栅极浸入源极和漏极之间的液体中，二维材料上固定的识别分子与液体中的目标分子作用，检测该信号变化可检测目标物的浓度。

(1) 酶场效应晶体管传感器。酶场效应晶体管是在场效应晶体管的敏感栅表面固定一层酶物质，酶与目标分子作用产生的信号经转换元件转换成电信号，从而测定目标分子。Kwak 等[13]利用气相沉积法制备石墨烯，并用交联剂（1-芘丁酸-N-羟基琥珀酰亚胺酯）将葡萄糖氧化酶固定在石墨烯上，形成液栅型场效应晶体管生物传感器。根据葡萄糖氧化酶对葡萄糖进行催化反应生成的过氧化氢来检测葡萄糖浓度，检测范围为3.3～10.9 mmol·L^{-1}。事实上，用于固定酶的交联剂既可以是上述提到的化学材料，也可以是生物材料。例如，蚕丝蛋白具有优越的生物相容性，既可作基底又可作交联剂，并且能长时间保留酶的活性。You等[14]采用蚕丝蛋白在石墨烯上固定葡萄糖氧化酶，构建出高灵敏度、高选择性且寿命长的场效应晶体管生物传感器，可用于血糖的连续监测。

（2）免疫场效应晶体管传感器。免疫场效应晶体管传感器由场效应晶体管和免疫反应中具有分子识别功能的敏感膜组成。采用垂直取向石墨烯作为传感沟道材料可用于新型抗体场效应晶体管生物传感器。Mao等[15]利用垂直取向石墨烯的沟道有效暴露出石墨烯的两个表面，增加了被固定抗体的量，从而提高了检测的灵敏度。利用直流等离子体增强化学气相沉积，在源极和漏极之间直接合成垂直方向的石墨烯；将金纳米片与抗体（anti-IgG）的偶联物沉积在垂直方向的石墨烯表面，作为分子识别系统；免疫球蛋白（IgG）与抗体的结合引起石墨烯电导率变化，以实现对免疫球蛋白有选择性的高灵敏度检测。与化学气相沉积的石墨烯相比，还原的氧化石墨烯具有可大量制备、液相可分散、表面有含氧官能团等优点，有利于通过静电作用[16]、交联反应[17]等物理/化学方法大量固定生物识别分子。基于还原的氧化石墨烯的场效应晶体管免疫传感器已被成功地应用于检测大肠杆菌[16]、轮状病毒[17]、HIV[18]等。

（3）DNA场效应晶体管传感器。DNA场效应晶体管传感器通过在场效应晶体管的沟道表面固定一层核酸物质（如单链DNA），目标DNA链与沟道表面修饰的核酸之间通过杂化作用改变沟道电学性质，经转换元件转换成可识别信号，从而测得相对应的核酸。比如，Yin等[19]通过光化还原将铂纳米粒子直接合成在还原的氧化石墨烯纳米片上，从而增强载流子在还原的氧化石墨烯沟道中的传输能力。同时，硫醇化的单链DNA探针通过铂-硫键结合在还原的氧化石墨烯上，与目标DNA杂交后引起漏电流的降低，通过检测漏电流的变化可测得目标DNA。这种液栅型场效应管可进行实时DNA检测，检测限达到2.40×10^{-9} mol·L^{-1}。

2. 光学生物传感器

光学传感器往往具有简单、快速、结果直观可见等特点，检测灵敏度高，选择性强。二维光学生物传感器主要分为两种，一种是强等离激元共振生物传感器，另一种是荧光生物传感器。相较于传统金属薄膜的强等离激元共振，二维材料的强等离激元共振对于光相位变化更灵敏。基于这一原理，在二维材料表面修饰一些生物探针，当捕获到目标分子时，二维材料界面处强等离激元共振的相位变化将十分剧烈，可实现对一系列生物分子的高灵敏传感。一些典型的二维材料如氧化石墨烯、石墨烯和MoS_2等，是能量转移体系中优良的能量受体。染料上的能量易于转移到这些二维材料上，导致荧光淬灭。基于此原理，被荧光标记过的DNA或者核酸适配体作为识别单元修饰在二维材料上，可用于DNA、蛋白质和其他生物小分子的检测。相较于电学生物传感器，光学生物传感器信号更稳定，可以避免温漂等的干扰。

1）等离激元共振传感器

光学生物传感器的界面修饰工程和电学生物传感器是相似的，都是通过表面的DNA链或者适配体来捕获目标分子（DNA、生物分子、金属离子等）。但是，基于光学原理的生物传感器在捕获目标分子后产生的通常是光学信号的变化，如表面等离激元共振吸收峰的偏移、荧光淬灭等。Zeng等[20]构筑了一个石墨烯-金的超表面结构，将石墨烯沉积在金表面，一束光通过一个玻璃棱镜照射在50 nm金薄膜上，然后反射到另外一个面。金纳米颗粒连接到DNA上作为等离子共振增强的标签，在表面等离激元导致电场最强时，产生了一个相位奇变点。这一奇变点对石墨烯-金周围介质极度灵敏，当有物质吸附到石墨烯表面，奇变点处的相位就会产生很大的变化。此外，Kravets等[21]利用石墨烯的 sp^2 轨道杂化结构，可与带有苯环的生物分子形成 π-π 相互作用，有效地捕获一些生物分子，如DNA、细胞因子等。利用石墨烯与金纳米锥阵列形成的强耦合，在600 nm处产生一个强相位奇点，实现单分子检测。除了利用生物探针捕获检测物之外，分子内键振动"指纹"也可以用于检测化学分子。Daniel等[22]利用石墨烯纳米带阵列在中红外产生的强等离激元，放大了分子振动的吸收峰，实现了对化学分子的精准识别。

2）荧光共振能量转移生物传感器

石墨烯具有很强的荧光淬灭能力（远超过传统有机材料）和生物相容性，基于荧光共振能量转移的石墨烯生物传感器被广泛应用在DNA、蛋白质和金属离子的检测中。金属离子检测主要基于其与寡核苷酸的相互作用。基于银离子与胞嘧啶、汞离子与胸腺嘧啶特殊的相互作用，可制造一系列银离子与汞离子传感器。比如，可以利用含有胞嘧啶的寡核苷酸与氧化石墨烯耦合形成的生物传感器来检测银离子。当银离子被添加进溶液中，带有荧光标记的寡核苷酸探针形成茎环结构，增加了氧化石墨烯与荧光分子的距离，使它不再被氧化石墨烯淬灭。荧光强度提供了银离子量化的可读数据，这种传感器展示了优异的特异性识别能力和较低的检测极限（5 $nmol \cdot L^{-1}$），达到了美国环境保护机构饮用水的标准[23]。

3. 影像诊断

药物可以被动地在肿瘤位置积累，或者在靶向分子的作用下主动聚集在肿瘤部位，但是药物在肿瘤组织内的富集情况并不能实时监控，影响了纳米药物的治疗效果。影像学成像技术作为一种诊断工具，可实现无创的实时组织成像，识别和追踪特定位置的药物分布情况，甚至可以量化患者体内的药物释放情况，从而进行进一步的指导治疗。二维纳米片独特的物理化学性质为诊断成像提供了一个极好的平台。与传统的造影剂相比，二维材料展现出增强对比度成像的特定功能，可以充当同时具有诊断和治疗功能的试剂。

1）荧光成像

荧光成像是生物成像的一种重要方式，在生物医学领域中应用非常广泛。近年来，基于二维材料的荧光成像发展非常迅速，如：MoS_2 量子点、氮化硼量子点、石墨烯量子点等。MXenes 二维材料的荧光成像发展较为缓慢，主要受到荧光 MXenes 纳米材料制备技术的限制。目前，可利用水热法一步制造 MXenes 量子点，并通过调节反应温度控制 MXenes 量子点的尺寸。制备的 MXenes 量子点分散良好、尺寸均一、形貌均匀、生物相容性好且能进行良好的细胞荧光成像。利用二甲基甲酰胺（DMF）对 MXenes 纳米材料进行溶剂热处理，所得材料在细胞中展现了良好的荧光成像效果。此外，通过在四甲基氢氧化铵水溶液中温和反应，利用层内切割法来制备 MXenes 量子点，可以制得基于超细 MXenes 薄片的碳化钛新型发光纳米材料。当前的二维荧光量子点材料主要集中在绿光段，还需要研发更多不同颜色的二维发光材料应用于生物成像[24]。

2）光声成像

光声成像是近些年发展起来的一种新型非入侵式成像方式，集合了光学成像对比度高和超声成像穿透深等优点，在医学成像领域具有很好的发展潜力。光声成像具有优异的时空分辨率、高灵敏度和良好的组织穿透性，是生物医学中实时无创成像的有效方式。具体原理是将光转化为组织内的热量，进而产生超声波，由超声波换能器检测超声波，并进一步产生图像。光声成像比光学成像更具优势，如组织穿透深、损伤程度小、使用简单便捷等。

高效的光声成像试剂应具有强的光学吸收，与周围组织相比显示出更突出的光声信号。MXenes 通常表现出可扩展到近红外范围的强吸收光谱，更有利于实现深层组织的光声成像，是光声成像比较理想的造影剂。MXene 用于光声成像时，在暴露于 NIR 激光后，组织成分吸收光，经历热弹性膨胀，可由超声传感器检测到随后产生的超声信号。最佳光声信号出现在 680 nm 波长处，光声信号随着量子点浓度的增大而增强[25]。

3）计算机断层扫描成像

X 射线计算机断层扫描成像是一种非常实用的诊断成像技术，具有高分辨、无创、能生成三维图像、便于观察诊断等优势，现已被广泛应用于临床诊断中。高原子序数无机材料对 X 射线有较强的吸收，可用作计算机断层扫描的造影剂。

4）磁共振成像

由于高空间分辨率、三维软组织的出色对比度差异和非侵入性等特征，磁共振成像已广泛应用于临床诊断成像。尽管已证明基于 Gd（二乙三胺五乙酸钆）的造影剂可以有效提高诊断的准确性，但美国食品药品监督管理局已警告，它们具有与肾源性系统性纤维化和肾功能受损有关的潜在毒性。

通过氧化还原反应在 Ti_3C_2 纳米片表面担载大量的 MnO_x 纳米薄片，在肿瘤组织附近微酸性的环境中，Mn—O 键很容易断裂，从而释放大量的 Mn^{2+}，游离的顺磁性 Mn^{2+} 会与水分子相互作用，从而引导高质量的磁共振成像。同时，Ti_3C_2 纳米片自身可以作为光声成像的造影剂，两者结合使复合纳米材料可以完成磁共振（MR）/光声（PA）双模态成像引导的光热治疗[26]。

5）多模态成像

单一的成像方式远远不能满足生物医学的应用。近年来，研究者开发了两种或两种以上的成像方式，即多模态成像。多模态成像在前期诊断和后期治疗中都可进行更好的监测，提供丰富的影像学信息，从而指导肿瘤治疗。

10.4.2 二维生物医学检测材料与器件的特点及应用

二维生物医学检测材料的载流子迁移率、比表面积、表面修饰性、原子序数对器件性能均有影响。二维生物医学检测材料具有更高的载流子迁移速率，可以更灵敏地获得检测结果。大的比表面积能够提供大量的活性位点，提高催化活性，吸附更多的待测分子，提高电化学检测的灵敏度。优异的非均相电子转移能力能够缩短电化学反应时间。为了实现特异性的检测，通常是在二维材料表面修饰一层具有特异识别能力的受体。原子序数越高的元素对 X 射线的吸收越强，故包含高原子序数元素的纳米材料可以作为非常有效的计算机断层扫描造影剂。下面对二维生物医学检测材料的关键应用作简要介绍。

1. 通过传感器对恶性肿瘤进行早期检测

目前，二维生物传感器的性能已经超过传统生物传感器，并且二维材料掺杂和传感界面设计方法仍在不断发展，传感性能将会进一步提升。把氮、硼、硫等原子精准地掺杂到二维材料表面，可有效增加材料的电子态密度和活性，大幅提升二维材料电化学传感器的灵敏度。在二维材料表面精准地构筑分子级生物探针，可以有效拓宽传感器的检测物范围。常见的生物探针有酶、抗体、核酸适配体等，这些分子级生物探针往往拥有强特异性和高灵敏度等特点。例如，甲胎蛋白常作为一种重要的癌症标志物，用于疾病诊断。当肝细胞发生癌变时，甲胎蛋白含量会异常升高。因此，临床诊断中常以血清中甲胎蛋白含量是否大于 400 $ng \cdot mL^{-1}$ 作为诊断肝癌的医学评判标准。

2. 通过影像对恶性肿瘤进行观察

过渡金属硫族化合物在整个近红外区都具有较高的光学吸收，是一种非常理想的光声显影剂。基于过渡金属 WS_2 纳米片的光热治疗试剂可用于肿瘤的光学治疗。通过锂离子插层的方法获得尺寸均匀的 WS_2 纳米薄片，然后在表面修饰聚乙二醇高分子，使它具有更好的水溶性和生物相容性，通过尾静脉将硫化物纳米片注射到小鼠体内，并能通过肿瘤的高渗透性与滞留效应在肿瘤部位富集。由于钨元素能吸收 X 射线，在动物模型上实现了很好的肿瘤计算机断层扫描成像[27]。WS_2 纳米材料具有吸收近红外光的特性，可以用于肿瘤的光声成像，在近红外激光照射下能杀灭肿瘤。过渡金属二硫化物纳米材料有可能在肿瘤临床诊治一体化中得到广泛的应用。

10.4.3　二维生物医学检测材料与器件的研究热点

1. 二维检测材料与检测范围的研究

目前，基于二维材料生物传感器的研究仍以石墨烯和 MoS_2 纳米片等材料为主，随着二维材料合成方法、材料类型的不断更新，更多的二维材料将被用于传感器的制备，如黑磷、过渡金属碳化物、氮化硼、氮化碳等。同时，二维材料生物传感器的制备将会结合纳米技术、微加工技术，进一步提升柔性化、微型化和集成化的程度，制备便捷、实用化、产品化的二维材料生物传感器，从而实现灵敏、快速、准确的临床及家庭式疾病检测，为实现具有高致病风险的疾病（肿瘤、心脑血管疾病、传染病等）的早期诊断提供有效方法。

随着电化学生物传感器应用范围的延伸，用于检测癌症、人类免疫缺陷病毒等重大疾病的商用传感器也将在未来得以实现。以中枢神经疾病的诊断为例，多巴胺是由脑内分泌，在人的中枢神经、肾脏等系统中起着重要作用的一类物质，它的分泌水平与精神分裂症、帕金森综合征等疾病有关，因此研究人体中多巴胺的含量对相关疾病的检测具有重要意义。

2. 二维气敏传感材料的研究

电化学生物传感器除了用于检测液态物质，还可以检测气体组分。人类呼出的气体中含有和疾病相关的微量挥发性有机物，通过对呼出气体成分和浓度的检测可以实现疾病的无创检测。例如，MXene 材料表面末端基团的改变可以显著影响材料的理化性质，这种特性被广泛应用于构建气体传感器来检测 NH_3、乙醇、甲醇、丙酮气体和挥发性有机物等[28]。

3. 掺杂调控二维材料

原子掺杂可以有效调节二维材料的电学性质和表面化学势。例如，氮掺杂石墨烯可以有效增加材料的自由载流子密度以及导热导电能力。氮掺杂石墨烯具有高的电子态密度，可以辅助电化学中的还原反应，提高电化学生物传感器的灵敏度。例如，氮掺杂的石墨烯电极可用于葡萄糖氧化酶检测[29]。葡萄糖氧化酶能够催化葡萄糖与氧气发生氧化反应，产生葡萄糖酸和过氧化氢。氮掺杂石墨烯的高电子态密度使表面的过氧化氢更容易发生还原反应，从而可以得到更大的还原电流信号，有效提升传感器的灵敏度。硼原子掺杂的石墨烯也展示了优异的电催化活性，基于硼掺杂的石墨烯被广泛用于电化学检测，比如，可以检测对苯二酚、过氧化氢、鸟嘌呤等。此外，硫原子掺杂的石墨烯可以有效增加石墨烯的表面积，从而提升传感器性能。在二维材料表面进行元素掺杂，实现了电化学传感界面的精准原子构筑，是一种有效改善电化学传感器性能的方法。

4. 金属纳米颗粒修饰二维材料

金属纳米颗粒修饰二维材料可以有效提升材料的导电性和电子转移能力，从而提升电极的活性。可以用金纳米颗粒修饰硫化钼，增加 MoS_2 的导电性和纳米结构的稳定性，实现对多巴胺的高灵敏度探测（探测极限为 80 $nmol \cdot L^{-1}$）。将铜纳米颗粒用于 MoS_2 纳米片的修饰，能在碱性环境中实现对葡萄糖的检测。此外，半金属的石墨烯也常被用于修饰 MoS_2 纳米片，石墨烯不仅可以增加 MoS_2 的导电性，还可以提供多孔结构来提高催化能力[30-31]。石墨烯修饰的 WS_2 展示了较强的活性，被用于检测邻苯二酚、间苯二酚和对苯二酚等。在二维生物传感界面精准构筑金属纳米颗粒可以提升材料的导电性、催化效率，是一种改善电化学类器件的有效方法。

5. 可穿戴柔性传感器件的应用研究

柔性传感器作为电子设备的核心器件，在电子皮肤、植入式医疗器件、人工智能、运动健康监测等领域具有巨大的发展前景。目前，柔性传感器已经取得了很大的进展，但是仍需要进一步提高机械性能和传感性能。材料是影响柔性传感器发展的关键所在，开发利用新材料或对原有材料进行改造对提高柔性传感器的性能具有重要意义。$Ti_3C_2T_x$ 材料凭借自身优异的导电性能、机械性能以及丰富的表面基团，成为柔性传感器的良好选择。将 $Ti_3C_2T_x$ 和其他材料复合，可以在一定程度上避免 $Ti_3C_2T_x$ 的片层堆积，提高传感器的稳定性、灵敏度和传感范围。

参考文献

[1] Du X, Wang W, Wu C, et al. Enzyme-responsive turn-on nanoprobes for in situ fluorescence imaging and localized photothermal treatment of multidrug-resistant bacterial infections [J]. Journal of Materials Chemistry B, 2020, 8 (33): 7403-7412.

[2] Jia Q, Song Q, Li P, et al. Rejuvenated photodynamic therapy for bacterial infections[J]. Advanced Healthcare Materials, 2019, 8(14): 1900608.

[3] Cao F, Ju E, Zhang Y, et al. An efficient and benign antimicrobial depot based on silver-infused MoS_2[J]. ACS Nano, 2017, 11(5): 4651-4659.

[4] Tu Y, Lv M, Xiu P, et al. Destructive extraction of phospholipids from Escherichia coli membranes by graphene nanosheets[J]. Nature Nanotechnology, 2013, 8

(8)：594-601.

[5] Zeng X W, Luo M M, Liu G, et al. Polydopamine-modified black phosphorous nanocapsule with enhanced stability and photothermal performance for tumor multimodal treatments[J]. Advanced Science, 2018, 5(10): 1800510.

[6] 高瑞霞. AS1411靶向的氧化石墨烯纳米给药系统用于宫颈癌协同化学-光热效应的研究[D]. 曲阜：曲阜师范大学，2022.

[7] Xu D, Li Z, Li L, et al. Insights into the photothermal conversion of 2D MXene nanomaterials: Synthesis, mechanism, and applications[J]. Advanced Functional Materials, 2020, 30(47): 2000712.

[8] Shao J, Zhang J, Jiang C, et al. Biodegradable titanium nitride MXene quantum dots for cancer phototheranostics in NIR-I/II biowindows[J]. Chemical Engineering Journal, 2020, 400(1): 126009.

[9] Wang X, Chu C, Shen L, et al. An ultrasensitive electrochemical immunosensor based on the catalytical activity of MoS_2-Au composite using Ag nanospheres as labels[J]. Sensors and Actuators B-Chemical, 2015, 206: 30-36.

[10] Huang K J, Liu Y J, Wang H B, et al. Signal amplification for electrochemical DNA biosensor based on two-dimensional graphene analogue tungsten sulfide-graphene composites and gold nanoparticles[J]. Sensors and Actuators B-Chemical, 2014, 191: 828-836.

[11] Wang X, Nan F, Zhao J, et al. A label-free ultrasensitive electrochemical DNA sensor based on thin-layer MoS_2 nanosheets with high electrochemical activity[J]. Biosensors & Bioelectronics, 2015, 64: 386-391.

[12] He Q, Wu S, Yin Z, et al. Graphene-based electronic sensors[J]. Chemical Science, 2012, 3(6): 1764-1772.

[13] Kwak Y H, Choi D S, Kim Y N, et al. Flexible glucose sensor using CVD-grown graphene-based field effect transistor[J]. Biosensors & Bioelectronics, 2012, 37(1): 82-87.

[14] You X, Pak J J. Graphene-based field effect transistor enzymatic glucose biosensor using silk protein for enzyme immobilization and device substrate[J]. Sensors and Actuators B-Chemical, 2014, 202: 1357-1365.

[15] Mao S, Yu K, Chang J, et al. Direct growth of vertically-oriented graphene for field-effect transistor biosensor[J]. Scientific Reports, 2013,3(1): 1696.

[16] Chang J, Mao S, Zhang Y, et al. Ultrasonic-assisted self-assembly of monolayer

graphene oxide for rapid detection of escherichia coli bacteria[J]. Nanoscale, 2013, 5(9): 3620-3626.

[17] Liu F, Kim Y H, Cheon D S, et al. Micropatterned reduced graphene oxide based field-effect transistor for real-time virus detection[J]. Sensors and Actuators B-Chemical, 2013, 186: 252-257.

[18] Kwon O S, Lee S H, Park S J, et al. Large-scale graphene micropattern nano-biohybrids: High-performance transducers for FET-type flexible fluidic HIV immunoassays[J]. Advanced Materials, 2013, 25(30): 4177-4185.

[19] Yin Z, He Q, Huang X, et al. Real-time DNA detection using Pt nanoparticle-decorated reduced graphene oxide field-effect transistors[J]. Nanoscale, 2012, 4(1): 293-297.

[20] Zeng S, Sreekanth K V, Shang J, et al. Graphene-gold metasurface architectures for ultrasensitive plasmonic biosensing[J]. Advanced Materials, 2015, 27(40): 6163-6169.

[21] Kravets V, Schedin F, Jalil R, et al. Singular phase nano-optics in plasmonic metamaterials for label-free single-molecule detection[J]. Nature Materials, 2013, 12(4): 304-309.

[22] Rodrigo D, Limaj O, Janner D, et al. Mid-infrared plasmonic biosensing with graphene[J]. Science, 2015, 349(6244): 165-168.

[23] Wen Y, Xing F, He S, et al. A graphene-based fluorescent nanoprobe for silver (I) ions detection by using graphene oxide and a silver-specific oligonucleotide[J]. Chemical Communications, 2010, 46(15): 2596-2598.

[24] Xue Q, Zhang H J, Zhu M S, et al. Photoluminescent Ti_3C_2 MXene quantum dots for multicolor cellular imaging[J]. Advanced Materials, 2017, 29(15): 1604847.

[25] Soleymaniha M, Shahbazi M A, Rafieerad A R, et al. Promoting role of MXene nanosheets in biomedical sciences: Therapeutic and biosensing innovations[J]. Advanced Healthcare Materials, 2019, 8(1): 1801137.

[26] Dai C, Lin H, Xu G, et al. Biocompatible 2D titanium carbide (MXenes) composite nanosheets for ph-responsive MRI-guided tumor hyperthermia[J]. Chemistry of Materials, 2017, 29(20): 8637-8652.

[27] 程亮，刘庄. 二维硫化钨纳米材料在生物影像与肿瘤治疗中的应用[C]. 中国化学会第 29 届学术年会摘要集——第 35 分会：纳米生物医学中的化学问题，北京，2014：28-29.

［28］ Szuplewska A, Kulpinska D, Dybko A, et al. 2D Ti_2C (MXene) as a novel highly efficient and selective agent for photothermal therapy[J]. Materials Science and Engineering C-Materials for Biological Applications, 2019, 98: 874-886.

［29］ Wang Y, Shao Y, Matson D W, et al. Nitrogen-doped graphene and its application in electrochemical biosensing[J]. ACS Nano, 2010, 4(4): 1790-1798.

［30］ Su S, Sun H, Xu F, et al. Highly sensitive and selective determination of dopamine in the presence of ascorbic acid using gold nanoparticles-decorated MoS_2 nanosheets modified electrode[J]. Electroanalysis, 2013,25(11):2523-2529.

［31］ Huang J, Dong Z, Li Y, et al. MoS_2 nanosheet functionalized with Cu nanoparticles and its application for glucose detection[J]. Materials Research Bulletin, 2013, 48(11):4544-4547.

图书在版编目（CIP）数据

新型二维功能材料与器件 / 侯鹏飞主编. -- 湘潭 :
湘潭大学出版社, 2024.7
ISBN 978-7-5687-1328-3

Ⅰ. ①新… Ⅱ. ①侯… Ⅲ. ①功能材料 Ⅳ.
① TB34

中国国家版本馆 CIP 数据核字 (2024) 第 003271 号

新型二维功能材料与器件

XINXING ERWEI GONGNENG CAILIAO YU QIJIAN

侯鹏飞 主编

责任编辑： 罗 联
封面设计： 李 平
出版发行： 湘潭大学出版社
社　　址： 湖南省湘潭大学工程训练大楼
电　　话： 0731-58298960 0731-58298966（传真）
邮　　编： 411105
网　　址： http://press.xtu.edu.cn/
印　　刷： 长沙鸿和印务有限公司
经　　销： 湖南省新华书店
开　　本： 787 mm×1092 mm 1/16
印　　张： 17.75
字　　数： 378 千字
版　　次： 2024 年 7 月第 1 版
印　　次： 2024 年 7 月第 1 次印刷
书　　号： ISBN 978-7-5687-1328-3
定　　价： 68.00 元